高等院校建筑学系列教材

画法几何与建筑透视阴影

黄水生　黄　莉　滕浩群　主　编
谢　坚　甘卫民　牛　彦　副主编

清華大學出版社
北　京

内容简介

本教材根据当前国内高校图学教育研究的方向和发展趋势，遵循教育部高等学校工程图学课程教学指导分委员会2019年制定的《高等学校工程图学课程教学基本要求》，结合建筑设计类各专业新的教学计划，以及编者多年来的教学实践经验编写而成。教材的主要内容包括：绪论，点、直线和平面的投影，平面形体的投影，曲面形体的投影，轴测投影，透视的基本概念与基本规律，透视图的基本画法，透视图的实用画法，曲线与曲面的透视，倒影与虚像，三点透视，阴影的基本概念与基本规律，平面建筑形体的阴影，曲面形体的阴影，建筑透视阴影等。

本教材可作为高校建筑学、城市规划、景观设计、环境艺术设计、室内设计、工业设计等专业本专科学生必修课的教材，也可作为土木工程专业、艺术设计相关专业的辅助教材，还可供从事建筑设计、包装设计、建筑工程、图学教育的工作者学习参考。

图书在版编目(CIP)数据

画法几何与建筑透视阴影/黄水生，黄莉，滕浩群主编. —北京：清华大学出版社，2023.2（2024.7重印）
高等院校建筑学系列教材
ISBN 978-7-302-62739-5

Ⅰ. ①画… Ⅱ. ①黄…②黄…③滕… Ⅲ. ①画法几何－高等学校－教材②建筑制图－透视投影－高等学校－教材 Ⅳ. ①O185.2②TU204

中国国家版本馆CIP数据核字(2023)第027738号

责任编辑：刘一琳 王 华
封面设计：陈国熙
责任校对：王淑云
责任印制：杨 艳

出版发行：清华大学出版社
　　网　　址：https://www.tup.com.cn，https://www.wqxuetang.com
　　地　　址：北京清华大学学研大厦A座　　**邮　　编**：100084
　　社 总 机：010-83470000　　**邮　　购**：010-62786544
　　投稿与读者服务：010-62776969，c-service@tup.tsinghua.edu.cn
　　质量反馈：010-62772015，zhiliang@tup.tsinghua.edu.cn
印 装 者：三河市春园印刷有限公司
经　　销：全国新华书店
开　　本：185mm×260mm　　**印　　张**：16.25　　**字　　数**：394千字
版　　次：2023年3月第1版　　**印　　次**：2024年7月第2次印刷
定　　价：58.00元

产品编号：098522-01

前言

FOREWORD

本教材的前身《建筑透视与阴影》自 2014 年 11 月出版发行以来，以其体系新颖、论述严谨、文字精练、图例精湛和较强的系统性、逻辑性、实用性等特色，再加上有教育部第八届全国多媒体课件大赛一等奖、最佳艺术效果奖的获奖课件加持，得到了国内众多兄弟院校师生和建筑设计从业人员的欢迎。

建筑透视与阴影是建筑学、城市规划、艺术设计、工业设计等专业的技术基础课程，是工程技术人员表达设计思想的理论基础。本教材是依据教育部高等学校工程图学课程教学指导分委员会 2019 年制定的《高等学校工程图学课程教学基本要求》，以及近些年来作者的教学改革与研究成果进行的。

本教材在原有基础上增加了画法几何部分，使课程体系更加完整。考虑到我国图学教育的教改趋势和各高校教学时数的不断缩减，兼顾学习的认知规律，理论联系实际，重建了画法几何的知识架构，整合了基本的作图理论和方法，精减了与之对应的章节，加强了形象思维的教学，从而突出了形体的表达方法，全书以实用、够用为目标，致力于培养学生基本的投影读图、作图能力和投影分析能力，为阴影透视教学打下必要的基础。

对原教材阴影透视部分的图文做了必要的修订和充实。

在本教材的编写中，作者致力于增加手机扫描二维码播放知识点教学视频的功能，尝试着将数字化教学资源与纸质教材融为一体，努力实践“纸质教材、数字教学、混合式学习”三位一体的新型教学体系，以实现“随时教、随处学”的教学理念，满足“互联网＋”时代催生的教学新需求。与此同时，将原多媒体光盘课件升级后免费向读者提供，使用本教材的读者可根据需要在清华大学出版社网站下载区下载(包括习题参考答案)。

本教材以模块化的结构呈现，可广泛地作为建筑设计类、艺术设计类各有关专业的通用教材，教材中凡注以“*”的章节，各校可根据专业设置、学时多少的实际情况自行取舍。

本教材由广州软件学院黄水生、广州大学黄莉、广州软件学院滕浩群任主编，广州大学谢坚、广州软件学院甘卫民、沈阳建筑大学牛彦任副主编，珠海科技学院林俊航参编。由于编者水平有限，书中难免存在不妥和疏漏之处，敬请关爱本教材的读者批评指正。

与教材配套的教育部第八届全国多媒体课件大赛一等奖、最佳艺术效果奖的获奖课件《建筑透视与阴影》(升级版，黄水生、张小华、黄青蓝主编)可在清华大学出版社网站下载区免费下载；配套的《画法几何与建筑透视阴影习题集》(黄水生、黄莉、谢坚主编)由清华大学出版社同步出版；为方便教师教学，教材习题集编配有《画法几何与建筑透视阴影习题集参考答案》，亦可在清华大学出版社网站下载区免费下载。

编　者

2022 年 9 月

目录

CONTENTS

第一部分　画法几何

第二部分　建筑透视投影

第三部分 正投影图中的阴影

第四部分 透视图中的阴影

第一部分　画法几何

第1章 绪论

画法几何与建筑透视阴影是建筑学、城市规划、室内设计、环境艺术及风景园林等建筑设计类专业以及工业设计、包装设计等相近专业必修的一门技术基础课程。它既有系统的教学理论又有很多的作图实践，且直接为上述各专业的后续课程、毕业设计以及日后将从事的工程设计项目服务。因此它在专业的教学计划中是一门重要的技术基础课程。

本课程的日的是培养学生掌握建筑形体的正投影图、透视阴影图和轴测图的理论，建立读图和绘制图样的初步能力。通过学习本课程，为培养学生的空间想象能力、空间构思能力、形体表达能力打下必要的基础。

1.1 投影法的基本概念

1.1.1 投影法

现代一切工程图样的绘制和识读都是以投影法为依据的。

投影是指在一定的投射条件下，在投影面上获得与空间几何元素或形体相互对应的图形的规程。如图 1-1 所示，由投射中心 S 作直线段 AB 在投影面 P 上的投影 ab 的规程是：过投射中心 S 作投射线 SA、SB 分别与投影面 P 相交，于是得点 A、B 的投影 a、b；连接 a、b，则直线段 ab 就是空间直线段 AB 在投影面 P 上的投影。因此，为了得到空间几何元素或形体的投影，必须具备如下 3 个条件：

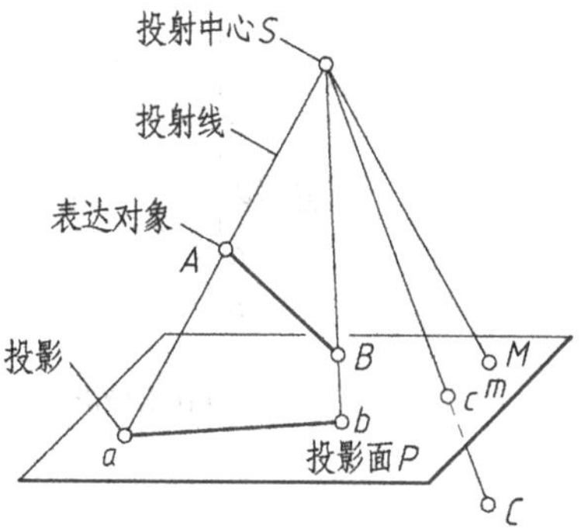

(1) 投射中心和从投射中心出发的投射线；

(2) 投影面——不通过投射中心的承影平面；

(3) 表达对象——空间几何元素或形体。

图 1-1 投影的基本概念

当投影条件确定后，表达对象在投影面上所产生的图形就必然是唯一的。换句话说，该唯一的图形是通过表达对象的一系列投射线（例如 SA、SB、SC、SM）与投影面 P 的交点（例如 a、b、c、m）的集合。我们称这个图形为表达对象在投影面上的投影；称用投射线将表达对象向选定的投影面进行投射，并在该面上获得相应图形的方法为投影法。

1.1.2 投影法分类

1. 中心投影法

当投射中心 S 距投影面 P 为有限远时，所有的投射线都从投射中心一点出发，如图 1-2 所示，这种投影方法称为中心投影法。用中心投影法投射所得的投影称为中心投影。由于中心投影法所有投射线对投影面的投射方向和倾角都是不一致的，所以所获得投影的形状大小与表达对象本身有较大的差异，度量不便。

用中心投影法投射所得的建筑物或工业产品的图形通常是一种能反映出它们三维空间形象的立体图形，这种图通称透视图。

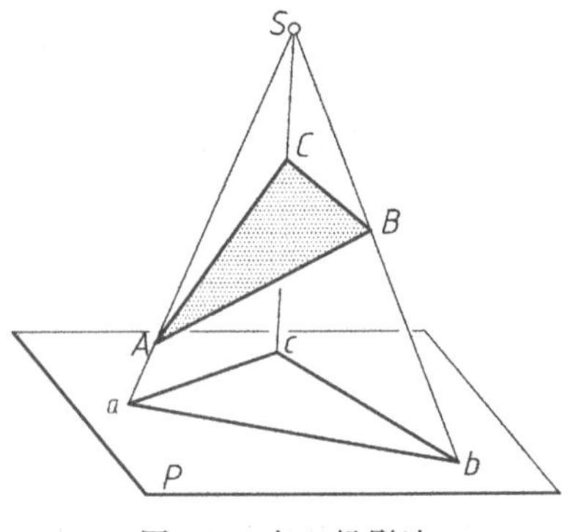

图 1-2 中心投影法

2. 平行投影法

当投射中心 S 移至投影面 P 外无穷远处，即所有投射线变成互相平行时，如图 1-3 所示，这种投影法称为平行投影法。平行投影法又可分为正投影法和斜投影法两种。

(1) 正投影法：投射线垂直于投影面 P 的投影方法称为正投影法。用这种方法投射所得的投影称为正投影，如图 1-3(a)所示。正投影法是平行投影中唯一的一种特殊情况。由于正投影法中所有投射线对投影面都是垂直的，所以所获得投影的形状大小与表达对象本身存在着简单明确的几何关系，这种图具有较好的度量性。

(2) 斜投影法：投射线倾斜于投影面 P 的投影方法称为斜投影法。用这种方法投射所得的投影称为斜投影，如图 1-3(b)所示。用斜投影法作投影图时，必须先给定投射线的投射方向和对投影面的倾角(图 1-3(b)投射方向为自东向西，$\theta=70°$)。

hh1-3

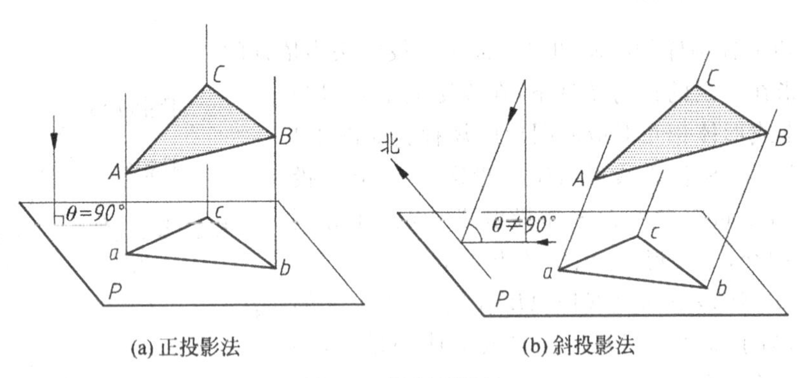

(a) 正投影法　　(b) 斜投影法

图 1-3 平行投影法

1.2 平行投影的基本性质

研究平行投影的基本性质，旨在研究空间几何元素本身与其落在投影面上的投影之间的相互对应关系，即它们之间内在联系的规律性。其中主要是弄清楚哪些空间几何特征在投影图上保持不变，哪些空间几何特征产生了变化和如何变化，以作为画图和看图时的依据。由于投影作图的基础主要是正投影法，故下面仅以正投影为例。

（1）当直线或平面垂直于某投影面时，直线在该投影面上的投影积聚为一点，平面在该投影面上的投影积聚为一直线，这种性质称为积聚性(图 1-4)。

（2）当直线或平面平行于某投影面时，直线在该投影面上的投影反映该直线的实长，平面在该投影面上的投影反映该平面的实形，这种性质称为不变性(图 1-5)。

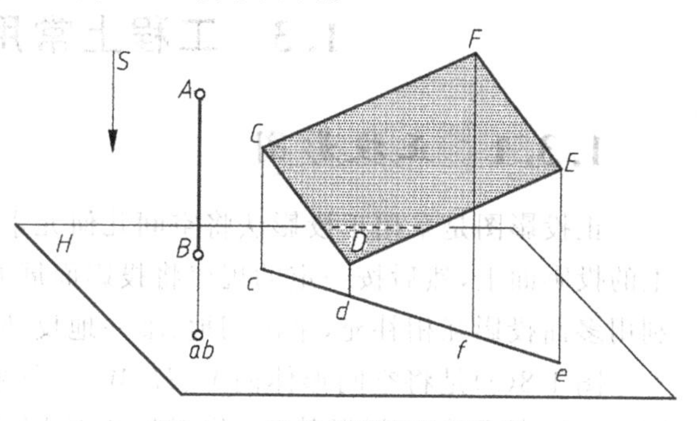

图 1-4 直线和平面的积聚性

（3）当直线或平面倾斜于某投影面时，直线在该投影面上的投影仍为直线，但其长度比直线的实长短；平面在该投影面上的投影则是一个与原平面图形的形状相类似但面积缩小的图形。这种性质称为类似性(图 1-6)。

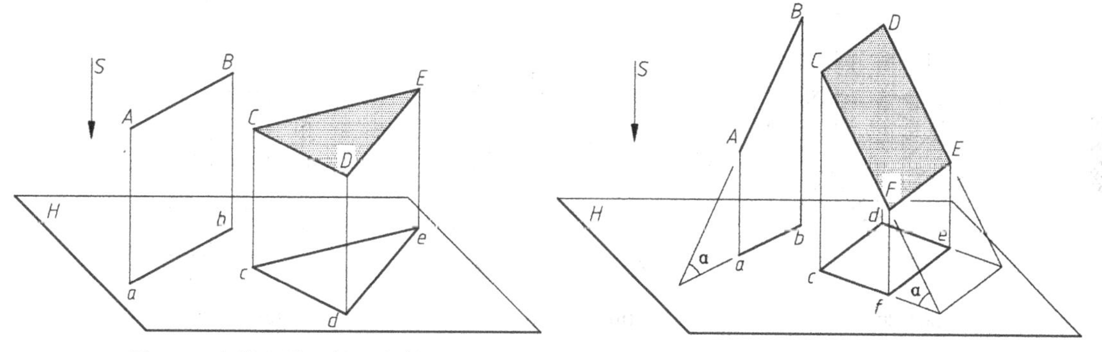

图 1-5 直线和平面的不变性　　图 1-6 直线和平面的类似性

在既定的投影条件下，一个空间几何元素或形体在一个投影面上有着唯一确定的投影，这是必然的。但是反过来说，仅根据表达对象的一面投影却不能完全确定该表达对象的空间位置或形状(图 1-7)。

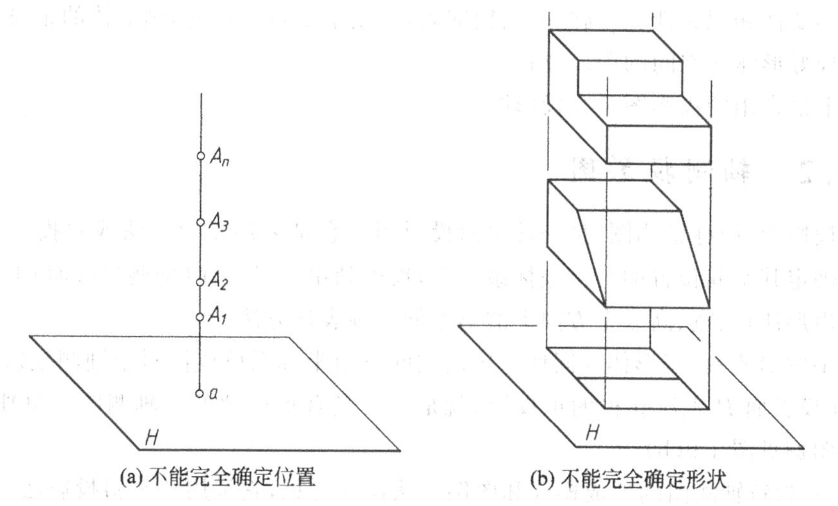

(a) 不能完全确定位置　　(b) 不能完全确定形状

图 1-7 单面投影不能完全确定表达对象的空间位置或形状

1.3 工程上常用的几种投影图

1.3.1 正投影图

正投影图是采用正投影法将空间几何元素或形体分别投射到相互垂直的两个或两个以上的投影面上，然后按一定的规律将投影面展开成一个平面，将所获得的投影排列在一起，利用多面投影互相补充，来确切地、唯一地反映出它们的空间位置或形状的一种表达方法。

图 1-8(a)是将空间形体向 V、H、W 三个两两相互垂直的投影面分别作正投影的情形；图 1-8(b)是移去空间形体后，将投影面连同形体的投影一起展开成一个平面时的情况；图 1-8(c)则是去掉表示投影面范围的边框后得到的空间形体的三面正投影图(简称三面投影)。

hh1-8

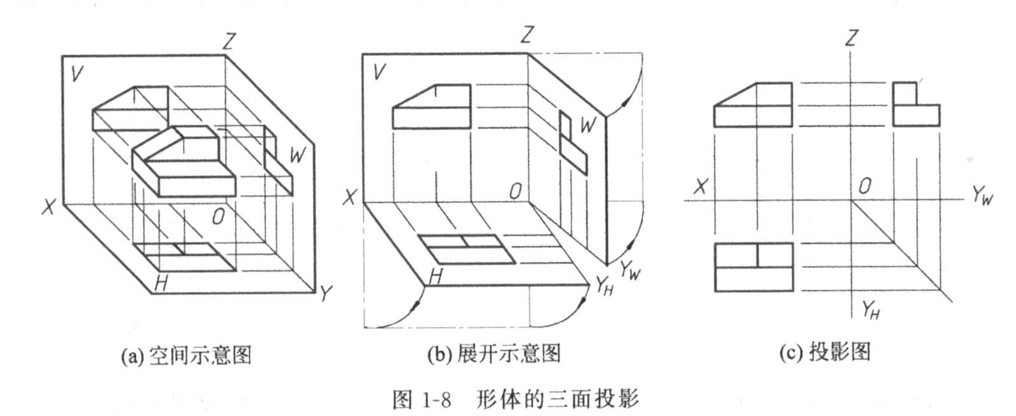

(a) 空间示意图　(b) 展开示意图　(c) 投影图

图 1-8　形体的三面投影

作形体的正投影图时，常使形体长、宽、高 3 个方向上的主要平面(在形体上一般表现为端面、底面或对称平面)分别平行或垂直于相应的投影面，这样画出的每一面投影都将能最大限度地反映空间形体相应表面的实形和将其他相应表面积聚为线段，即每一面投影都具有较好的不变性和积聚性，使画图既快捷准确，又便于度量。因此，画形体的正投影图时，必须首先处理好形体在空间的摆放位置。

工程上最常用的投影图是正投影图。

1.3.2 轴测投影图

轴测投影图(简称轴测图)是一种单面投影图。它是采用正投影法或斜投影法，将空间形体连同确定其空间位置的直角坐标系一起，投射到单一投影面(轴测投影面)上，以获得能同时反映出形体长、宽、高 3 个方向上的形象的一种表达方法。

如图 1-9(a)所示，将形体连同所选定的空间直角坐标系放成倾斜于轴测投影面 P 的位置，这样在投影面 P 上所获得的正投影，就是一个具有形体感的正轴测图。单独画出的正轴测图的图例见图 1-9(b)。

图 1-10 为斜轴测图的形成模式和图例。从该图可见，它采用的是斜投影法。因为空间形体上的 XOZ 坐标面及其平行面平行于轴测投影面，故在这种情况下空间形体上位于或

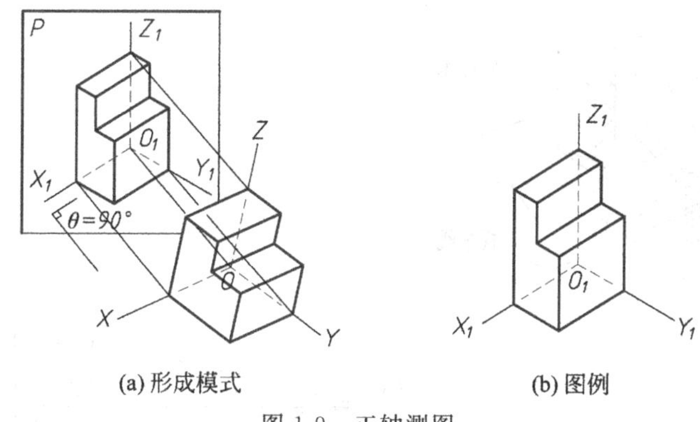

(a) 形成模式　　(b) 图例

图 1-9　正轴测图

平行于 XOZ 坐标面的表面，其轴测投影的形状保持不变，而 O_1Y_1 轴的倾斜角度及度量比例则由所给定的投射线的投射方向和对投影面的倾角来决定。

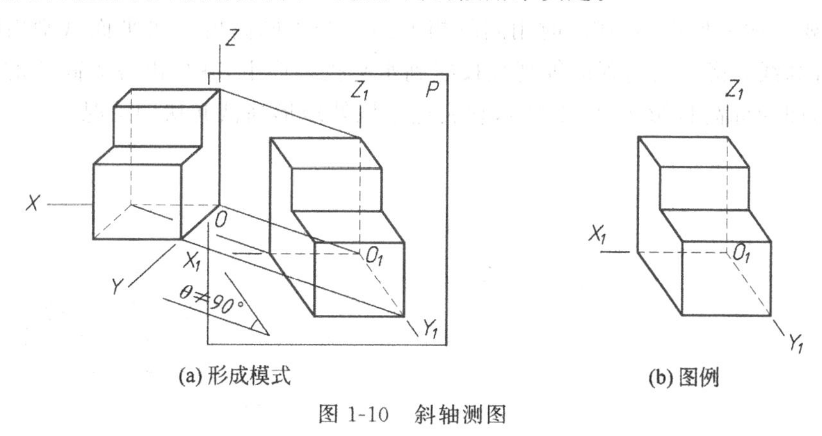

(a) 形成模式　　(b) 图例

图 1-10　斜轴测图

虽然轴测图直观性较好，能概括地表达出形体的空间形象，但作图比较麻烦、度量性欠佳，而且属单面投影，不能严格地反映形体的空间形状，所以在工程上常把它用作辅助图样。

1.3.3 透视投影图

透视投影图（简称透视图）也是一种单面投影图。它是采用中心投影法将空间形体投射到单一投影面上，以获得能反映该形体的三维空间形象，且具有近大远小等视觉效果的一种表达方法。

透视图有一个很明显的特点，空间形体上原来相互平行的轮廓线，其投影一般都相交于一点，其图形较接近人眼的观感实际，如图 1-11 所示。而在轴测图中，空间形体上原来相互平行的轮廓线的投影仍然是相互平行的，故在直观效果上，轴测图不如透视图好。

1.3.4 标高投影图

标高投影图也是一种单面投影图。其特点是在空间形体的某一面投影（通常是水平投影）上按比例加注空间形体上某些面、线、点相对于该投影面的距离（通常是高程），以获得表达三维空间形象的一种表达方法。

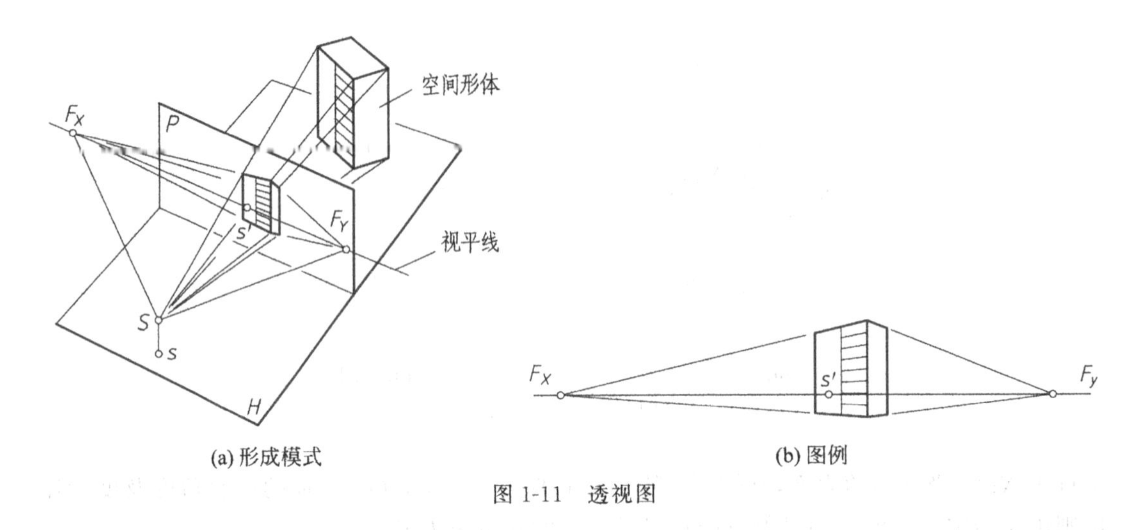

(a) 形成模式　　(b) 图例

图 1-11　透视图

例如，要表达一处山地，作图时用间隔相等的多个不同高度的水平面截割山地表面，其交线称为等高线；将不同高程的等高线投射到水平投影面上，并标出各等高线的高度数值，所得的图形即为标高投影图（图 1-12），它表达了该处地形高低起伏的情况。

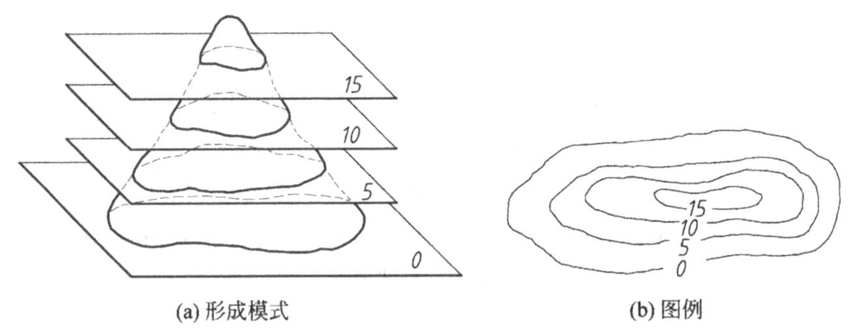

(a) 形成模式　　(b) 图例

图 1-12　标高投影图

在工程上常用标高来表示建筑物各处不同的高程，用标高投影图表示不规则的地形表面等。

综上所述，用不同的投影法所获得的投影图的性质是不同的。它们的分类及其对应关系如下：

- 投影法
  - 中心投影法→透视图
  - 平行投影法
    - 正投影法→正投影图、正轴测图、标高投影图
    - 斜投影法→斜投影图、斜轴测图

第2章

点、直线和平面的投影

从几何学的观点出发，一切空间形体都可看成由点、线(直线或曲线)、面(平面或曲面)所组成。本章重点研究如何将三维空间中的点、直线、平面及其相对位置关系在二维平面上表达出来的理论和方法。

2.1 点的投影

2.1.1 三投影面体系的建立

从第1章可知，单面投影不能唯一地确定几何元素或形体的空间位置和形状。因此，工程上常采用两面或两面以上的投影来表达设计对象。三投影面体系由相互垂直的水平投影面 H(简称 H 面或水平面)和正立投影面 V(简称 V 面或正面)以及侧立投影面 W(简称 W 面或侧面)所构成(图2-1)。

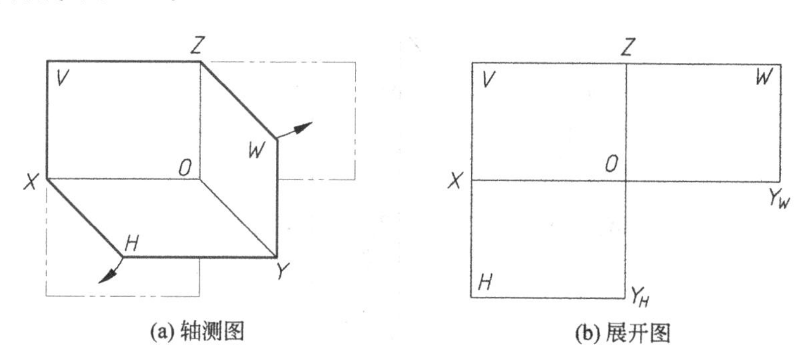

(a) 轴测图　　(b) 展开图

图2-1　三投影面体系的建立与展开

两投影面的交线称为投影轴：V、H 面的交线称为 OX 轴，W、H 面的交线称为 OY 轴，V、W 面的交线称为 OZ 轴。3根轴的交点 O 称为原点。

将3个投影面展开成为一个平面时，规定 V 面保持不动，H 面绕 OX 轴向下旋转90°，W 面绕 OZ 轴向右旋转90°，最终使 H 面、W 面与 V 面处于同一平面上。此时，OY 轴一分为二，属于 H 面的称 OY_H 轴，属于 W 面的称 OY_W 轴，如图2-1(b)所示。

2.1.2 点的三面投影

如图 2-2(a)所示，设点 A 位于三投影面体系中的空间，过点 A 作投射线垂直于投影面 H，所得的投影称为空间点 A 的水平投影，用 a 表示。

同理，过点 A 作投射线垂直于投影面 V，所得的投影称为空间点 A 的正面投影，用 a' 表示。过点 A 作投射线垂直于投影面 W，所得的投影称为空间点 A 的侧面投影，用 a'' 表示。

据立体几何学可知，由 Aa 和 Aa' 所确定的平面分别与 H 面和 V 面垂直相交，其交线 aa_X、$a'a_X$ 必分别与投影轴 OX 相互垂直，且集合点为 a_X。由 Aa 和 Aa'' 所确定的平面分别与 H 面和 W 面垂直相交，其交线 aa_Y、$a''a_Y$ 必分别与投影轴 OY 相互垂直，且集合点为 a_Y。由 Aa'' 和 Aa' 所确定的平面分别与 W 面和 V 面垂直相交，其交线 $a''a_Z$、$a'a_Z$ 必分别与投影轴 OZ 相互垂直，且集合点为 a_Z。

移去空间点 A 后，将 V 面、H 面、W 面按上述规定的方法展开成为一个平面，得图 2-2(b)，再去掉表示投影面范围的边框，便得到点 A 的三面投影如图 2-2(c)所示。

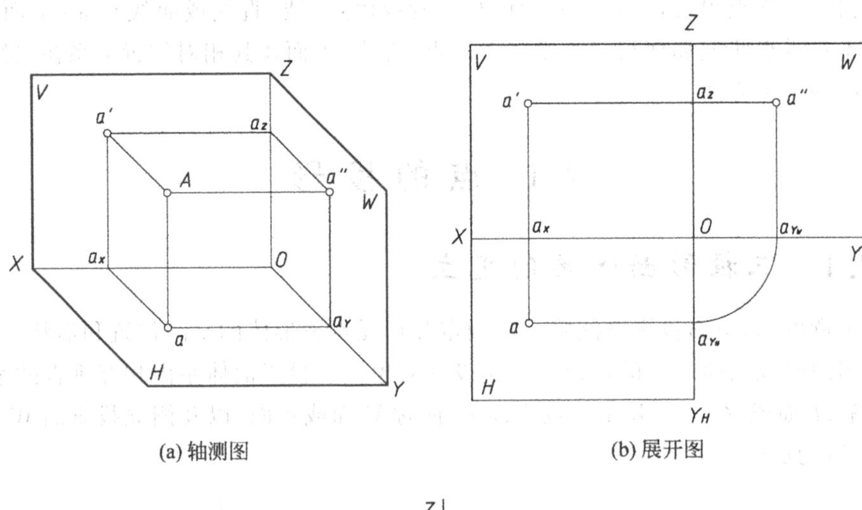

(a) 轴测图　　(b) 展开图

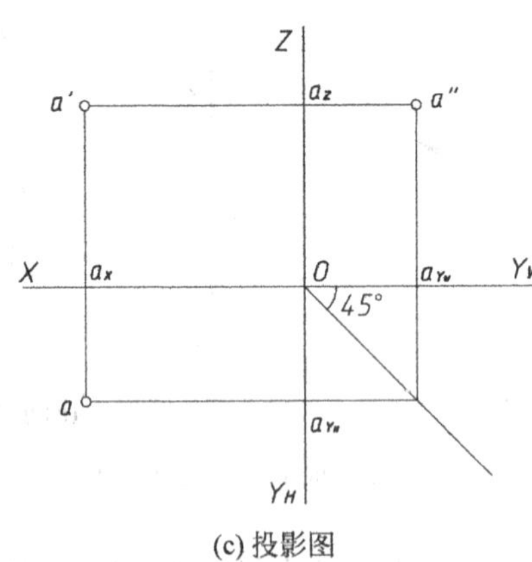

(c) 投影图

图 2-2 点的三面投影

从图 2-2(a)及其展开的规定可知，图 2-2(c)所示的点的三面投影之间有如下投影规律：

(1) 点的正面投影与水平投影都反映空间点到 W 面的距离，它们之间的连线垂直于 OX 轴。即 $aa_Y = a'a_Z = Aa''$，$a'a \perp OX$。

(2) 点的正面投影与侧面投影都反映空间点到 H 面的距离，它们之间的连线垂直于 OZ 轴。即 $a'a_X = a''a_Y = Aa$，$a'a'' \perp OZ$。

(3) 点的水平投影与侧面投影都反映空间点到 V 面的距离，所以点的水平投影到 OX 轴的距离等于其侧面投影到 OZ 轴的距离。即 $aa_X = a''a_Z = Aa'$。

点的投影规律是画图和识图最基本的规律，应熟练掌握。为实现上述规律(3)中 a、a'' 的正确关联，一般借助于45°辅助线来作图(图2-2(c))。

例 2-1 已知点 A 的水平投影 a 和正面投影 a'，求作其侧面投影 a''(图2-3(a))。

解 分析与作图：

(1) 为使 $a''a_Z = aa_X$，过已知的水平投影 a 向右作 OX 轴的平行线，与过原点 O 的45°辅助线相交，并过该交点向上作 OZ 轴的平行线，此平行线上所有的点到 OZ 轴的距离必等于 aa_X。

(2) 由于 $a'a'' \perp OZ$，故过 a' 向右作 OZ 轴的垂直线，与上述所作的 OZ 轴的平行直线交于一点，该点即为所求的侧面投影 a''。

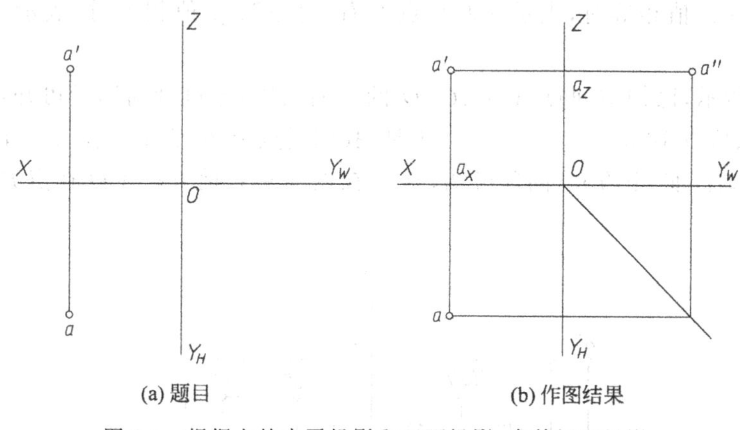

(a) 题目 (b) 作图结果

图 2-3 根据点的水平投影和正面投影，求其侧面投影

2.1.3 点的三面投影与其直角坐标的关系

把三投影面体系中的投影轴 OX、OY、OZ 当作空间直角坐标系 O-XYZ 的3根坐标轴，把三投影面体系中的原点 O 当作空间直角坐标系的坐标原点 O，把投影面 H、V、W 分别当作坐标面 XOY、XOZ、YOZ，则点的空间位置也可用直角坐标值来确定，即点到3个投影面之间的距离分别为该点的3个直角坐标值。如图2-4所示，点 A 到 W 面的距离等于 Oa_X，即为点 A 的 x 坐标；点 A 到 V 面的距离等于 Oa_{Y_H} 或等于 Oa_{Y_W}，即为点 A 的 y 坐标；点 A 到 H 面的距离等于 Oa_Z，即为点 A 的 z 坐标。

例 2-2 已知点 A 和点 B 的坐标值分别为(25,16,11)、(17,11,0)，求作这两点的三面投影(图2-4)。

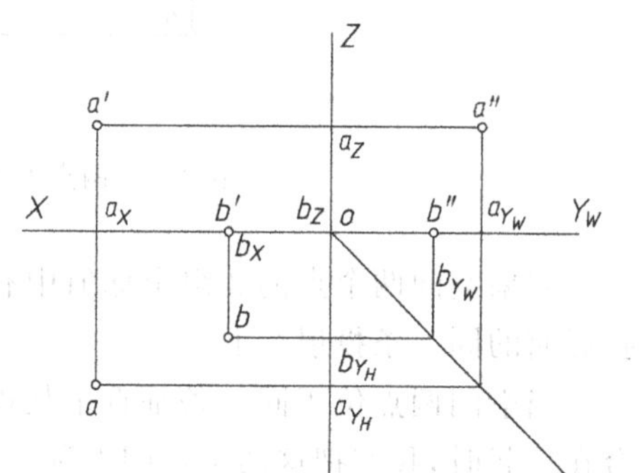

图 2-4 已知点的坐标值，求作三面投影

解 分析与作图：

首先根据点 A 的 x 坐标值在 OX 轴上量取 Oa_X 等于 25mm，得 a_X；根据点 A 的 y 坐标值在 OY_H 轴上量取 Oa_{Y_H} 等于 16mm，得 a_{Y_H}（也可以在 OY_W 轴上量取 Oa_{Y_W} 等于 16mm，得 a_{Y_W}）；根据点 A 的 z 坐标值在 OZ 轴上量取 Oa_Z 等于 11mm，得 a_Z。

然后，根据点的三面投影规律，分别过 a_X、a_{Y_H}、a_Z 作投影连线，它们两两相交处即分别为点 A 的三面投影 a、a'、a''。

同理，可得点 B（点 B 属于 H 投影面）的三面投影 b、b'、b''。

2.1.4 两点的相对位置和重影点的可见性判断

设在 Z、X、Y 3 个坐标方向上坐标值大的一方分别是上、左、前方，则空间两点的相对位置可用上、下、左、右、前、后的相互关系来描述。即空间两个点中其 y 坐标值大者在前，小者在后；x 坐标值大者在左，小者在右；z 坐标值大者在上，小者在下。

如果空间两个点的 3 组坐标值中有一组坐标值相等，例如，z 值相等时，表示这两个点上下“平齐”；x 值相等时，表示这两个点左右“对正”；y 值相等时，表示这两个点前后“相等”。

如图 2-5 所示，已知空间点 A、B、C、D 的三面投影，通过轴向测量可知：点 B 在点 A 的左方 12mm、后方 10mm、上方 5mm。于是，我们说点 B 在点 A 的左、后、上方（也可以说点 A 在点 B 的右、前、下方）。同理可知，点 C 在点 A 的正前方；点 D 在点 B 的左前方，且上下“平齐”。

hh2-5

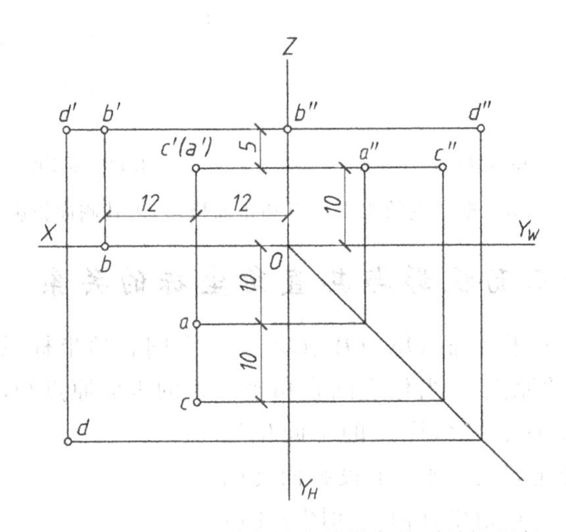

图 2-5 两点的相对位置和重影点的可见性判断

如果空间两个点的 3 组坐标值中有两组坐标值相等，则表示该空间两点必在垂直于某投影面的同一条投射线上。

当空间两点位于同一条垂直于某投影面的投射线上时，这两点在该投影面上的投影重合在一起时，我们把这两个空间点称为对该投影面的重影点。

一般说来，对投影图中的重影点必须判别其投影的可见性（表 2-1）。

表 2-1 重影点的投影及其特性

	对 H 面的重影点	对 V 面的重影点	对 W 面的重影点
轴测图	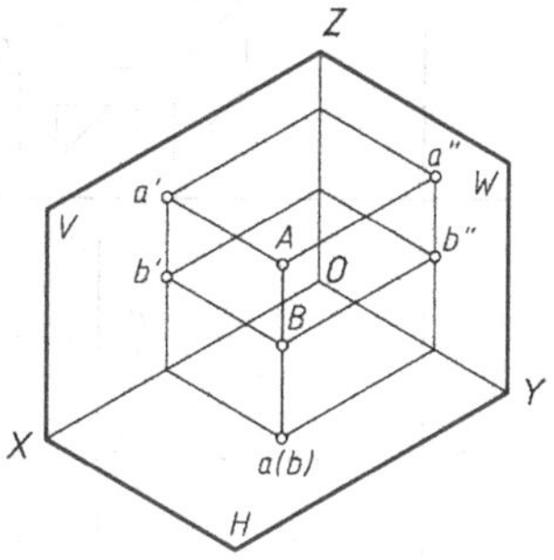	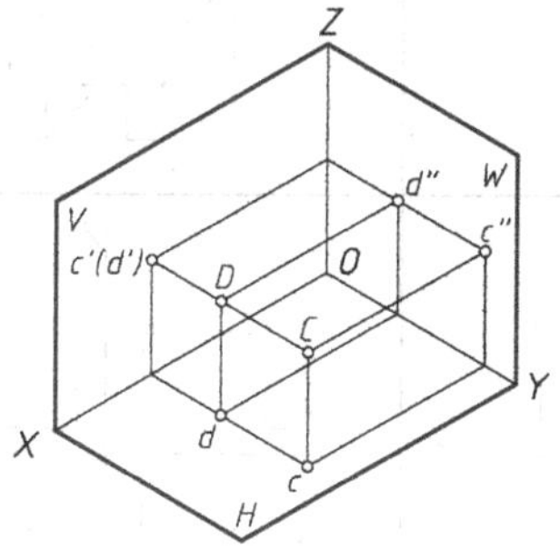	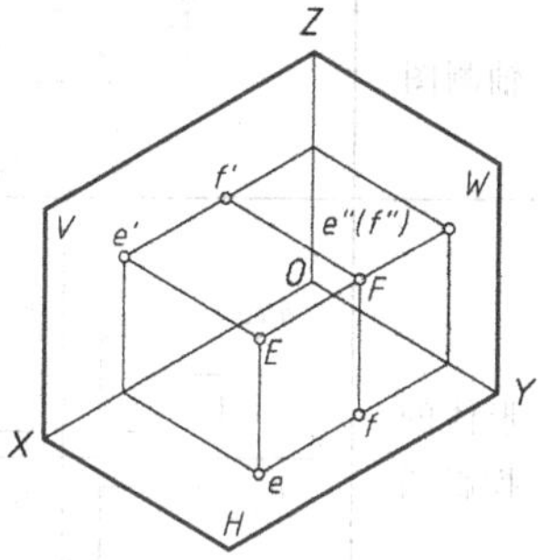
投影图	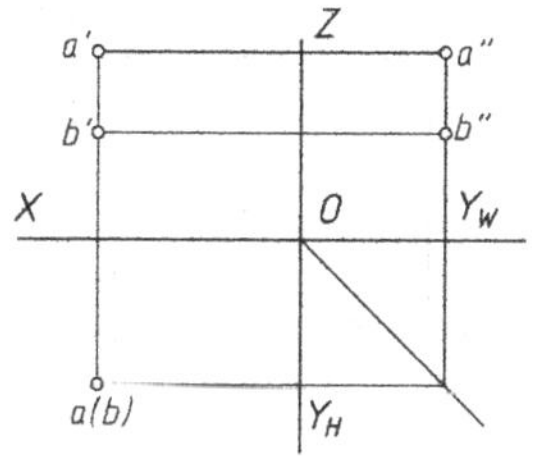	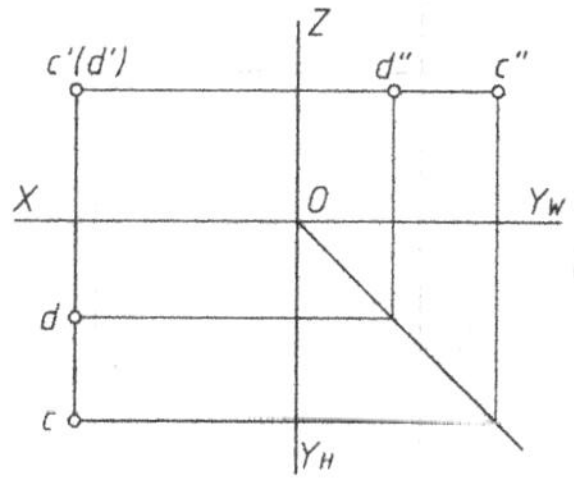	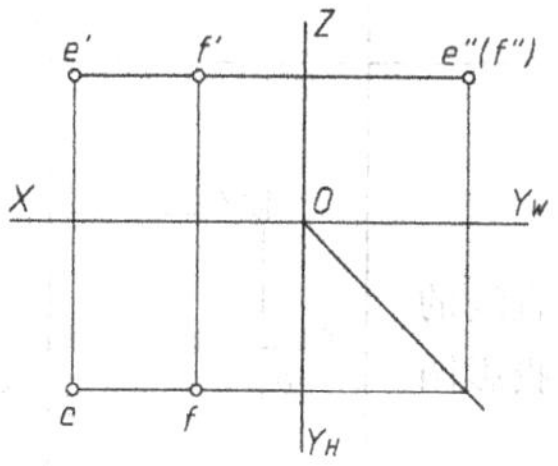

例如，图 2-5 中点 A 与点 C 的 x 值相等，同为 12mm；z 值相等，同为 10mm；而 y 值不相等（$y_A=10\text{mm}, y_C=20\text{mm}$）。在投影体系中若把投射方向作为观察方向，则投影重合在一起的空间两点就产生了谁挡住谁的问题。显而易见，当从前向后观察时，由于 $y_C>y_A$，因此点 C 挡住了点 A。于是称这两个空间点 C 和 A 为对投影面 V 的重影点。在 V 面投影中则表示为 $c'(a')$。本学科规定，对不可见的点的投影一般要加括号表示，以示区别，并称之为不可见投影。

2.2 直线的投影

根据直线与投影面的相对位置的不同，直线可分为三大类：投影面垂直线、投影面平行线、一般位置直线。对一个投影面垂直（必对其他两个投影面平行）的直线称为投影面垂直线；仅对一个投影面平行而又对其他两个投影面倾斜的直线称为投影面平行线；对 3 个投影面都倾斜的直线称为一般位置直线。

直线与投影面之间的夹角称为倾角，本学科规定直线与投影面 H、V、W 之间的倾角分别用希腊字母 α、β、γ 表示。

2.2.1 投影面垂直线

在投影面垂直线中，垂直于正立投影面的直线称为正垂线；垂直于水平投影面的直线称为铅垂线；垂直于侧立投影面的直线称为侧垂线。表 2-2 列出了正垂线、铅垂线、侧垂线的投影及其投影特性。

表 2-2 投影面垂直线的投影及其投影特性

	正垂线	铅垂线	侧垂线
轴测图	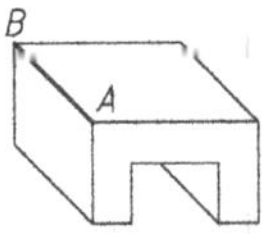 B A	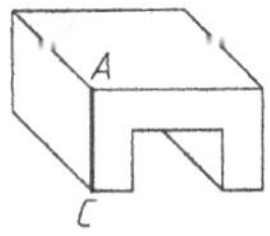 A C	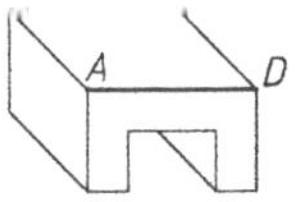 A D
形体的投影图	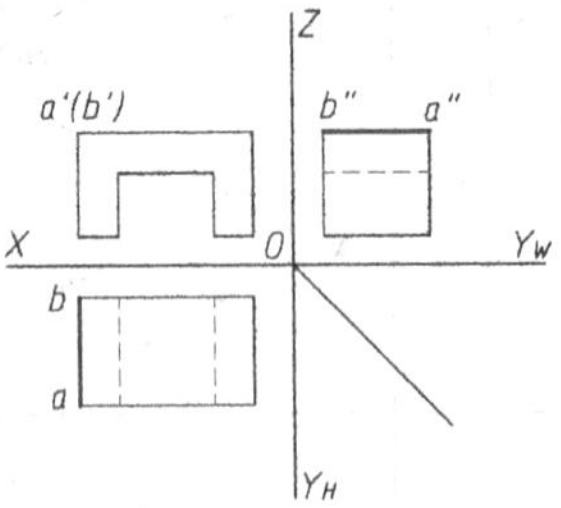 Z a'(b') b'' a'' X O Yw b a YH	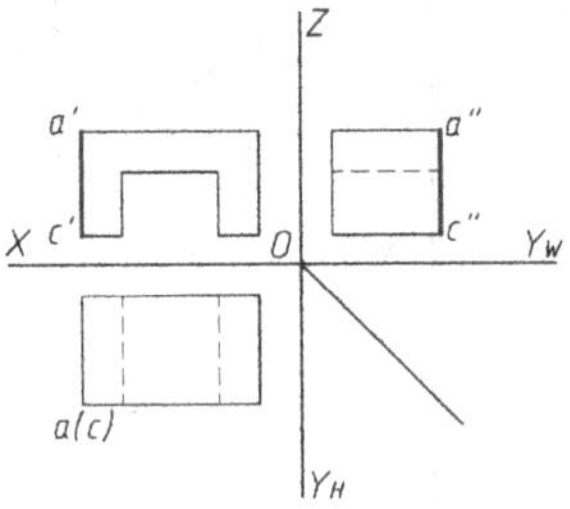 Z a' a'' c' c'' X O Yw a(c) YH	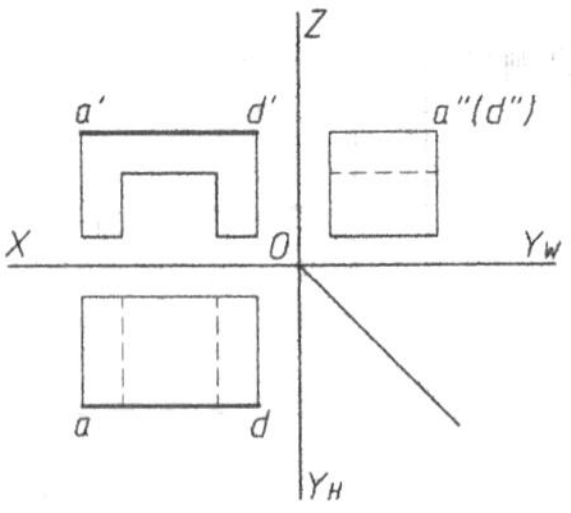 Z a' d' a''(d'') X O Yw a d YH
直线的投影图	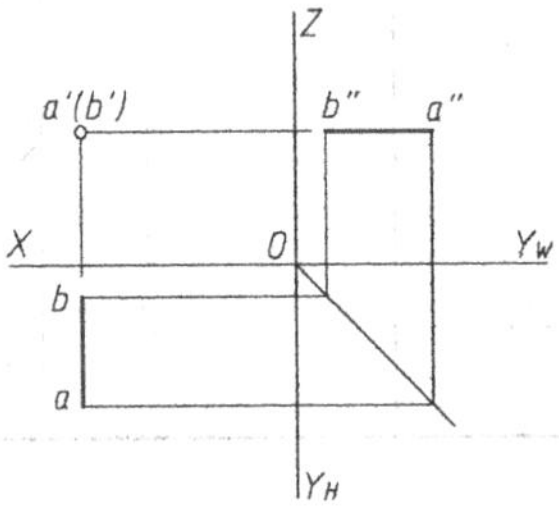 Z a'(b') b'' a'' X O Yw b a YH	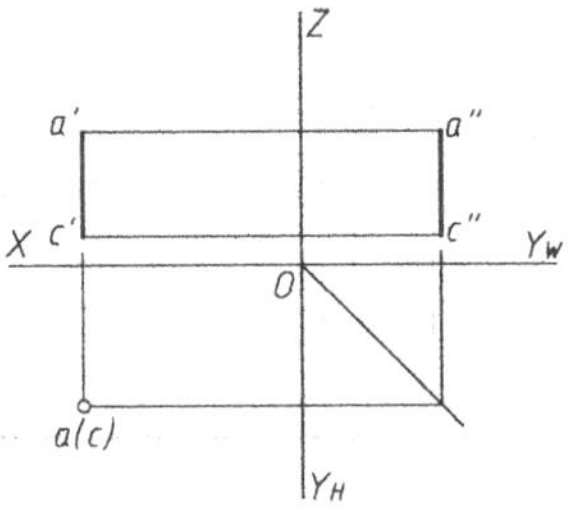 Z a' a'' c' c'' X O Yw a(c) YH	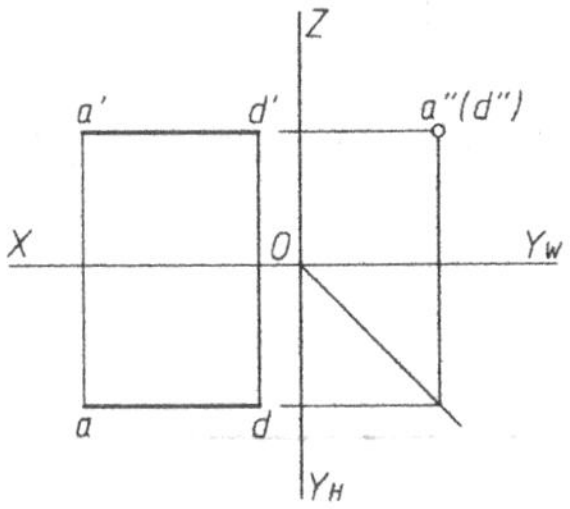 Z a' d' a''(d'') X O Yw a d YH
投影特性	(1) 直线在与其垂直的投影面上的投影积聚为一点； (2) 直线在其余两个投影面上的投影分别垂直于相应的投影轴，且反映该线段的实长		

2.2.2 投影面平行线

在投影面平行线中，平行于正立投影面的直线称为正平线；平行于水平投影面的直线称为水平线；平行于侧立投影面的直线称为侧平线。表 2-3 列出了正平线、水平线、侧平线的投影及其投影特性。

表 2-3 投影面平行线的投影及其投影特性

	正平线	水平线	侧平线
轴测图	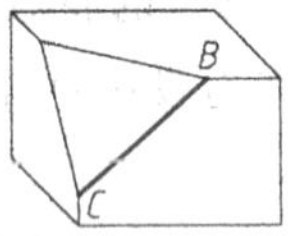 B C	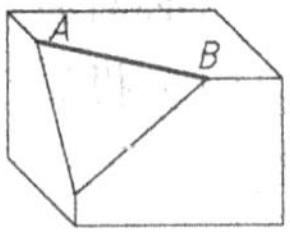 A B	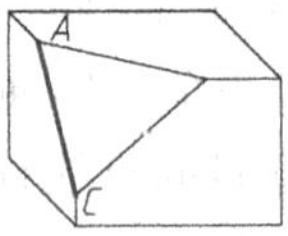 A C
形体的投影图	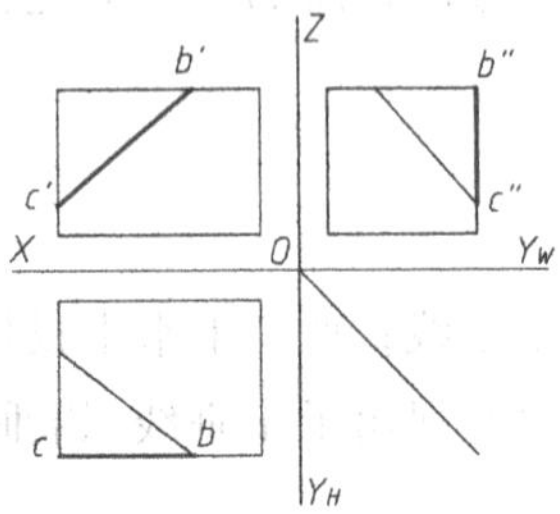 Z b' b'' c' c'' X O Yw c b YH	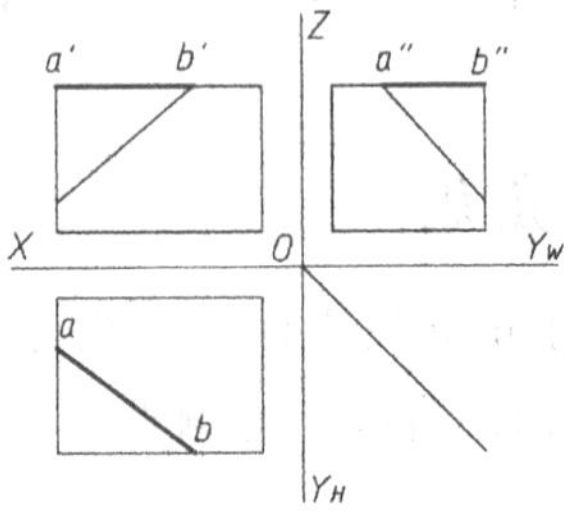 Z a' b' a'' b'' X O Yw a b YH	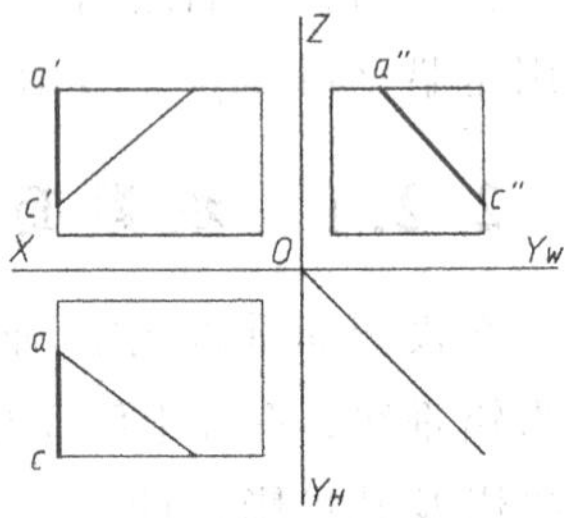 Z a' a'' c' c'' X O Yw a c YH

续表

	正 平 线	水 平 线	侧 平 线
直线的投影图	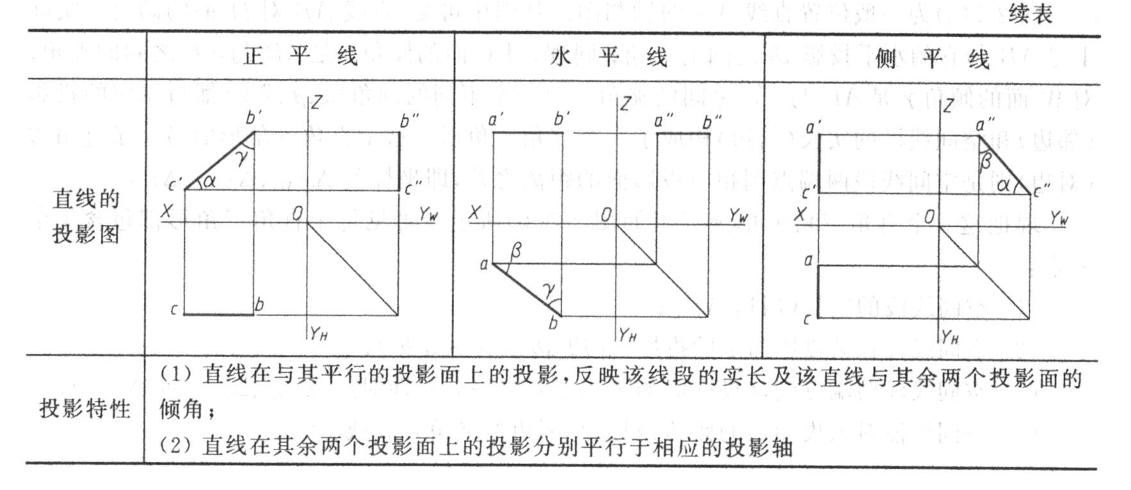		
投影特性	(1) 直线在与其平行的投影面上的投影,反映该线段的实长及该直线与其余两个投影面的倾角; (2) 直线在其余两个投影面上的投影分别平行于相应的投影轴		

2.2.3 一般位置直线

一般位置直线是指对 3 个投影面都倾斜的直线。图 2-6 中三棱锥的棱线 SA 为一般位置直线。

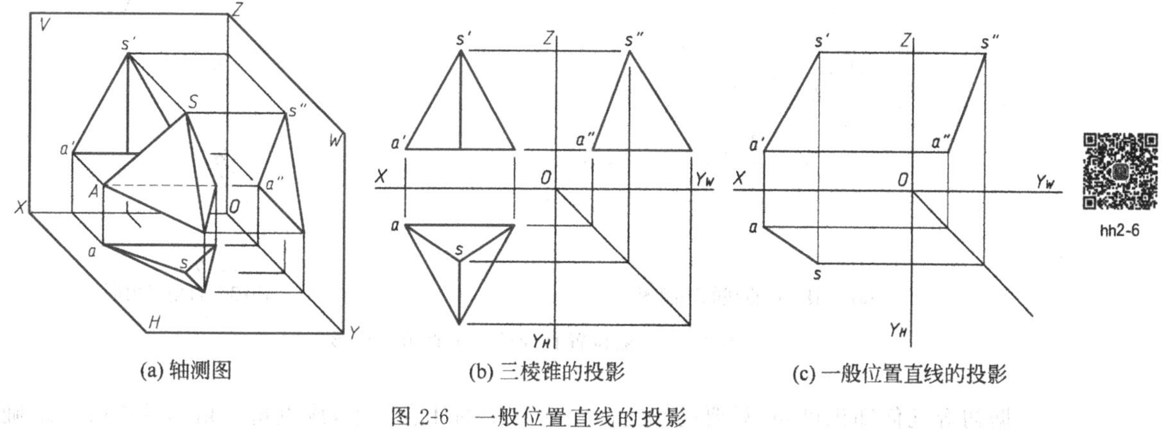

(a) 轴测图 (b) 三棱锥的投影 (c) 一般位置直线的投影

图 2-6 一般位置直线的投影

一般位置直线的投影特性为:

(1) 直线的 3 面投影都与投影轴倾斜,且均小于实长。

(2) 直线与投影面之间的倾角在投影图中均不反映实形。

事实上,只要空间直线的任意两面投影都呈倾斜状态,则该直线一定是一条一般位置直线。

2.2.4 求一般位置直线的实长及倾角——直角三角形法

由上述可知,一般位置直线的三面投影都不反映线段的实长,也不反映它对投影面的倾角的实形。在探讨有关度量问题时,如果需要根据一般位置直线的投影求出该线段的实长及其对投影面的倾角的实形,这时,只要分析清楚该空间线段与其投影之间的几何关系,就不难得出它的解题方法。

图 2-7(a)为一般位置直线 AB 的轴测图。从图中可见，直线 AB 对 H 面的倾角 α 实际上是 AB 与它的水平投影 ab 之间的夹角；同理，对 V 面的倾角 β 是 AB 与 $a'b'$ 之间的夹角；对 W 面的倾角 γ 是 AB 与 $a''b''$ 之间的夹角。每一个不同的倾角(α、β 或 γ)都与相应的投影(邻边)和空间线段的实长(斜边)构成了一个直角三角形。这个直角三角形的另一条直角边(对边)则是空间线段两端点到相应投影面的距离之差，即坐标差 Δx_{AB}、Δy_{AB}、Δz_{AB}。

现把这 3 个直角三角形单独列出如图 2-7(b)所示。可见每个直角三角形都包含 4 个要素：

(1) 空间线段的实长(斜边 AB)；

(2) 空间线段在某投影面上的投影(邻边 ab、$a'b'$ 或 $a''b''$)；

(3) 空间线段两端点到该投影面的距离之差(坐标差，即对边 Δz_{AB}、Δy_{AB} 或 Δx_{AB})；

(4) 空间线段对该投影面的倾角(斜边与邻边的夹角 α、β 或 γ)。

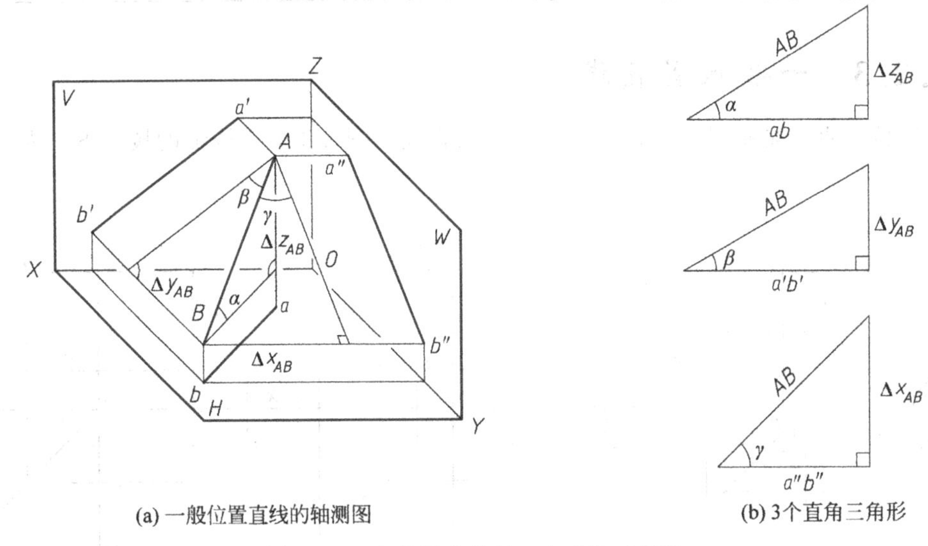

(a) 一般位置直线的轴测图 (b) 3个直角三角形

图 2-7 一般位置直线的 3 个直角三角形

据初等几何知识可知，只要已知这 4 个要素中的任意两个，该直角三角形就能唯一地确定。于是，便可据此求出一般位置直线段的实长及其对投影面的倾角的实形。这个利用直角三角形去解决有关度量问题的方法，称为直角三角形法。

例 2-3 已知一般位置直线段 AB 的两面投影(图 2-8(a))，求其对 H 投影面的倾角 α 和实长。

解 分析：首先，借助轴测图建立解题用的直角三角形空间模式(图 2-8(b))，自 A 引 AB_1 平行于 ab，得直角三角形 ABB_1，其中 $AB_1=ab$、$BB_1=\Delta z_{AB}$。显然，根据题设(图 2-8(a))可知 ab 和 Δz_{AB} 为已知，故该直角三角形便能作出。也就是说，该题可利用直角三角形法求解。

作图：由于直角三角形的两直角边可以分别从图 2-8(b)的 H 面、V 面投影上得到，故所求直角三角形可以画在其中任一个投影面上(图 2-8(c))。在 H 面作图时，已有一直角边 ab，另一直角边 Δz_{AB} 可从 V 面投影上量取；在 V 面作图时，已知一直角边 Δz_{AB}，另一直角边 ab 可从 H 面投影上量取。如觉得该题较复杂，题中的图线较多，为保持图面清晰，也可以将直角三角形画在图纸其他任意位置上(图 2-8(d))。但无论画在何处,直角三角形的斜边一定是线段的实长,斜边与水平投影之间的夹角一定是线段 AB 与 H 投影面的倾角 α。

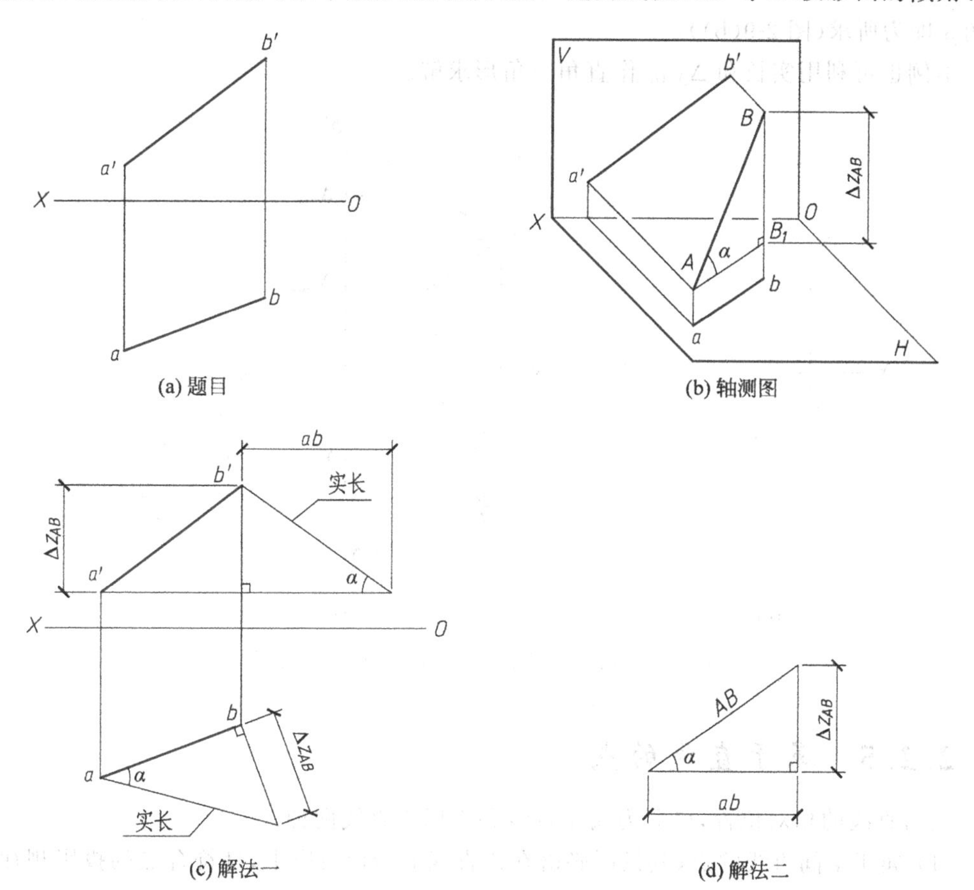

图 2-8 利用直角三角形法求一般位置直线的实长与倾角 α

同理,利用正面投影 $a'b'$和 AB 两端点的 y 坐标差 Δy_{AB},可求一般位置直线段 AB 的实长与 β;利用侧面投影 $a''b''$和 AB 两端点的 x 坐标差 Δx_{AB},可求一般位置直线段 AB 的实长与 γ。

例 2-4 已知直线段 AB 的水平投影 ab 和点 A 的正面投影 a',并知 AB 对 H 面的倾角 α 为 30°,求直线段 AB 对 V 面的倾角 β(图 2-9(a))。

解 分析:若能画出含倾角 β 的直角三角形,本题即可获解。但据已知条件 ab,仅可直接得出含 β 的直角三角形的一条直角边 Δy_{AB},故还须设法找出含 β 的直角三角形的斜边(实长)或另一直角边(正面投影长度)。因此,必须再利用题目的另一个已知条件 $\alpha=30°$,即利用 $\alpha=30°$和 ab 画出另外一个直角三角形来求得斜边 AB(实长)和 Δz_{AB},至此本题便可迎刃而解。

作图:过 a 作与 ab 成 30°角的直线,再过 b 作 ab 的垂线,此两直线相交并与 ab 一起构成一个直角三角形,由此得出 Δz_{AB} 和 AB 实长。

再过 a'作直线平行于 OX 轴,过 b 作垂直于 OX 轴的投影连线,两直线相交于一点,然后自该点在投影连线上、下各量取长度 Δz_{AB} 得 b'、b'_1,连接并加粗 $a'b'$($a'b'_1$),即得本例正面投影的两个解(对于多解的题,如无特殊要求,通常只要作出其中的一解即可)。

最后,以 $a'b'$ 为一条直角边、Δy_{AB} 为另一条直角边作直角三角形,于是斜边与 $a'b'$ 边的夹角 β 即为所求(图 2-9(b))。

本例也可利用实长和 Δy_{AB} 作直角三角形求解。

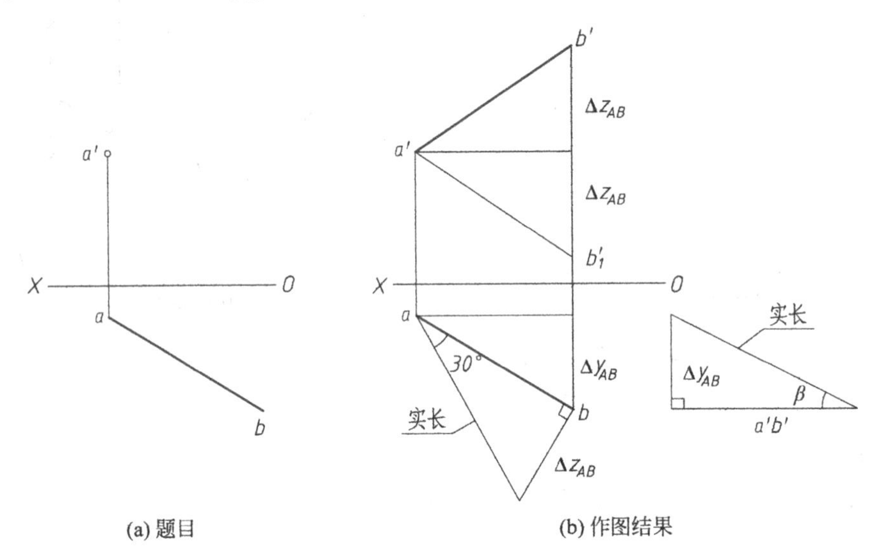

(a) 题目　　(b) 作图结果

图 2-9　利用直角三角形法求直线 AB 的实长和 β

2.2.5 属于直线的点

点与直线的相对位置,可分为属于直线和不属于直线两种。

(1) 属于空间直线的点,其投影必落在该直线的同面投影上,且符合点的投影规律。这一投影性质称为从属性。

图 2-10 中的点 K 属于直线 AB,点 N 不属于直线 AB。

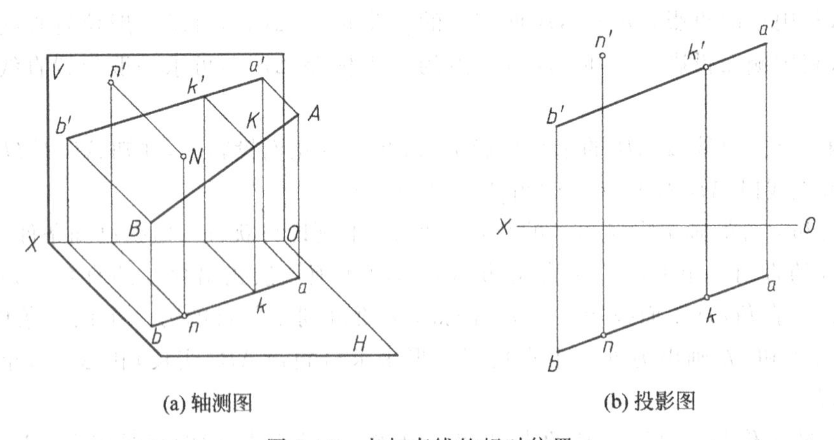

(a) 轴测图　　(b) 投影图

图 2-10　点与直线的相对位置

(2) 点分空间线段所成的比例,等于该点的投影分该线段的同面投影所成的比例。这一投影性质称为定比性。

图 2-11 所示的直线 AB 倾斜于 H 面，点 C 属于 AB。由于 $Aa /\!/ Cc /\!/ Bb$，根据初等几何“平行线分割线段成定比”的定理，故有 $\frac{AC}{CB}=\frac{ac}{cb}$。同理，$\frac{AC}{CB}=\frac{ac}{cb}=\frac{a'c'}{c'b'}=\frac{a''c''}{c''b''}$，于是得上述结论。

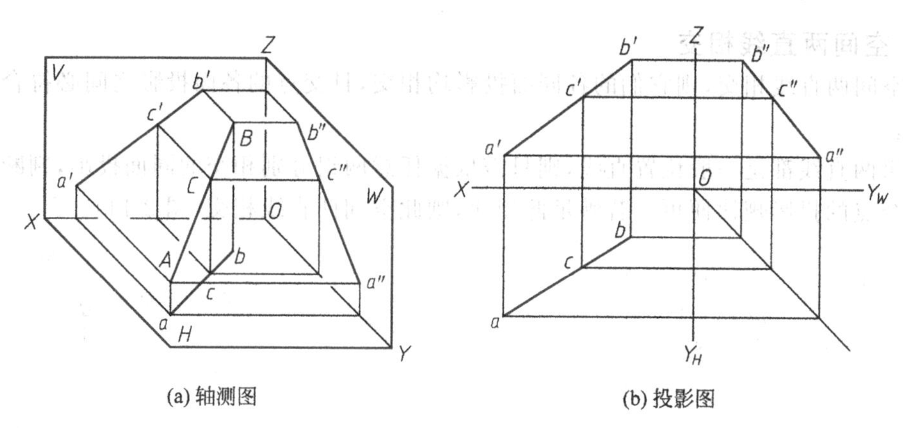

图 2-11 直线上的点及其投影特性

例 2-5 已知点 K 属于直线 AB，且点 K 将线段分成 2∶3，求点 K 的投影(图 2-12)。

解 分析：按题意应将线段分割成五等份，取距 A 端的第二个等分点为点 K，即可将线段分割成 2∶3。

作图：选择直线 AB 两面投影中的任意一面投影的某个端点，如 ab 的端点 a 向不与 ab 重合的任一方向作射线；以适当长度为单位在该射线上自 a 起连续量取五等份，得点 1、2、3、4、5；连接直线 $b5$，并过 2 作 $b5$ 的平行线交 ab 于 k；由 k 向上作垂直于 OX 轴的投影连线交 $a'b'$ 于 k'。于是，k、k' 即为所求点 K 的投影。

值得注意的是，当已知直线是某投影面平行线，且已知的是垂直于同一投影轴的两面投影，例如，已知侧平线的正面投影和水平投影时，即使点 K 的正面投影和水平投影都落在该直线的同面投影上，也不要轻易断定该点 K 属于该直线。这时，最好的方法是作出并利用它们的侧面投影来判断。如图 2-13 所示，虽然 k 属于 ab，k' 属于 $a'b'$，但 k'' 不属于 $a''b''$，因此，点 K 不属于直线 AB。

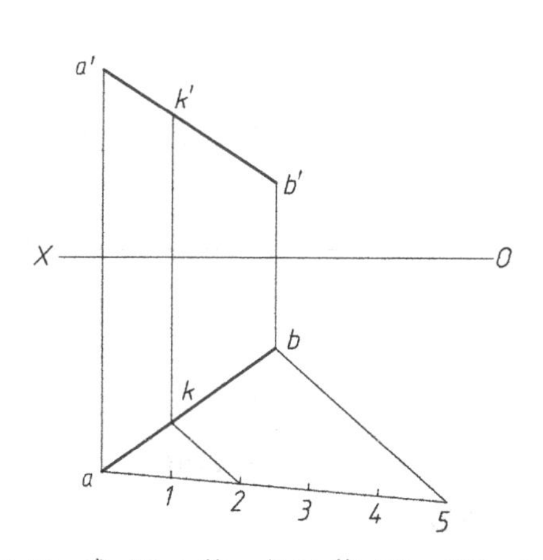

图 2-12 求 AB 上的一点 K，使 $AK:KB=2:3$

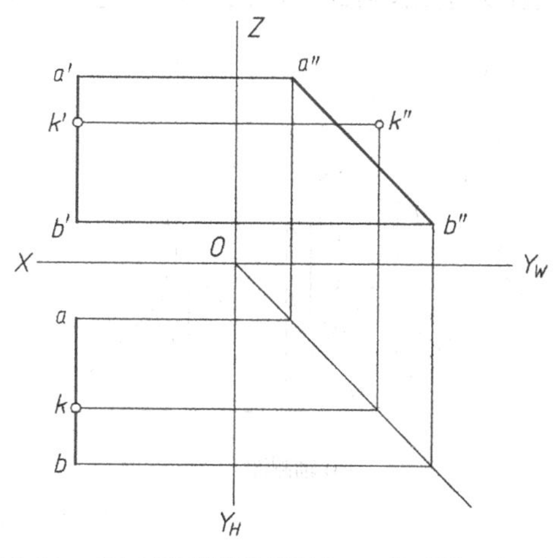

图 2-13 利用侧面投影判断点 K 是否属于侧平线

2.2.6 两直线的相对位置

空间两直线的相对位置可以分为 3 种：相交、平行、交叉。

1. 空间两直线相交

若空间两直线相交，则它们的各同面投影均相交，且交点的各面投影之间必符合点的投影规律。

如果两直线都是一般位置直线，则只需依据任意两组分别相交的同面投影，判断其交点是否符合点的投影规律便可。若满足此规律，则此空间两直线相交(图 2-14)。

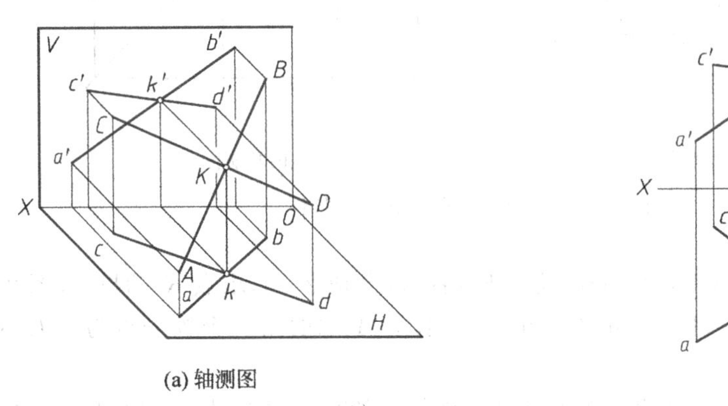

(a) 轴测图　　(b) 投影图

图 2-14　相交两直线的投影

但是，当两直线中有一条(甚至两条)平行于某投影面时，则最好求出并检查该两直线在所平行的投影面上的投影，看它们是否相交，以及交点是否符合点的投影规律。对于此类问题，也可利用定比性来判断。

2. 空间两直线平行

若空间两直线相互平行，则它们的每个同面投影必然分别相互平行，且两线段各同面投影的长度之比为定比；反之，若空间两直线每个同面投影分别相互平行，且各同面投影的长度之比为定比，则此空间两直线一定相互平行(图 2-15)。

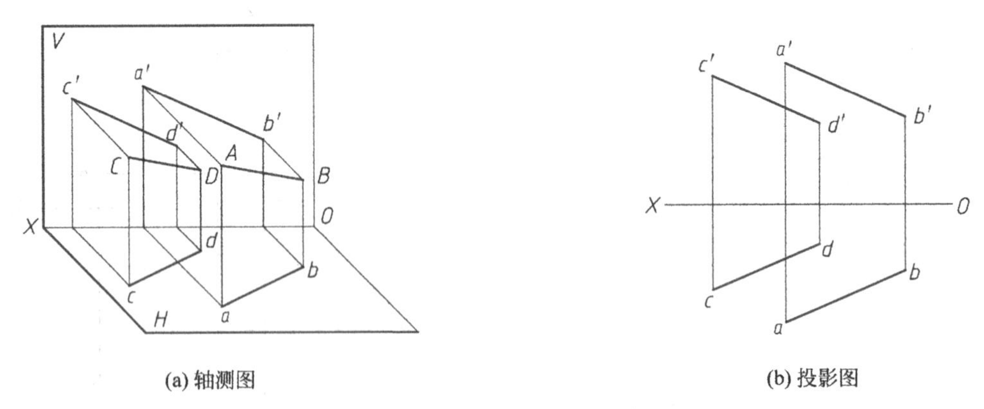

(a) 轴测图　　(b) 投影图

图 2-15　平行两直线的投影

对于两条一般位置直线，只要它们的任意两个同面投影分别相互平行，即可断定它们在空间必相互平行。但是，当两直线都平行于同一投影面时，要断定它们在空间是否相互平行，最好的办法是求出并检查它们在所平行的投影面上的投影是否相互平行；当然，也可通过检查各组同面投影是否共面或是否分别成定比等方法来判断。

3. 空间两直线交叉

空间两直线既不平行也不相交时，称为交叉。交叉两直线不属于同一个平面，是异面直线。

空间两直线交叉时，它们的同面投影可能相交，但各个投影交点之间不可能符合点的投影规律(图 2-16)，它们的某个甚至两个同面投影也可能平行，但不可能 3 个同面投影同时出现平行。

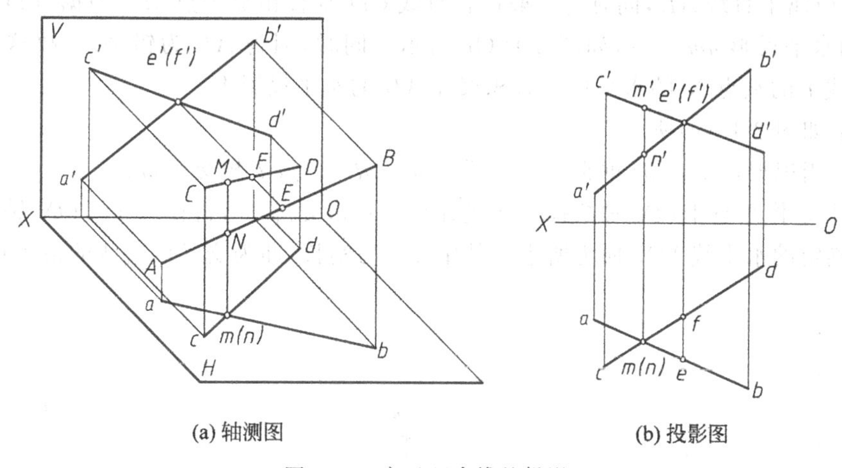

(a) 轴测图　　(b) 投影图

图 2-16　交叉两直线的投影

hh2-16

对于交叉两直线，一般要判别其重影点的投影可见性。

4. 空间两直线垂直——直角的投影

一般来说，只有当相交两直线都平行于同一投影面时，它们在该投影面上的投影才反映该两直线间夹角的实形。但是，如果空间两直线相交成直角，且其中有一条直线平行于某投影面时，则此直角在该投影面上的投影仍反映成直角。这是直角投影的一个特性。

有关直角投影特性的证明如图 2-17 所示。

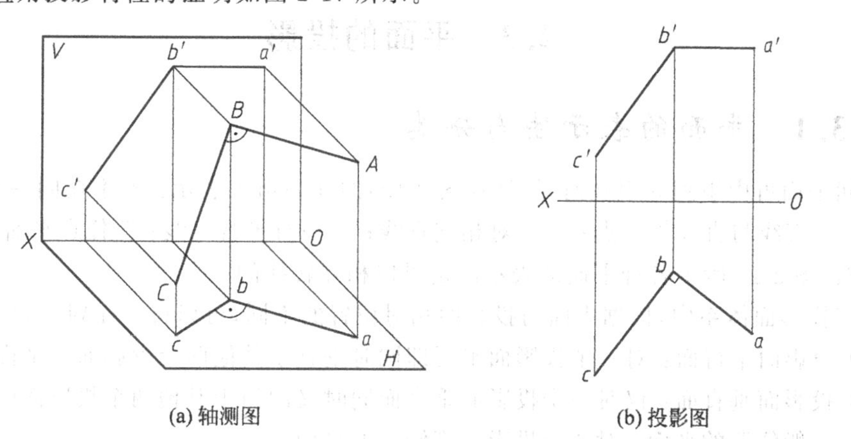

(a) 轴测图　　(b) 投影图

图 2-17　一边平行于一投影面时的直角的投影

hh2-17

(1) 设 $AB \perp BC$，且 $AB /\!/ H$ 面。由于 AB 同时垂直于 BC 和 Bb，因此 AB 垂直于平面 $BbcC$；

(2) 因 $ab /\!/ AB$，所以 ab 垂直于平面 $BbcC$，故得出 $ab \perp bc$ 的结论。

反过来说，当空间两直线在某一投影面的投影成直角，且其中有一条直线为该投影面的平行线时，则此两直线在空间一定成直角。

例 2-6 已知如图 2-18(a)所示，求交叉两直线 AB、CD 的最短距离。

解 分析：由初等几何学可知，交叉两直线之间的公垂线即为其最短距离。由于本例所给的直线 AB 为铅垂线，故可断定与它垂直的直线必为水平线。该水平线(公垂线)的一个端点 N 应属于直线 AB，同时与一般位置直线 CD 垂直相交于点 M。根据直角投影的特性，它们的水平投影 $nm \perp cd$，如图 2-18(b)所示。同时，因为 AB 为铅垂线，故这一公垂线在 AB 直线上的端点 N 的水平投影必积聚在 AB 的水平投影上。

作图：如图 2-18(c)所示。

(1) 利用积聚性定出 n(重影于 ab)，作 $nm \perp cd$ 并与 cd 相交于 m；

(2) 过 m 作垂直于 OX 轴的投影连线并与 $c'd'$ 相交得 m'，再作 $m'n' /\!/ OX$ 轴。于是由 mn、$m'n'$ 确定的水平线 MN 便为所求。其中 mn 为实长，即为交叉两直线的最短距离。

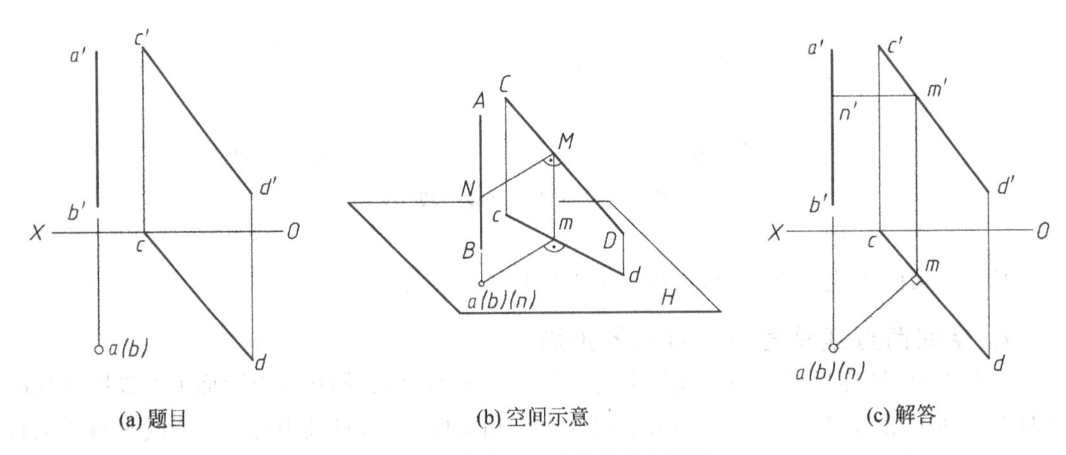

(a) 题目 (b) 空间示意 (c) 解答

图 2-18 求交叉两直线的最短距离

2.3 平面的投影

2.3.1 平面的表示法与分类

空间平面可由下列 5 组几何元素中(图 2-19)的任一组来表示：①不在同一直线上的 3 个点；②一直线与直线外一点；③一对相交直线；④一对平行直线；⑤任意平面图形。

显然，图 2-19 所示各种平面的表示法是可以相互转换的。

在三投影面体系中，根据平面与投影面相对位置的不同，可以将平面划分为三大类。

(1) 投影面平行面：对一个投影面平行即同时垂直于其他两个投影面的平面；

(2) 投影面垂直面：仅对一个投影面垂直而同时又倾斜于其他两个投影面的平面；

(3) 一般位置的平面：对 3 个投影面都倾斜的平面。

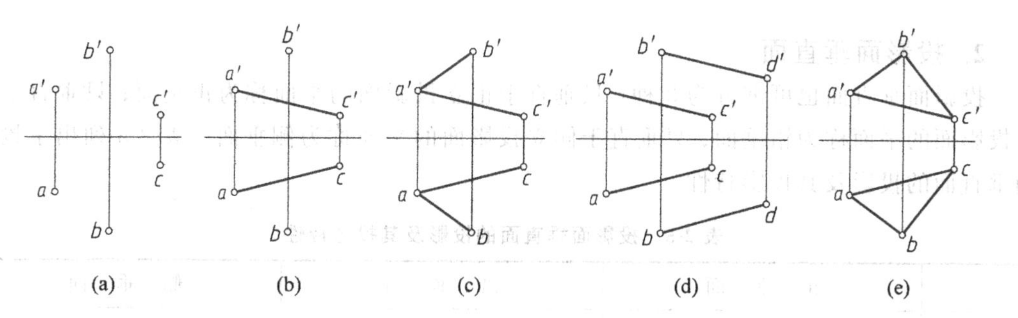

图 2-19 平面的表示法

空间平面与投影面不平行则必相交，我们将平面与投影面相交所构成的二面角称为倾角，本学科规定平面与投影面 H、V、W 之间的倾角分别用希腊字母 α、β、γ 来表示。

2.3.2 各类平面的投影及其投影特性

1. 投影面平行面

投影面平行面又可细分为 3 种：平行于正立投影面的平面称为正平面；平行于水平投影面的平面称为水平面；平行于侧立投影面的平面称为侧平面。表 2-4 列出了投影面平行面的投影及其投影特性。

表 2-4 投影面平行面的投影及其投影特性

	正 平 面	水 平 面	侧 平 面
轴测图			
形体的投影图			
平面的投影图			
投影特性	(1) 平面在与其平行的投影面上的投影反映该平面的实形； (2) 平面在其他两个投影面上的投影都积聚成平行于相应投影轴的直线		

2. 投影面垂直面

投影面垂直面也可细分为3种：只垂直于正立投影面的平面称为正垂面；只垂直于水平投影面的平面称为铅垂面；只垂直于侧立投影面的平面称为侧垂面。表2-5列出了投影面垂直面的投影及其投影特性。

表2-5 投影面垂直面的投影及其投影特性

	正垂面	铅垂面	侧垂面
轴测图	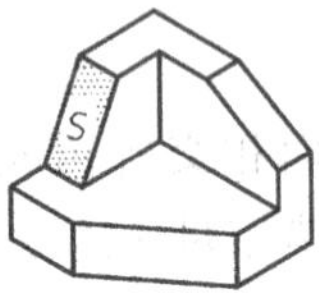	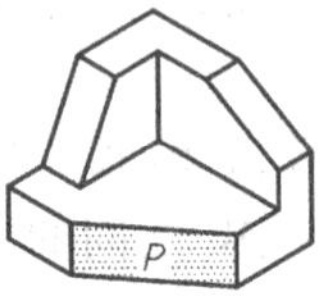	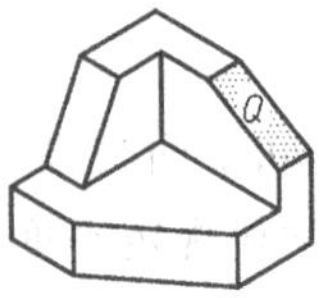
形体的投影图	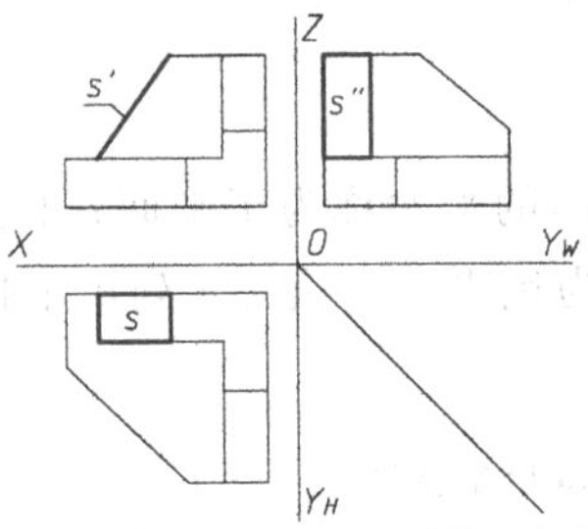	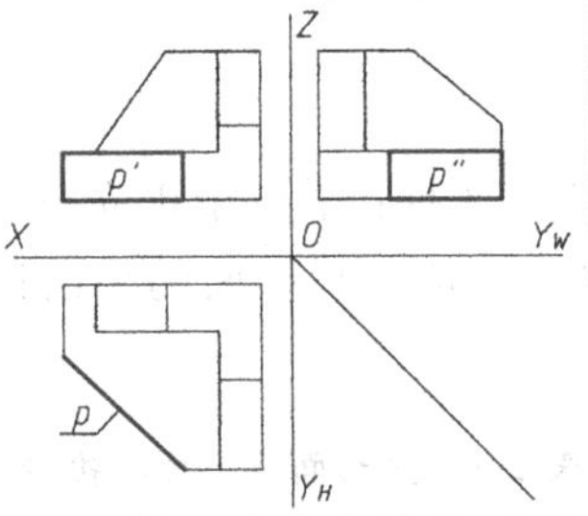	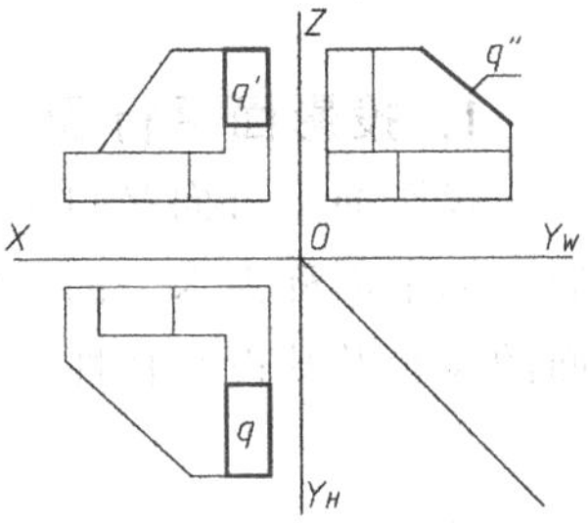
平面的投影图	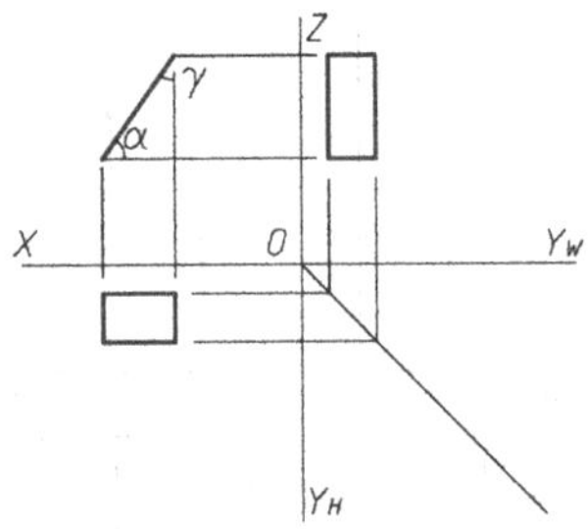	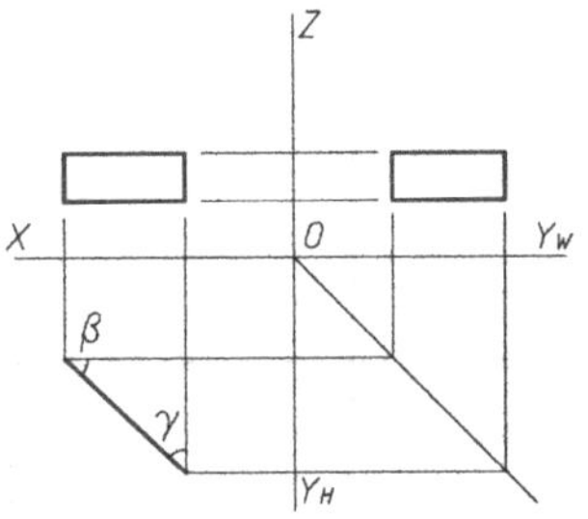	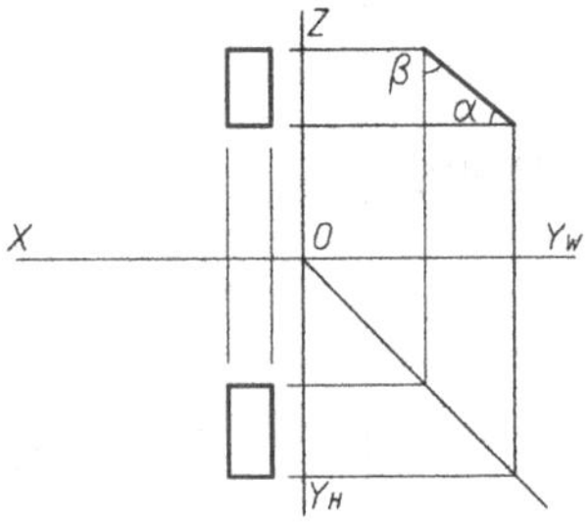
投影特性	(1) 平面在与其垂直的投影面上的投影积聚成一条倾斜线段，并反映该平面对其他两个投影面的倾角； (2) 平面在其他两个投影面上的投影都是面积缩小的类似形		

3. 一般位置平面

在空间中，对3个投影面都倾斜的平面称为一般位置平面。它的投影特性是，其三面投影既不反映实形也不积聚为直线，且均为比原形面积小的、形状类似的图形。

此外，一般位置平面的三面投影都不直接反映该平面对3个投影面的倾角。

图2-20是截头三棱锥的投影图和轴测图，其截断面$\triangle ABC$、三棱锥的左前棱面和右前棱面均为一般位置平面(由于摆放位置特殊，其后棱面为侧垂面，底面为水平面)。

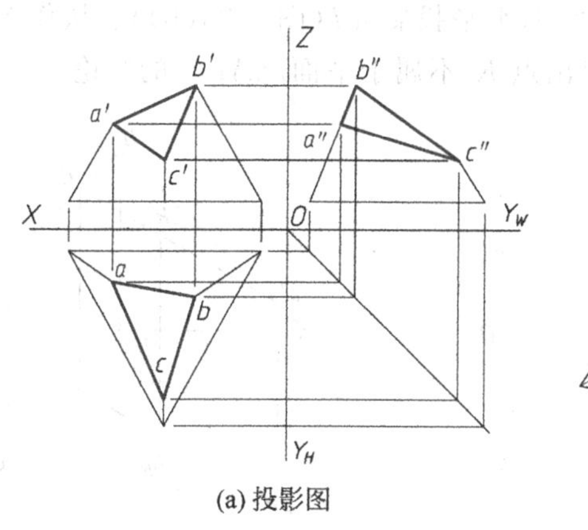

(a) 投影图

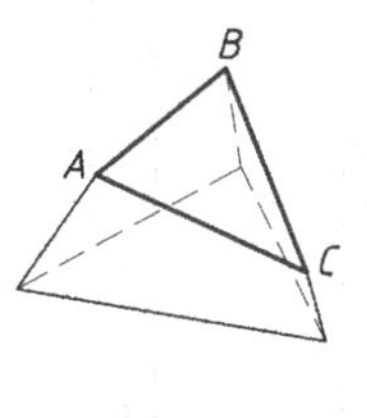

(b) 轴测图

图 2-20 一般位置平面

2.3.3 属于平面的点和直线

1. 点和直线属于平面的几何条件

由初等几何可知，点和直线属于平面的几何条件如下。

条件一：如果一点属于平面的一直线，则该点属于该平面。

如图 2-21 所示，点 D 属于△ABC 内的直线 AB，点 E 属于△ABC 内的直线 AC（延长线），所以点 D、E 属于平面△ABC。

条件二：如果一直线通过属于平面的两已知点，或通过属于平面的一点并平行于该平面内的另一已知直线，则该直线属于该平面。

如图 2-22 所示，直线 DE 通过属于△ABC 平面的点 D、点 E；直线 DM 通过属于△ABC 平面的一点 D 且平行于该平面内的另一已知直线 AC，故这两直线都属于平面△ABC。

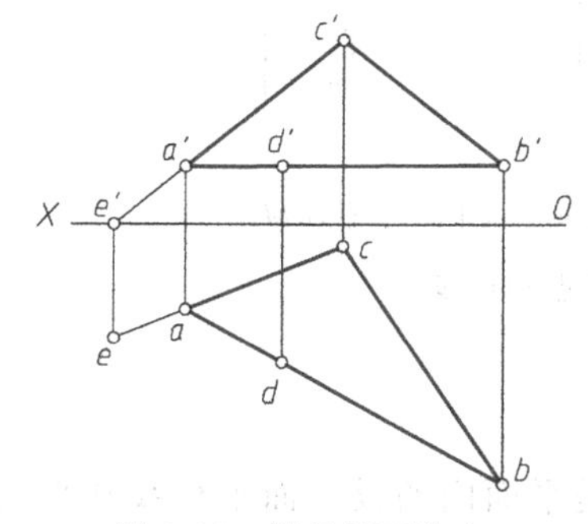

图 2-21 属于平面的点

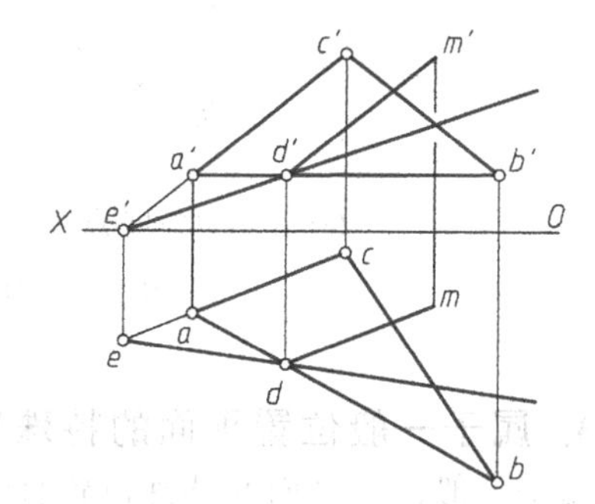

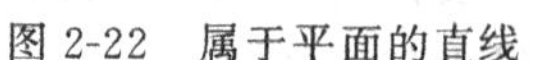
图 2-22 属于平面的直线

例 2-7 试判断点 K 是否属于△ABC 所表示的平面(图 2-23(a))。

解 分析：根据上述条件一，先假定点 K 属于平面△ABC，则过点 K 一定能作一条直线属于该平面（事实上，如果点 K 属于平面△ABC，则过点 K 能作无穷多条直线属于该平面）；否则，假定不成立，即点 K 不属于△ABC 所表示的平面。

作图：首先，通过点 K 的任意一个投影如 k'，在三角形平面内任作一条辅助直线如 AD

的投影 $a'd'$，并依投影关系作出它的水平投影 ad（图 2-23(b)）。从作图结果看，k 不属于 ad，即是说点 K 不属于 AD，故得出点 K 不属于平面△ABC 的结论。

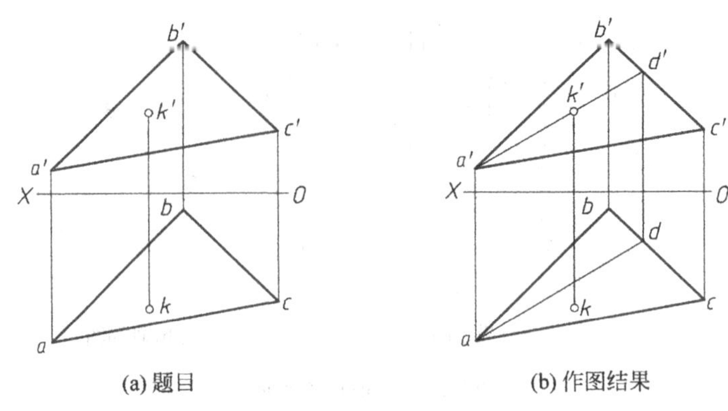

(a) 题目　　(b) 作图结果

图 2-23　判断点 K 是否属于平面

2. 属于特殊位置平面的点和直线

投影面垂直面与投影面平行面统称为特殊位置平面。这两类平面在它所垂直的投影面上的投影具有积聚性，即属于该平面的点和直线的投影必落在该积聚投影上；反过来，凡是点或直线的投影，当落在一平面的同面积聚投影上时，则该点或该直线必属于这一垂直于该投影面的平面，如图 2-24 所示

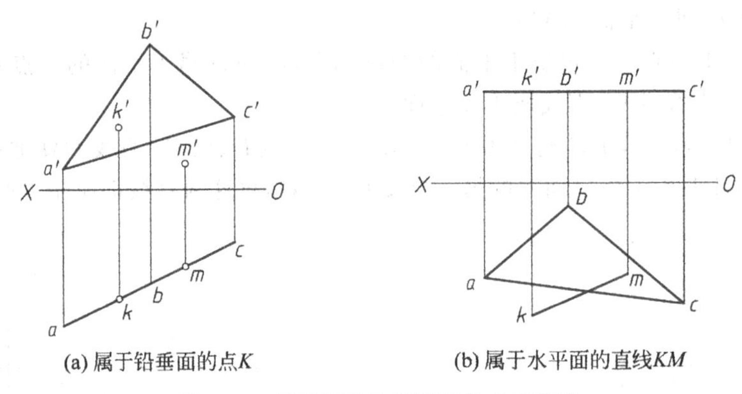

(a) 属于铅垂面的点K　　(b) 属于水平面的直线KM

图 2-24　属于特殊位置平面的点和直线

3. 属于一般位置平面的特殊位置直线

属于一般位置平面的特殊位置直线有两种，它们是平面内的投影面平行线和平面内对投影面的最大斜度线。

(1) 平面内的投影面平行线。

平面内的投影面平行线，既是平面内的直线，又是投影面平行线。因此，它既具有属于平面的投影特性，又具有投影面平行线的投影特性。

根据投影面平行线的投影特性，可在已知的一般位置平面内作水平线、正平线和侧平线。图 2-25 中的平面由△ABC 给定。直线 CE 为平面内的水平线，其正面投影 $c'e'$ //OX 轴；直线 AD 为平面内的正平线，其水平投影 ad //OX 轴。

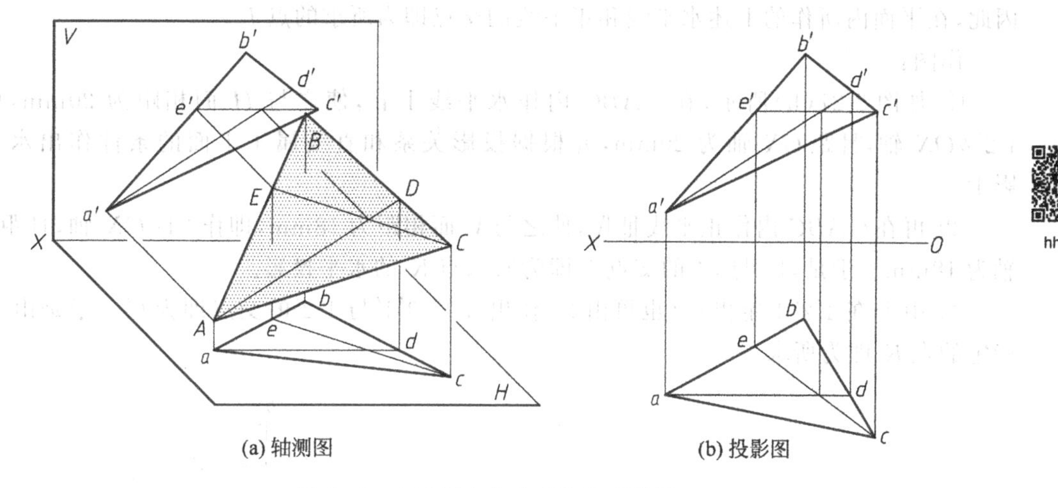

(a) 轴测图　　(b) 投影图

图 2-25　在平面内作水平线和正平线

hh2-25

例 2-8　已知△ABC(图 2-26(a)),试过该平面顶点 B 作一条属于该平面的水平线 BD。

解　分析:由于平面内的水平线可有无穷多条,且相互平行,因此,先在△ABC 内任作一条水平线,然后过点 B 作直线与它平行即可。

作图:如图 2-26(b)所示,先在△ABC 内任作一条水平线 CF,即作 $c'f'/\!/OX$,再按投影关系和从属关系作出其水平投影 cf;然后过点 B 作直线 $BD/\!/CF$,即作 $b'd'/\!/c'f'$、$bd/\!/cf$,则直线 BD 为所求。

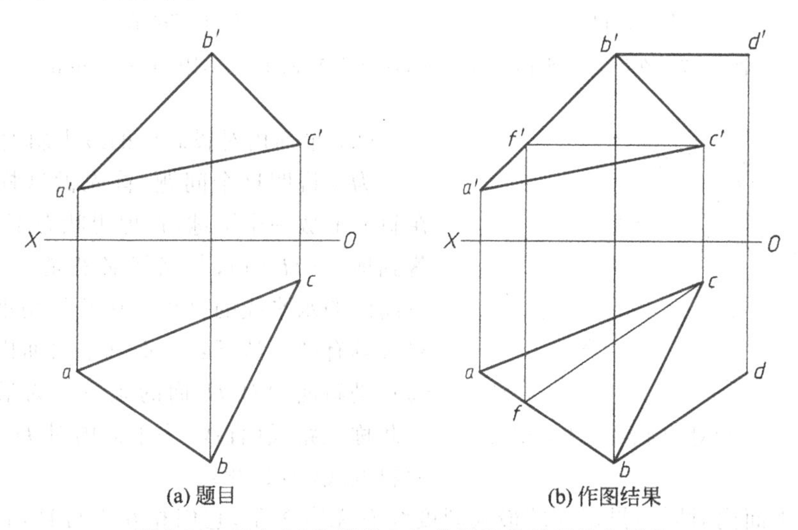

(a) 题目　　(b) 作图结果

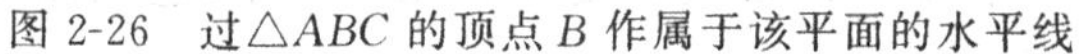

图 2-26　过△ABC 的顶点 B 作属于该平面的水平线

hh2-26

例 2-9　已知△ABC(图 2-27(a)),试在该平面内取一点 K,使之与 H 面的距离为 20mm;与 V 面的距离为 18mm。

解　分析:若点 K 属于△ABC 平面,则必属于该平面内的直线。当限定点 K 到 H 面的距离为 20mm 时,则必须限定这条直线是与 H 面相距为 20mm 的一条水平线;当限定点 K 到 V 面的距离为 18mm 时,则必须限定这条直线是与 V 面相距为 18mm 的一条正平线。

因此，在平面内所作的上述水平线和正平线的交点即为所求的点 K。

作图：

① 如图 2-27(b)所示，在△ABC 内作水平线ⅠⅡ，使之与 H 面相距为 20mm，即作 $1'2'//OX$ 轴，且距 OX 轴为 20mm，并根据投影关系和直线属于平面的条件作出水平投影 12。

② 再在△ABC 内作正平线ⅢⅣ，使之与 V 面相距为 18mm，即作 $34//OX$ 轴，且距 OX 轴为 18mm。于是，12 与 34 的交点 k 即为所求点 K 的水平投影。

③ 由 k 在 $1'2'$ 上定出 k'(也可由 34 作出 $3'4'$，$3'4'$ 与 $1'2'$ 的交点即为 k')，于是由 k、k' 确定的点 K 即为所求。

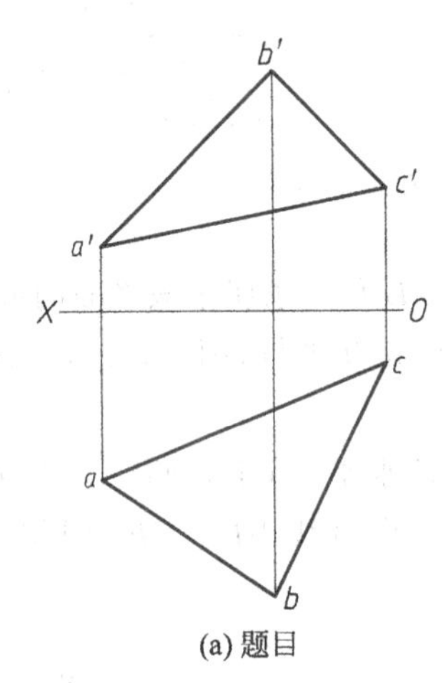

(a) 题目

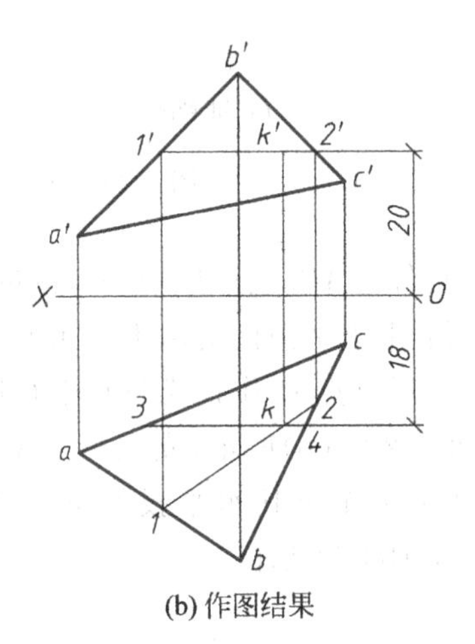

(b) 作图结果

图 2-27 在给定的平面内取点 K，使之距 V 面 18mm，距 H 面 20mm

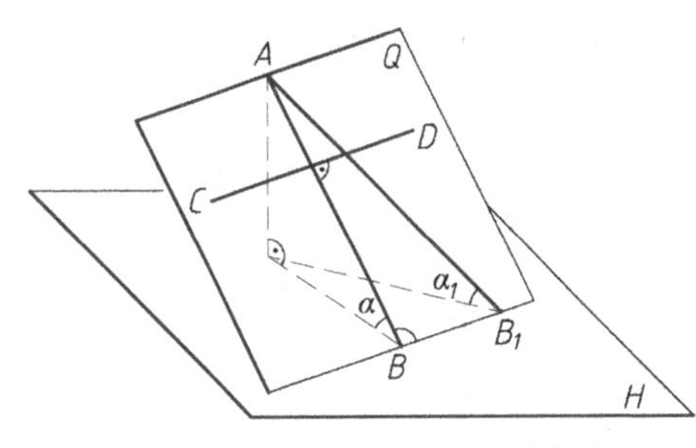

图 2-28 平面内对 H 面的最大斜度线

(2) 平面内对投影面的最大斜度线。

为了说明这个问题，首先做这样一个实验，在斜面上放一个圆球，在理想状态下该球自由滚落到地面(H 面)，其路线必然是一条垂直于该斜面内的水平线的直线。从几何角度分析，这条路线具有两个特征：①垂直于斜面内的水平线；②它是斜面内对 H 面的倾角 α 为最大的直线，因此称该路线(直线)为平面内对 H 投影面的最大斜度线(图 2-28)。

同一个平面内对同一投影面的最大斜度线有无穷多条，它们相互平行且均垂直于平面内的对该投影面的平行线。

在三投影面体系中有 3 个投影面，所以平面内的最大斜度线也有 3 种：

(1) 对 H 面的最大斜度线(工程上通称坡度线)；

(2) 对 V 面的最大斜度线；

(3) 对 W 面的最大斜度线。

在图 2-28 中，设平面 Q 内的直线 AB 垂直于该平面内的水平线 CD(事实上，Q 平面与 H 面的交线也是一条水平线)，则直线 AB 是平面 Q 内的一条对 H 面的最大斜度线，AB 对

H 面的倾角即是平面 Q 对 H 面的倾角 α。由图 2-28 容易得到证明，在 Q 平面内，过点 A 所作的无数多条直线中，只有 AB 对 H 面的倾角 α 为最大。

因此，可以通过作平面内对 H 面的最大斜度线，来求出该一般位置平面对 H 面的倾角 α；同理，也可通过作平面内对 V 面、W 面的最大斜度线，来分别求出该一般位置平面对 V 面、W 面的倾角 β 和 γ。由于在一般情况下，平面内对投影面的最大斜度线是处于一般位置的，所以若要求出该最大斜度线的倾角的实形，其基本方法则是本章前面所说的直角三角形法。

例 2-10 已知△ABC 的两面投影，试求其对 H 面和 V 面的倾角 α 和 β（图 2-29(a)）。

解 分析：由上述可知，求平面对 H 面的倾角实际上是求该平面内对 H 面的最大斜度线的倾角 α，因此可首先在三角形平面内任作一条对 H 面的最大斜度线，然后再利用直角三角形法求倾角 α，本题便可获解。同理，可求出该平面对 V 面的倾角 β。

作图：如图 2-29(b)所示。

(1) 在三角形平面内任作一条水平线 DC，即作 $d'c'$//OX 轴，并按投影关系和直线属于平面的条件求出 dc。

(2) 因为该平面内对 H 面的最大斜度线垂直于平面内的水平线，故根据直角投影的特性，作 $BE \perp DC$，即作 $be \perp dc$，再由投影关系和直线属于平面的条件求出 $b'e'$。于是，直线 BE 即是该平面内对 H 面的一条最大斜度线。

(3) 用直角三角形法求出 BE 对 H 面的倾角，其角度 α 即是△ABC 对 H 面的倾角。为了使图解过程清晰，本图将直角三角形画在题目之外。

同理，可求出该平面对 V 面的最大斜度线及其倾角 β，如图 2-29(c)所示。

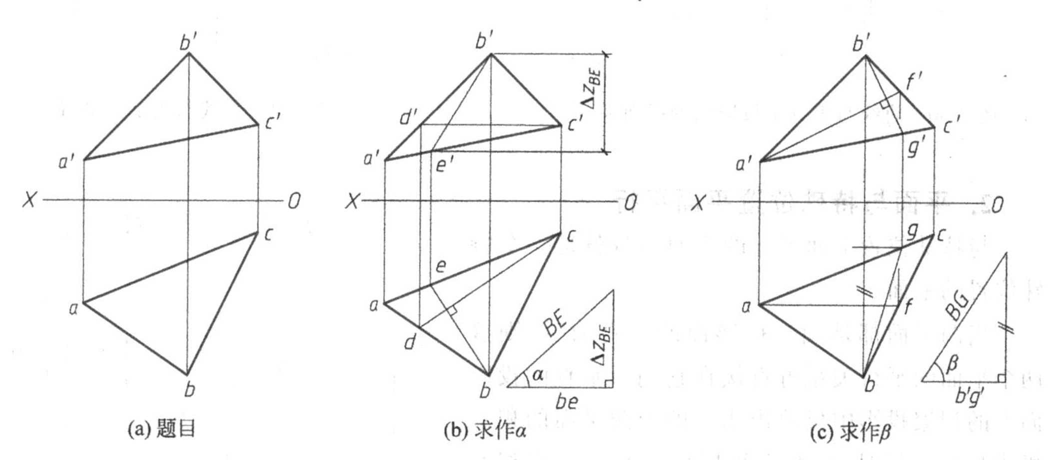

(a) 题目 (b) 求作α (c) 求作β

hh2-29

图 2-29 求作三角形平面的倾角 α 和 β

*2.4 直线与平面、平面与平面的相对位置

直线与平面、平面与平面的相对位置，除了属于同一平面的情况之外，还可以有平行、相交、垂直 3 种。其中，垂直是相交的特例。本书只讨论两种几何元素中至少有一个处在特殊位置时的情况。

2.4.1 直线与平面、平面与平面平行

1. 直线与特殊位置平面平行

当平面为特殊位置平面时，该平面至少有一面投影被积聚成一条直线，因此，空间直线与该平面的平行关系可直接在该平面被积聚成一条直线的那一面投影中反映出来。

这里所说的特殊位置平面包括投影面垂直面和投影面平行面两类，这两类平面在它所垂直的投影面上的投影都具有积聚性。因此，由初等几何学可知，平行于该类平面的所有直线在该平面所垂直的投影面上的投影，都应平行于该平面的积聚投影，这就为作图带来了极大方便。

如图 2-30 所示，设平面 P 垂直于 H 面，则 P_H① 具有积聚性。设直线 AB 的水平投影 $ab//P_H$，不难看出，不管直线 AB 对 H 面的倾角如何，它始终平行于平面 P。

在图 2-31 的投影图中，已知铅垂面 $CDEF$ 的两面投影，由于直线 AB 的水平投影平行于铅垂面的积聚投影，即 $ab//cdef$，故 $AB//CDEF$。至于直线 MN，它的水平投影积聚成一点，即 MN 为铅垂线，由于铅垂线必然平行于铅垂面，因此 $MN//CDEF$。

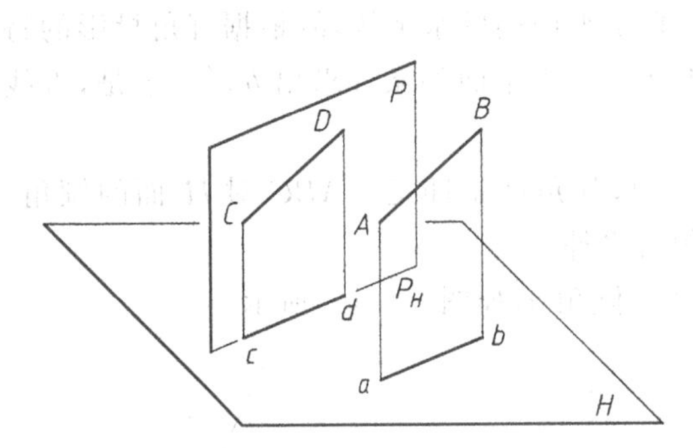

图 2-30 直线与垂直于投影面的平面平行

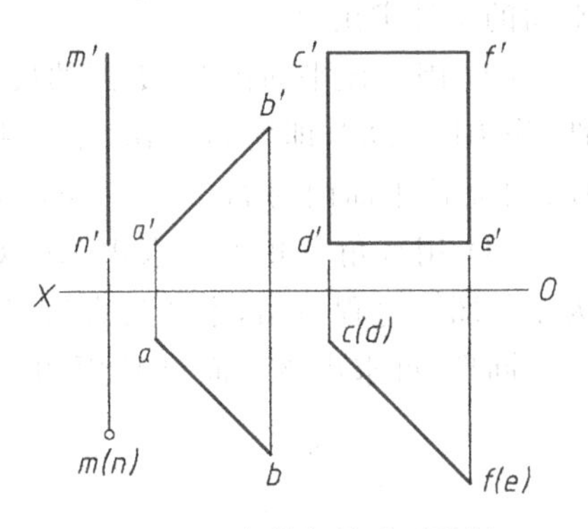

图 2-31 直线与铅垂面平行

2. 平面与特殊位置平面平行

与特殊位置平面平行的平面本身就是一个特殊位置的平面。

当两平面都是同一投影面的垂直面时，则这两个平面的平行关系可直接在它们所垂直的投影面上的积聚投影中反映出来。即当两平面的积聚投影相互平行时，该两个投影面垂直面一定相互平行，如图 2-32 所示。

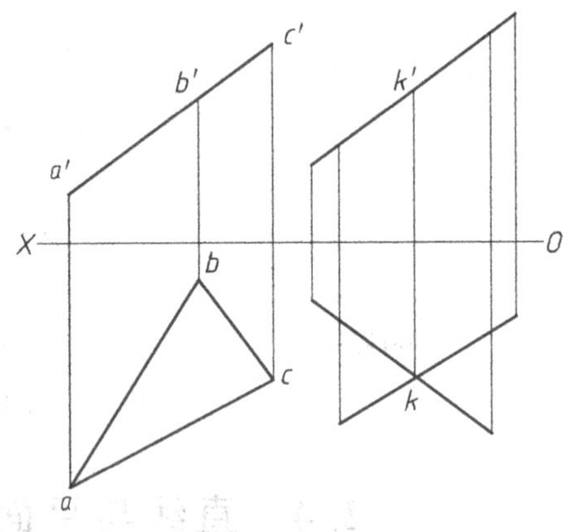

图 2-32 两投影面垂直面相互平行

① 空间平面也可以用它与投影面的交线——迹线来表示。其方法是用细实线表示平面的迹线，用大写字母加脚注表示平面的名称和与它相交的投影面。例如，P_H 意为平面 P 与 H 面相交的迹线；同理，Q_V 意为平面 Q 与 V 面相交的迹线。对特殊位置平面来说，由于平面的积聚投影与其同面迹线重合，所以，此迹线可以用来表示该平面在三投影面体系中的位置。

2.4.2 直线与平面、平面与平面相交

直线与平面相交，交点只有一个，且为直线与平面的共有点，亦为直线投影可见性的分界点；平面与平面相交，交线是一条直线，且为两平面的共有线，同时亦为平面投影可见性的分界线。

1. 一般位置直线与特殊位置平面相交

由于特殊位置平面至少有一个投影具有积聚性，因此，可利用积聚性的投影直接求出直线与该平面的交点。

如图 2-33(a)所示，设直线 AB 与铅垂面△CDE 相交于点 K，由于点 K 属于直线 AB，所以点 K 的水平投影 k 必落在直线 AB 的水平投影 ab 上；又由于铅垂面的水平投影具有积聚性，所以点 K 的水平投影 k 又必积聚在铅垂面△CDE 的水平投影 cde 上。因此，在投影图(图 2-33(b))中 ab 与 cde 的交点 k 就是直线 AB 与铅垂面△ABC 交点 K 的水平投影。再从 k 引垂直于 OX 轴的投影连线与 $a'b'$相交，便得交点 K 的正面投影 k'。

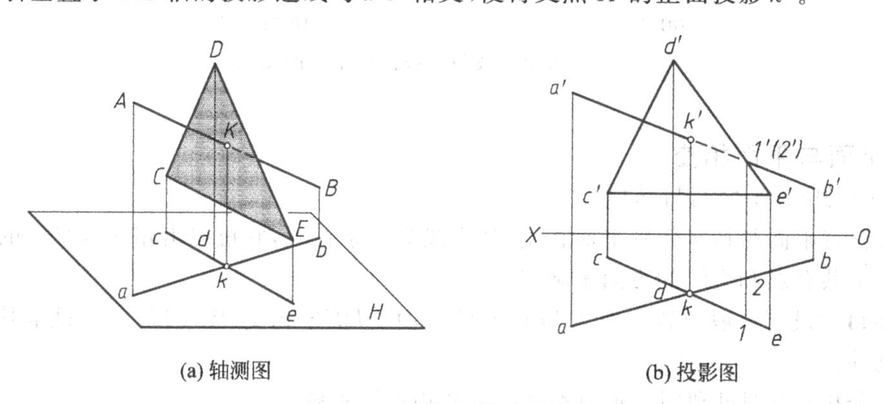

(a) 轴测图　(b) 投影图

图 2-33　直线与铅垂面相交

hh2-33

在相交的问题上，通常还须判别可见性。即直线贯穿平面后，沿投射方向观察时必有一段被平面遮挡住而变为不可见。显然，只有在投影重叠区域才存在可见性问题，而交点则是可见与不可见部分的分界点。

在图 2-33(b)中，正面投影存在可见性问题。现利用前面讲述的重影点投影可见性的判别方法判断如下：在正面投影中任选一处相重叠的投影 1′(2′)，找出与之对应的水平投影 1、2，其中 1 在 de 上，2 在 ab 上，比较它们的相对位置可知，$y_1 > y_2$，故可得出空间点Ⅰ在前、Ⅱ在后的结论，即正面投影中 2′是不可见的(在图中加括号表示)，即直线 AB 上点 KⅡ段的正面投影 $k'2'$为不可见，用虚线表示；k'的另一侧为可见，画成粗实线。

2. 特殊位置直线与一般位置平面相交

当投影面垂直线与一般位置平面相交时，直线在它所垂直的投影面上的投影具有积聚性，交点在该投影面上的投影积聚在该直线的积聚投影上。又因为交点是直线与平面的共有点，即交点属于平面，故可以利用从属性在平面内求出交点的其余投影。

在图 2-34 中，铅垂线 EF 与一般位置平面△ABC 相交，由于铅垂线 EF 的水平投影 ef 积聚为一点，因此，交点 K 的水平投影 k 与直线 EF 的积聚投影 ef 重叠。又由于交点 K 是平面内的点，因此，过点 K 可在平面内任作辅助直线如 CM，即过 k 作 cm，并求出 $c'm'$。于

是，作 $c'm'$ 与 $e'f'$ 相交得交点 k'，即完成交点 K 的投影作图。至于正面投影中直线与平面重叠区域的可见性判别，则仍可利用重影点投影可见性的概念来判断。

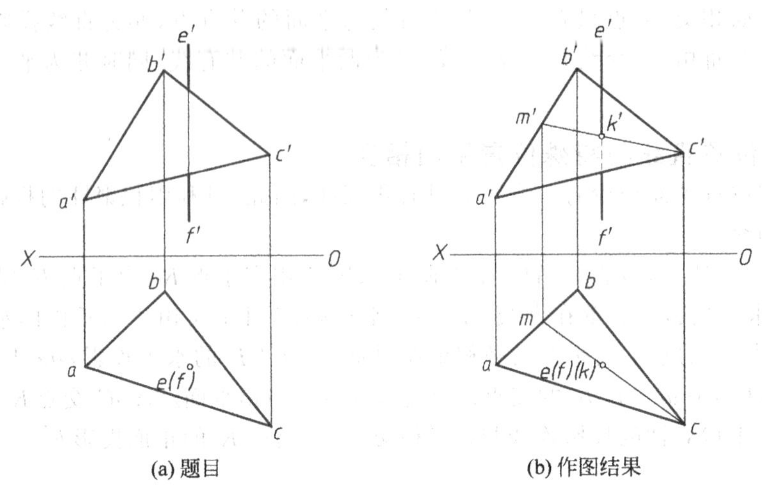

(a) 题目　　(b) 作图结果

图 2-34　求铅垂线与一般位置平面的交点

3. 平面与平面相交

(1) 一般位置平面与特殊位置平面相交。

一般位置平面与特殊位置平面相交，其交线为一条直线，它可以由相交两平面的两个共有点或一个共有点和交线的方向来确定。

例 2-11　设有一般位置平面△ABC 与铅垂面△DEF 相交(图 2-35(a))，试求其交线并区分可见性。

解　分析：本例可利用铅垂面水平投影的积聚性求解。

作图：在图 2-35(b)中利用△DEF 水平投影的积聚性，可得交点 M、N 的水平投影 m(在 bc 上)、n(在 ac 上)，再按投影关系在 $b'c'$ 上定出 m'，在 $a'c'$ 上定出 n'，连线 $m'n'$ 便得两平面交线的正面投影。但由于图中给定△DEF 的范围有限，故两平面的有效交线实际上只有 KN 一段。

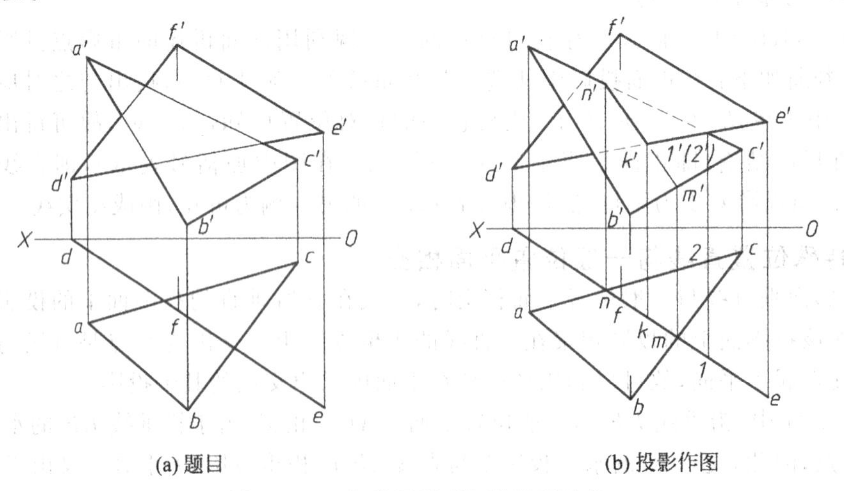

(a) 题目　　(b) 投影作图

图 2-35　一般位置平面与铅垂面互交

又由于正面投影有重叠部分，故还须判别其可见性。为此，在正面投影中先任选一处相重叠的投影 1′(2′)，设点Ⅰ在 DE 上，点Ⅱ在 AC 上，找出水平投影 1、2 后可知 $y_1>y_2$，即点Ⅰ在前、点Ⅱ在后，故在正面投影中 1′为可见，亦即 $k'e'$ 段可见；2′为不可见，所以 $n'2'$ 段不可见(用虚线表示)。

两平面图形相交，其有效交线的两个端点必在它们的边线上。如图 2-35 所示，当两平面有效交线的两个端点 K、N 分别落在平面△DEF 的 DE 边和平面△ABC 的 AC 边上时，称该两平面为互交；而在图 2-36 中，由于两平面有限交线的两个端点 K、L 均落在同一平面△ABC 的 AB 边和 AC 边上，此时，称该两平面为全交。

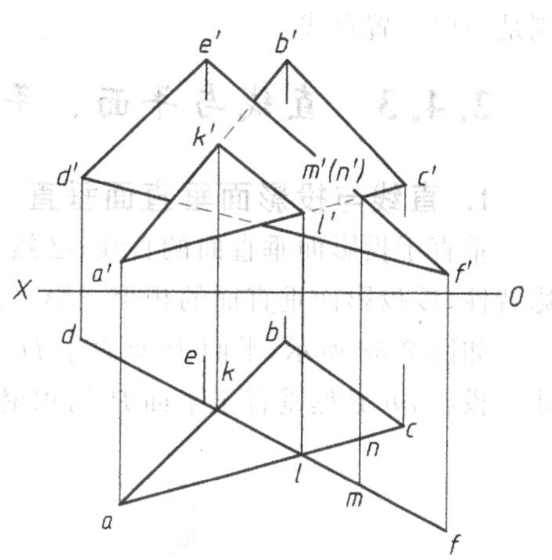

图 2-36 一般位置平面与铅垂面全交

hh2-36

(2) 两特殊位置平面相交。

当两特殊位置平面相交时，其交线可能是一条特殊位置的直线，也可能是一条一般位置的直线。但无论如何，都可以利用它们的投影积聚性来解决。

如图 2-37 所示，两铅垂面相交，交线为一条铅垂线，交线的水平投影积聚为一点，且为两平面积聚投影的交点；交线的正面投影垂直于 OX 轴，且位于两平面正面投影的重叠区域内。在判别两平面正面投影重叠区域的可见性时，从图 2-37(b)的水平投影中可以看出，在交线 MN(积聚为一点)的左侧，矩形平面在前，三角形平面在后，因此，在正面投影中，$m'n'$之左的矩形区域为可见，其投影轮廓用粗实线表示，被它挡住了的三角形区域为不可见，其轮廓用虚线表示。至于交线右侧的可见性，则正好相反。

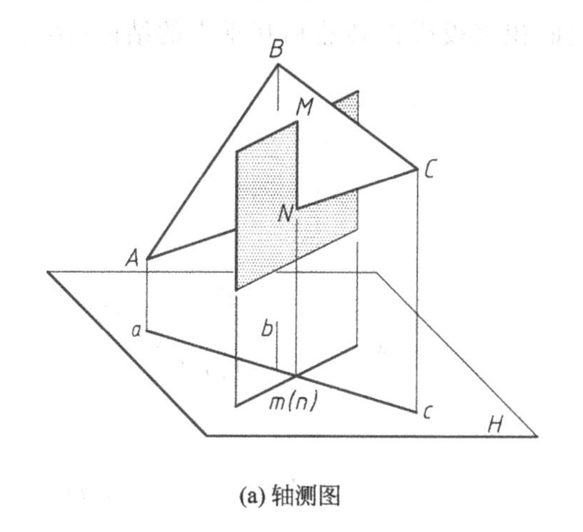

(a) 轴测图

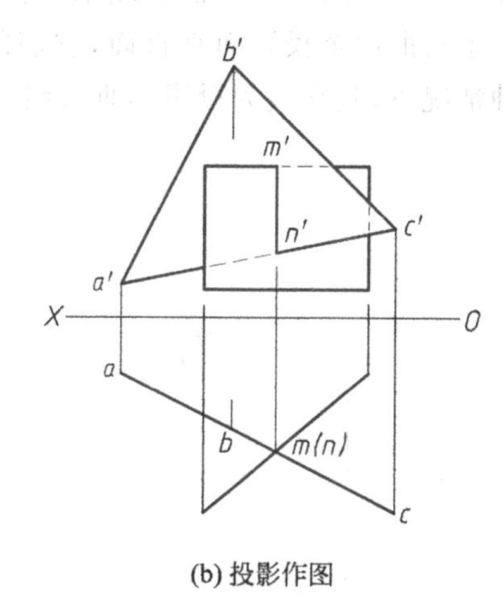

(b) 投影作图

hh2-37

图 2-37 两铅垂面相交

由此可见，两个同时垂直于同一投影面的平面的交线，必定是这个投影面的垂直线，两个平面的积聚投影的交点，即为交线的积聚性投影，从而通过投影关系作出交线的其他投影；并可在投影图中直接判断出投影重叠区域的可见性。

两个特殊位置平面相交，例如，一个是铅垂面，另一个是正垂面，可想而知，它们的交线则是一般位置直线。

2.4.3 直线与平面、平面与平面垂直

1. 直线与投影面垂直面垂直

垂直于投影面垂直面的直线，必然平行于该平面所垂直的投影面。于是根据直角的投影特性，该投影面垂直面的积聚投影必然与该直线的同面投影相互垂直。

如图 2-38 所示，平面 P 垂直于 H 面，直线 $AB \perp P$。此时，直线 AB 必为水平线，它的水平投影 ab 必然垂直于平面 P 的积聚投影 P_H，其交点 k 即为垂足 K 的水平投影。

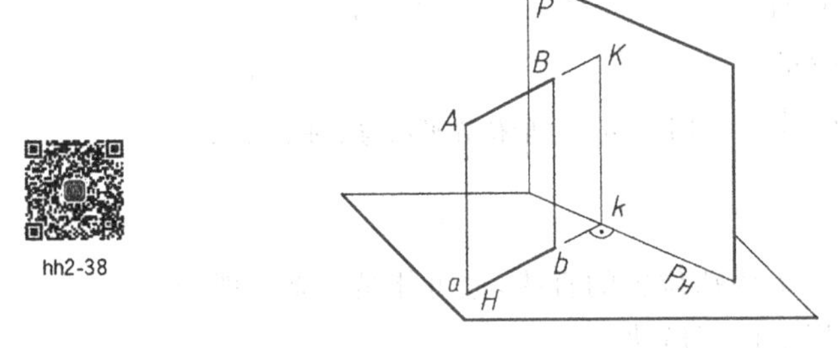

(a) 空间示意

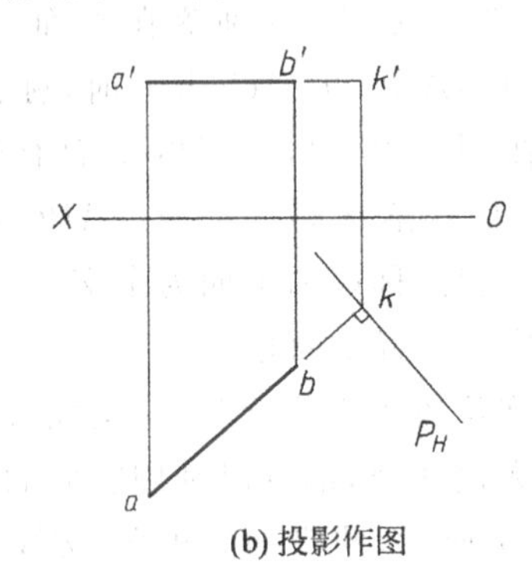

(b) 投影作图

图 2-38　直线与投影面垂直面垂直

2. 两特殊位置平面相互垂直

两特殊位置平面相互垂直时，其交线是一条特殊位置的直线。

如图 2-39 所示，若平面 P、Q、R 相互垂直，则它们的交线也必相互垂直。于是，可以得出相互垂直的两个投影面垂直面，它们的同面积聚投影也必然相互垂直的结论(图 2-40)。在这种情况下，其交线为投影面垂直线。

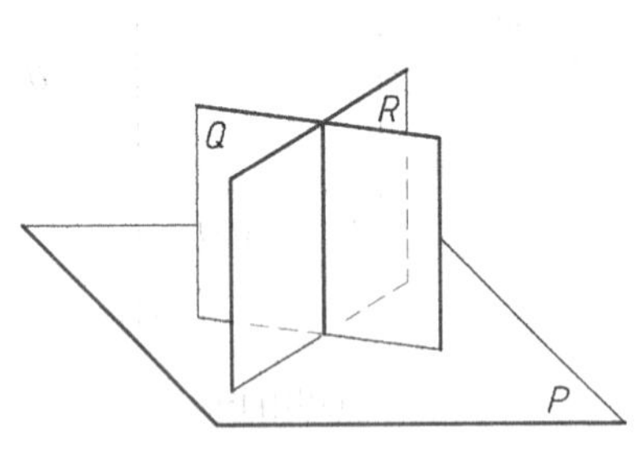

图 2-39　相互垂直的 3 个平面的交线必相互垂直

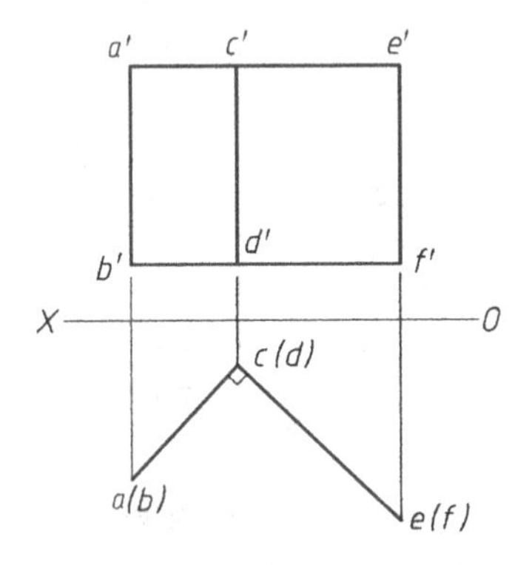

图 2-40　相互垂直两平面的同面积聚投影必相互垂直

但是，两个相交的特殊位置平面的交线不能说一定是特殊位置直线，例如，其一是铅垂面，另一是正垂面，即使它们在空间互相垂直，但它们的交线却是一条一般位置直线。

第3章

平面形体的投影

由平面围成的几何体称为平面形体。

平面形体的每一个表面都可看成是由若干直线段构成的闭合图形。因此,绘制平面形体的投影归根结底是绘制其各个表面或直线段的投影,并区分可见性(图 3-1)。

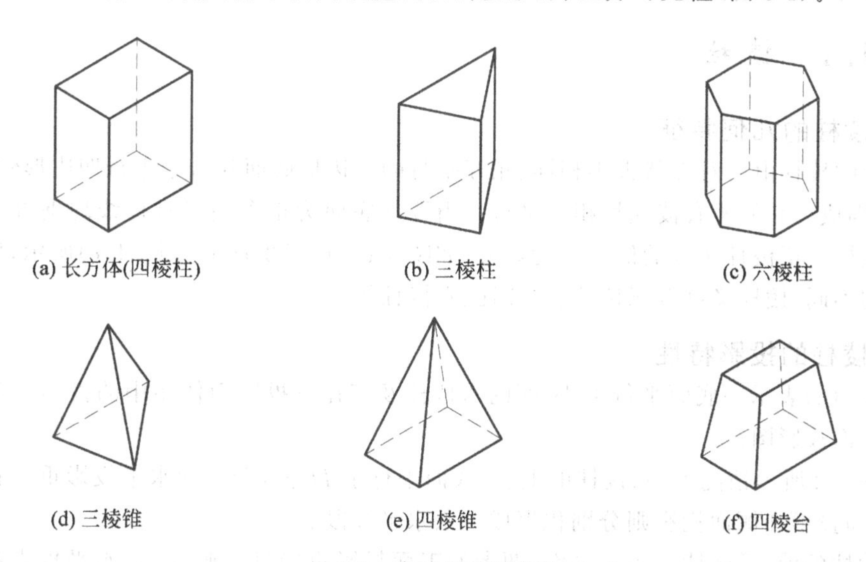

图 3-1 常见的平面形体

在三面投影图中,各面投影与投影轴之间的距离只反映空间形体与投影面之间的距离,并不关系到形体本身形状的表达(图 3-2)。因此,在画形体的投影图时,一般均将投影面边框和投影轴省去不画。各面投影之间的间隔可任意选定,但各面投影之间必须保持互相对应的投影关系,即作图时形体上各个点、直线或平面的相对位置应按其对应的投影关系画出。

hh3-2

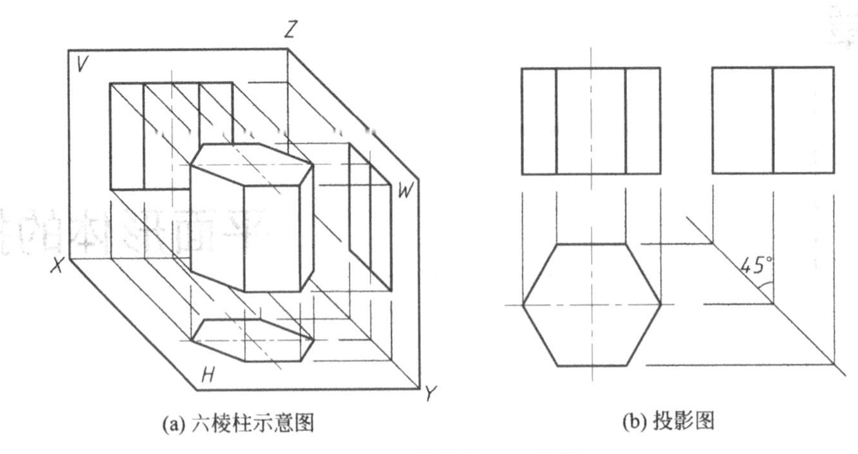

(a) 六棱柱示意图　　(b) 投影图

图 3-2　六棱柱的三面投影

3.1　棱柱、棱锥的投影

常见的平面形体有棱柱体(简称棱柱)、棱锥体(简称棱锥)、棱台等(图 3-1)。

3.1.1　棱柱

1. 棱柱的几何特征

完整的棱柱由一对形状大小相同、相互平行的多边形底面和若干平行四边形侧面(也称棱面)所围成。它的所有棱线均相互平行。当棱柱底面为正多边形且棱线均垂直于底面时称为正棱柱。正棱柱所有的侧面均为矩形,如图 3-1(a)、图 3-1(b)、图 3-1(c)所示,根据其底面形状的不同,棱柱又可有三棱柱、四棱柱、六棱柱等。

2. 棱柱的投影特性

图 3-2(a)表示一底面平行于 H 面的六棱柱及其在三投影面体系中的投影。图 3-2(b)是它的三面投影图。

在图 3-2 所示情况下,六棱柱的上、下底面平行于 H 面,两者的水平投影重影且反映实形,其正面投影和侧面投影则分别积聚成一条水平线段。

六棱柱的前、后两棱面为正平面,两者的正面投影重影且反映实形,水平投影和侧面投影分别积聚成垂直于 OY 轴的直线段。

六棱柱左侧的两个棱面和右侧的两个棱面均为铅垂面,其水平投影均积聚为长度等于底面正六边形边长的线段,其正面投影和侧面投影均为矩形,但不反映实形。

3. 棱柱的投影画法

画棱柱投影图的步骤是,一般先画出反映该棱柱特征的底面形状的投影,然后再按投影关系画出其余两面投影。

例 3-1　试画出图 3-3(a)所示坡顶小屋的三面投影。

解　分析:图示小屋的平面形状为矩形,前后坡顶的坡度略有不同,且前后屋檐的高度也不同。因此,可把该小屋看成是横放的五棱柱,其左、右立面看成是棱柱的端面。所以,该小屋的形状特征在侧面投影中最能表达清楚。

画图的步骤是先画水平投影中反映该小屋平面形状的矩形，再画侧面投影，然后画正面投影和完成水平投影。

构成形体投影的图线称为投影轮廓线，可见的轮廓线用粗实线画出；不可见的轮廓线用虚线画出(当不影响表达时也可以省略不画)，可见轮廓线与不可见轮廓线重合时只画粗实线。

作图：如图 3-3(b)、(c)所示。

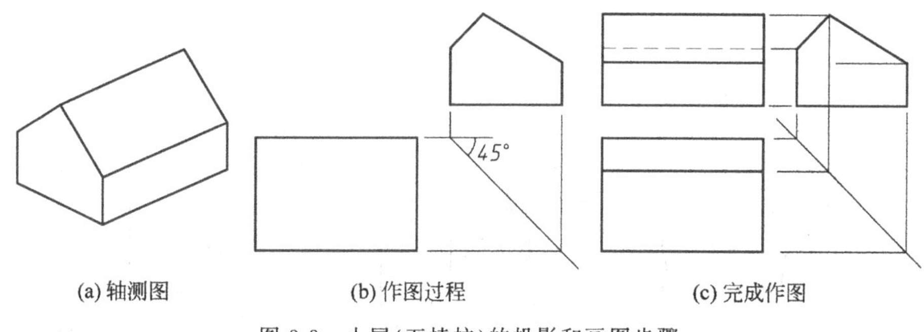

(a) 轴测图　　(b) 作图过程　　(c) 完成作图

图 3-3　小屋(五棱柱)的投影和画图步骤

3.1.2　棱锥

1. 棱锥的几何特征

完整的棱锥由一多边形底面和若干具有公共顶点的三角形棱面所围成。其棱线均通过锥顶。当棱锥底面为正多边形，其锥顶又处在通过该正多边形中心的垂直线上时，这种棱锥称为正棱锥。根据其底面形状的不同，棱锥又可有三棱锥、四棱锥、五棱锥等。

2. 棱锥的投影特性及画法

图 3-4(a)表示一个三棱锥及其在三投影面体系中的投影，图 3-4(b)则是它的三面投影。

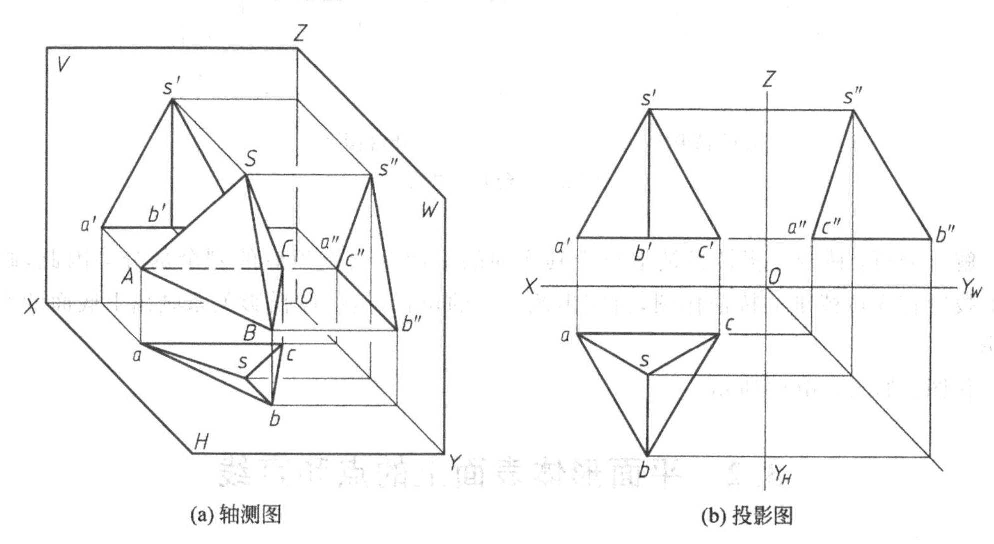

(a) 轴测图　　(b) 投影图

图 3-4　三棱锥的投影

hh3-4

在图示情况下，由于三棱锥的底面 ABC 平行于 H 面，所以其水平投影 abc 反映实形，它的正面投影和侧面投影均积聚为水平线段；棱锥的后棱面 SAC 为侧垂面，所以其侧面投影被积聚为一段斜线，它的正面投影和水平投影都是三角形；棱锥左、右两个棱面 SAB 和 SBC 都是一般位置平面，所以它们的三面投影都是三角形，其中侧面投影 $s''a''b''$ 与 $s''b''c''$ 重影。

图 3-5 是五棱锥的轴测图和投影图，其投影特性及作图过程如图 3-5(b)、图 3-5(c)所示。

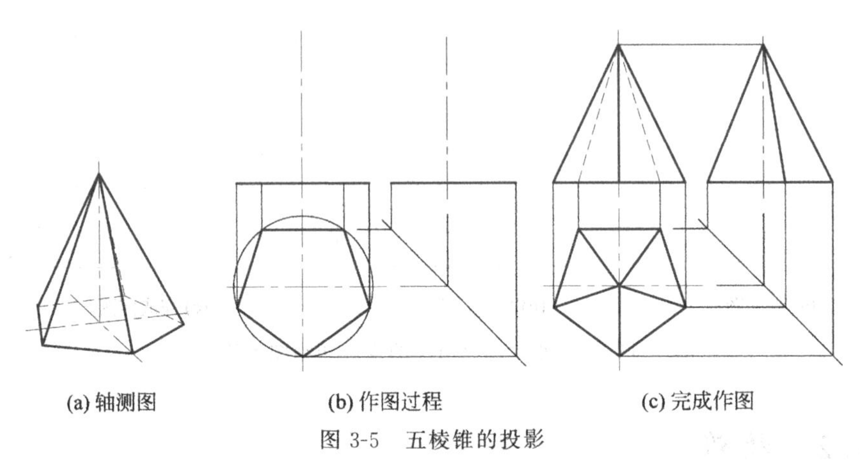

图 3-5　五棱锥的投影

例 3-2　设有一台基(四棱台)如图 3-6(a)所示，试画出它的三面投影。

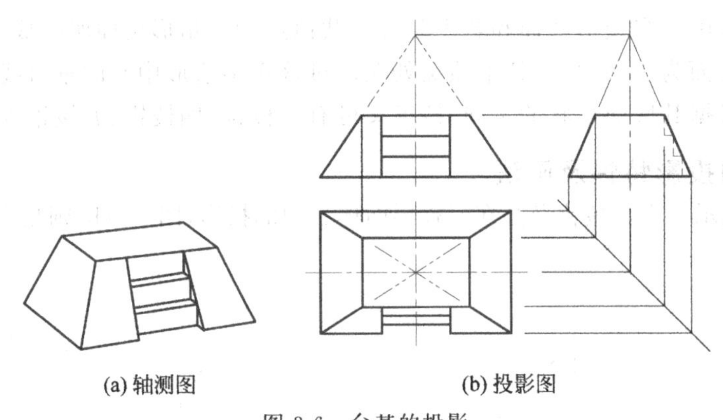

图 3-6　台基的投影

解　分析：棱台是指棱锥被平行于其底面的平面截去锥顶后的剩余部分。因此，画棱台的投影宜先按棱锥的特征作图，再定出截平面的位置，然后按投影关系画出上底面的水平投影。

作图：如图 3-6(b)所示。

3.2　平面形体表面上的点和直线

在平面形体表面上取点和线，其方法与前面讲过的在平面上取点和取线的方法相同。但由于形体是不透明的，故除了要运用上述方法根据在已知表面上的一个投影求出其余投影外，还要判断所求出投影的可见性问题。其作图要领是，首先确定所求的点和线属于形体的哪个表面，然后进一步判断该表面在投影图中的可见性。显而易见，若该表面在投影图中是可见的，则属于该表面的点和线也是可见的，反之则不可见。

例 3-3 已知三棱柱表面上点 M 的水平投影 m 和点 N 的正面投影 n'，求其余两投影(图 3-7(a))。

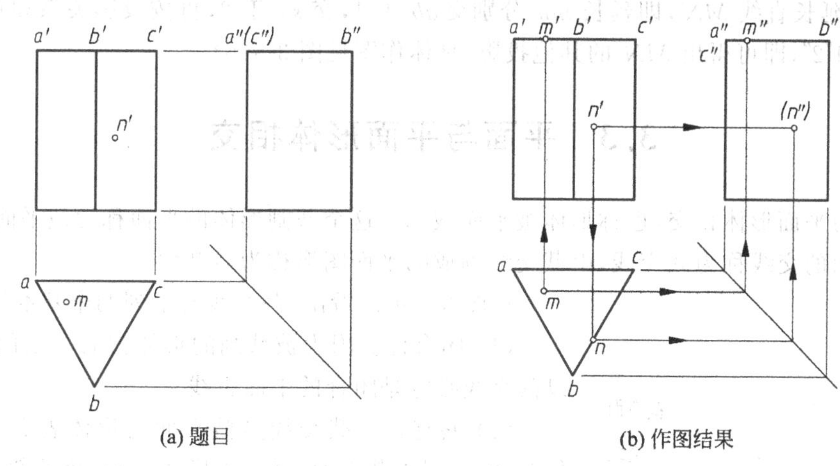

(a) 题目　　(b) 作图结果

图 3-7　在棱柱表面上取点

解　分析：从图中可以看出，由于水平投影 m 是可见的，所以点 M 应属于三棱柱的上底面 ABC；又由于其正面投影 $a'b'c'$ 有积聚性，故自 m 向上引投影连线与 $a'b'c'$ 相交即得 m'，再根据点的投影规律求出 m''。由于 n' 为可见，所以点 N 应位于右前方的棱面 BC 上，利用它的积聚投影 bc 可定出 n，再由 n 和 n' 求出 n''。因棱面 BC 的 W 面投影为不可见，故 n'' 为不可见。

作图：如图 3-7(b)所示。

例 3-4 已知属于三棱锥表面的点 K 的正面投影 k' 和线段 MN 的水平投影 mn(图 3-8(a))，求作它们的其余两面投影。

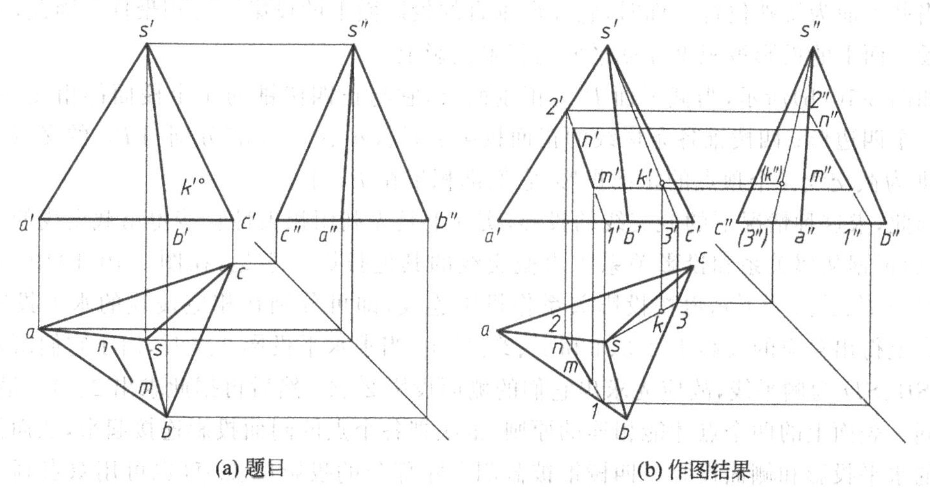

(a) 题目　　(b) 作图结果

图 3-8　在棱锥表面上取点和直线

解 分析：从图中可以看出，由于 k' 为可见，所以点 K 在三棱锥的表面 SBC 上。若过点 K 在 SBC 上任作一条辅助直线，点 K 的正面投影和侧面投影即可在该直线的同面投影上求得。由于 mn 为可见，所以 MN 在棱面 SAB 上。

作图：过 k' 作 $s'3'$，按投影关系和从属关系求出 $s3$ 和 $s''3''$，然后在 $s3$ 和 $s''3''$ 上分别定出 k、k''。由于点 K 所在表面 SBC 的侧面投影 $s''b''c''$ 是不可见的，所以 k'' 也不可见。

同理，延长直线 MN，即延长 mn 分别交 ab 于 1，交 sa 于 2，再按投影关系和从属关系求出 $1'2'$、$1''2''$，即可得出 MN 的其他投影，具体作图见图 3-8(b)。

3.3 平面与平面形体相交

平面与平面形体相交，也称形体被平面截割。这个截割形体的平面称为截平面，截平面与形体表面的交线称为截交线，由截交线围成的平面图形称为截断面。

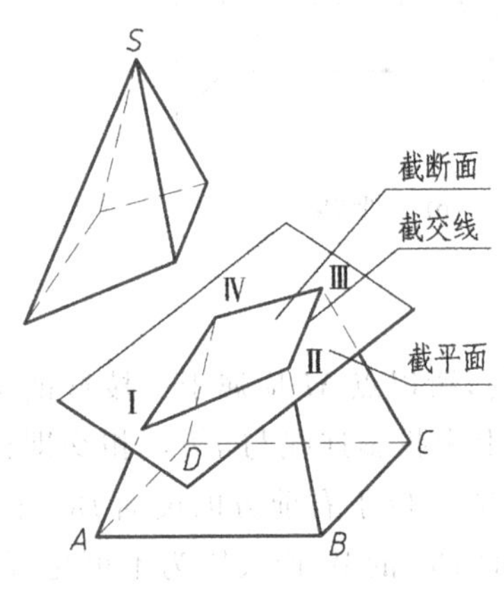

图 3-9 平面与平面形体相交的作图分析

从图 3-9 可以看出，截交线有下列两个基本性质。

(1) 闭合性。因为被截割的形体占有一定的空间，所以截交线必定是闭合的平面折线。

(2) 共有性。截交线是截平面与形体表面共有点的集合，它既属于截平面，又属于形体表面，故求截交线可归结为求形体表面上一系列的线对截平面的交点，然后把这些点依次连接起来。

本书仅讨论截平面为特殊位置平面时截交线或截断面的求法。

平面与平面形体相交，其截断面是一个平面多边形，它的边数取决于平面形体的几何性质和截平面与形体的相对位置，即截平面所截割到的棱面数。多边形的每一条边是截平面与相应棱面的交线，多边形的各顶点是截平面与棱线(包括底面的边)的交点。

当截平面为特殊位置平面时，它在所垂直的投影面上的投影具有积聚性。因此，截交线在该投影面上的投影被积聚在截平面的积聚投影上。

如图 3-10(b)所示，当截平面 P 为正垂面时，它与正四棱锥的 4 个棱面都相交，截交线围成一个四边形；四棱锥各条棱线的正面投影 $s'a'$、$s'b'$、$s'c'$、$s'd'$ 分别与 P_V 的交点 $1'$、$2'$、$3'$、$4'$ 即为截交线 4 个顶点的正面投影，它们都积聚在 P_V 上。

因此，求这种情况下的截交线的投影，实际上是先利用积聚性直接得出截交线的一个投影，然后根据从属关系和投影关系求出截交线的其他投影。于是，在图 3-10(b)中，通过直接得出的 $1'$、$2'$、$3'$、$(4')$，再按投影关系作投影连线，即可分别在相应棱线的水平投影和侧面投影上得出对应的投影 1、2、3、4 和 $1''$、$2''$、$3''$、$4''$(当求水平投影 2、4 时，由于它们所从属的棱线 SB、SD 为侧平线，故应先求出它们的侧面投影 $2''$、$4''$，然后再据此求出 2、4)。最后，按照在同一表面上的两个点才能相连的原则，依次把各个点的同面投影连接起来，从而得到截交线的水平投影和侧面投影。四棱锥被截割去除部分的投影应去掉(也可用双点画线表示原貌)，最后区分可见性，便得到四棱锥被平面 P 截割后的投影。

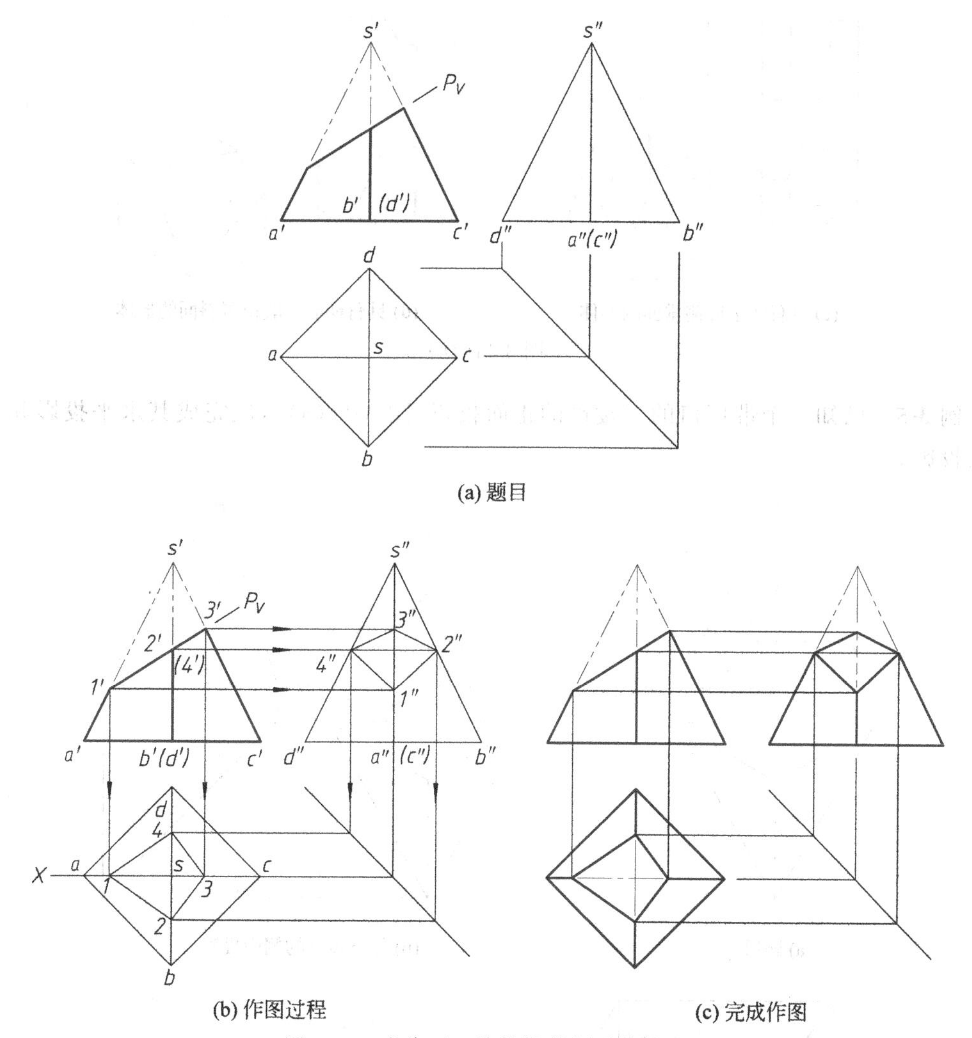

(a) 题目

(b) 作图过程

(c) 完成作图

图 3-10 求作正四棱锥被截割后的投影

需要特别指出的是，被截割的平面形体，当其截断面平行于投影面时，它在该投影面上的投影反映实形；当其截断面倾斜于投影面时，它在该投影面上的投影是一个类似形。在求作或识读带有斜截面的形体的投影图时，善于利用类似形这一投影特性来分析，较容易保持正确的投影关系，获得事半功倍的效果(图 3-11)。

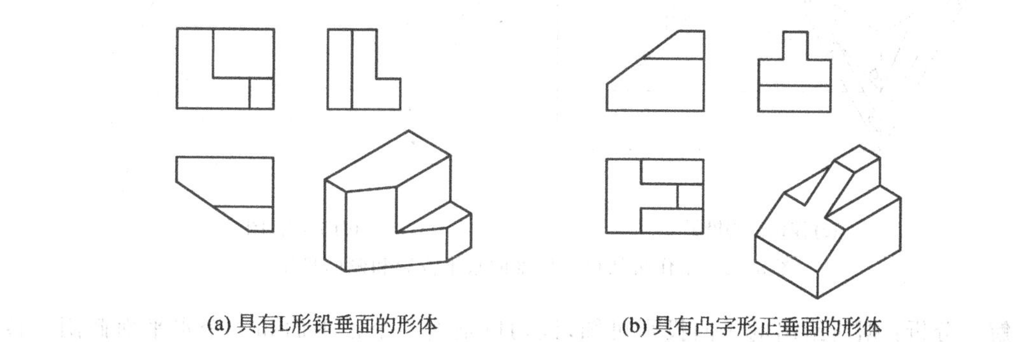

(a) 具有L形铅垂面的形体

(b) 具有凸字形正垂面的形体

图 3-11 斜面在它所倾斜的投影面上的投影为类似形

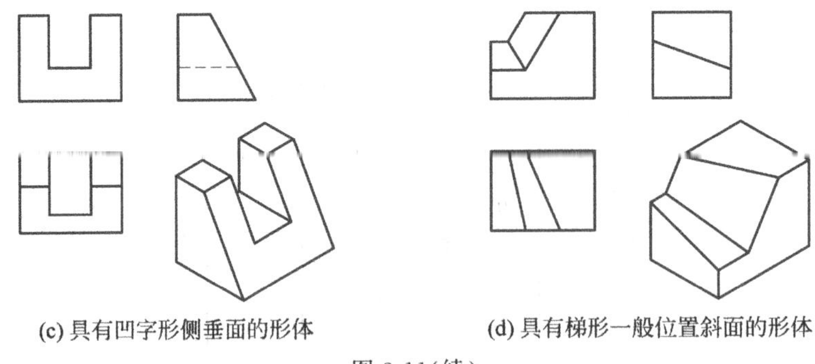

(c) 具有凹字形侧垂面的形体　　(d) 具有梯形一般位置斜面的形体

图 3-11(续)

例 3-5 已知一个带切口的三棱锥的正面投影(图 3-12(a)),试完成其水平投影和求作侧面投影。

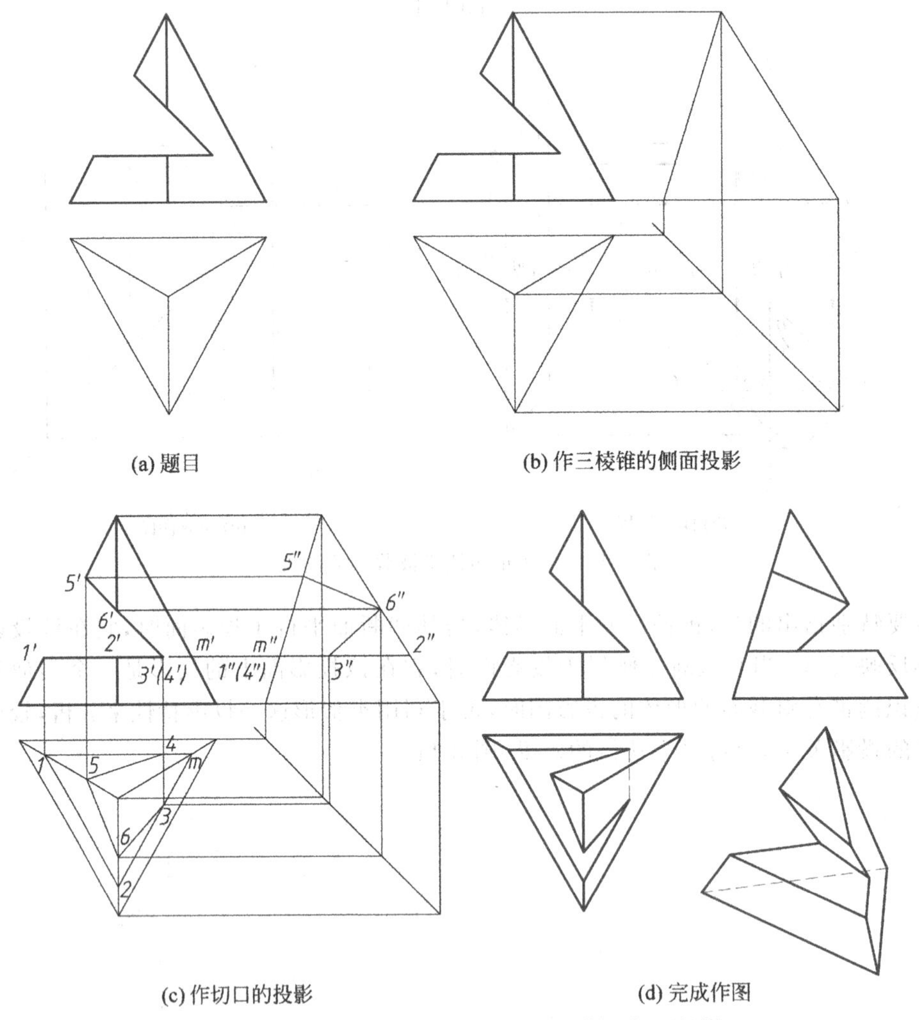

(a) 题目　　(b) 作三棱锥的侧面投影

(c) 作切口的投影　　(d) 完成作图

图 3-12 求作带切口三棱锥的水平投影和侧面投影

解 分析:据所给出的正面投影可知,该切口是由一个正垂面和一个水平面截割三棱锥形成的。为此,只要逐个求出各截平面与三棱锥的截交线,再画出这两个截断面之间的交线，即可获解。

作图：如图 3-12 所示。

(1) 先作出未被截割的三棱锥的侧面投影(图 3-12(b))。

(2) 再根据水平截割面、正垂截割面与三棱锥各棱线的交点Ⅰ、Ⅱ、M 和Ⅴ、Ⅵ的正面投影 $1'$、$2'$、m'、$5'$、$6'$，求出它们的侧面投影 $1''$、$2''$、m''、$5''$、$6''$。又由于两截割面均垂直于 V 面，故其交线Ⅲ Ⅳ的正面投影 $3'4'$ 积聚为一点，据此即可按投影关系求出 3、4 和 $3''$、$4''$，再依次连接各点的同面投影。连线时应注意，只有属于同一棱面又属于同一截割面的各点才能相连，如Ⅰ、Ⅱ可相连，Ⅰ、Ⅲ不可相连，Ⅰ、Ⅵ也不可相连；又因交线Ⅲ Ⅳ是两截平面的共有线，且贯穿于形体之中，所以其水平投影是不可见的，用虚线画出(图 3-12(c))。

(3) 三棱锥被截去的部分是相交两截割面之间的部分，因此截断面Ⅰ Ⅱ Ⅲ Ⅳ和Ⅲ Ⅳ Ⅴ Ⅵ之间的棱线段Ⅰ Ⅴ、Ⅱ Ⅵ不复存在。按规定加粗可见图线，完成作图(图 3-12(d))。

*3.4 两平面形体相交

两相交形体表面的交线称为相贯线。

两形体相交可有 3 种情况：全贯、半贯和互贯。

两平面形体的相贯线一般是闭合的空间折线，如图 3-13 所示的天窗与厂房坡屋面相交，其相贯线是闭合的空间折线 $A-B-C-D-E-F-A$。

从图中可见，相贯线中的各段折线分别是两形体相应棱面之间的交线；各段折线的顶点则是一形体的棱线与另一形体表面的交点。因此，求两平面形体相贯线的基本方法，实质上就是第 2 章中所介绍的求两平面的交线或直线与平面的交点的方法。交点的连线原则是，既在甲形体的同一表面，又在乙形体的同一表面的两点才能连线。

求出相贯线后，由于形体是不透明的，所以还要判别相贯线的可见性。判别的原则是：只有当相交的两个棱面在同一投影面上的投影均属可见时，其交线在该投影面上的投影才是可见的；当两个棱面中有一个棱面(甚至两个棱面)为不可见时，其交线则为不可见。

图 3-14 所示为上述厂房的三面投影。其表面上的交线(即相贯线)均可利用相应棱面的投影积聚性直接得出。相贯线在投影图的可见性分别用各顶点的标记表示出来(设位于形体表面或棱线积聚投影上的点仍为可见，但两点相重影时，后方的点为不可见)。

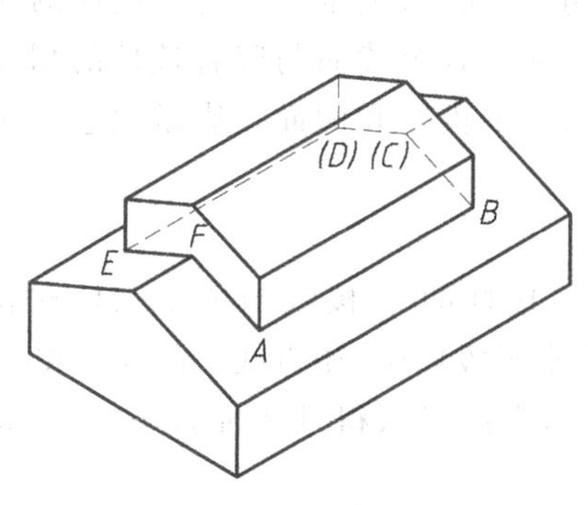

图 3-13 两平面形体的相贯线

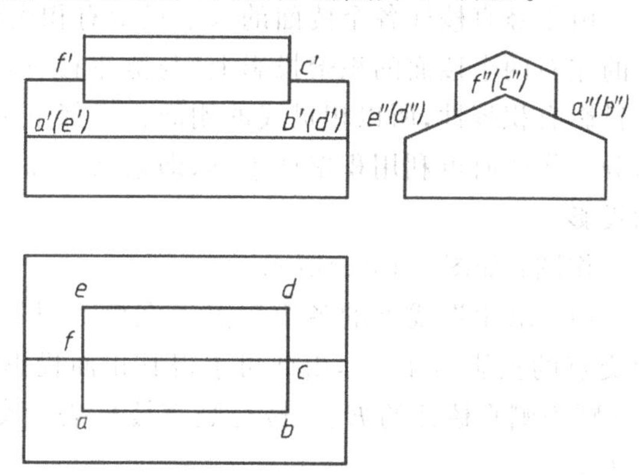

图 3-14 两平面形体及其相贯线的投影图

例 3-6 求作侧垂三棱柱与竖直三棱柱的相贯线(图 3-15(a))。

hh3-15

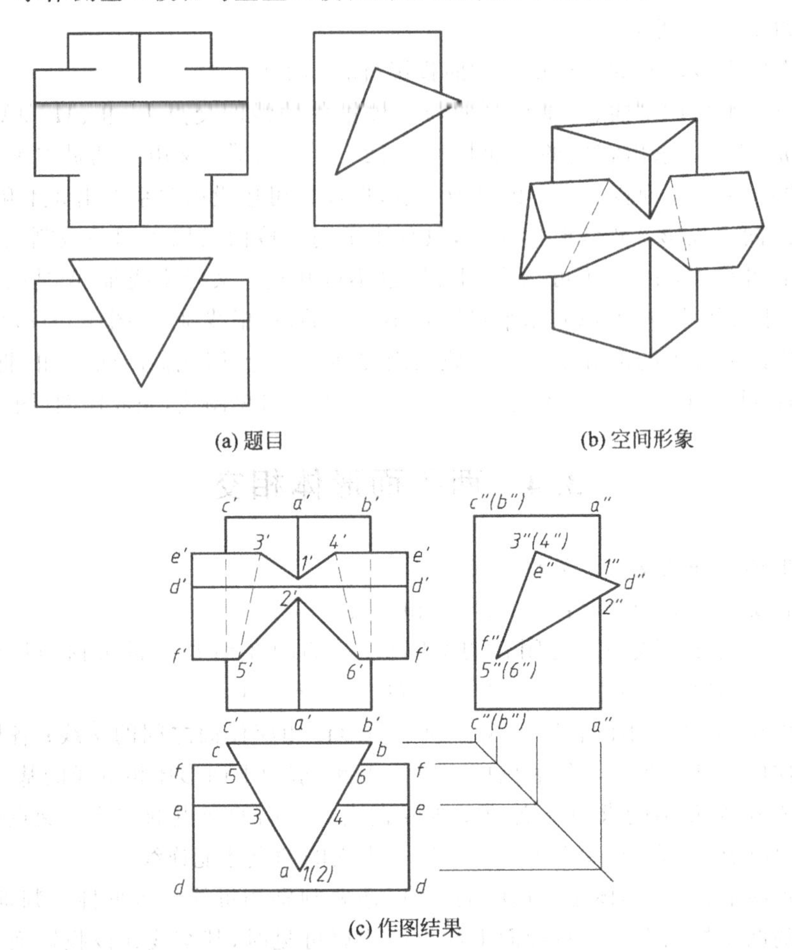

(a) 题目　　(b) 空间形象

(c) 作图结果

图 3-15　求作侧垂三棱柱与竖直三棱柱的相贯线

解　分析：根据水平投影可知，竖直三棱柱只有一部分与侧垂三棱柱相贯，即该两棱柱属互贯，相贯线为一条封闭的空间折线(图 3-15(b))。

由于竖直棱柱各个棱面的水平投影有积聚性，所以相贯线的水平投影必重影在竖直棱柱的左右两个棱面的积聚投影上(与侧垂棱柱的相交部分)；同理，侧垂棱柱各个棱面的侧面投影有积聚性，所以相贯线的侧面投影都重影在侧垂棱柱的各个棱面与竖直棱柱的相交部分。作图时可利用积聚性求解，即根据已知的相贯线的水平投影和侧面投影求出它的正面投影。

作图：如图 3-15(c)所示。

(1) 求相贯线上的各个顶点。在侧面投影中，竖直三棱柱的 A 棱线与侧垂三棱柱表面交点的投影是 1″、2″，由此可求得其正面投影 1′、2′；在水平投影中，相贯线上的 3、4 和 5、6 分别为侧垂棱柱的 E、F 棱与竖直棱柱表面交点的投影，由此可求得其正面投影 3′、4′和 5′、6′。

(2) 依次连接各点并判断投影中相贯线的可见性。两点相连的原则是，凡位于竖直棱柱同一棱面而同时又位于侧垂棱柱同一棱面上的两点才能相连。参照已知的相贯线水平投影和侧面投影，正面投影中的连点次序为 1′-3′-5′-2′-6′-4′-1′。在正面投影中，竖直棱柱参与相交的两个棱面都可见，侧垂棱柱前面两可见棱面与其相交的交线 3′1′4′、5′2′6′可见，用粗实线连接；侧垂棱柱后棱面的正面投影不可见，故该棱面上交线的正面投影 3′5′、4′6′不可见，画成虚线。

(3) 补全棱线的正面投影。将参与相贯的各棱线补全到相贯线上相应的各个顶点处；竖直棱柱的 B、C 两棱线未参与相贯，其正面投影中间部分被侧垂棱柱遮挡而不可见，用虚线画出。

例 3-7 求作图 3-16(b)所示的四棱柱与四棱锥的相贯线。

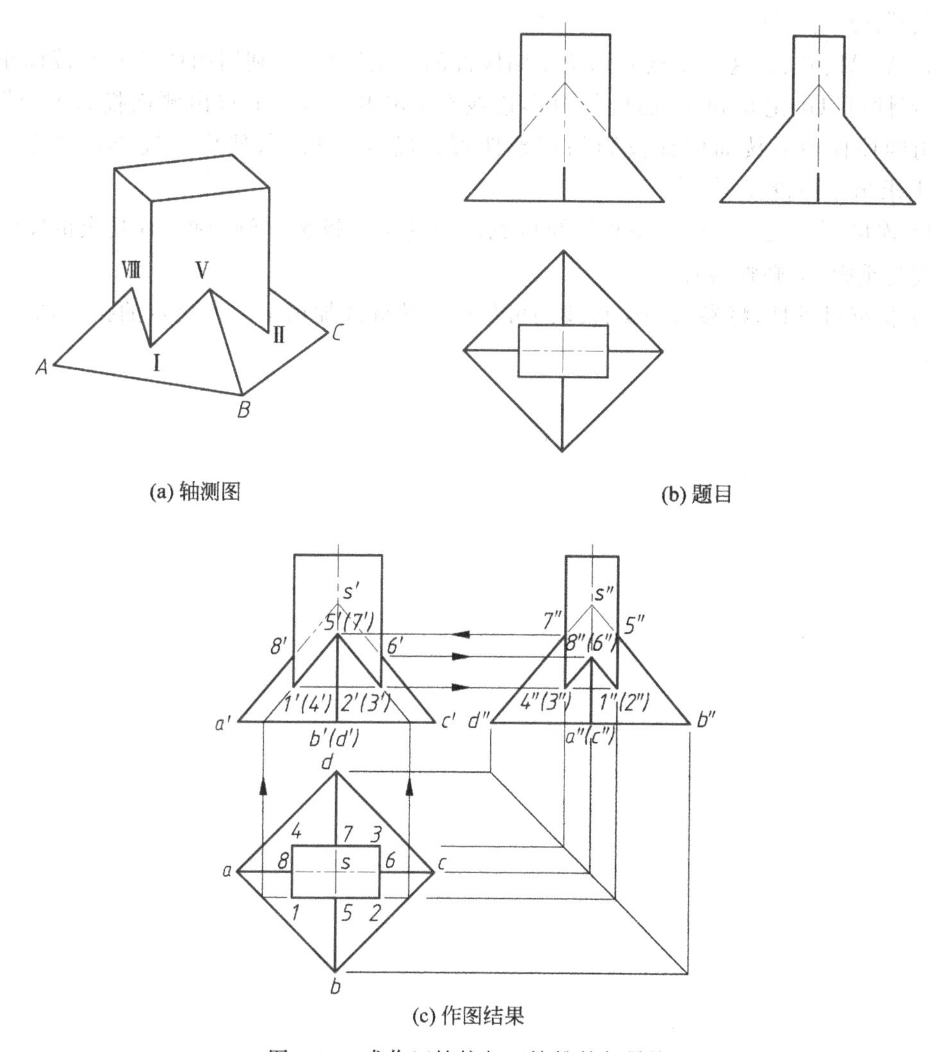

(a) 轴测图

(b) 题目

(c) 作图结果

图 3-16 求作四棱柱与四棱锥的相贯线

解 分析：从图 3-16(b)可知，相交两形体左右、前后均对称。因此，所求的相贯线也必左右、前后对称；图中的四棱柱从上向下贯入四棱锥中，它们的底面同在一个平面上，相贯线只限于上部各表面之间的交线，所以相贯线只有一组封闭的空间折线。

因为直立四棱柱 4 个棱面的水平投影具有积聚性，所以相贯线必然积聚在该四棱柱 4

个棱面的水平投影上，故本例只需求作相贯线的正面投影和侧面投影。

从图中还知，该四棱柱的 4 条棱线和四棱锥的 4 条棱线都参与相交，但每条棱线只有一个交点，即相贯线上总共有 8 个折点。

作图：如图 3-16(c)所示。

(1) 在相贯线的水平投影上标出各折点的投影 1、2、3、4、5、6、7、8。

(2) 过点Ⅰ在 SAB 平面上作辅助线与 SA 平行，利用“平行两直线的同面投影仍相互平行”的性质求出Ⅰ的正面投影 $1'$，进而利用对称性求出点Ⅳ、Ⅱ、Ⅲ的正面投影$(4')$、$2'$、$(3')$，然后由 $1'$、$(4')$、$2'$、$(3')$向右作投影连线，在四棱柱左、右棱面的积聚投影上求出侧面投影 $1''$、$4''$、$(2'')$、$(3'')$。

(3) Ⅴ、Ⅵ、Ⅶ、Ⅷ这 4 个点分别位于四棱锥的 4 条棱线上，利用四棱柱左右棱面正面投影的积聚性可以确定 $8'$ 和 $6'$，然后作投影连线在 $s''a''$ 和 $s''(c'')$ 上求出侧面投影 $8''(6'')$；同理，利用四棱柱前后棱面侧面投影的积聚性可以确定 $5''$ 和 $7''$，然后作投影连线在 $s'b'$ 和 $s'(d')$ 上求出正面投影 $5'(7')$。

(4) 连接 $1'$-$5'$-$2'$、$4''$-$8''$-$1''$得相贯线可见部分的正面投影和侧面投影(其余的图线或是积聚，或是重影，不必画出)。

(5) 依据可见性，将参与相交棱线的可见投影轮廓线加粗至各自交点的投影，完成作图(图 3-16(c))。

第4章 曲面形体的投影

由曲面或曲面与它的底面围成的几何体，称为曲面形体。

作曲面形体的投影，归根结底也就是作组成其表面的曲面或曲面与它的底面的投影，并区分可见性；必要时，还要加画控制曲面形成规律的要素——中心线和轴线等。

圆柱、圆锥和圆球等是工程上最常用和最基本的曲面形体。由于围成这些形体的曲面都属于回转曲面，所以又把这些曲面形体统称为回转体。

4.1 回转体的投影

曲面可看成是由直线或曲线在一定条件下作运动时形成的轨迹，产生曲面的动线称为母线，母线在曲面上的任一瞬时位置称为素线。由一条母线（直线或曲线）绕一条固定的直线（轴线）作回转运动而形成的曲面称为回转面。图4-1表示的是一个回转曲面，它的母线是一段平面曲线，且与轴线位于同一个平面上。母线上任意点的运动轨迹都是圆，这种圆称为纬圆。纬圆所在的平面一定垂直于回转轴线。由回转曲面与它的底面或完全由回转面所围成的形体称为回转体，如圆柱、圆锥和圆球等。

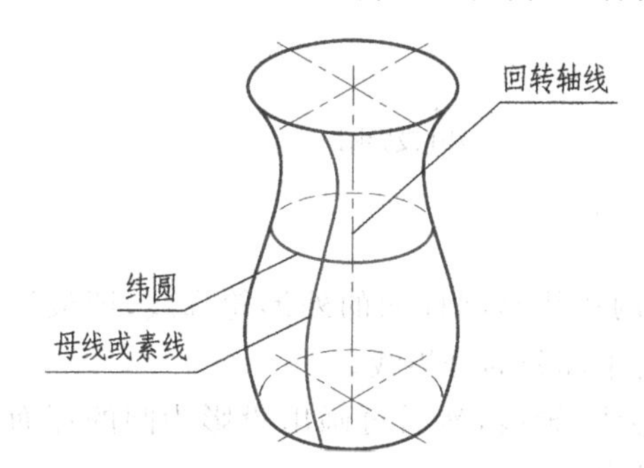

图4-1 回转曲面的形成

由于回转体的回转曲面是光滑的，因此，画它的立面投影图时，除曲面的外形轮廓线外，一般不必再在曲面上画其他任何线条。

4.1.1 圆柱的投影

1. 圆柱面的形成

如图4-2所示，圆柱面可看成是由一条直母线 AA_1，绕着与其平行的轴线 OO_1 作回转运动而形成的。圆柱面的素线都平行于轴线，圆柱面的纬圆半径都相等。由圆柱面及其上、下底圆围成的形体称为圆柱体（简称圆柱）。

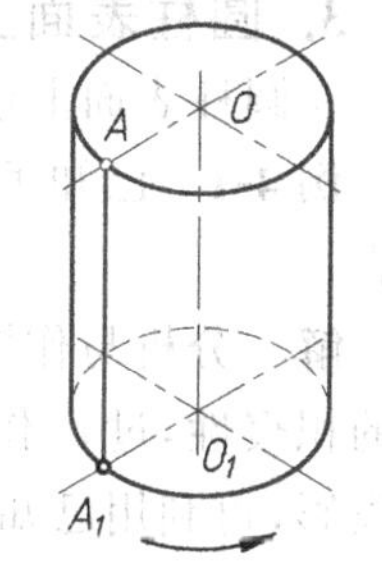

图4-2 圆柱面的形成

2. 投影分析

如图 4-3(a)所示，在三面投影中，垂直于 H 面的圆柱的水平投影是一个圆，这个圆既是上底圆和下底圆的重合投影(反映实形)，又是圆柱面的积聚投影，其半径等于圆柱的半径，轴线的积聚投影落在圆心上，一般要用细点画线画出它的一对中心线。圆柱的正面投影和侧面投影是两个相等的矩形，矩形的高等于圆柱的高，宽等于圆柱的直径。轴线的投影按规定应用细点画线画出。

圆柱正面投影的矩形是其前半个柱面(可见部分)与后半个柱面(不可见部分)的重合投影。矩形上、下边线是上、下底的积聚投影。左右两边线 $a'a_1'$ 和 $b'b_1'$ 分别为圆柱面的外形轮廓线，即最左和最右两条素线 AA_1、BB_1 的投影，这两条素线(AA_1、BB_1)是圆柱前半部分和后半部分的分界线，它们的侧面投影 $a''a_1''$ 和 $b''b_1''$ 与轴线的投影重合，按规定不必画出，如图 4-3(b)所示。

hh4-3

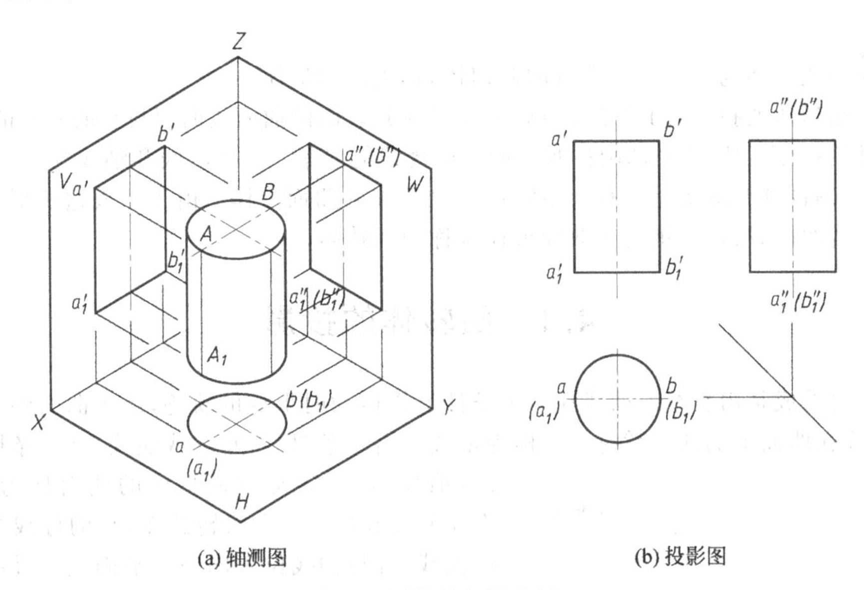

(a) 轴测图　　(b) 投影图

图 4-3　圆柱的投影分析

同理，圆柱的侧面投影也是矩形，应注意其左右两边线是圆柱面的外形轮廓线，即最后和最前素线的投影，这两条素线是圆柱左半部分和右半部分的分界线。

画圆柱的三面投影时，首先应画出它的一对中心线、轴线，然后再画出投影为圆的那面投影，最后根据圆柱高度按投影关系画出其余两面投影。

3. 圆柱表面上取点

在圆柱表面上取点，可以利用圆柱面的积聚投影来作图。

例 4-1　已知垂直于 H 面的圆柱表面上点 A 的正面投影 a'(图 4-4(a))，求作其余两面投影。

解　分析与作图：由于 a' 为可见，故点 A 位于圆柱的前半部分，可利用圆柱面水平投影的积聚性，过 a' 作竖直的投影连线，与水平投影中的前半个圆周相交于 a，即得点 A 的水平投影，再利用已知点的两面投影求作其第三投影的方法，求得点 A 的侧面投影(a'')，如图 4-4(b)所示。

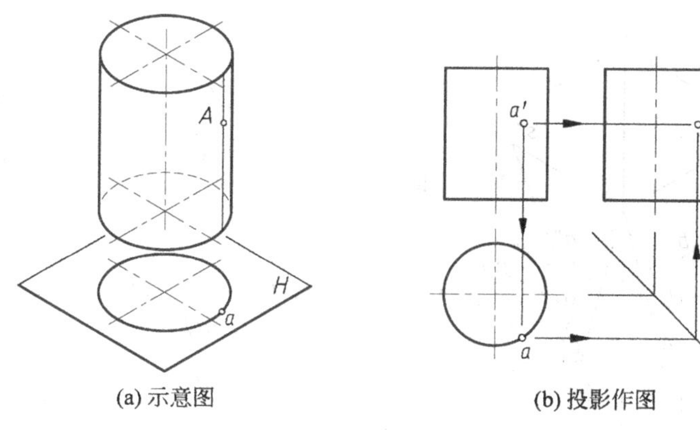

图 4-4 圆柱表面上取点

由 a' 在圆柱面正面投影的位置可知，点 A 属于右半圆柱面，该部分圆柱面的侧面投影不可见，故投影(a'')为不可见。

4.1.2 圆锥的投影

1. 圆锥面的形成

如图 4-5 所示，圆锥面可看成是由一条直母线 SA 绕着与它相交的轴线作回转运动而形成的。由圆锥面及其底面围成的形体称为圆锥体(简称圆锥)。圆锥的素线为过锥顶与底圆任意点的连线，它们交汇于锥顶；圆锥的纬圆离锥顶越远，直径越大。

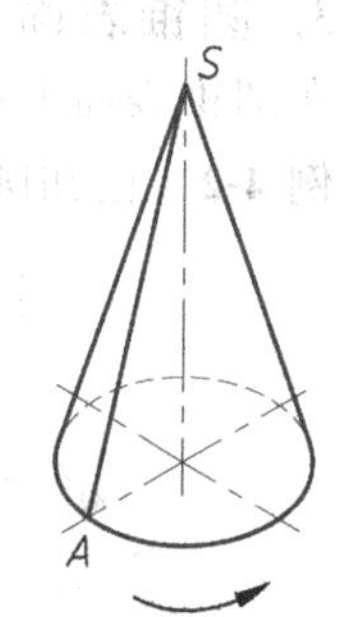

图 4-5 圆锥面的形成

2. 投影分析

如图 4-6(a)所示，轴线垂直于 H 面的圆锥，在三面投影中，它的水平投影为圆，这个圆是圆锥面的投影，圆锥底面的投影与圆锥面的投影重合，该圆的圆心是铅垂轴线的积聚投影，圆锥顶点的水平投影也落在这个积聚的投影上。这个圆也反映圆锥底面的实形。圆锥素线的水平投影则是过圆心与圆周上任意点的连线，即圆锥面的投影没有积聚性。

圆锥的正面投影和侧面投影都是两个相同的等腰三角形，其高等于圆锥的高，底边长等于底圆的直径。

正面投影是可见的前半个圆锥面和不可见的后半个圆锥面的重合投影。这个投影的底边是底圆的积聚投影，两斜边 $s'a'$、$s'b'$ 分别是圆锥面最左、最右素线，亦即圆锥面外形轮廓线的投影。这两条最左、最右素线的水平投影 sa 和 sb 与圆的正平中心线重合，侧面投影 $s''a''$ 和 $s''b''$ 与圆锥轴线投影重合(按规定不必画出)，如图 4-6(b)所示。

同理，侧面投影中三角形的两斜边 $s''c''$、$s''d''$ 分别是锥面最前、最后素线亦即圆锥面外形轮廓线的投影。

与圆柱的投影作图一样，作圆锥的三面投影时，应先画出其中心线、轴线，然后再画出投影为圆的投影，最后根据圆锥高度画出其余两面投影。

hh4-6

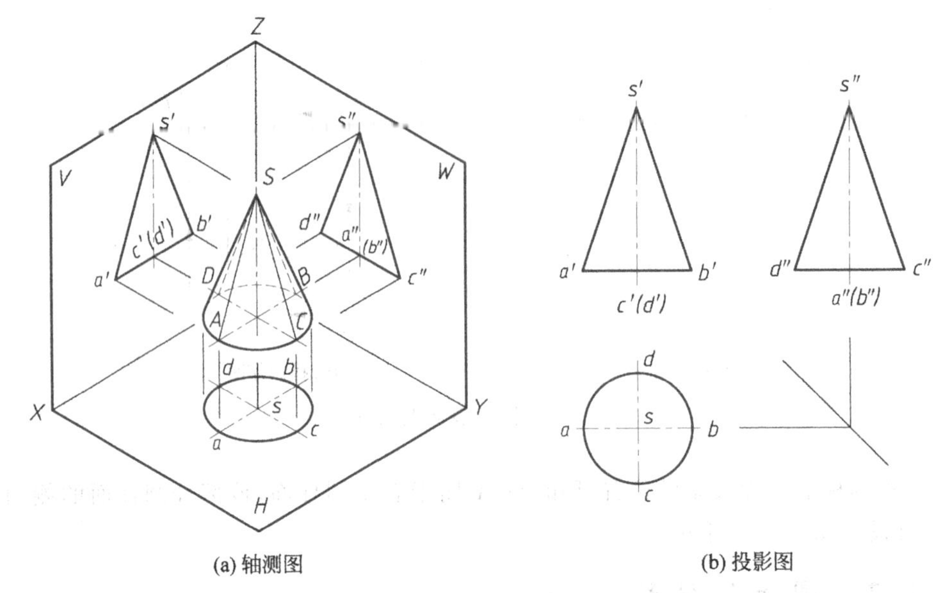

(a) 轴测图　　(b) 投影图

图 4-6　圆锥的投影分析

3. 圆锥表面上取点

在圆锥表面上取点的方法有两种，即辅助素线法和辅助纬圆法。

例 4-2　已知圆锥面上的点 M 的正面投影 m'（图 4-7(a)），求作其余两面投影。

hh4-7

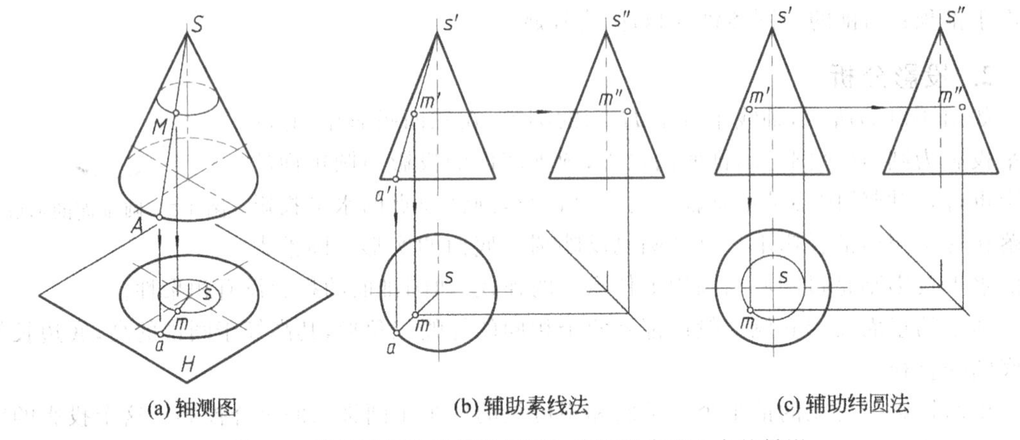

(a) 轴测图　　(b) 辅助素线法　　(c) 辅助纬圆法

图 4-7　辅助素线法和辅助纬圆法作圆锥表面上点的投影

解　分析与作图：

方法一，辅助素线法。由于圆锥面的投影没有积聚性，且点 M 处于圆锥面上的一般位置，因此须先过点 M 引一辅助素线 SA 才能把点 M 在圆锥面上的位置确定下来。因为 m' 可见，即点 M 属于圆锥面的前半部分，SA 也应属于圆锥面的前半部分。投影作图时，如图 4-7(b)所示，将 m' 与 s' 连线并延长与底圆投影的前半部分相交于 a'，按投影关系先求得 sa，再由 m' 求得 m，最后求得 m''。圆锥面的水平投影可见，故 m 为可见；由 m' 在圆锥面正面投影的位置可知，点 M 位于圆锥面的左半部分，故 m'' 可见。

方法二，辅助纬圆法。本例也可通过点 M 在圆锥面上作一个辅助纬圆来求解。在投影图中，先过点 M 的正面投影 m' 作纬圆的正面投影（这一投影积聚为一条与圆锥面最左、最右素线投影相交的水平直线段，其长度等于该纬圆的直径），然后作出该纬圆的水平投影和侧面投影。因为 m' 可见，所以点 M 一定位于圆锥的前半部分。因此，根据线上的点的从属性和投影关系，先在纬圆的水平投影的前半部分得到 m，再由 m 和 m' 按投影关系求得 m''，如图 4-7(c)所示。

4.1.3 圆球的投影

1. 圆球面的形成

如图 4-8 所示，圆球面可看成是由一圆周绕它的任意一条直径作回转运动而形成的。由圆球面围成的形体称为圆球体，简称圆球。圆球的素线为圆心与球心重合、半径等于圆球半径的圆周；圆球的纬圆离球心越远，半径越小。

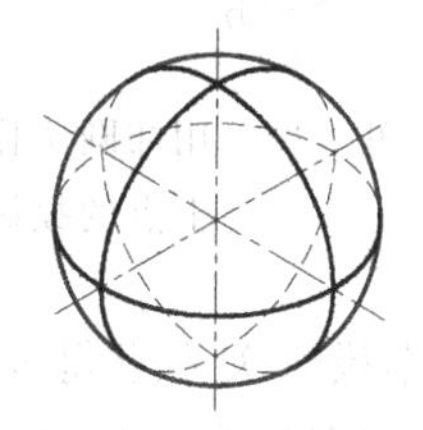

图 4-8 圆球面的形成

2. 投影分析

如图 4-9(a)所示，在三面投影中，圆球的 3 个投影都是直径相等并等于圆球直径的圆，但这 3 个圆并不是圆球面上同一圆周的三面投影。

圆球 V 面投影的外形轮廓线是球面上的最大正平圆 A 的投影 a'，圆 a' 的直径等于圆球的直径。最大正平圆 A 的水平投影 a 和侧面投影 a'' 分别重影为一段长度等于球体直径的直线段，且与中心线重合，不必另行画出，如图 4-9(b)所示。

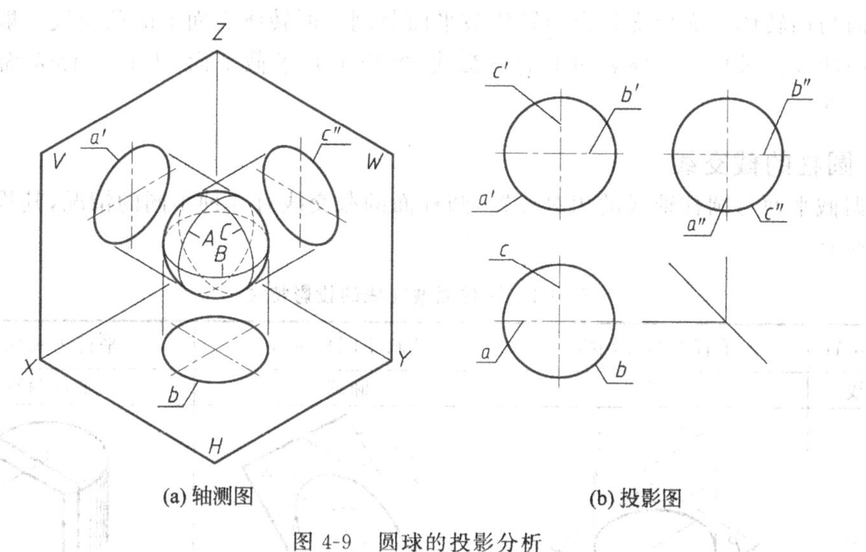

图 4-9 圆球的投影分析

hh4-9

至于球面上其余两个方向上的最大圆 B 和 C 的投影对应关系，与圆 A 相仿，具体情况请读者自行分析。

3. 圆球表面上取点

在圆球表面上取点，可通过在球面上过该点作平行于投影面的辅助纬圆来求解。由于球面的轴线可为过球心的任意方向直线，因此，球面上任何平行于投影面的圆都可认为是纬圆。

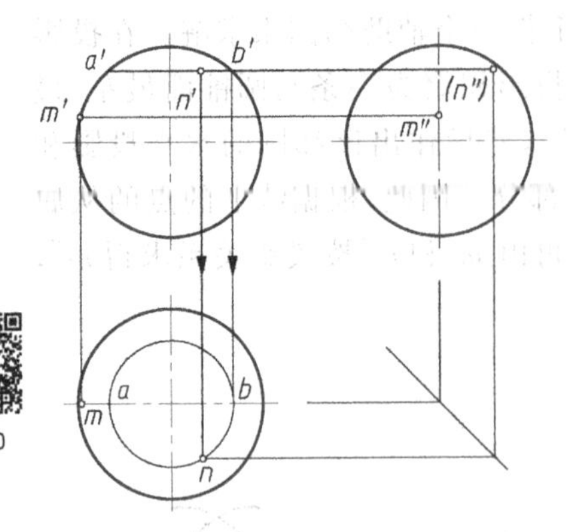

hh4-10

图 4-10 用纬圆法作圆球表面上点的投影

例 4-3 已知点 M、N 的正面投影 m'、n'（图 4-10），求作其余两面投影。

解 分析：如图 4-10 所示，在正面投影中，m' 属于球面正面的外形轮廓圆，即点 M 处在球面的最大正平圆上，可直接根据线上的点的从属关系和投影关系，由 m' 在最大正平圆的其余两个投影上求得 m、m''。而点 N 属于球面上的一般位置，所以，应先过点 N 在圆球面上作辅助纬圆，例如作平行于水平面的辅助纬圆，然后再根据点在线上的从属关系来作图，即过 n' 作直线段 $a'b'$（水平纬圆的正面投影），并求出该纬圆的水平投影。由 n' 向下作竖直投影连线在该纬圆的水平投影的前半部分（因 n' 可见，即 N 处在球面的前半部分）得 n，最后根据投影关系求得 n''。

判别可见性：由 m' 和 n' 在球面正面投影中的位置可知，点 M、N 处在上半球面，所以 m、n 可见；点 M 处于左半球面，故 m'' 为可见；点 N 处于右半球面，故 n'' 为不可见。

本例中点 N 的水平投影 n、侧面投影 n'' 也可通过作正平的辅助纬圆或侧平的辅助纬圆来求得。

4.2 平面与回转体相交

平面与回转体表面相交是指回转体被平面截割。回转体表面上的截交线一般是一条闭合的平面曲线。求作回转体表面上的截交线，实质上是求截平面[①]与回转体表面一系列共有点的连线。

1. 圆柱的截交线

根据截平面与圆柱轴线的相对位置，圆柱面的截交线有 3 种不同的情况，其投影特性如表 4-1 所示。

表 4-1 圆柱面截交线的投影特性

截平面位置	垂直于圆柱轴线	倾斜于圆柱轴线	平行于圆柱轴线
截交线	圆	椭圆	平行两直线
轴测图	P	P	P

① 截平面通常取投影面垂直面（或投影面平行面）。当只需要表明它所在的空间位置时，规定在它所垂直的投影面上用一条细实线表示它的位置，并加注截平面的名称，如 P_V（读作正垂面 P）、Q_H（读作铅垂面 Q）等。

续表

截平面位置	垂直于圆柱轴线	倾斜于圆柱轴线	平行于圆柱轴线
投影图	P_V	P_V	P_H

例 4-4 如图 4-11(a)所示，圆柱轴线垂直于 H 面，被倾斜于轴线的正垂面截割，试求其截交线。

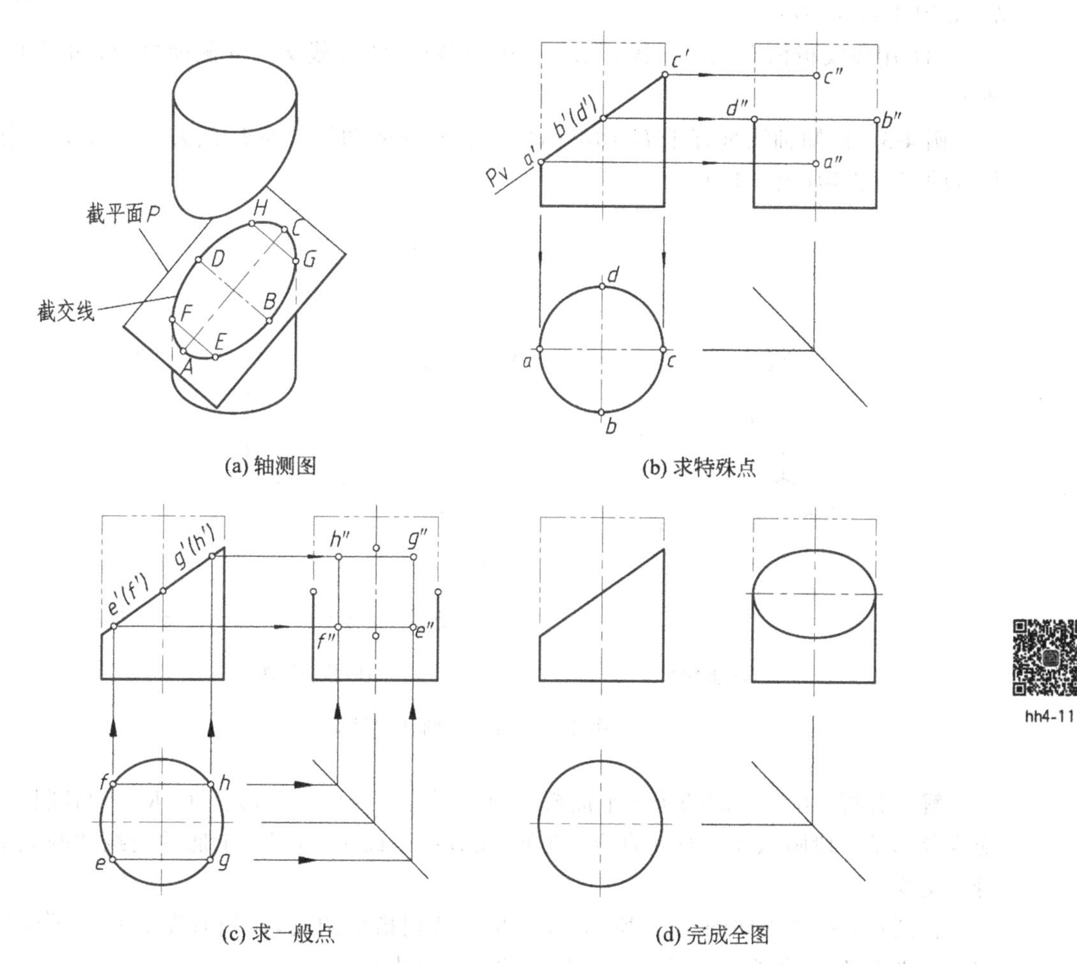

(a) 轴测图 (b) 求特殊点

(c) 求一般点 (d) 完成全图

hh4-11

图 4-11 圆柱的截割

解 分析：因截平面 P 倾斜于圆柱的轴线，故其截交线为椭圆。此椭圆位于正垂面上，故其正面投影重影为一条斜线，此椭圆也位于圆柱面上，故其水平投影重合在圆周(圆柱面的积聚投影)上,侧面投影仍为椭圆。

作图:

(1) 求特殊点。由正面投影可知,椭圆的最低点(也是最左点)A 和最高点(也是最右点)C 分别位于圆柱的最左、最右素线上,其投影分别为 a'、c';最前点 B、最后点 D 分别位于圆柱的最前、最后素线上,所以其投影分别为 b'、(d'),它们重影在圆柱轴线的正面投影上。这种最左、最右、最前、最后、最高、最低的曲面外形轮廓线上的点(通常也是可见性分界点),统称为截交线上的特殊点。这些特殊点控制着截交线的形状和变化趋势,一般情况下必须全部求出。确定正面投影 a'、c'、b'、(d')后,就可按投影关系和利用积聚性定出水平投影 a、c、b、d,最后求出侧面投影 a''、b''、c''、d'',如图 4-11(b)所示。

(2) 求一般位置点。在已知的截交线投影上取若干一般位置的点(从理论上说,点越多越准确)。本例在作图时,仅取 E、F、G、H 4 个点,由于圆柱面的水平投影具有积聚性,故先在水平投影中定出 e、f、g、h,从而求得正面投影 e'、(f')、g'、(h')和侧面投影 e''、f''、g''、h'',如图 4-11(c)所示。

(3) 用曲线板依次光滑连接 a''、e''、b''……各点,即得截交线的侧面投影,如图 4-11(d)所示。

例 4-5 已知轴线垂直于 H 面的圆柱被水平面 R 和侧平面 P 截去了一部分,求作剩余部分的三面投影(图 4-12)。

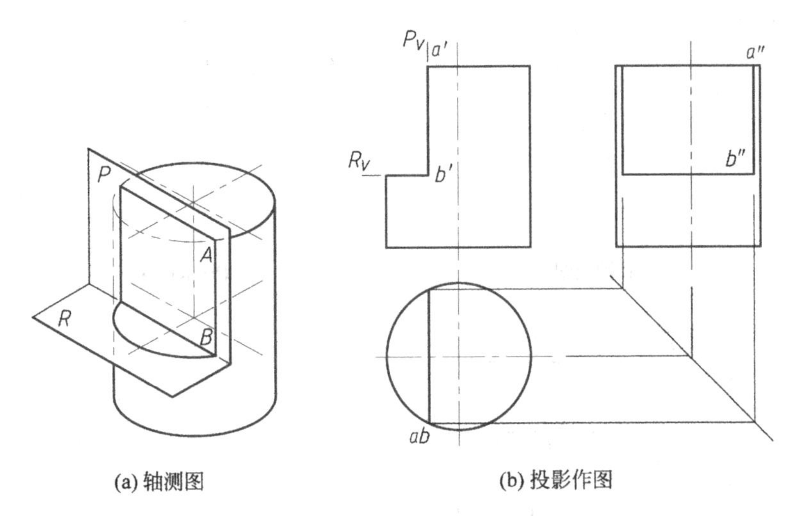

(a) 轴测图　　(b) 投影作图

图 4-12 带切口圆柱的投影

解 分析:在题设的两个截平面截割圆柱所形成的切口上,截平面 R、P 与圆柱面的截交线分别是一段圆弧和平行两直线;此外,还有截平面 P 与圆柱上底的交线和两截平面自身的交线。

作图:解题过程如图 4-12 所示,在这里要特别指出的是,在侧面投影中,$a''b''$ 到轴线之间的水平距离,必须自水平投影通过作图才能准确求出。

2. 圆锥的截交线

根据截平面与圆锥轴线相对位置的不同,圆锥面的截交线有 5 种不同的情况,其投影特性如表 4-2 所示。

表 4-2 圆锥面截交线的投影特性

截平面位置	垂直于圆锥轴线 $\theta=90°$	与所有素线相交 $\theta>\alpha$	平行于任一条素线 $\theta=\alpha$	平行于任两条素线 $\theta<\alpha$	通过锥顶
截交线	圆	椭圆	抛物线	双曲线	相交两直线
轴测图	P	P	P	特例 $\theta=0°$ P	P
投影图	P_V θ	P_V α θ	P_V α θ	P_H	P_V

例 4-6 如图 4-13(a)所示，轴线垂直于 H 面的圆锥被一正平面 P 所截，试完成其三面投影。

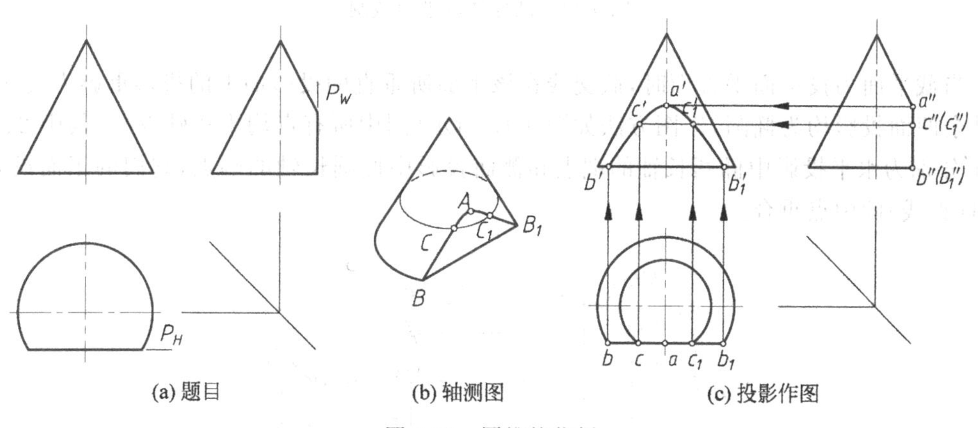

(a) 题目 (b) 轴测图 (c) 投影作图

图 4-13 圆锥的截割

解 分析：因为截平面 P 为正平面，且与圆锥的轴线平行，即平行于圆锥面的两条直素线，所以它与圆锥面的截交线为双曲线，其水平投影和侧面投影分别重影为直线段，故本例仅需求作正面投影。

作图：

(1) 求特殊点。由侧面投影可知，截交线最高点 A 的投影 a'' 位于圆锥最前素线的侧面投影上，故根据 a'' 可求出 a 及 a'。又由侧面投影并参照水平投影可知，B、B_1 为最低点也是最左、最右点，其水平投影为 b、b_1，侧面投影为 $b''(b_1'')$，据此便可求出 b'、b_1'。

(2) 求一般位置点。可用辅助纬圆法求解。先在水平投影中以适当的半径作一水平辅助纬圆的投影,它与截交线的水平投影(直线)相交于 c、c_1,然后作出该辅助纬圆的正面投影,再根据从属性和投影关系求出 c'、c_1'。

(3) 最后,依次将 b'、c'、a'、c_1'、b_1' 光滑连线,即得截交线的正面投影,如图 4-13(c)所示。

3. 圆球的截交线

圆球被任何方向的平面截割,其截交线在空间都是圆。当截平面为投影面平行面时,截交线在它所平行的投影面上的投影为圆,其余两面投影均重影为直线段,该直线段的长度等于圆的直径,其大小与截平面至球心的距离 h 有关,h 值越大,圆的直径越小,如图 4-14 所示。

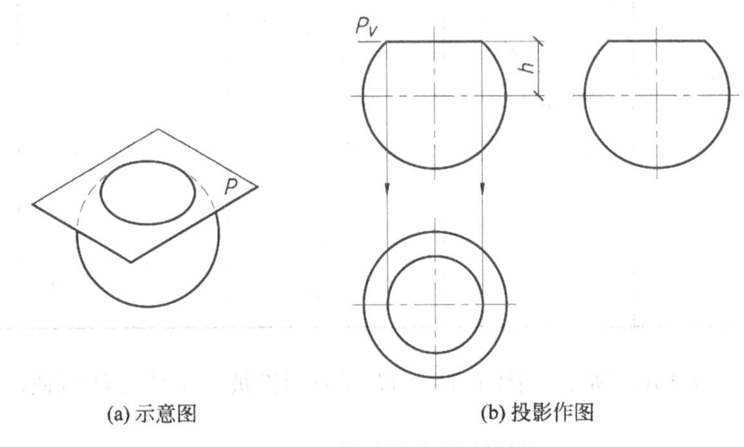

图 4-14 圆球被水平面截割

当截平面为投影面垂直面时,截交线在该平面所垂直的投影面上的投影重影为直线段,而其余两面投影均为椭圆,作图方法如图 4-15 所示(图中所有点均为特殊点)。其中 2、4 和 2″、4″分别为水平投影中椭圆长轴的端点和侧面投影中椭圆长轴的端点,它们的正面投影与切口(直线)的中点重合。

hh4-15

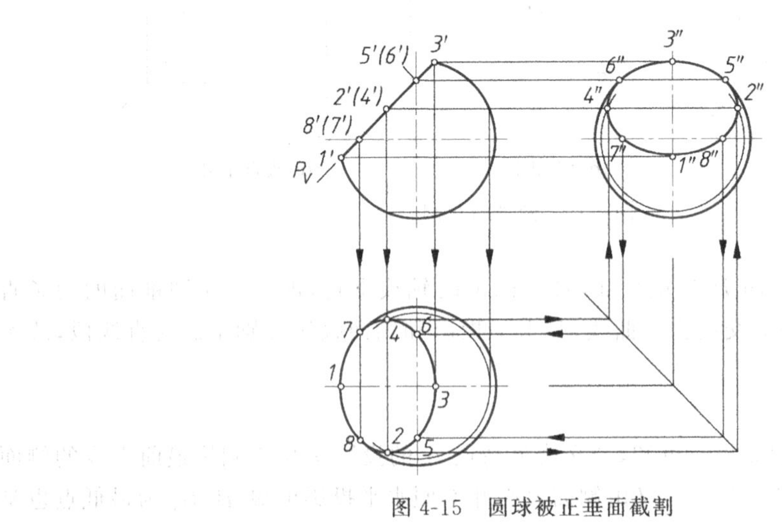

图 4-15 圆球被正垂面截割

例 4-7　试画出开槽半圆球的三面投影(图 4-16)。

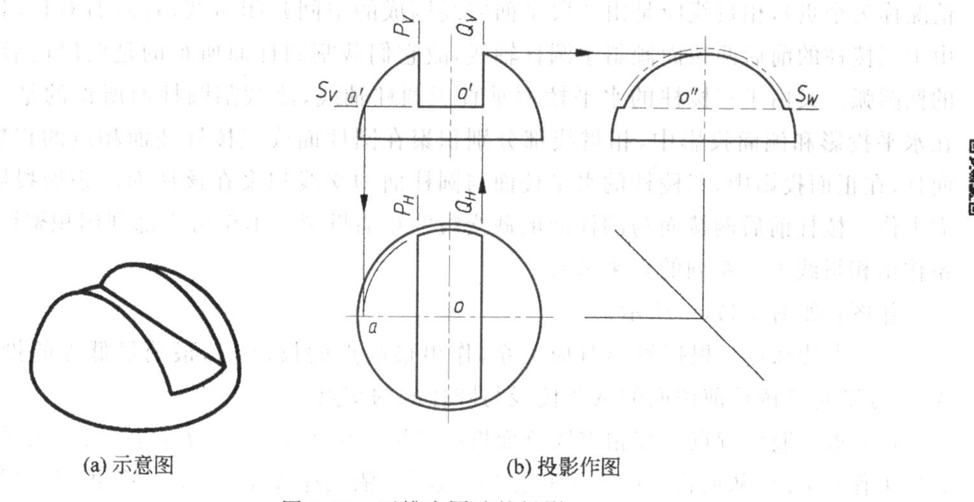

(a) 示意图　　(b) 投影作图

图 4-16　开槽半圆球的投影

hh4-16

解　分析：由于半圆球被左右对称的两个侧平面(P 和Q)和一个水平面(S)所截割，所以两个侧平面与球面的截交线各为两段平行于侧面的圆弧，而水平面与球面的截交线为两段水平的圆弧。

作图：

(1) 首先在完整半圆球的三面投影上，根据槽宽和槽深画出开槽的正面投影。

(2) 在正面投影中，过槽底作 S_V 与圆球外形轮廓线相交得 a'，$o'a'$即为所截得的截交线(圆)的半径，然后以此半径在水平投影中以 o 为圆心画圆弧，该圆弧与 P_H、Q_H 相交，取其中间的两段圆弧，从而完成该截交线水平投影的作图，如图 4-16(b)所示。

(3) 同理，在正面投影中取 P_V 或 Q_V 与半球外形轮廓线相交所得的长度为半径，在侧面投影图中画弧，S_W 以上的一段圆弧即为截交线的投影。

(4) 由于截平面 P、Q、S 的截割开槽使得圆球面上的最大侧平圆被部分截除，原球面的部分侧面投影外形轮廓线不再存在(图中用双点长画线表示)。再根据可见性，将表示槽底投影的不可见部分画成虚线，将两端可见部分(一小段直线)画成粗实线，即完成作图，如图 4-16(b)所示。

*4.3　平面形体与回转体相交

两形体相交，其表面交线通称相贯线；相交之后的形体通称相贯体。平面形体与回转体相交，其相贯线一般是由若干段平面曲线或平面曲线和直线段所围成的空间折线。它们实质上是平面形体的各个表面分别截割回转体表面所得的截交线的集合。因此，求作相贯线，只要作出各段截交线的投影，然后再判别可见性即可。

本书仅探讨参与相贯的两个形体中，至少有一个其表面在某一面投影中具有积聚性时的情况。

例 4-8　如图 4-17(a)所示，求三棱柱与圆柱体的相贯线。

解 分析：从题目可知，该相贯体左右、前后对称，三棱柱的3个棱面都参与相交(这种情况称为全贯)，相贯线应是由3段平面曲线围成的空间封闭折线，且左右对称，各有一条。由于三棱柱的前后两棱面倾斜于圆柱轴线，故它们截割圆柱面所得的是两段前后对称分布的椭圆弧。又由于三棱柱的水平棱面垂直于圆柱轴线，故截割圆柱面所得的是一段圆弧。在水平投影和侧面投影中，相贯线都分别积聚在圆柱面或三棱柱棱面相应的积聚投影上；而且，在正面投影中，三棱柱的水平棱面与圆柱面的交线积聚在该棱面的积聚投影上，故只需求作三棱柱前后两棱面与圆柱面的截交线的正面投影。本例可全部利用积聚性按投影关系作出相贯线上一系列的点来求解。

作图：如图4-17(c)所示。

(1) 求特殊点。根据投影对应关系，作出最高点的投影 a'，最前最低点的投影 b'。点 A、B 分别是三棱柱前棱面的两条棱线与圆柱面的交点。

(2) 求一般位置点。在相贯线侧面投影的适当位置上取 c''、d''，再按投影关系在其水平投影上作出 c、d，从而再由投影关系作出 c'、d'。依次连接 a'、c'、d'、b'，即得该段相贯线的正面投影。

(3) 按对称关系求出与之对称的另一条相贯线的正面投影。

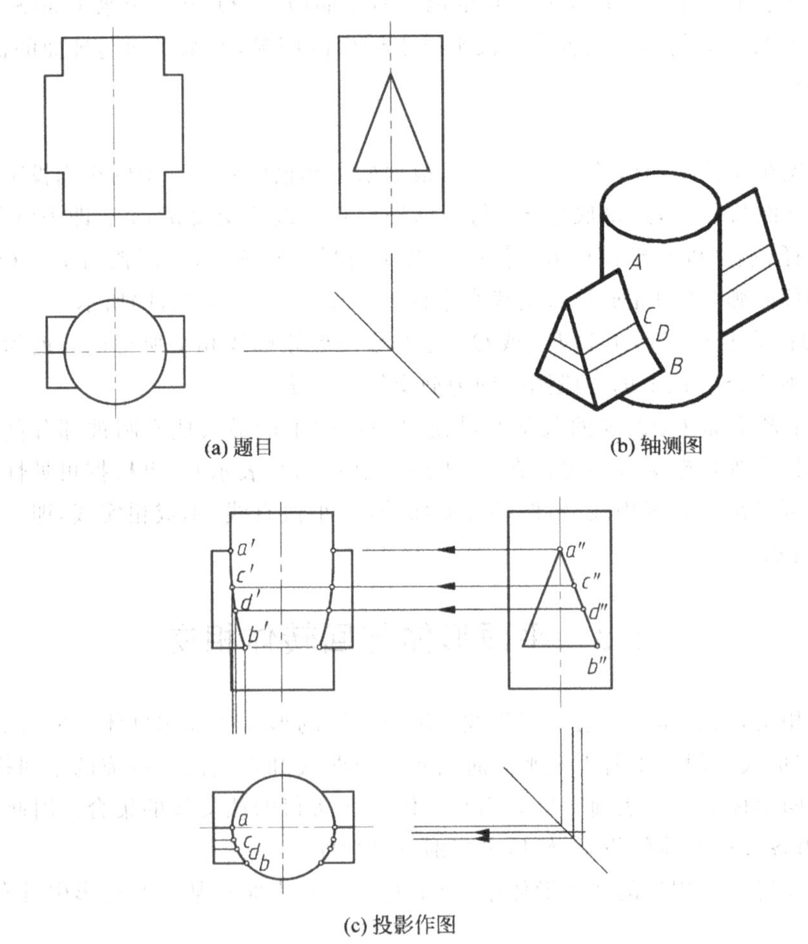

(a) 题目　　(b) 轴测图

(c) 投影作图

图4-17　三棱柱与圆柱相贯

例 4-9　如图 4-18(a)所示，求四棱柱与圆锥的相贯线。

解　分析：从题目可知，该相贯体左右、前后都对称。四棱柱各棱面的水平投影积聚成四边形，故相贯线的水平投影与该四边形重合。四棱柱的四个棱面均平行于圆锥的轴线，且两两分别平行于 V 面和 W 面，所以相贯线是一条由四段截交线（双曲线）组成的空间闭合折线，转折点在四棱柱的各条棱线上，相贯线每一段的水平投影都对应落在相应棱面的积聚投影上。

作图：如图 4-18(c)所示。

(1) 求特殊点。在侧面投影中，可根据圆锥面最前、最后素线的投影与四棱柱前、后棱面积聚投影的交点 d''、e''，按照投影关系求出 $d'(e')$。D、E 为四棱柱前、后棱面与圆锥面截交线的最高点。同理，可由 c'、c_1' 求出 c''、(c_1'')。C、C_1 为四棱柱左、右两棱面与圆锥面相交所得截交线的最高点。至于各段截交线的最低点，可利用水平投影中四棱柱的棱线与锥面

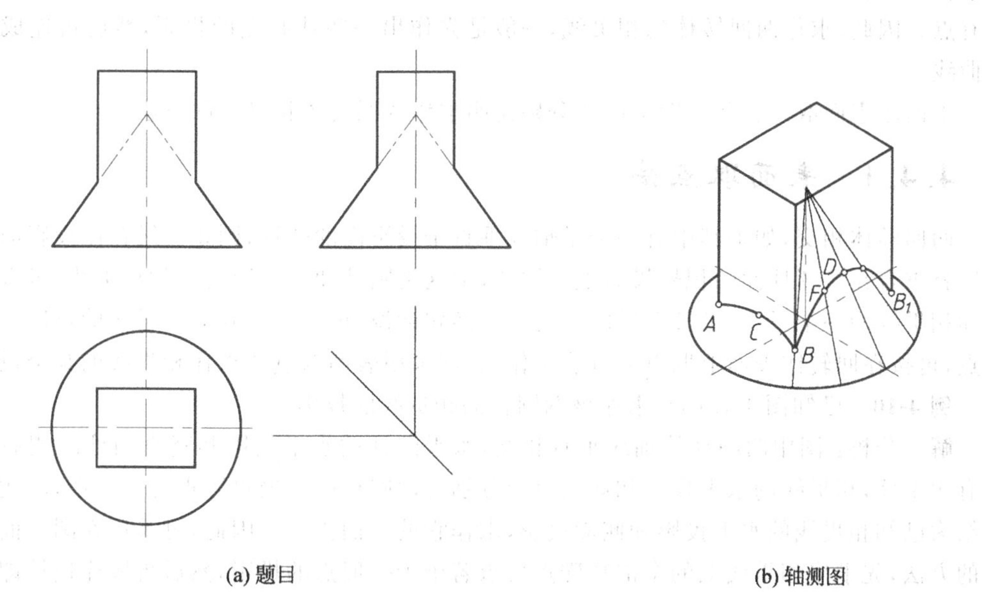

(a) 题目　　(b) 轴测图

(c) 投影作图

图 4-18　四棱柱与圆锥相贯

的交点的投影 a、b、b_1、a_1，采用素线法先求其正面投影 b'、(a')、b_1'、(a_1')，再依据投影关系求出其侧面投影 a''、(a_1'')、b''、(b_1'')。

(2) 求一般位置点。在相贯线水平投影上任选一点 f，用素线法，作出与之对应的 f'，同理，可求出更多的一般点。

(3) 依次连线。分别将正面投影的 b'、f'、d'、b_1'依次连成光滑的曲线，将侧面投影的 a''、c''、b''依次连成光滑的曲线，即得所求。

*4.4 两回转体相交

两回转体相交所得的相贯线一般是封闭的空间曲线。相贯线上各点是两回转体表面的共有点。因此，求作两回转体的相贯线，一般是先作出一些共有点的投影，然后再连成光滑的曲线。

下面用表面取点法和辅助平面法分别说明求作两回转体相贯线的方法。

4.4.1 表面取点法

两回转体相交，如果其中有一个是轴线垂直于投影面的圆柱，则相贯线在该投影面上的投影就重合在该圆柱面的积聚投影上。因此，求这类圆柱和另一回转体的相贯线，可看作是已知相贯线的一个投影，求其余投影的问题。换句话说，可以在已知的相贯线的投影上取一些点，再按在回转体表面上取点的方法来作图，即采用表面取点法求作相贯线的其余投影。

例 4-10 已知图 4-19(a)，求作该两圆柱的相贯线的投影。

解 分析：图中两圆柱的轴线垂直相交，水平圆柱的水平投影和竖直圆柱的侧面投影都有积聚性，相贯线的水平投影和侧面投影分别与两圆柱的积聚投影重合。所以，问题就可归结为已知相贯线的水平投影和侧面投影，求作它的正面投影。因此，可采用在圆柱面上取点的方法，先求出相贯线上的全部特殊点后求若干个一般点的投影，然后再顺序连接即得相贯线的投影。

作图：如图 4-19(c)所示。

(1) 求特殊点。由于竖直圆柱面的水平投影积聚为一圆周，所求水平圆柱最前、最后素线的水平投影与该圆周的交点 1、2，就是相贯线上点Ⅰ、Ⅱ的水平投影，据此可求出正面投影 $1'$、$(2')$和侧面投影 $1''$、$2''$。又由于该两圆柱具有平行于 V 面的公共对称平面，所以竖直圆柱最左素线与水平圆柱最上、最下素线的正面投影的交点 $3'$、$4'$就是相贯线上点Ⅲ、Ⅳ的正面投影。这 4 个点Ⅰ、Ⅱ、Ⅲ、Ⅳ都是相贯线上的特殊点。

(2) 求一般位置的点。为使相贯线的作图更加准确，可任取一些一般位置的点。例如，可先在水平投影中，利用竖直圆柱面的水平投影的积聚性任意定出相贯线上点的投影 5、(6)，根据 5、(6)反映的 y 坐标，在侧面投影中的水平圆柱面的积聚投影上求出 $5''$、$6''$，再根据 5、$5''$和(6)、$6''$便可求出正面投影 $5'$、$6'$。

(3) 最后，用曲线板光滑地连接各点的正面投影，完成作图。

在实际工程中，常遇到两圆柱相交并完全贯穿的情况，这时它们的相贯线是两条对称的空间闭合曲线，如图 4-20(a)所示。但有时，参与相交的两圆柱，其中一个为虚体(即圆柱孔)，甚至两个均为虚体(两个相交的圆柱孔)。于是又有下列两种情况，如图 4-20(b)、(c)所示。

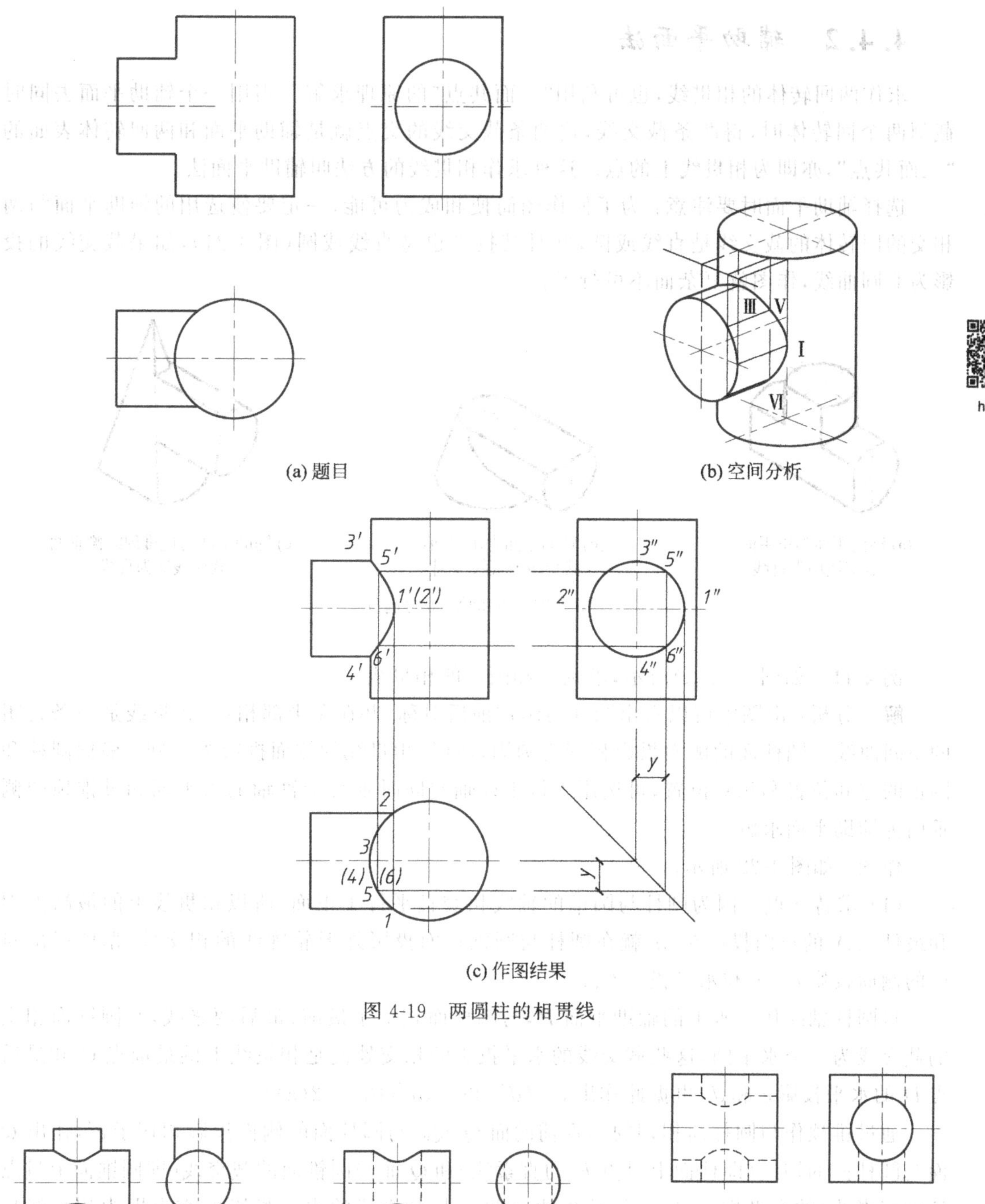

(a) 题目 (b) 空间分析

(c) 作图结果

图 4-19 两圆柱的相贯线

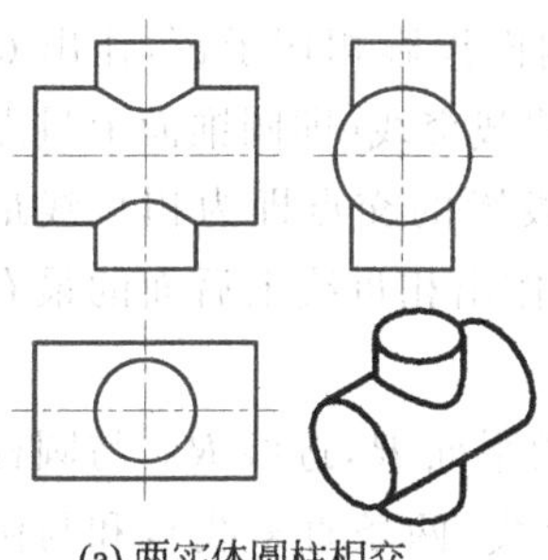
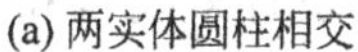
(a) 两实体圆柱相交

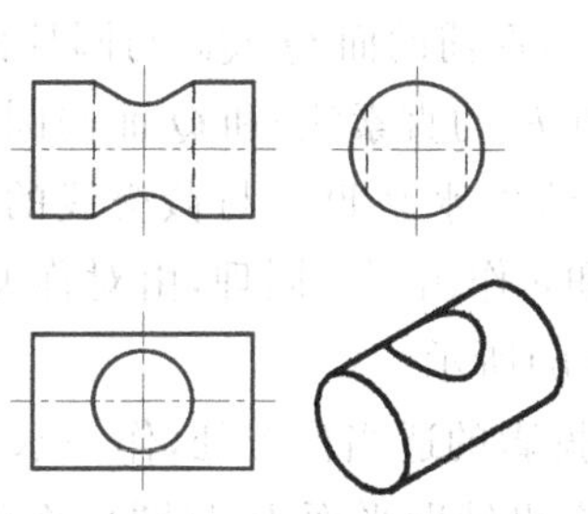
(b) 圆柱孔与实体圆柱相交

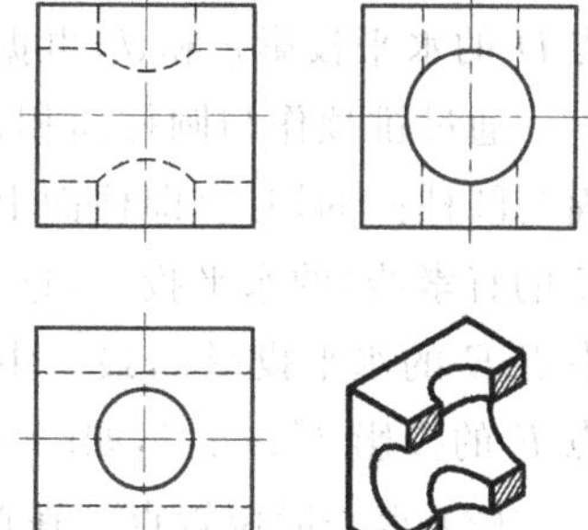
(c) 两圆柱孔相交

图 4-20 两圆柱相贯线的常见情况

4.4.2 辅助平面法

求作两回转体的相贯线，也可利用“三面共点”的原理求解。当用一个辅助平面去同时截割两个回转体时，得两条截交线，这两条截交线的交点就是辅助平面和两回转体表面的“三面共点”，亦即为相贯线上的点。这种求作相贯线的方法叫辅助平面法。

选择辅助平面时要注意：为了使作图简便和成为可能，一定要使选用的辅助平面与两相交的回转体的截交线是直线或圆，并且其投影也是直线或圆(图 4-21)，如果截交线的投影为非圆曲线，作图就复杂而不可行了。

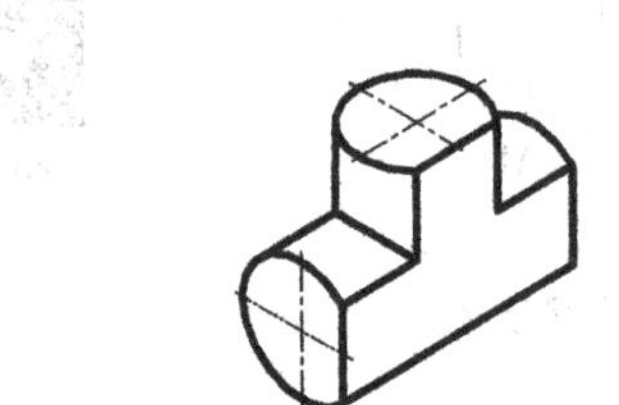
(a) 辅助平面为正平面，截交线均为直线

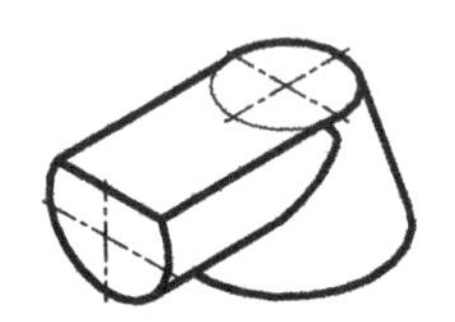
(b) 辅助平面为水平面，截交线为直线与圆

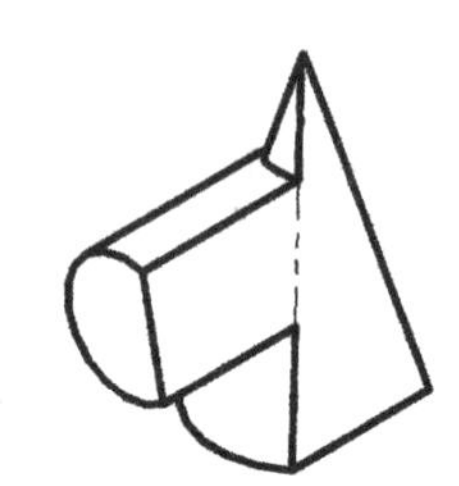
(c) 辅助平面为过锥顶的侧垂面，截交线均为直线

图 4-21 辅助平面的选择

例 4-11 如图 4-22(a)所示，求圆柱和圆锥的相贯线。

解 分析：由图中可以看出圆柱与圆锥前后对称，并在左半部相贯，相贯线是一条封闭的空间曲线。圆柱面的侧面投影积聚为圆周，所以，相贯线的侧面投影为已知；根据圆柱和圆锥的空间位置和相对位置，可选用平行于柱轴并同时垂直于锥轴的水平面和过锥顶的侧垂面为辅助平面求解。

作图：如图 4-22 所示。

(1) 求特殊点。因为圆柱与圆锥的轴线相交且平行于正面，所以相贯线上的最高点 B 和最低点 A 的正面投影 b'、a'就在圆柱与圆锥正面投影外形轮廓线的相交处，据此得出对应的侧面投影 b''、a''和水平投影 b、a。

过圆柱轴线作一水平的辅助平面 P，与圆柱面相交于最前、最后两素线，与圆锥面相交的截交线为一个水平圆，这些截交线的水平投影的相交处便是相贯线上的最前点 C 和最后点 D 的水平投影 c 和 d，再据此作出 c'、(d')和 c''、d''(图 4-22(a))。

通过锥顶作与圆柱面相切的侧垂辅助面 Q，Q_W 与圆柱面的侧面投影相切于 e''，作出 Q 面与圆柱面的切线(即柱面上过点 E 的直素线)和 Q 面与圆锥面的截交线(即圆锥面上过点 E 的直素线)的水平投影，这条切线的水平投影与截交线的水平投影的交点即为相贯线最右点 E 的水平投影 e，最后由 e''和 e 作出 e'。同理，由对称关系可作出相贯线上后面的最右点 F 的投影 f''、f、f'，如图 4-22(b)所示。

(2) 求一般位置点。在侧面投影的适当位置处，作一水平辅助平面 R，迹线 R_W 与圆柱面的侧面投影交于 h''、g''。分别作出辅助平面 R 与圆柱面的截交线(两条直素线)，和与圆锥面的截交线(一个圆周)的水平投影，它们的交点即为相贯线上一般点 H、G 的水平投影 h、g，从而根据投影关系求得 h'、g'，如图 4-22(c)所示。

(3) 连线并判别可见性。因为参与相贯的两回转体前后对称，故在正面投影中相贯线前后重合，连成一条实线。在水平投影中，以圆柱外形轮廓线上的 *c*、*d* 为分界，相贯线右段的投影 *cbd* 为可见，连成实线；相贯线左段的投影 *cgahd* 为不可见，连成虚线。作图结果如图 4-22(d)所示。

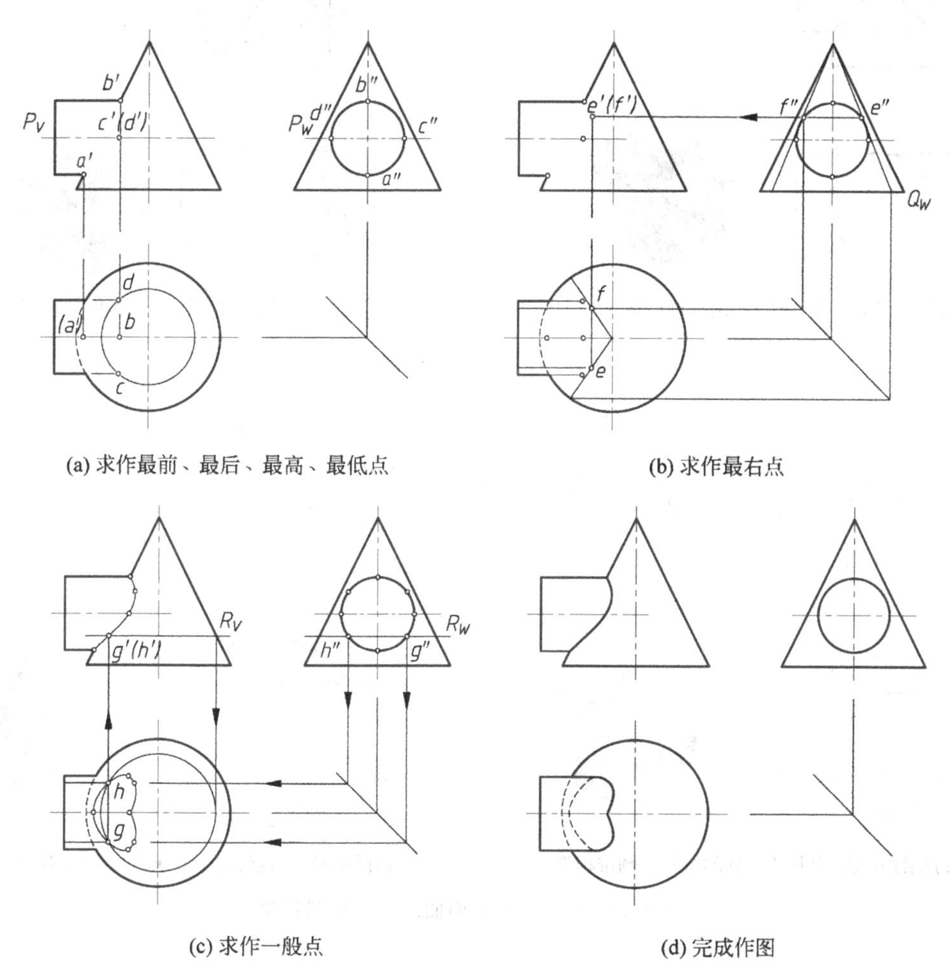

(a) 求作最前、最后、最高、最低点　　(b) 求作最右点

(c) 求作一般点　　(d) 完成作图

图 4-22　圆柱与圆锥的相贯

4.4.3　两回转体相贯线的特殊情况

(1) 在一般情况下，两回转体的相贯线是空间曲线，但是，在特殊情况下，也可能是平面曲线或直线。

当两回转体轴线相交，且具有一个假想的公共内切球时，其相贯线为平面曲线，如图 4-23 所示。

(2) 当两个回转体共轴线时，其相贯线为垂直于该轴线的圆，如图 4-24 所示。

(3) 当两个圆柱的轴线平行或两圆锥共锥顶相贯时，两曲面的交线为直线(素线)，如图 4-25 所示。

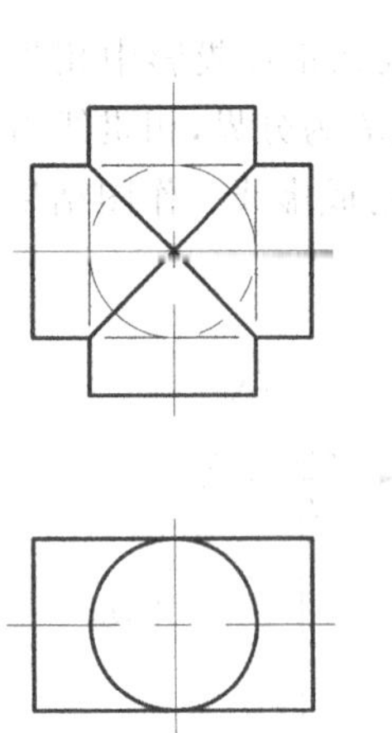

(a) 轴线正交、直径相等的两圆柱相贯

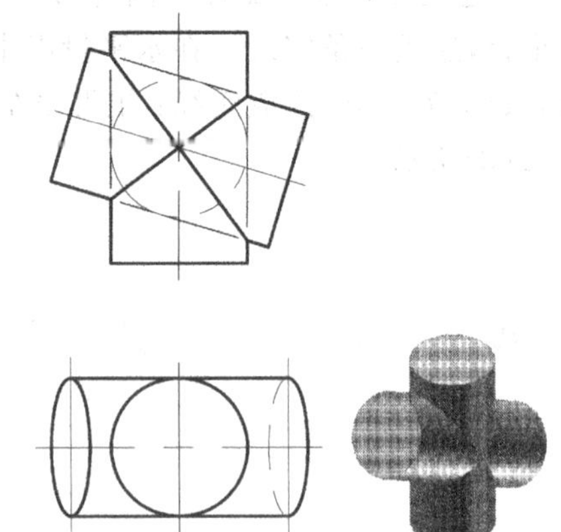

(b) 轴线斜交、直径相等的两圆柱相贯

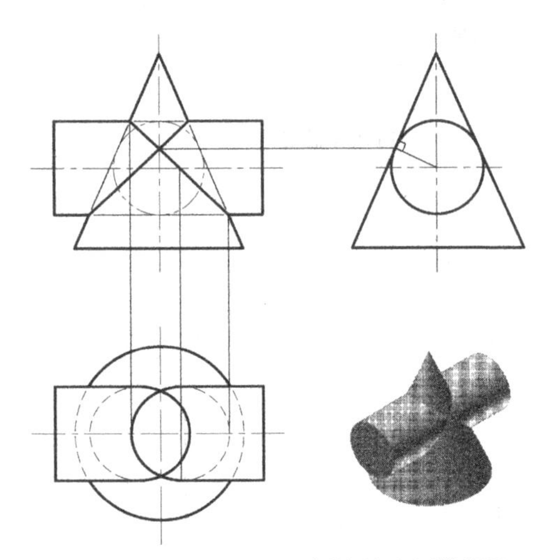

(c) 轴线正交且公切于一球的圆柱与圆锥相贯

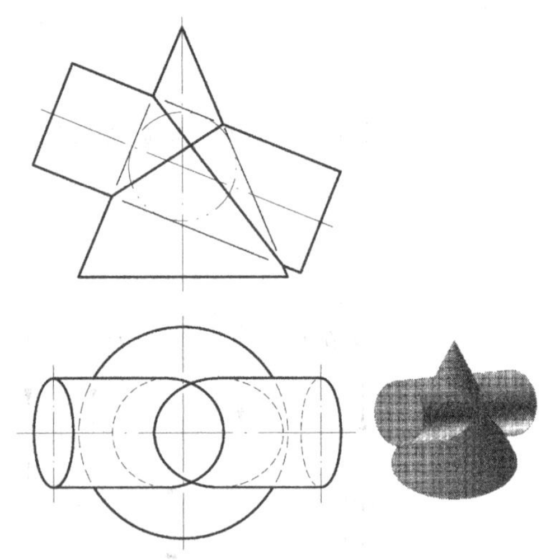

(d) 轴线斜交且公切于一球的圆柱与圆锥相贯

图 4-23　相贯线为平面曲线——椭圆特例

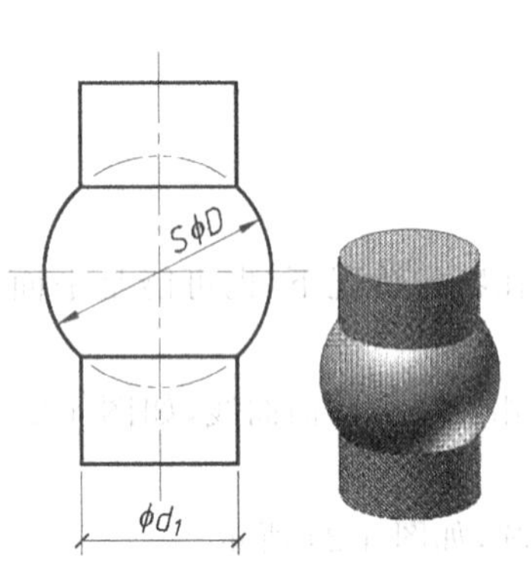

(a) 圆柱与圆球同轴相交

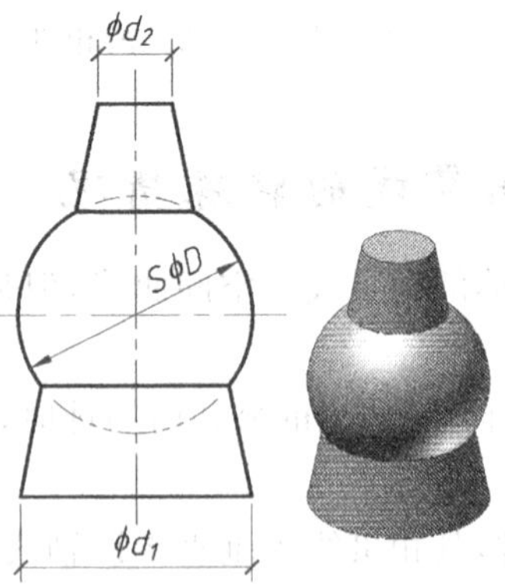

(b) 圆台与圆球同轴相交

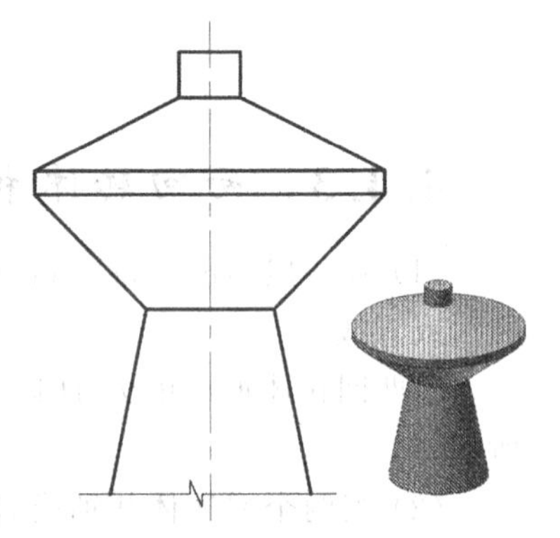

(c) 圆柱与圆台同轴相交

图 4-24　同一轴线的两回转体相贯

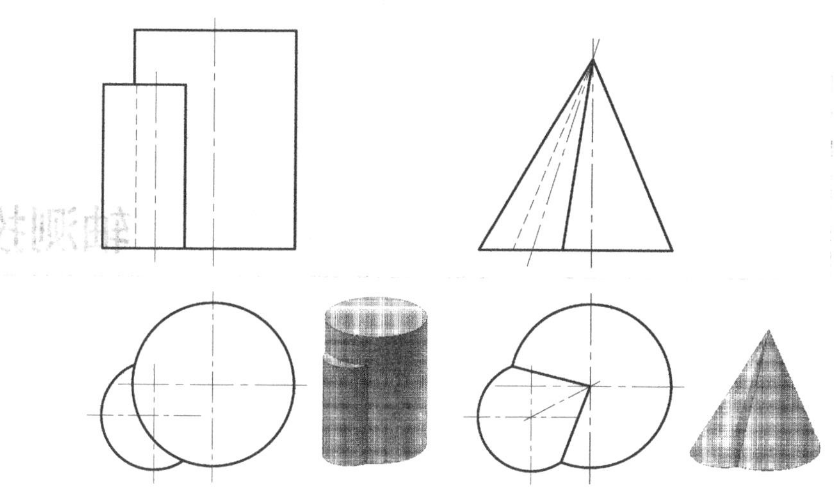

(a) 轴线平行的两圆柱相贯　　　　(b) 共锥顶的两圆锥相贯

图 4-25　相贯线为直线

在建筑工程的实际建设中也经常看到上述特殊相贯线的情况，如图 4-26 美国芝加哥某医院的建筑平面图及外观图所示。

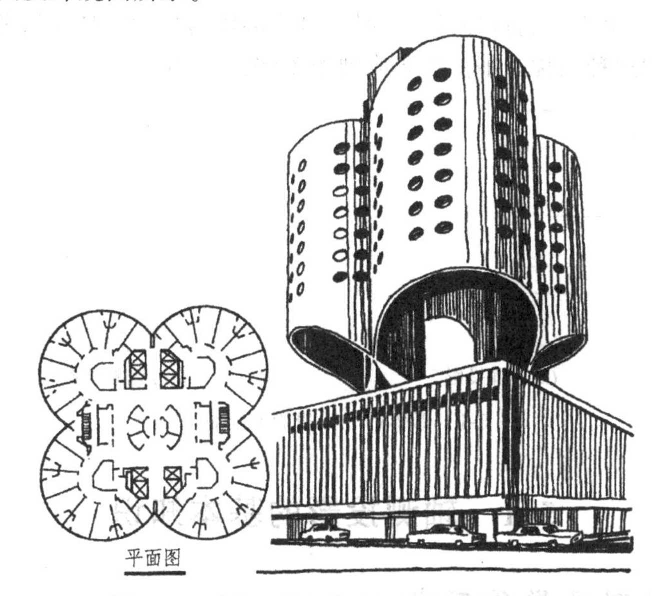

图 4-26　建筑工程上特殊相贯线的应用实例

第5章

轴测投影

多面正投影图(图 5-1(a))的优点是能够完整、严格、准确地表达出形体的几何形状和大小,其度量性好,作图简便,因此在工程技术领域中得到了广泛的应用。但这种投影图缺乏形体感,须经过专业技术培训才能看懂。因此,在工程上常采用一种仍按平行投影法绘制,但能同时反映形体长、宽、高三度空间形象的富有立体感的单面投影图,作为辅助图样来表达设计人员的意图。由于绘制这种投影图时是沿着形体的长、宽、高 3 根坐标轴的方向进行测量作图的,因此把这种图称为轴测投影或轴测图(图 5-1(b))。

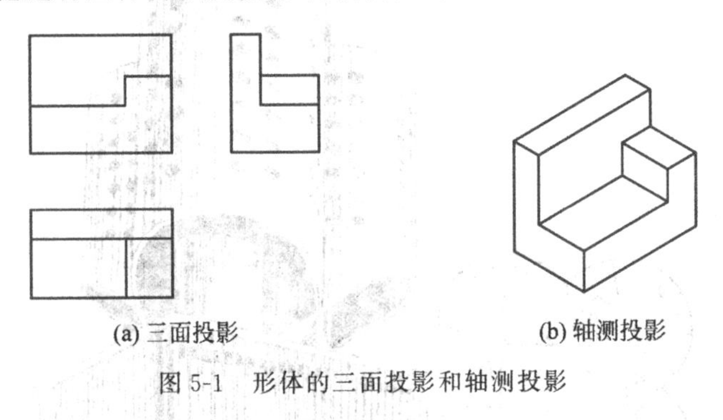

图 5-1　形体的三面投影和轴测投影

5.1　轴测投影的基本知识

5.1.1　轴测投影的形成

将空间形体连同在其上所设定的直角坐标轴一起,沿不平行于任一坐标面的方向,用平行投影法将其投射到单一投影面上所得的具有立体感的图形称为轴测投影图,简称轴测图,如图 5-2 中在轴测投影面 P 上所得的图形。

图 5-2 中 P 为轴测投影面,S 为投射方向。形体上的直角坐标轴 OX、OY、OZ 在轴测投影面上的投影 O_1X_1、O_1Y_1、O_1Z_1 称为轴测投影轴,简称轴测轴;相邻两根轴测轴之间的夹角$\angle X_1O_1Y_1$、$\angle X_1O_1Z_1$、$\angle Y_1O_1Z_1$ 称为轴间角;直角坐标轴上单位长度的轴测投影长度,与原来直角坐标轴上的单位长度的比值称为轴向伸缩系数。设 p_1、q_1、r_1 分别为

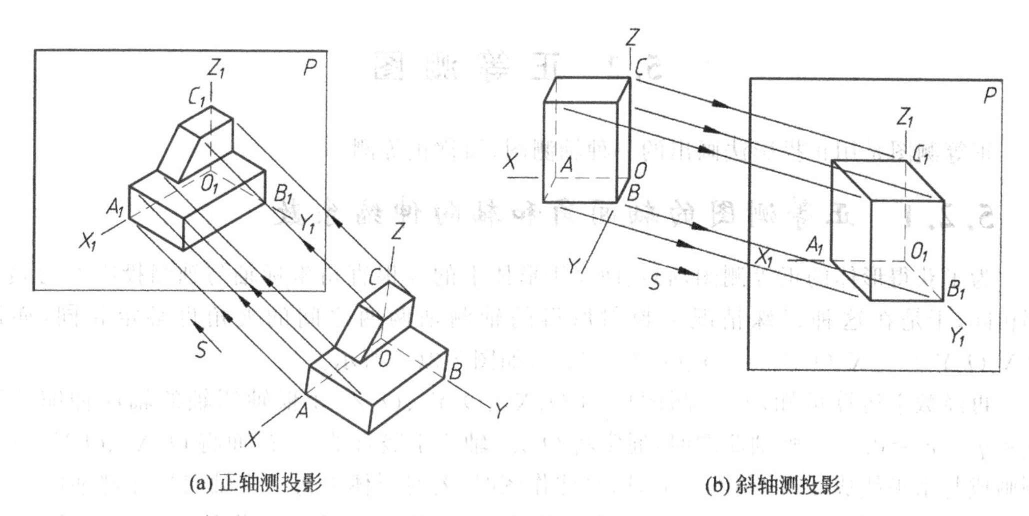

(a) 正轴测投影　　(b) 斜轴测投影

图 5-2　轴测图的形成

hh5-2

O_1X_1、O_1Y_1、O_1Z_1 的轴向伸缩系数，则有：

O_1X_1 轴的轴向伸缩系数为 $p_1=O_1A_1/OA$；

O_1Y_1 轴的轴向伸缩系数为 $q_1=O_1B_1/OB$；

O_1Z_1 轴的轴向伸缩系数为 $r_1=O_1C_1/OC$。

5.1.2　轴测图的投影特征

由于轴测图是根据平行投影法作出的，因而它具有平行投影的基本性质，即：

(1) 空间直角坐标轴投影成轴测轴后，沿轴测轴确定长、宽、高 3 个坐标方向的性质不变，即仍沿相应的轴测轴确定形体的长、宽、高 3 个方向上的尺度。

(2) 形体上与坐标轴平行的线段，它的轴测投影仍与相应的轴测轴平行。

(3) 形体上相互平行的线段，它们的轴测投影仍相互平行。

(4) 空间同一直线上两线段长度之比以及两平行线段长度之比，在轴测投影中仍保持不变。

5.1.3　轴测图的种类

按轴测投影方向对轴测投影面的相对位置不同，轴测图可分为两大类。

(1) 正轴测图：轴测投影方向垂直于轴测投影面时所得的投影图。

(2) 斜轴测图：轴测投影方向倾斜于轴测投影面时所得的投影图。

按轴向伸缩系数的不同，轴测图也可分为 3 类。

(1) 正(斜)等测图：3 个轴向伸缩系数都相等的轴测图，即 $p_1=q_1=r_1$。

(2) 正(斜)二等测图：3 个轴向伸缩系数中有两个相等的轴测图，即 $p_1=q_1\neq r_1$ 或 $p_1=r_1\neq q_1$ 或 $q_1=r_1\neq p_1$。

(3) 正(斜)三测图：3 个轴向伸缩系数都不相等的轴测图，即 $p_1\neq q_1\neq r_1$。

工程上最常用的轴测图是正等测图、斜二等测图，正二等测图由于作图比较麻烦，但表现效果通常较好，故在某些场合中也获得应用。

5.2 正等测图

正等测图是用正投影法画出的一种轴测图，简称正等测。

5.2.1 正等测图的轴间角和轴向伸缩系数

为了获得形体的正等测图，必须使属于形体上的3根直角坐标轴与轴测投影面的倾角都相同，于是在这种特殊情况下投射所得的轴测轴两两之间的夹角也必定相同，亦即$\angle X_1O_1Y_1=\angle X_1O_1Z_1=\angle Y_1O_1Z_1=120°$，如图5-3(a)所示。

再经数学运算可知，正等测图中的O_1X_1、O_1Y_1、O_1Z_1 3根轴测轴的轴向伸缩系数$p_1=q_1=r_1=0.82$。画轴测图时，通常将O_1Z_1轴置于竖直的位置，而将O_1X_1、O_1Y_1轴分别画成与水平线成30°的斜线。此外，具体作图时，若对形体上每一个轴向尺寸都乘以0.82后才用来度量，将是很麻烦的事。因此，为了作图简便，常采用简化的轴向伸缩系数，令$p=q=r=1$，这样画出的图形比按$p_1=q_1=r_1=0.82$画出的图形，沿各轴向的线性长度都分别放大了1/0.82=1.2倍，但整个图形的立体形象没有改变，如图5-3(c)所示。

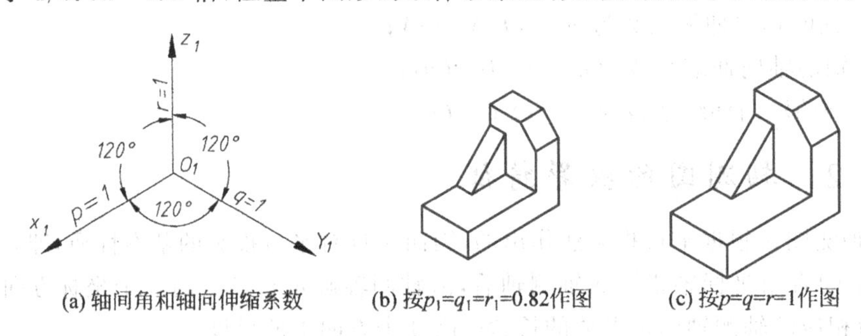

(a) 轴间角和轴向伸缩系数　(b) 按$p_1=q_1=r_1=0.82$作图　(c) 按$p=q=r=1$作图

图5-3　正等测图的轴间角和轴向伸缩系数

5.2.2 平面形体正等测图的画法

1. 坐标法

根据轴测投影的规律，将形体上的各顶点按其直角坐标值移植到轴测坐标系中，定出各点、线、面的轴测投影，从而画出整个形体的轴测图，这种作图方法称为坐标法。

例5-1　根据六棱柱的两面投影图(图5-4(a))，画它的正等测图。

解　分析：六棱柱的上、下底为正六边形，其前后、左右对称，故选定直角坐标轴的位置如图5-4(a)，以便度量。画图步骤宜由上而下，以减少不必要的作图。

作图：如图5-4所示。

(1) 先画出位于上底的轴测轴，然后在O_1X_1轴上以O_1为原点对称量取正六边形左、右两个顶点的距离，使之等于正六边形顶面的对角线距离；在O_1Y_1轴上对称量取O_1到前、后边线的距离，使之等于正六边形顶面的对边距离，并画出前、后边线；此前、后边线平行于O_1X_1轴，长度等于正六边形的边长，且对称于O_1Y_1轴；将所得的6个顶点用直线依次连接，即得上底的正等测图(图5-4(b))。

(2) 从各顶点向下引O_1Z_1轴的平行线(只画可见部分即可)，并截取棱边的实长，得下底各顶点(图 5-4(c))。

(3) 将下底各可见顶点依次用直线相连,加深图线,完成作图(图 5-4(d))。

坐标法是画轴测图的最基本的方法。

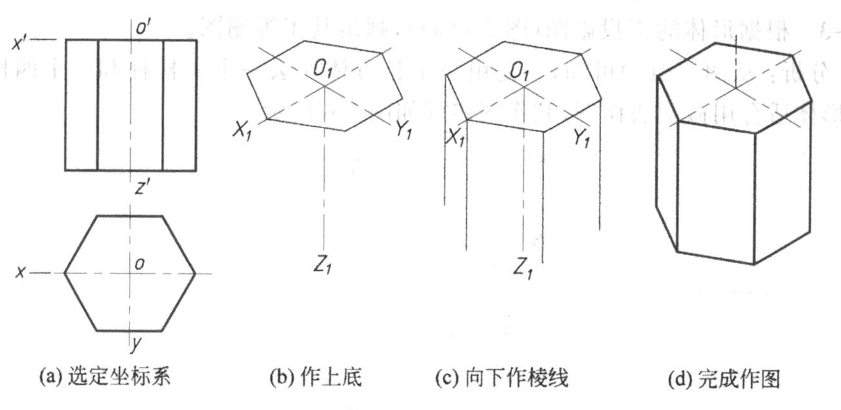

hh5-4

(a) 选定坐标系　(b) 作上底　(c) 向下作棱线　(d) 完成作图

图 5-4　用坐标法画六棱柱的正等测图

2. 叠加法

叠加法是把形体分解成若干个基本形体,依次将各基本形体进行准确定位后叠加在一起,形成整个形体的轴测图。当形体明显由多个部分组成时,一般采用叠加法。

例 5-2　根据形体的正投影图(图 5-5(a)),用叠加法画出其正等测图。

解　分析:从图 5-5(a)中可看出,这是一个由四棱柱底板、切角四棱柱的竖板(与底板共背面)、切角四棱柱的侧板(与底板共右侧面)上下叠加而成的形体,其作图步骤如图 5-5 所示。

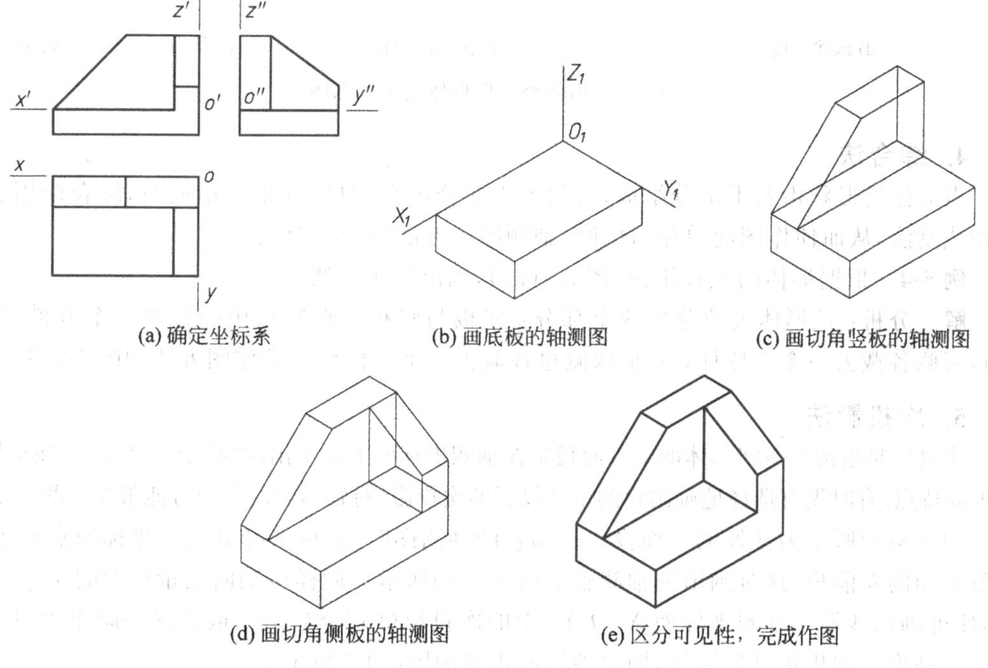

(a) 确定坐标系　(b) 画底板的轴测图　(c) 画切角竖板的轴测图

(d) 画切角侧板的轴测图　(e) 区分可见性,完成作图

图 5-5　用叠加法作形体的正等测图

3. 截割法

根据形体的长、宽、高先画出基本形体的外形，然后将其多余的部分截除，最后剩下所要求的形体形状，这种作图的方法称为截割法。它适用于具有切口、开槽的简单形体的表达。

例 5-3 根据形体的正投影图(图 5-6(a))，画出其正等测图。

解 分析：从图 5-6(a)可知，它是由一个长方体切去一个三棱柱和一个四棱柱所形成的，这种形体适合用截割法作图，其作图步骤如图 5-6 所示。

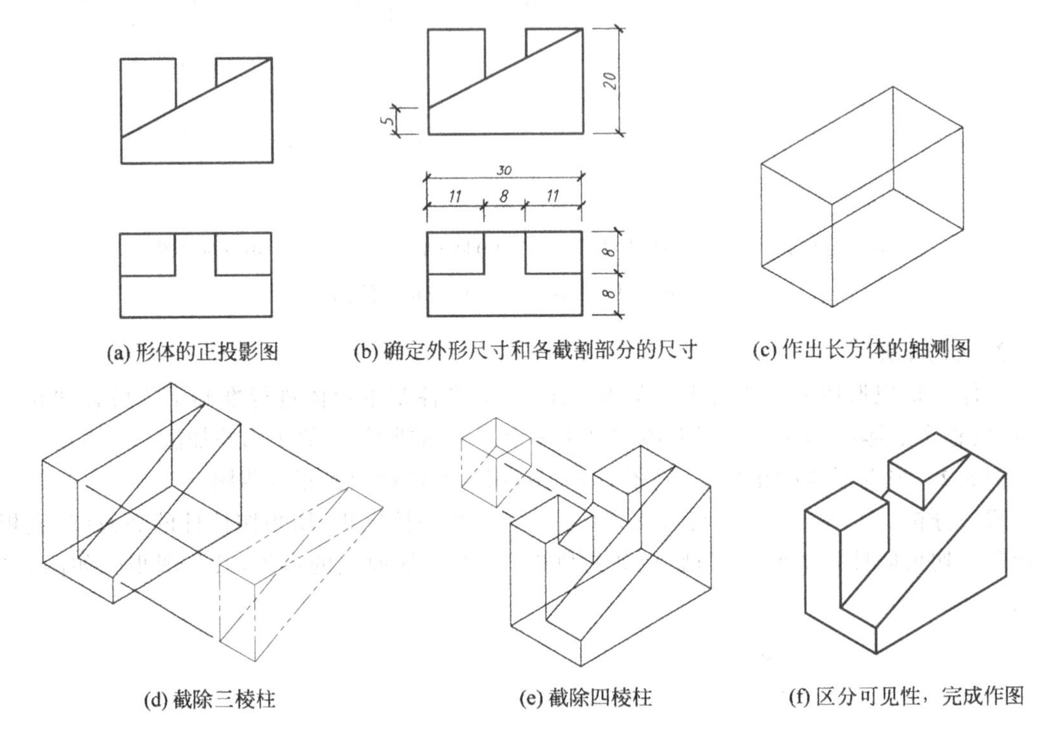

(a) 形体的正投影图　(b) 确定外形尺寸和各截割部分的尺寸　(c) 作出长方体的轴测图

(d) 截除三棱柱　(e) 截除四棱柱　(f) 区分可见性，完成作图

图 5-6 用截割法作形体的正等测图

4. 综合法

当形体的形状由若干部分组成，有的组成部分带有切口、开槽等结构时，综合使用叠加法和截割法，从而使作图简单化，这种画轴测图的方法称为综合法。

例 5-4 根据形体的正投影图(图 5-7(a))，画出其正等测图。

解 分析：该形体大致分成两个部分：底板与竖板。在底板中间截出一个方槽(四棱柱)，两侧各截去一个三棱柱；立板两侧也各截去一个三棱柱。其作图方法如图 5-7 所示。

5. 次投影法

次投影是指按照空间形体的某一面投影在轴测坐标面上派生出的“投影”。根据空间形体造型上的特点，有时先有选择地画出它的水平投影的次投影，对轴测图的作图可能带来一些方便。

图 5-8(a)所示为沙发的三面投影。画它的轴测图时，也可选择其直角坐标原点 O 位于沙发底面的左前角，这时画出的轴测轴如图 5-8(b)所示。同样按轴向测量沙发的 x、y 坐标值，便可画出沙发在轴测坐标面 $X_1O_1Y_1$ 上的次投影(图 5-8(c))。最后逐一画出沙发各个部位的高度。加粗可见轮廓线，即得沙发的正等测图(图 5-8(d))。

这种作轴测图的方法称为次投影法。

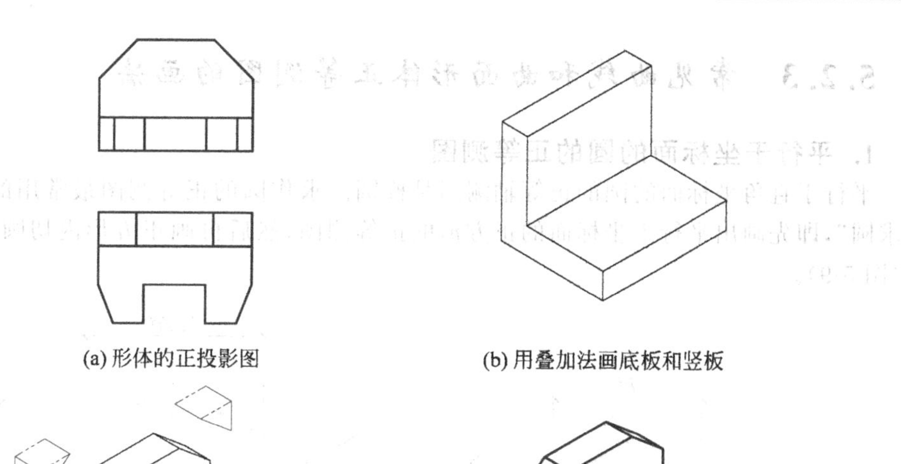

(a) 形体的正投影图　　　　(b) 用叠加法画底板和竖板

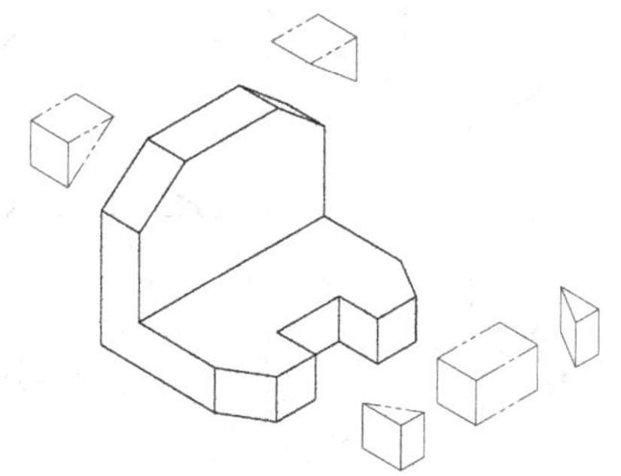

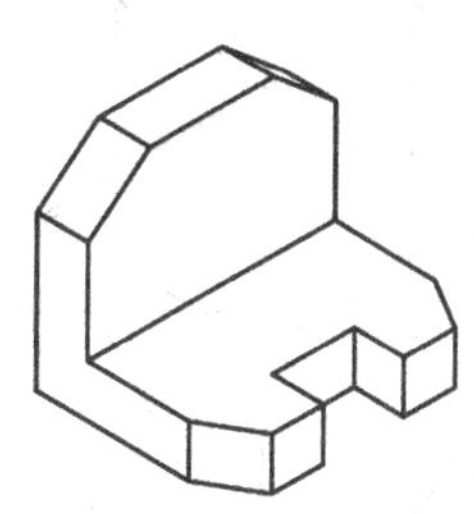

(c) 用截割法截出底板的方槽，截去底板和竖板的顶角(三棱柱)　　　　(d) 区分可见性，加深图线，完成作图

图 5-7　用综合法作形体的正等测图

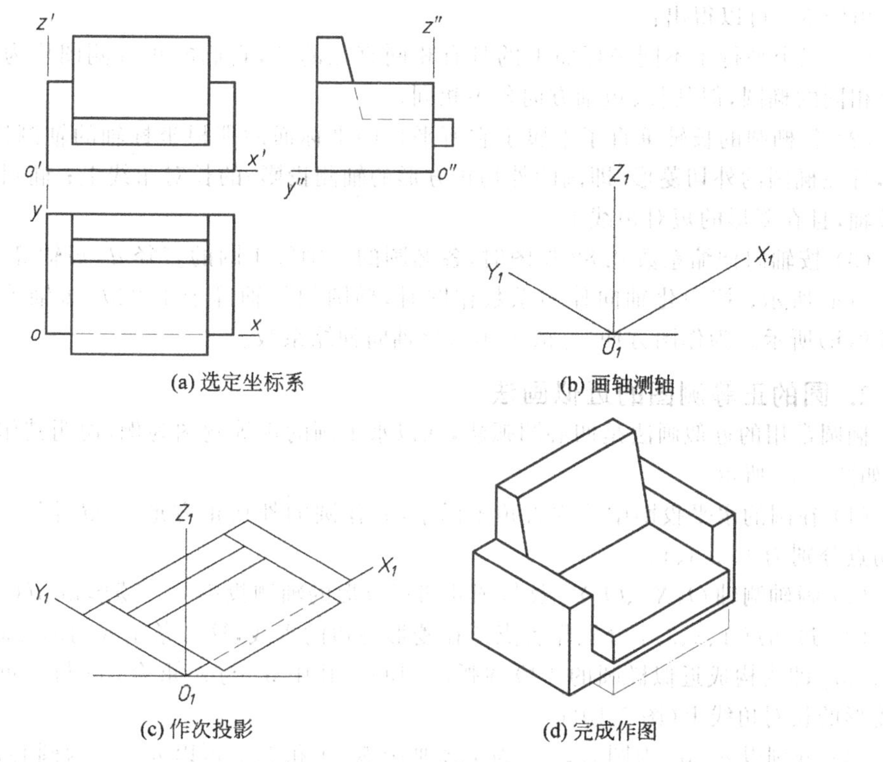

(a) 选定坐标系　　　　(b) 画轴测轴

(c) 作次投影　　　　(d) 完成作图

图 5-8　沙发的正等测图

5.2.3 常见曲线和曲面形体正等测图的画法

1. 平行于坐标面的圆的正等测图

平行于直角坐标面的圆的正等轴测图是椭圆。求作圆的正等测图最常用的方法是“以方求圆”,即先画出平行于坐标面的正方形的正等测图,然后再画正方形内切圆的正等轴测图(图 5-9)。

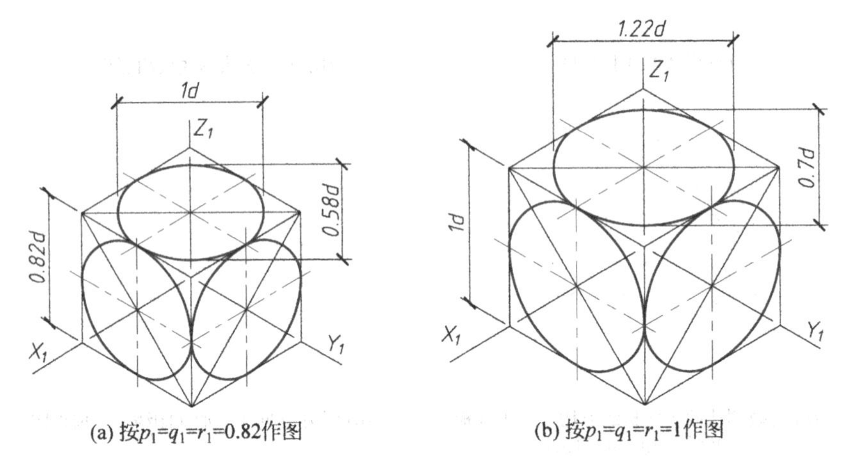

(a) 按$p_1=q_1=r_1=0.82$作图　　(b) 按$p_1=q_1=r_1=1$作图

图 5-9 平行于坐标面的圆的正等测图

由图 5-9 可以得出:

(1) 三个平行于不同坐标面上的具有相同直径的圆,它们的正等测图均为形状和大小完全相同的椭圆,但其长、短轴方向各不相同。

(2) 各椭圆的长轴垂直于不属于它所平行的坐标面的那根坐标轴的轴测投影(即轴测轴),且在椭圆的外切菱形(即圆的外切正方形的轴测投影)的长对角线上;椭圆的短轴垂直于长轴,且在菱形的短对角线上。

(3) 按轴向伸缩系数 0.82 作图时,各椭圆的长轴等于圆的直径 d,短轴等于 $0.58d$,如图 5-9(a)所示;按简化轴向伸缩系数作图时,椭圆的长轴等于 $1.22d$,短轴等于 $0.7d$,如图 5-9(b)所示。为作图方便,一般采用简化轴向伸缩系数。

2. 圆的正等测图的近似画法

椭圆常用的近似画法是四心圆弧法,现以水平圆的正等测图为例,说明其作图方法及过程,如图 5-10 所示。

(1) 在圆的水平投影中建立直角坐标系,并作圆的外切正方形 $abcd$(图 5-10(a)),得 4 个切点分别为 1、2、3、4。

(2) 画轴测轴 O_1X_1、O_1Y_1 及与圆外切正方形的轴测投影——菱形 $abcd$(图 5-10(b))。

(3) 过切点 1、2、3、4 分别作各点所在菱形各边的垂线,这 4 条垂线两两之间的交点 o_1、o_2、o_3、o_4 即为构成近似椭圆的 4 段圆弧的圆心。其中 o_1 与 a 重合,o_2 与 c 重合,o_3 和 o_4 在菱形的长对角线上(图 5-10(c))。

(4) 分别以 o_1、o_2 为圆心,$o_1$3 为半径画圆弧 34 和 12;再以 o_3、o_4 为圆心,以 $o_3$3 为半径画圆弧 23 和 14。这 4 段圆弧光滑连接即为所求的近似椭圆(图 5-10(d))。

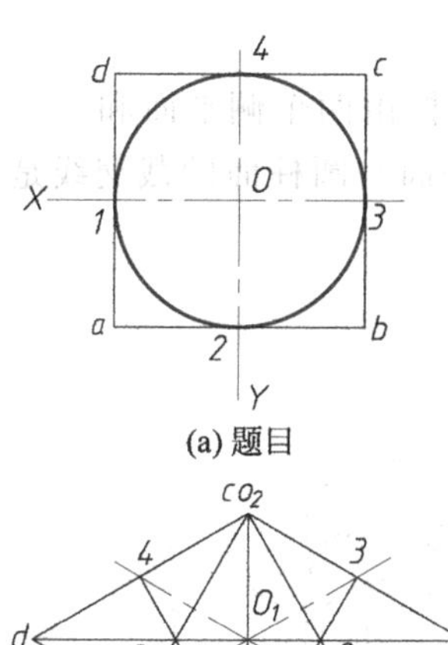

(a) 题目

(b) 画轴测轴，作椭圆的外切菱形

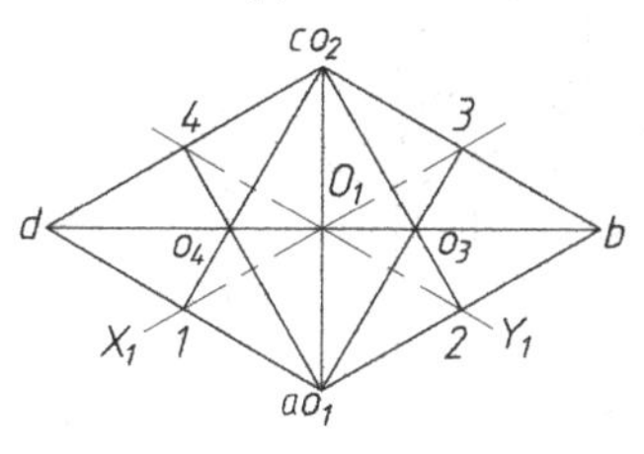

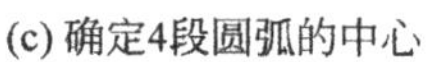

(c) 确定4段圆弧的中心

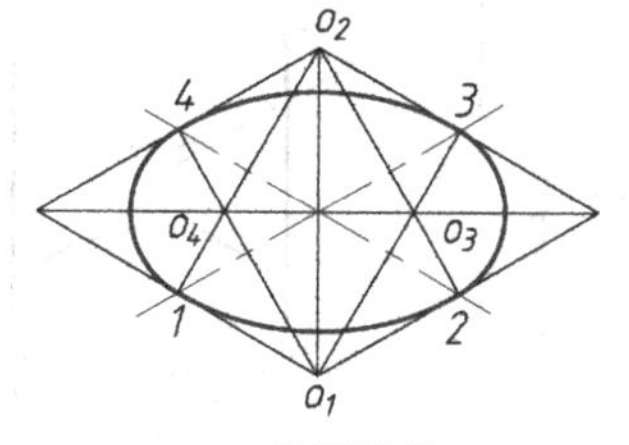

(d) 作图结果

图 5-10 用四心圆弧法画正等测椭圆

3. 回转体正等测图的画法

(1) 圆锥台的正等测画法。

图 5-11(a)所示的圆锥台轴线横放，相当于图 5-9 中的 O_1X_1 轴，轴测椭圆的长轴将与 O_1X_1 轴垂直。作图时可按图 5-10 所示的方法先后画出左、右两端面圆的轴测椭圆，再画出它们的公切线，最后区分可见性，加深图线，便可完成作图。

作图步骤如图 5-11 所示。

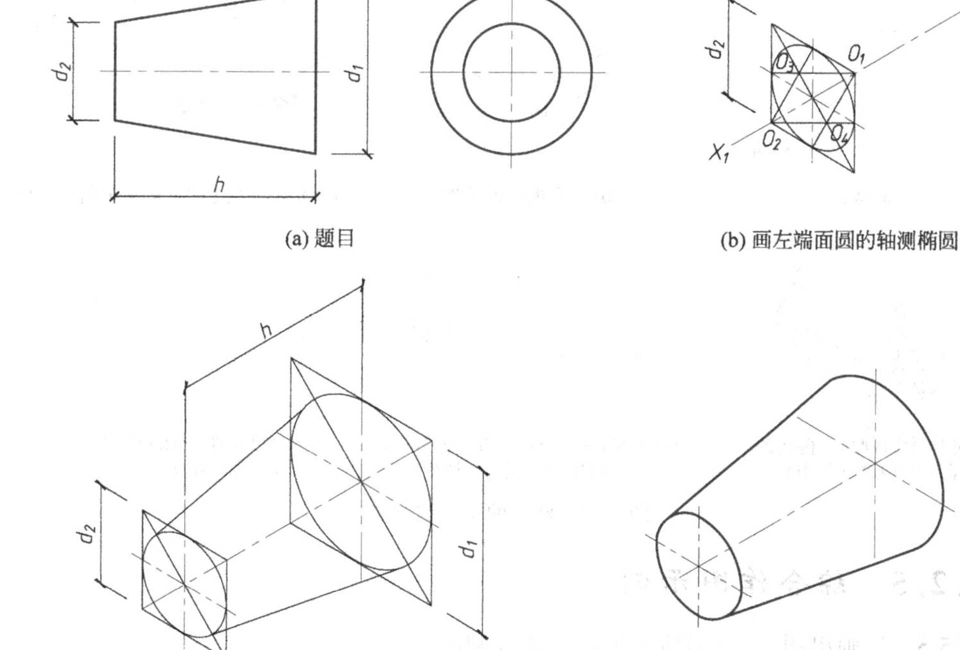

(a) 题目

(b) 画左端面圆的轴测椭圆

(c) 画右端面圆的轴测椭圆，并画它们的公切线

(d) 区分可见性，加深图线，完成作图

图 5-11 圆锥台的正等测画法

(2) 开槽圆柱的正等测画法。

图 5-12(a)所示的圆柱体轴线垂直于 H 面,其切槽由两个侧平面和一个水平面组成。侧平面与圆柱面的截交线是与轴线平行的直线;水平面与圆柱面的截交线是一个与上、下底平行的圆周,其作图步骤如图 5-12 所示。

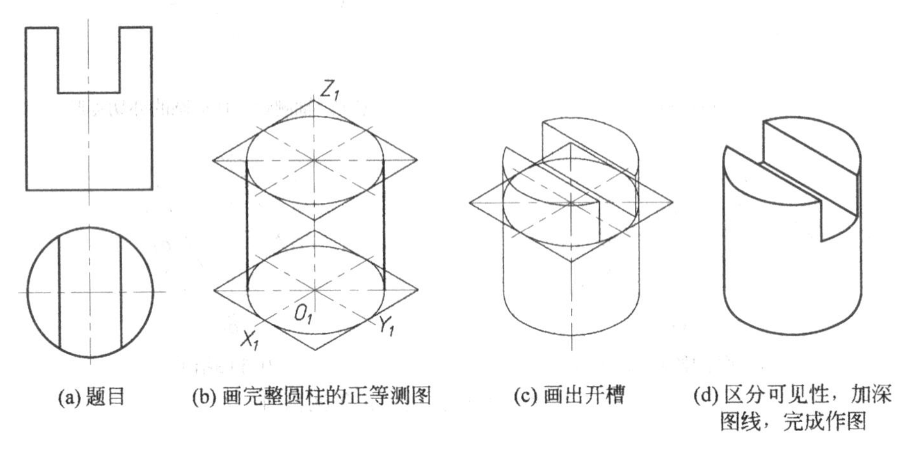

(a) 题目 (b) 画完整圆柱的正等测图 (c) 画出开槽 (d) 区分可见性,加深图线,完成作图

图 5-12 开槽圆柱的正等测画法

5.2.4 圆角的正等测画法

如图 5-13(a)所示底板上的圆角,其正等测作图也可采用四心圆弧法。圆角的正等测具体画法如图 5-13 所示。

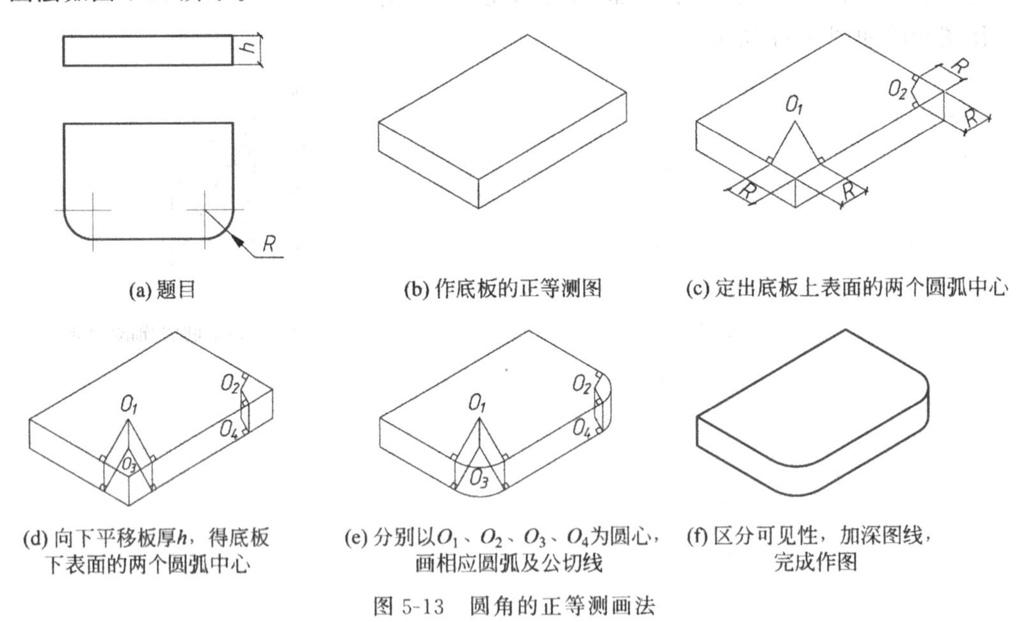

(a) 题目 (b) 作底板的正等测图 (c) 定出底板上表面的两个圆弧中心

(d) 向下平移板厚h,得底板下表面的两个圆弧中心 (e) 分别以O_1、O_2、O_3、O_4为圆心,画相应圆弧及公切线 (f) 区分可见性,加深图线,完成作图

图 5-13 圆角的正等测画法

5.2.5 综合作图示例

例 5-5 试画出图 5-14(a)所示形体的正等测图。

解 分析:从投影图中可以看出,该形体是由底板(长方块前部被截割出对称的两个圆

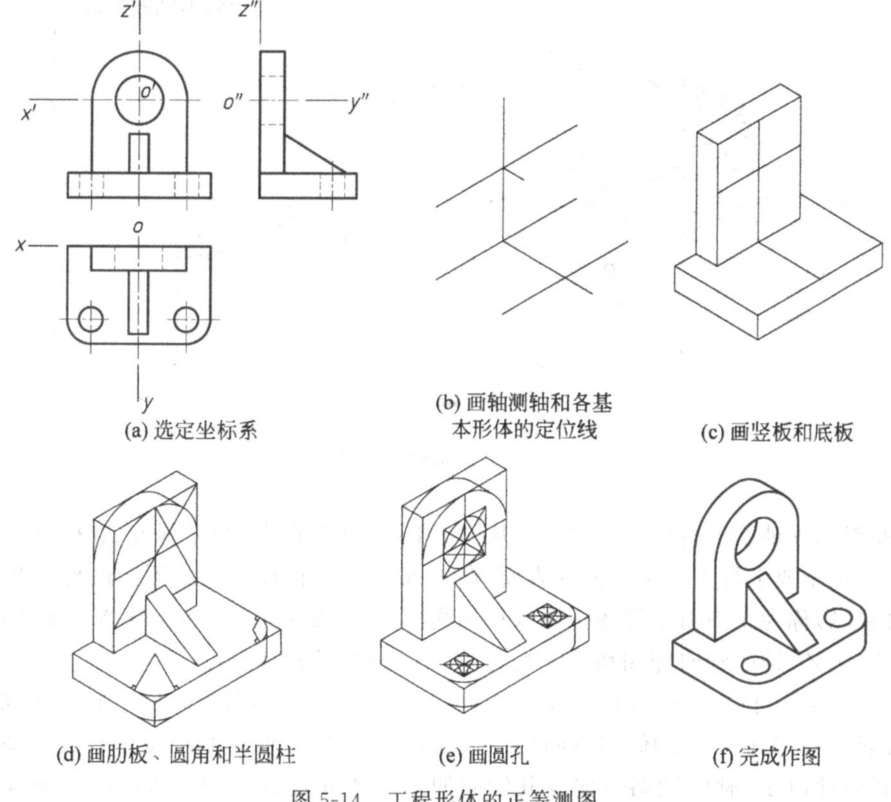

图 5-14 工程形体的正等测图

hh5-14

柱孔，并截割出两个圆角)、竖板(长方块上部被截割出一个圆柱孔，其顶部被截割成半圆柱)和肋板(三棱柱)叠加而成。因此，可采用叠加法和截割法作图。由于该形体上的多个表面(均为坐标面的平行面)有圆和圆角，故适宜选画正等测图。具体作图时，应先画出各基本形体，再逐一画出圆孔、圆角等细部。

作图：如图 5-14 所示。

(1) 在正投影图中建立直角坐标系，画出相应的轴测轴，定出底板、竖板的位置(图 5-14(b))。

(2) 依次画出底板、竖板的基本形状(图 5-14(c))。

(3) 再叠加画出肋板，并分别在底板和竖板上画出圆角和半圆柱(图 5-14(d))。

(4) 依次画出底板和竖板上的圆柱孔。画图时要注意这些圆孔在轴测图中是否反映出穿通，如果是穿通则应画出通孔后面的可见部分(图 5-14(e))；擦去多余作图线，加粗可见轮廓线，即得形体的正等测图(图 5-14(f))。

5.3 斜轴测图

在作斜轴测图的投影过程中，由于投射方向 S_1 倾斜于轴测投影面 P，因此与 P 面垂直的坐标轴(例如 OY)在 P 面的投影也不积聚为一点。故也可以得到反映出形体长、宽、高三度空间形状的投影。为了作图简便，画斜轴测投影时，常使空间形体上的任两根直角坐标轴平行于轴测投影面 P(图 5-15)。

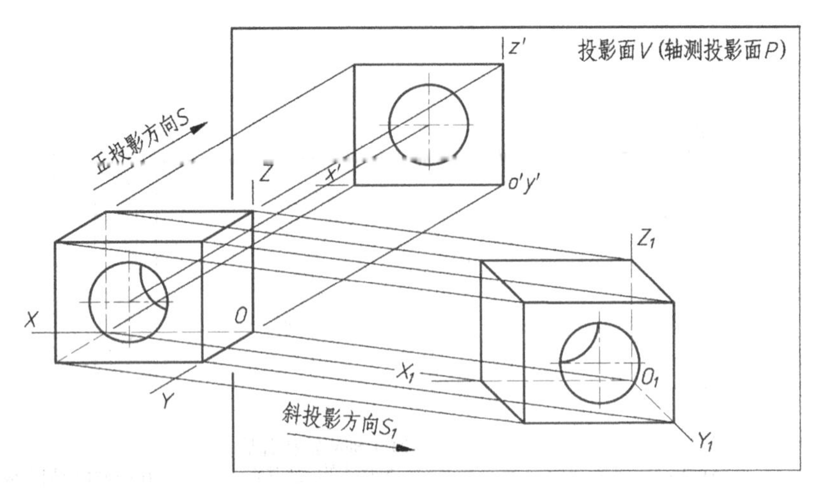

图 5-15　斜轴测图的形成

正面斜二等轴测图简称斜二测图。从图 5-15 也可以看出，当坐标面 XOZ 平行于 P 面时，形体上位于或平行于该坐标面的表面，在 P 面上的平行投影形状不会改变。此时，所得的形体的投影称为正面斜轴测图。在这种轴测图中，$\angle X_1O_1Z_1=90°$，O_1X_1 轴的轴向伸缩系数 p 及 O_1Z_1 轴的轴向伸缩系数 r 均为 1。这是斜二测图的特点之一。

从图 5-15 还可以看出，若投射线 S_1 的投射方向和对投影面的倾角不加限定，则轴测轴 O_1Y_1 在轴测投影面 P 上的倾斜方向可以是任意的，其轴向伸缩系数也可有无穷多。因此，绘图时必须对 O_1Y_1 轴的倾斜方向及其轴向伸缩系数 q 加以限定。从作图方便考虑，常令 O_1Y_1 轴对水平线倾斜的角度 θ 等于 45°；伸缩系数 q 则常取 0.5。这是斜二测图的特点之二。

斜二测图的轴测轴画法如图 5-16 所示。

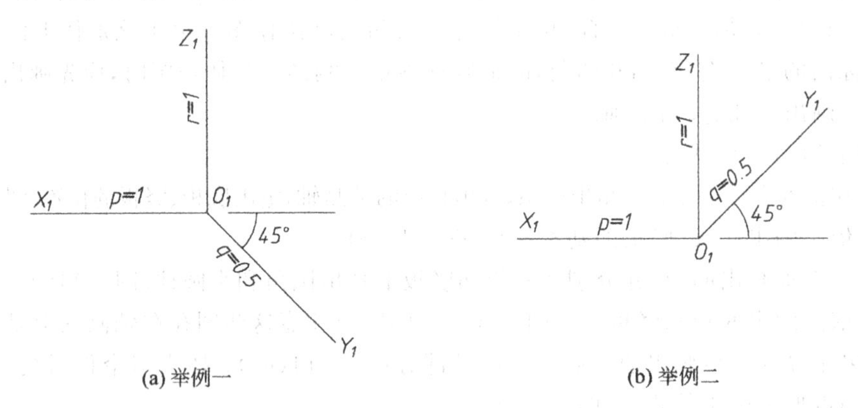

图 5-16　斜二测图的轴测轴画法示例

例如，已知台阶的三面投影(图 5-17(a))，求作它的斜二测图。

作图时，因台阶的侧面较能体现该形体的形状特征，根据上述斜轴测图的特点，宜选择这个面作为斜轴测图的正面，并考虑形体的具体情况，选定坐标轴的位置及轴测轴，如图 5-17(a)、(b)所示。

作图的第一步仍是先画出轴测轴 O_1X_1、O_1Y_1、O_1Z_1，然后在 $X_1O_1Z_1$ 面上画出与三面投影图中的侧面投影形状完全相同的图形(图 5-17(b))。第二步是沿 O_1Y_1 轴方向画一系列平行线，并按 $q=0.5$ 截取台阶的长度（图 5-17(c)），最后画出台阶后表面的可见轮廓线，加深图线，完成作图（图 5-17(d)）。

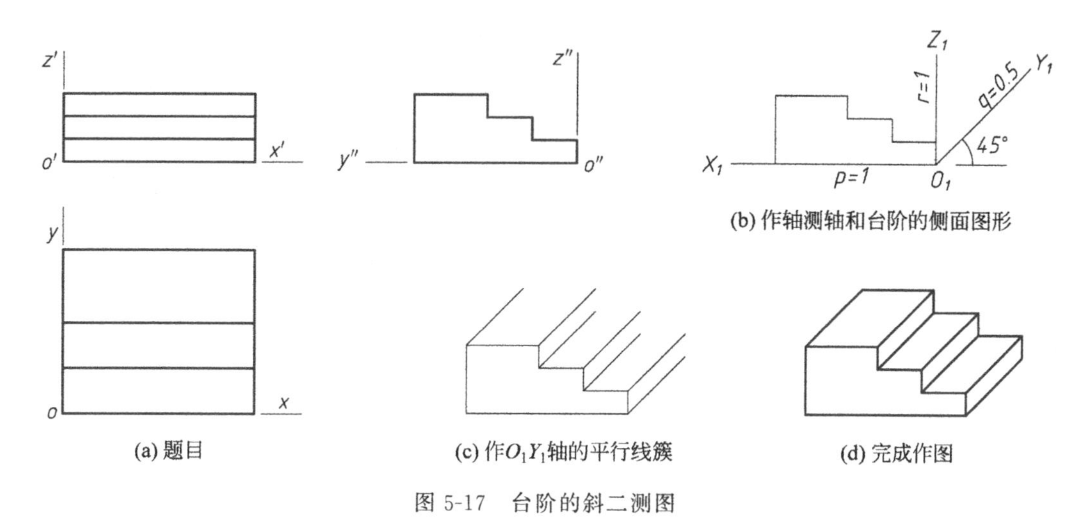

(a) 题目　(c) 作 O_1Y_1 轴的平行线簇　(d) 完成作图

图 5-17　台阶的斜二测图

由于斜轴测图有如此特点，所以对于只有一面形状比较复杂的形体常采用正面斜轴测图去表现，这样画图既简便，效果也很好，如图 5-18 所示的预制混凝土花饰的斜二测图便为应用实例。

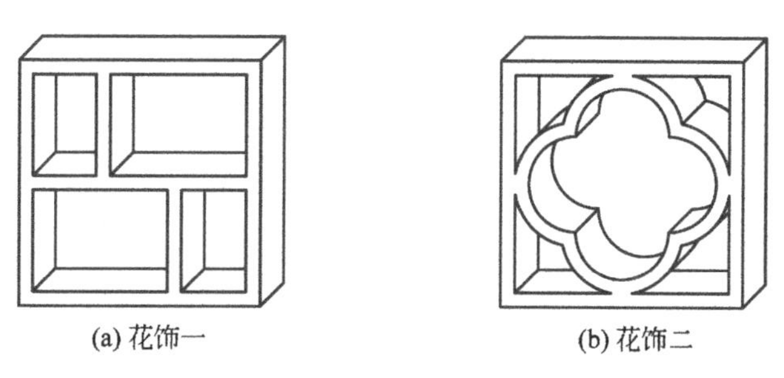
(a) 花饰一　(b) 花饰二

图 5-18　花饰的斜二测图

综上所述，作轴测图时，当形体上仅有某一个坐标面及其平行面形状较复杂，或具有较多的圆或圆弧时，宜优先选用斜二测作图，如图 5-19 所示。

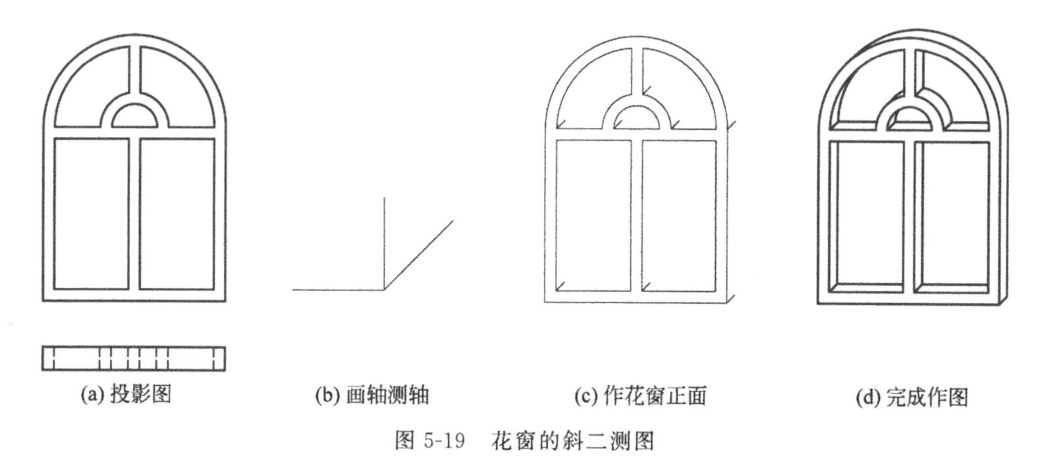
(a) 投影图　(b) 画轴测轴　(c) 作花窗正面　(d) 完成作图

图 5-19　花窗的斜二测图

第二部分　建筑透视投影

第6章

透视的基本概念与基本规律

透视投影是用中心投影法将形体投射到投影面上，从而获得的一种较为接近视觉效果的单面投影图。它具有消失感、距离感等一系列的透视特性，能逼真地反映形体的空间形象。透视投影也称为透视图，简称透视。在建筑设计过程中，透视图常用来表达设计对象的建筑外貌和室内空间布置，帮助设计构思，研究和比较建筑物的空间造型和立面处理，是建筑设计中重要的辅助图样。本章介绍透视的专业术语，点、线、面的透视作图及其规律，透视图的分类及透视要素的合理选取等基础知识。

6.1　透视的形成及其术语

图 6-1 所示为透视的形成。常用的透视术语如下(图 6-2(a))。

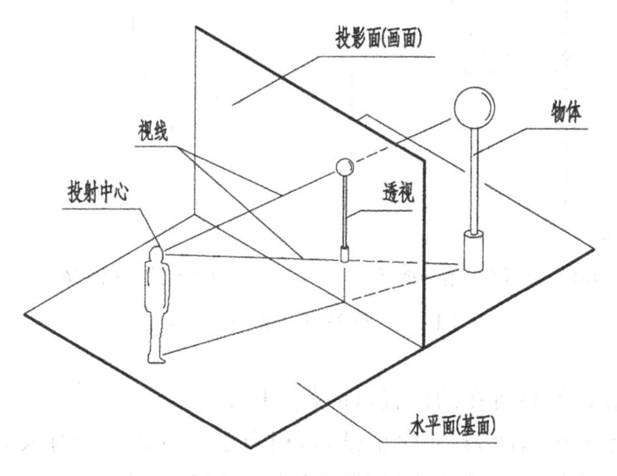

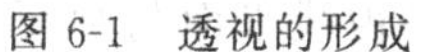
图 6-1　透视的形成

基面 H——放置物体或建筑物的水平面，也可将绘有建筑平面图的投影面 H 理解为基面。

画面 P——绘制透视图的平面，一般以铅垂面作为画面。

基线——基面 H 与画面 P 的交线，在画面上以字母 g-g 表示基线，在平面图中则以字母 p-p 表示画面的积聚投影(图 6-2(b)、图 6-2(c))。

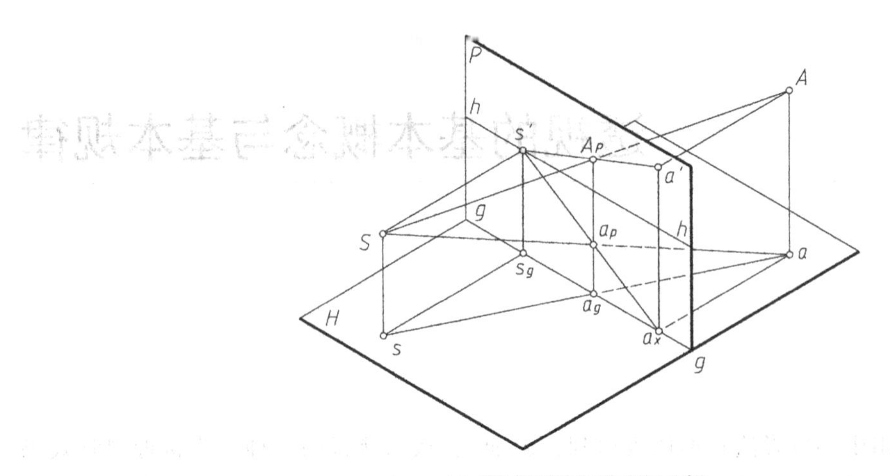

(a) 点的透视作图的空间分析

ts6-2

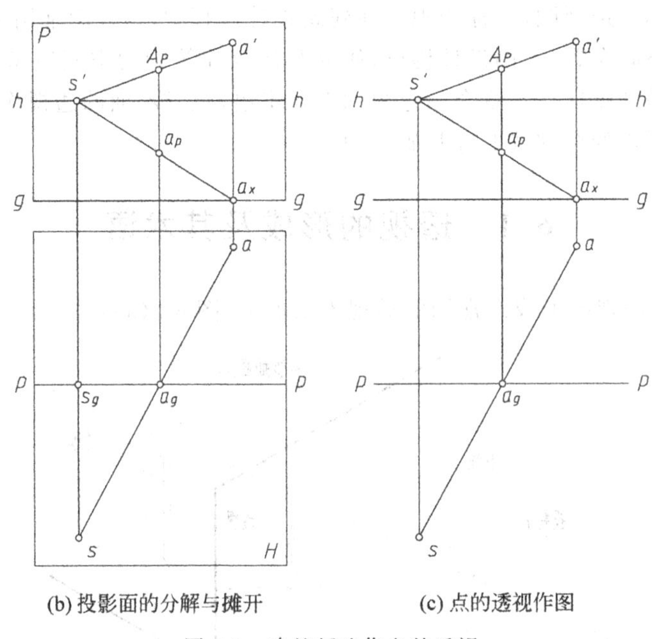

(b) 投影面的分解与摊开　　(c) 点的透视作图

图 6-2　建筑师法作点的透视

视点 S——观察者单眼所在的位置，即投射中心。

站点 s——视点 S 在基面 H 上的正投影，相当于观看建筑物时人的站立点。

视平线 h-h——过视点 S 的水平视线平面与画面 P 的交线。

主点 s'——视点在画面上的正投影，位于视平线上。

视距——视点到画面的距离 Ss'；当画面为铅垂面时，站点与基线的距离也反映视距。

视高——视点到基面的距离 Ss，亦即人眼离开地面的高度，或视平线与基线之间的距离(当画面垂直于基面时)。

6.2 建筑师法作点的透视

视线与画面的交点称为视线迹点。通过求视线迹点来绘制透视图的方法，称为建筑师法，也称为视线迹点法。建筑师法是根据形体的正投影图求作透视图的一种方法，是作透视图的最基本方法。

在图 6-2(a)中，已知空间点 $A(a'、a)$、视点 $S(s'、s)$、画面 P 和基面 H，求作点 A 的透视 A_P 和基透视 a_p（空间点 A 的水平投影 a 称为基点，其透视 a_p 称为点 A 的基透视）。

根据建筑师法，其作图步骤如下。

(1) 作空间视线 SA、Sa：这两条视线在画面上的正投影为 $s'a'$、$s'a_x$，其基面的正投影均为 sa（图 6-2(a)）。

(2) 作视线 SA、Sa 与画面 P 的交点 A_P 与 a_p：过基面上 sa 与画面位置线 $p\text{-}p$ 的交点 a_g 向上作竖直线与 $s'a'$、$s'a_x$ 交于 A_P、a_p，则 A_P 为空间点 A 的透视、a_p 为空间点 A 的基透视（图 6-2(b)、(c)）。

显然，点的透视具有如下特性。

(1) 点 A 的透视 A_P 位于通过点 A 的视线的正面投影 $s'a'$ 上；

(2) 点 A 的基透视 a_p 位于通过基点 a 的视线的正面投影 $s'a_x$ 上；

(3) 点 A 的透视 A_P 与基透视 a_p 的连线垂直于基线 $g\text{-}g$，且通过上述视线的水平投影与画面位置线 $p\text{-}p$ 的交点 a_g。

6.3 直线的透视及其透视规律

直线的透视及其基透视一般仍为直线。直线透视的端点就是空间直线端点的透视。

为了深入地探讨直线的透视，现以与画面相交的一条水平直线 AB 为例介绍直线的画面迹点和灭点等概念。

在图 6-3 中，将空间的水平直线 AB 延长，使之与画面相交，则交点 T 即为直线 AB 的画面迹点。

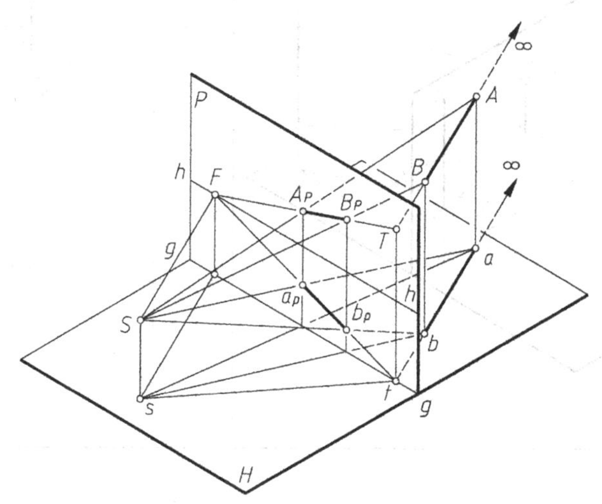

图 6-3 直线的画面迹点和灭点

将直线 AB 向另一方向延长至无限远后，过视点 S 向该直线上无穷远点所作的视线就一定与 AB 平行，该视线与画面相交于一点 F，则点 F 称为该直线 AB 的灭点(同理，图中直线 AB 的水平投影 ab 上无限远点的透视点 f 与灭点 F 重合，f 称为基灭点)。

显然，水平线的灭点和基灭点重影在视平线上；平行直线的透视有着共同的灭点(其基透视也有着共同的基灭点)，该灭点就是每条直线上距画面无限远点的透视。迹点与灭点的连线 TF 称为直线 AB 的全线透视。

表 6-1 列出了特殊位置直线的空间分析示意图、透视作图及其特性。

tsb6-1
画面
垂直线

表 6-1　特殊位置直线的透视作图及其特性

	空间分析示意图	透视作图	透视特性
画面垂直线——正垂线	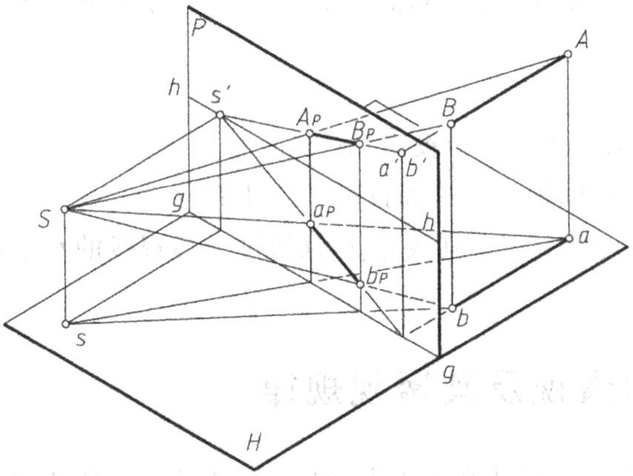	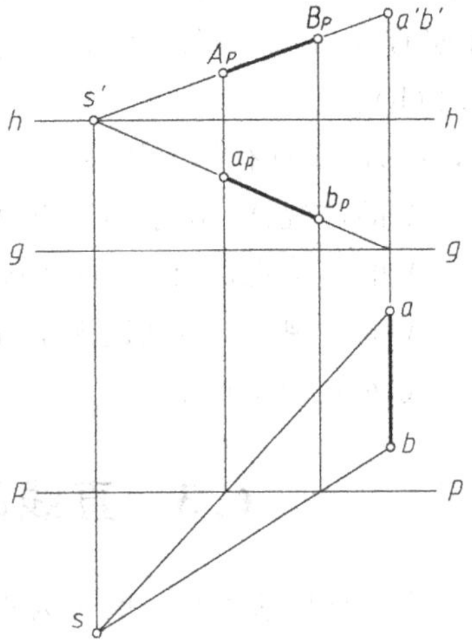	画面垂直线的透视与基透视均为直线，且指向主点，即主点是画面垂直线的灭点
基面垂直线——铅垂线	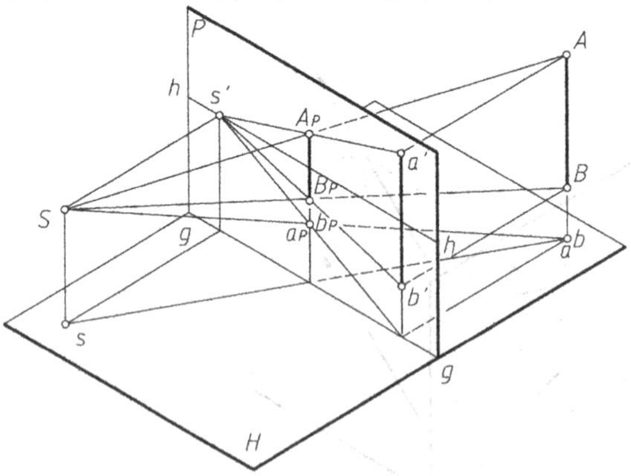	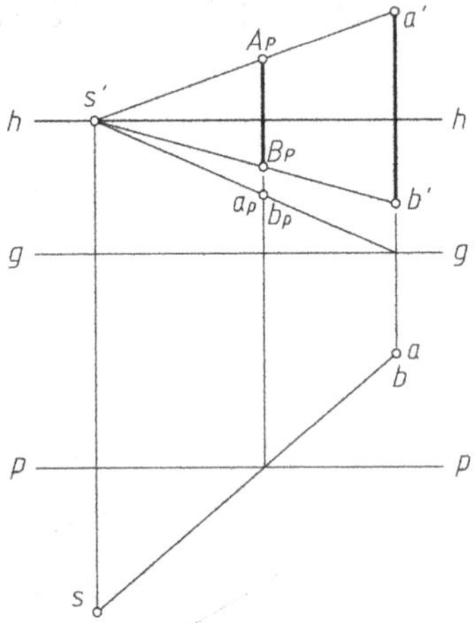	铅垂线的透视仍为铅垂线。基透视为一点

续表

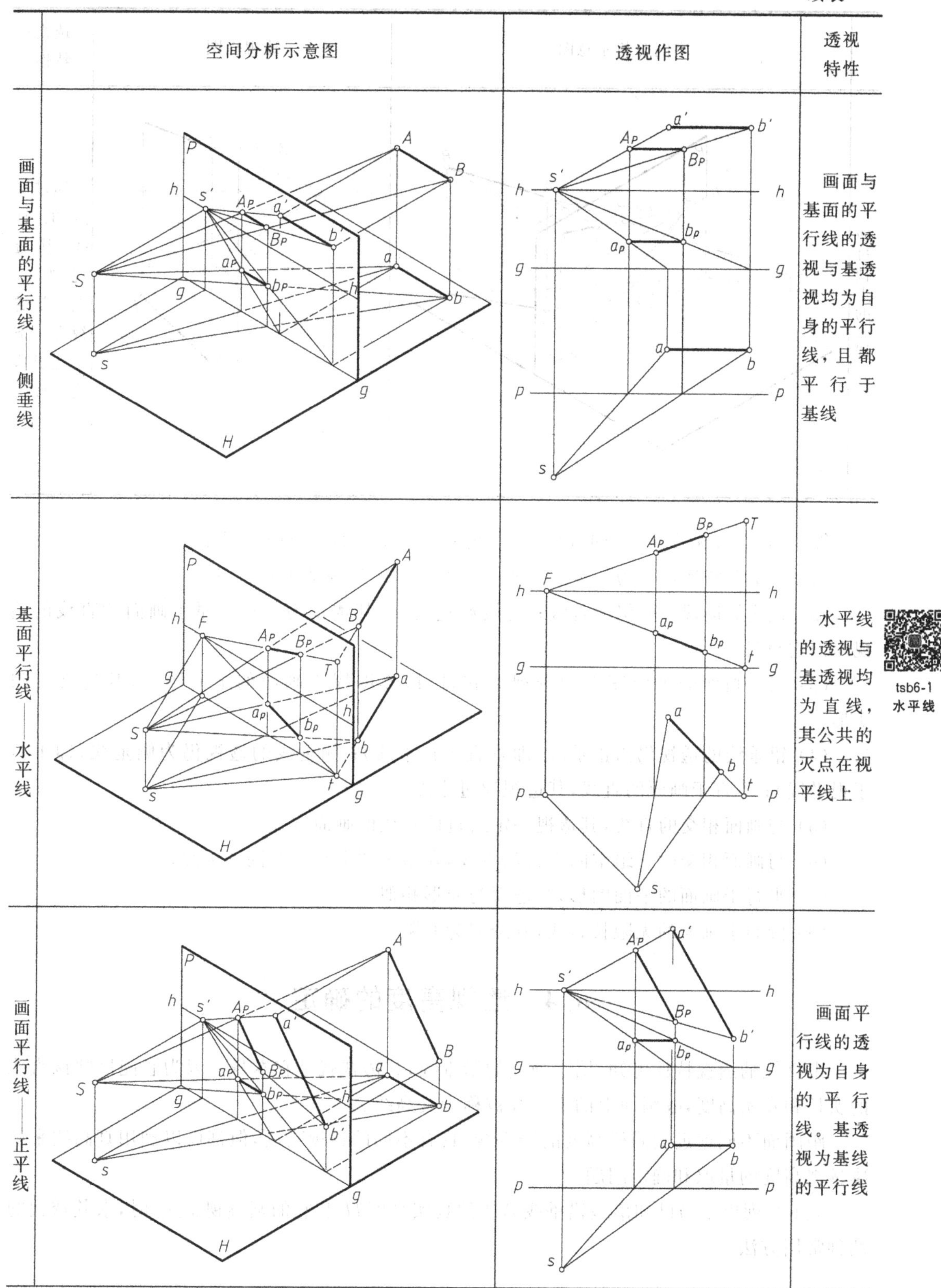

	空间分析示意图	透视作图	透视特性
画面与基面的平行线——侧垂线			画面与基面的平行线的透视与基透视均为自身的平行线，且都平行于基线
基面平行线——水平线			水平线的透视与基透视均为直线，其公共的灭点在视平线上
画面平行线——正平线			画面平行线的透视为自身的平行线。基透视为基线的平行线

tsb6-1
水平线

续表

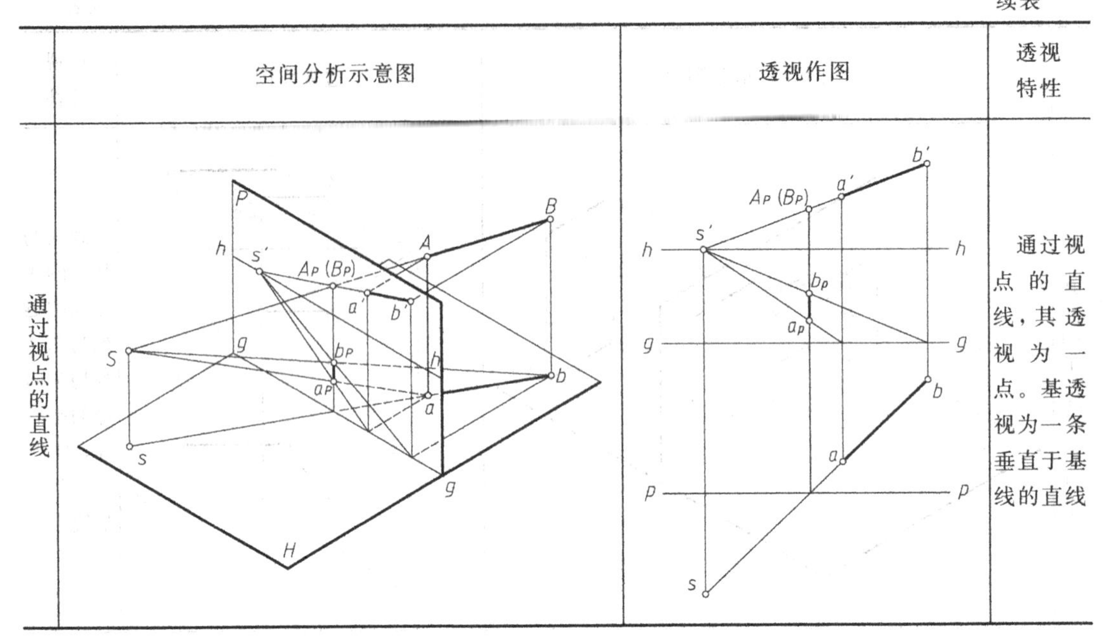

	空间分析示意图	透视作图	透视特性
通过视点的直线			通过视点的直线，其透视为一点。基透视为一条垂直于基线的直线

综上所述，并稍作推广，即可得点、直线和平面图形如下的透视规律。

(1) 一个点的透视仍为一个点。属于画面的点的透视即为它自身。

(2) 直线的透视一般仍为直线；直线通过视点，其透视为一点。属于画面的直线的透视即为它自身。

(3) 属于画面的平面图形的透视为它自身，亦即属于画面的平面图形，其透视反映实形。

(4) 铅垂线的透视仍为铅垂线(即垂直于视平线)；侧垂线的透视仍为侧垂线(即平行于视平线)；垂直于画面的直线，其透视通过主点。

(5) 与画面相交的直线，其透视一定通过该直线的画面迹点。

(6) 与画面相交的一组空间平行的直线，在透视图上具有共同的灭点。

(7) 平行于画面的平面图形，其透视与原形相似。

(8) 倾斜于画面的无限长直线，其透视为有限长。

6.4 透视高度的确定

由直线的透视特性可知，属于画面的铅垂线，其透视就是它本身。因为它能反映该直线的实长和真实高度，故画面上的铅垂线被称为真高线。

距画面不同远近的同样高度的铅垂线，具有不同的透视高度，但都可以利用真高线来解决透视高度的量取和确定问题。

表6-2列出了当已知落地铅垂线 AB 的真实高度 H 和它的基透视 $a_p b_p$ 时，求其透视的两种常用方法。

表 6-2　利用真高线求作透视高度的方法

已知条件	方法一	方法二
已知落地铅垂线 AB 的真高 H 和基透视 a_pb_p，求其透视	先任取灭点 F，再定 D_P，然后作真高线 C_PD_P，连线 C_PF，得透视高度 A_PB_P	先任取 D_P，再定灭点 F，然后作真高线 C_PD_P，连线 C_PF，得透视高度 A_PB_P

tsb6-2

实际作图中，会有很多透视高度需要确定，要避免每确定一个透视高度就画一条真高线，可利用一条集中真高线来定出图中所有的透视高度，从而使作图过程简捷、画面清晰明了。

例 6-1　已知如图 6-4(a)，又知点 A 高 5 个单位，点 B 高 8 个单位，点 C 高 6 个单位，点 D 高 4 个单位，求作点 B、C、D 的透视。

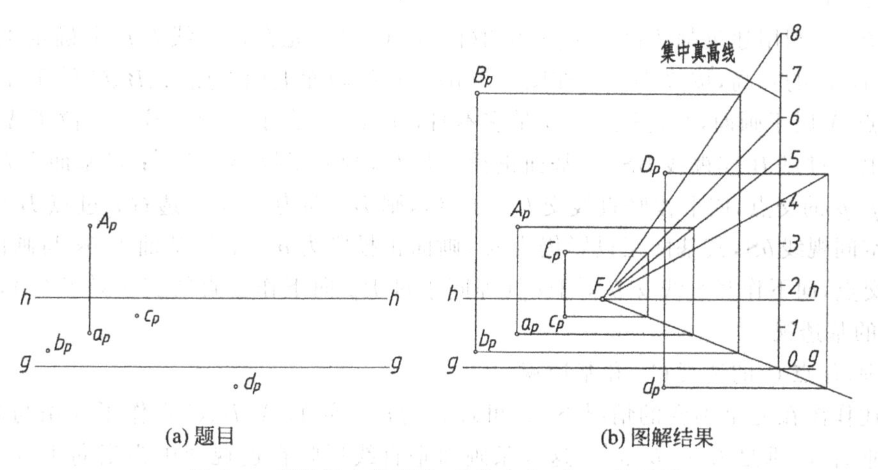

(a) 题目　　(b) 图解结果

图 6-4　利用集中真高线，求作点 B、C、D 的透视

解　分析：已知点 A 的透视 A_P、基透视 a_p 与真高，即可按表 6-2 所示的方法得到灭点 F。将点 A 的真高线等分为五份，并以此线作为基础，再向上延伸三等份作为点 A、B、C、D 的集中真高线，从而求得点 B、C、D 的透视。

作图：在视平线 h-h 上的适当位置确定灭点 F；在基线上的适当位置标记点 0，并过点 0 竖直向上作真高线；连线 $F0$；过 a_p 向右作水平横线与 $F0$ 交于一点，过该点向上作竖直线与过 A_P 向右所作的水平横线交于另一点；连线 F 与此点并延长交真高线于 5，则 05 线即为点 A 的真高线。

五等份 05 线，并向上延伸三等份，注明等份数，则该线即为点 A、B、C、D 的集中真高线。

求作点 B 的透视 B_P：过 b_p 向右作水平横线交 $F0$ 于一点，过该点向上作竖直线与 $F8$ 连线交于一点，过该点向左作水平横线与过 b_p 向上作的竖直线相交，交点 B_P 即为所求。

同理，作点 C、D 的透视 C_P、D_P，整理后完成作图(图 6-4(b))。

讨论：点 A、D、C 的基透视位于视平线与基线之间，在空间它们位于画面之后，即画面在视点与点 A、B、C 之间，其透视高度都小于真高；点 D 的基透视位于基线之下，在空间它位于画面之前，即与视点一样同在画面的前方，其透视高度大于真高。

本例中的灭点 F 和集中真高线均可随图面情况画在图面的空白处或图线稀疏处，而不会影响作图结果。

6.5 平面图形的透视

作平面图形的透视，就是作构成平面图形的各轮廓线的透视。当平面通过视点时，其透视将会积聚成一条直线。

例 6-2 已知如图 6-5(a)，又知点 A 属于画面，高 20mm，点 B 高 50mm，点 C 高 40mm。求作一般位置的三角形平面 ABC 的透视与基透视。

解 分析：本题的关键在于求作点 A、B、C 的透视与基透视。可利用建筑师法借助主点直接作图；也可通过点 A、B、C 构造一组与画面相交的水平线，利用迹点灭点法借助灭点的概念作图。

作图一：利用建筑师法借助主点作图(图 6-5(b))。先在视平线 h-h 上确定主点 s'，根据点 A、B、C 的真高，按投影关系在图 6-5(b)所示的画面上标出点 A、B、C 的正面投影 a'、b'、c'。点 A 属于画面，其透视 A_P 就是它本身，即 A_P 重合于 a'，基透视 a_p 位于 A_P 正下方的基线上。过点 B 作视线 BS，其基面正投影是 bs，画面正投影是 $b's'$；过基面上 bs 与画面位置线 p-p 的交点，向下作竖直线交 $b's'$ 于 B_P，则 B_P 即为点 B 的透视；过点 B 的水平投影 b 作空间视线 bS，其基面正投影仍为 bs，画面正投影为 b_xs'；过基面上 bs 与画面位置线 p-p 的交点，向下作竖直线交 b_xs' 于 b_p(等同于过 B_P 向下作竖直线交 b_xs' 于 b_p)，则 b_p 即为点 B 的基透视。

同理，作点 C 的透视 C_P 和基透视 c_p。

上述作图在完全不变的情况下，也可理解为过空间的 A、B、C 点作了 3 条与画面相交的画面垂直线，垂足为 a'、b'、c'。这 3 条画面垂直线反映在透视图中为指向主点 s' 的 3 条全长透视线 $a's'$、$b's'$、$c's'$，然后再确定属于它们的透视 A_P、B_P、C_P；同理，确定基透视 a_p、b_p、c_p。

连线 $A_PB_PC_PA_P$、$a_pb_pc_pa_p$ 成封闭的图形，整理后完成作图(图 6-5(b))。

作图二：利用迹点灭点法借助灭点作图(图 6-5(c))。过空间的 A、B、C 点任作一组与画面相交的辅助水平线，考虑到作图空间的合理利用，兼顾图面的简洁，本例取 bc 连线为该组水平线的方向线(注意：三角形 ABC 的 BC 边并非水平线，过 B、C 所作的 bc 方向的水平线有两条，它们的水平投影重影在 bc 及其延长线上，这两条水平线在空间均不与 BC 共线)。

在水平投影中，bc 与画面位置线 p-p 相交，过交点向下作竖直线交基线 g-g 于 t，在画面上自 t 向上量取 50mm 的真高得 T_1、量取 40mm 的真高得 T_2，则点 T_1 为过点 B 的水平线的画面迹点，点 T_2 为过点 C 的水平线的画面迹点。

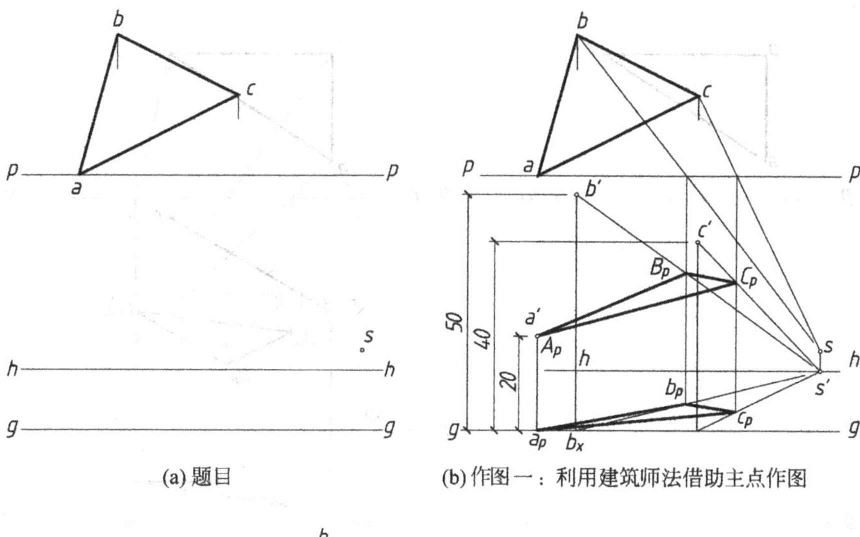

(a) 题目　　　　(b) 作图一：利用建筑师法借助主点作图

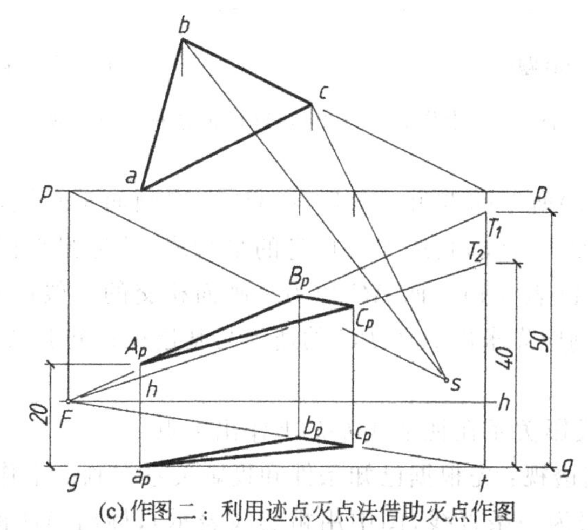

(c) 作图二：利用迹点灭点法借助灭点作图

图 6-5　求作一般位置的三角形平面 ABC 的透视与基透视

点 A 属于画面，其透视 A_P 就是它本身，即 A_P 重合于 a'，基透视 a_p 位于 A_P 正下方的基线上。

作辅助水平线的灭点 F：在水平投影中，过站点 s 作 bc 的平行线交画面位置线 p-p 于一点，过该点向下作竖直线与视平线 h-h 交于点 F，则点 F 即为过点 A、B、C 所作的辅助水平线组的共同灭点。

在画面中，连线 FT_1、Ft，即为过点 B 的水平辅助线的全长透视与全长基透视；连线 bs 与画面位置线 p-p 相交，并过交点向下作竖直线交两条全长透视线于 B_P、b_p，则 B_P 为点 B 的透视，b_p 为点 B 的基透视。

同理，作点 C 的透视 C_P 和基透视 c_p。

分别连线 $A_PB_PC_PA_P$ 和 $a_pb_pc_pa_p$ 成封闭的图形，整理后完成作图(图 6-5(c))。

例 6-3　已知如图 6-6(a)，又知 AB 是画面垂直线，其距基面 35mm，BC 为画面平行线，与基面成 30°，且点 C 高于点 B。试作直角三角形 ABC 的透视与基透视。

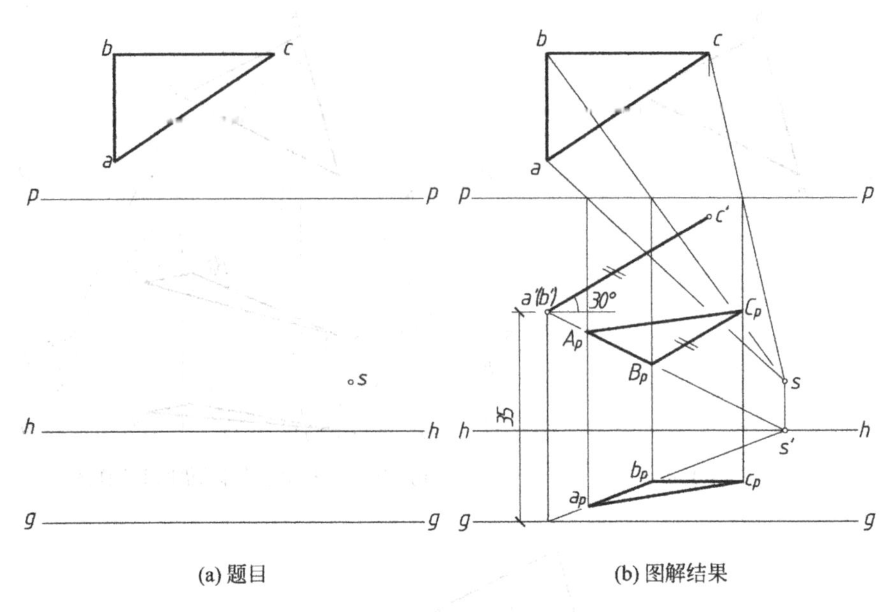

(a) 题目　　(b) 图解结果

图 6-6　求作直角三角形 ABC 的透视与基透视

解　分析：图 6-6(a)所示的直角三角形的 AB 边为画面垂直线，其透视与基透视均应指向主点；BC 边为画面平行线，其透视为自身的平行线，基透视平行于基线。它们的透视特性鲜明，作图较易实现(表 6-1)。而 AC 边为与画面相交的一般位置直线，其透视作图相对复杂一些。因此，本例应先求出 AB、BC 的透视与基透视；至于 AC 的透视与基透视，则对应连线即可。

作图：首先，根据投影关系在视平线 h-h 上作出主点 s'。

作 AB 的透视与基透视：先根据已知条件和投影关系在画面上作出直角三角形的正面投影 $a'b'c'$(该投影积聚为一条直线，图中用粗实线表示)，标出 AB 的真高 35mm。AB 为画面垂直线，根据画面垂直线的透视特性，其透视与基透视均指向主点，故过 AB 的真高线的上下端点分别向 s'引直线得 AB 线的全长透视与全长基透视。根据建筑师法分别作视线 AS、BS 的水平投影 as、bs，使之与画面位置线 p-p 相交，过交点向下作竖直线交 AB 线的全长透视与全长基透视于 A_p、a_p、B_P、b_p，连线 A_PB_P、a_pb_p 即得 AB 的透视和基透视。

作 BC 的透视与基透视：BC 为画面平行线，其正面投影 $b'c'$反映实长和倾角实形，按投影关系作出后，$b'c'$应与基线保持 30°的不变关系。根据画面平行线的透视特性，BC 的透视应与自身平行，基透视与基线平行。于是过 B_P 作 $b'c'$的平行线，使之与过 sc(视线 SC 的水平投影)和画面位置线 p-p 的交点向下作的竖直线交于 C_P，则 B_PC_P 即为 BC 的透视。过 b_p 作基线的平行线 b_pc_p，且 c_p 在 C_P 的正下方，则 b_pc_p 即为 BC 的基透视。

连线 A_PC_P、a_Pc_P 即得一般位置直线 AC 的透视与基透视。

加粗 $A_PB_PC_PA_P$ 和 $a_Pb_Pc_Pa_P$ 成封闭的图形，整理后完成作图(图 6-6(b))。

例 6-4　已知如图 6-7(a)，求作基面上平面图形的透视。

解　分析：图 6-7(a)所示的网格图形位于基面上，故其透视与基透视重合。

该网格图形主要含两个方向的直线。根据直线的透视规律，网格中垂直于画面的直线组，

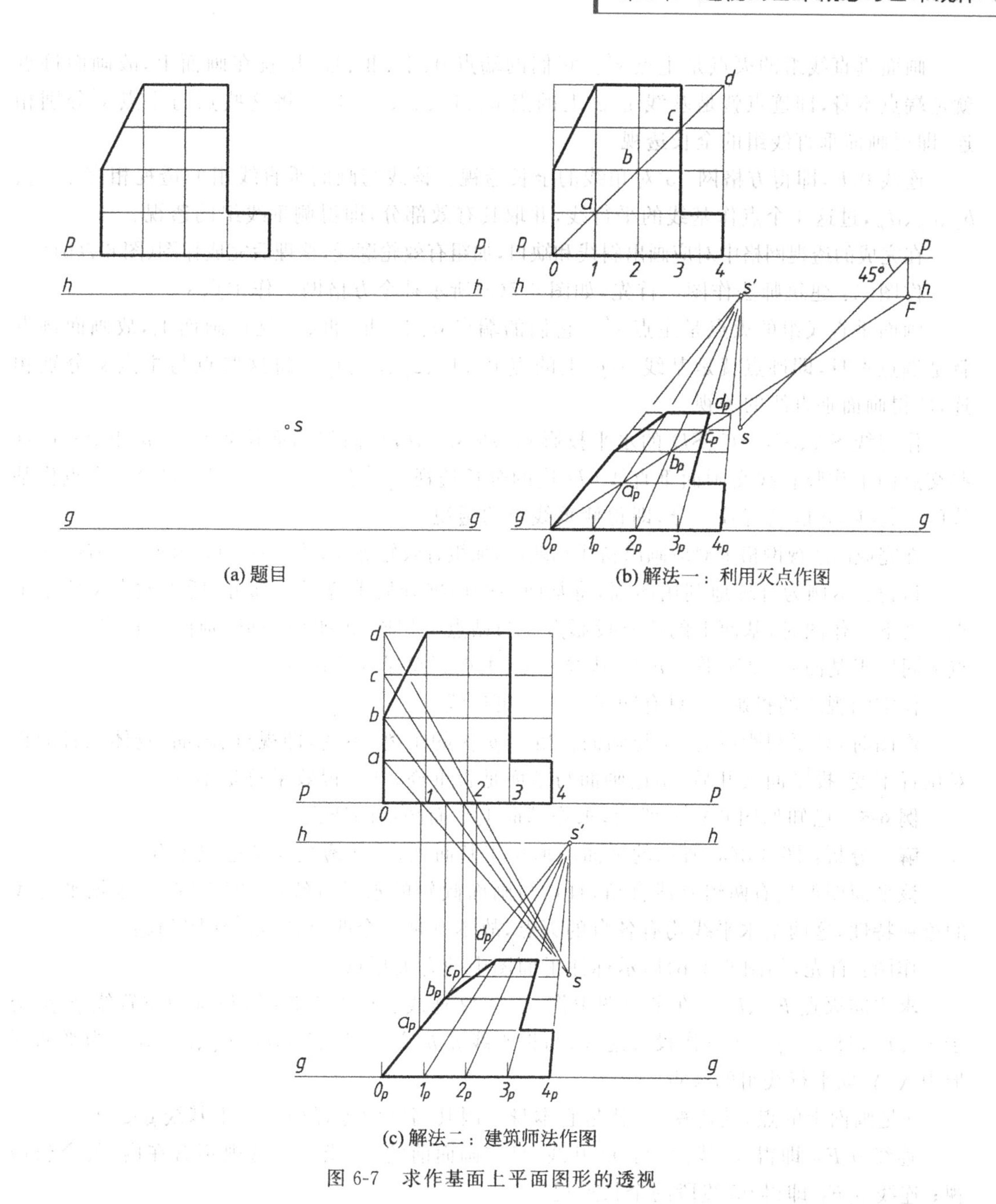

(a) 题目

(b) 解法一：利用灭点作图

(c) 解法二：建筑师法作图

图 6-7 求作基面上平面图形的透视

其透视通过主点 s'；网格中平行于画面的直线组(即侧垂线组)，其透视应平行于基线 g-g。

为作图简便起见，网格图形中的缺角部分应予以补全。至于图中的水平斜线和切角，则应待整体的透视网格完成后对应连线即可。

本例是一个一点透视的作图问题。

作图一：利用灭点作图。首先，如图 6-7(b)所示补全方格网；作主点 s'；连接方格网的对角线得 45°辅助线；过站点 s 作 45°辅助线的平行视线交画面位置线 p-p 于一点，过该点向下作投影连线交视平线 h-h 于点 F，点 F 即为正方形网格图的对角线的灭点。

画面垂直线组的灭点是主点 s'。它们的端点 0、Ⅰ、Ⅱ、Ⅲ、Ⅳ就在画面上，故画面迹点就是端点本身，即迹点就是基线 g-g 上的点 0_p、1_p、2_p、3_p、4_p。将这些点与主点 s'分别相连，即得画面垂直线组的全长透视。

连线 0_pF，即得方格网 45°对角线的全长透视。该线与画面垂直线组的透视相交于 a_p、b_p、c_p、d_p，过这 4 个点作基线的平行线，并取其有效部分，即得侧垂线组的透视。

在完成的透视网格中对应画出斜线和缺口，加粗有效轮廓线，整理后完成作图(图 6-7(b))。

作图二：建筑师法作图。首先，如图 6-7(c)所示补全方格网。作主点 s'。

画面垂直线组的灭点是主点 s'。它们的端点 0、Ⅰ、Ⅱ、Ⅲ、Ⅳ就在画面上，故画面迹点就是端点本身，即迹点就是基线 g-g 上的点 0_p、1_p、2_p、3_p、4_p。将这些点与主点 s'分别相连，即得画面垂直线的透视。

作视线 SA、SB、SC、SD 的水平投影 sa、sb、sc、sd，它们与画面位置线 p-p 相交；过这些交点向下作竖直线交画面垂直线 $0D$ 边的全长透视 $0_ps'$于 a_p、b_p、c_p、d_p，过这 4 个点作基线的平行线，并取其有效部分，即得侧垂线组的透视。

在完成的透视网格中对应画出斜线和缺口，加粗有效轮廓线，整理后完成作图(图 6-7(c))。

讨论：本例为合理地利用图幅，将基面与画面展开后重叠了一部分，所以站点 s 位于主点 s'之下。作图时，基面上的所有投影点应与站点 s 相连(即平面图形、画面位置线 p-p、站点 s 同属于基面)；而视平线 h-h、基线 g-g、主点 s'总是代表画面。

作空间视线的投影时，只有同名投影方可连线。

作图时，只要视距(站点 s 与画面位置线 p-p 的距离)不变，即视点、画面、物体三者的相对位置不变，投影面展开后，不论画面与基面是否重叠，其透视效果总是不变。

例 6-5 已知如图 6-8(a)所示，求作基面上平面图形的透视。

解 分析：图 6-8(a)所示的平面图形位于基面上，故其透视与基透视重合。

该平面图形只有两组互成直角，且均与画面倾斜的水平直线(高度为零)。根据平行线的透视特性，这两组水平线均有各自的灭点，故本例是一个两点透视的作图问题。

作图：首先，如图 6-8(b)所示标注平面图中的有关顶点。

求主向灭点 F_X、F_Y：在平面图中作 sf_x//32 连线、sf_y//05 连线，与画面位置线 p-p 交于 f_x、f_y，过 f_x、f_y 向下作投影连线，与视平线 h-h 交于 F_X、F_Y，则 F_X、F_Y 分别为平面图形中 X、Y 向平行线组的灭点。

0 是画面上的点，其透视 0_p 就是它本身。因其高度为零，故 0_p 位于基线 g-g 上。

连线 0_pF_X 即得 02 线段(与 02 共线，且在画面前的 03 线段的透视不含在内)的全长透视；连线 0_pF_Y 即得 05 线段的全长透视。

作视线 SⅠ、SⅡ的水平投影 $s1$、$s2$，它们与画面位置线 p-p 相交，过交点向下作投影连线，交点Ⅰ、Ⅱ所在的全长透视线 0_pF_X 于 1_p、2_p，则 1_p、2_p 即为点Ⅰ、Ⅱ的透视。

Ⅳ是画面上的点，其透视 4_p 就是它本身。连线 4_pF_X 并延长之即为点Ⅳ所在 X 方向线段的全长透视。

过点Ⅴ作 X 方向延长线的水平投影交画面位置线 p-p 于一点，过该点向下作投影连线，交基线 g-g 于 t_5，则 t_5 即为过点Ⅴ的 X 方向线的画面迹点。

同理，过Ⅲ作 Y 方向延长线的水平投影交画面位置线 p-p 于一点，过该点向下作投影连线，交基线 g-g 于 t_3，则 t_3 即为过Ⅲ的 Y 方向线的画面迹点。

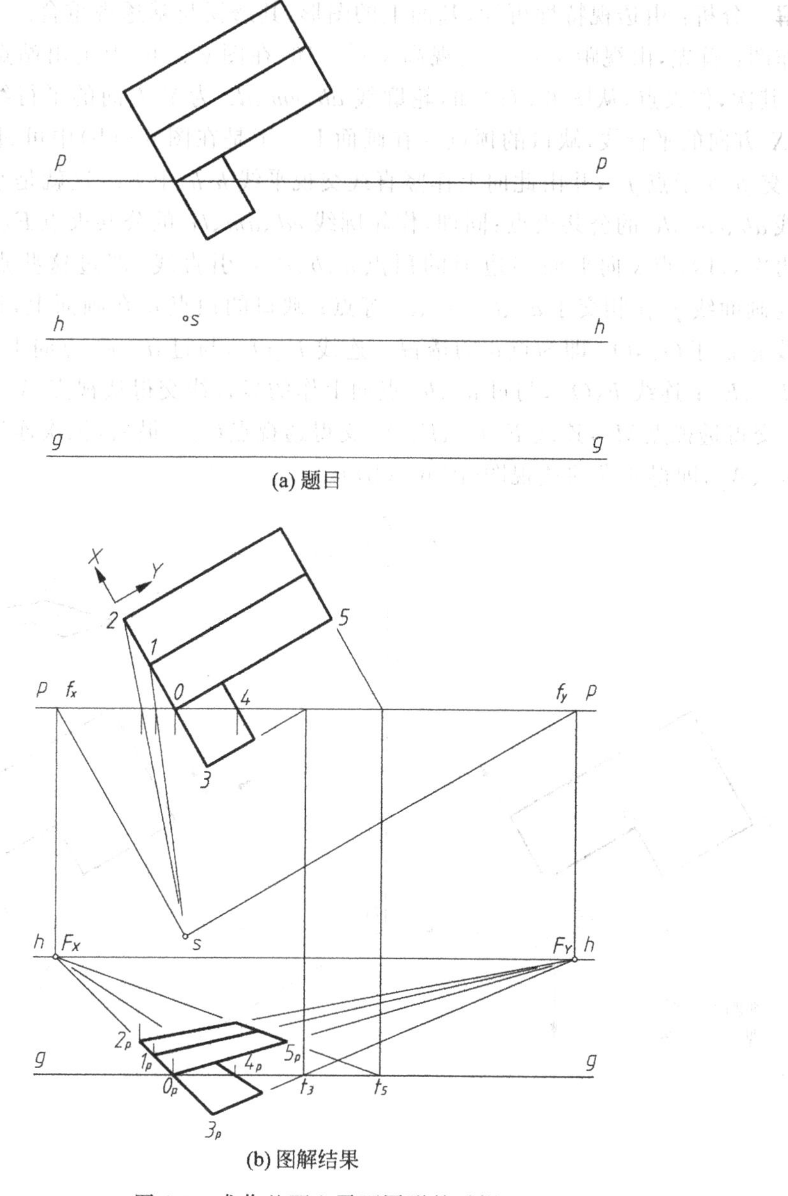

(a) 题目

(b) 图解结果

图 6-8 求作基面上平面图形的透视

过 1_p、2_p、t_3 向 F_Y 引直线(或延长线),即得点Ⅰ、Ⅱ、Ⅲ所在 Y 向直线的透视;过 0_p、4_p、t_5 向 F_X 引直线(或延长线),即得点0、Ⅳ、Ⅴ所在 X 向直线的透视;这两组透视线交汇成透视网格,取其有效部分,加粗轮廓整理后即得所求(图 6-8(b))。

讨论:本例平面图形的顶点Ⅲ所在部分位于画面之前(即与视点同在画面的一侧),其透视图形由通过 0_p、4_p 所作的 X 方向透视线,过 t_3 所作的 Y 方向透视线交汇形成。由于其位于画面之前,距视点较近,故透视效果夸张。因此,该部分透视图形在画面上占有的比例明显大于画面后那部分图形的透视。

例 6-6 已知图 6-9(a)所示的基面上平面多边形 $ABCDEM$,又知站点 s 和视高,试作其透视。

解 分析：由透视特性可知，基面上的图形，其透视与基透视重合。

作图：首先，由视距 $s_xs=32$、视高 $s_xs'=16$，在图 6-9(b)中定出站点 s 和 p-p、h-h 和 g-g。其次，作灭点，从图 6-9(a)知，轮廓线 ab、em、dc 为 Y 方向的平行线，轮廓线 ed、am、bc 为 X 方向的平行线，缺口的顶点 o 在画面上。于是在图 6-9(b)中可过站点 s 作 ab 的平行线，交 p-p 于点 f_y，并由此向上作竖直线交视平线 h-h 于 F_Y，这就是平面多边形的 Y 向轮廓线 ab、em、dc 的公共灭点；同理，作轮廓线 ed、am、bc 的公共灭点 F_X。

再次，过站点 s 向平面多边形的顶点 a、b、d、e 引直线（即过这些点的视线的水平投影），与画面线 p-p 相交于 a_0、b_0、d_0、e_0 等点；缺口的顶点 o 在画面上，过 o 向上作竖直线交基线 g-g 于 O_p，O_p 即为点 o 的透视。连线 F_XO_p，与过 d_0、e_0 点向上作的竖直线交得透视点 D_p、E_p；连线 F_YO_p，与过 a_0、b_0 点向上作的竖直线交得透视点 A_p、B_p；连线 F_XA_p、F_YE_p 交得透视点 M_p，连线 F_XB_p、F_YD_p 交得透视点 C_p。最后，依次连接 A_p、B_p、C_p、D_p、E_p、M_p、A_p，即得所求的透视图（图 6-9(b)）。

ts6-9

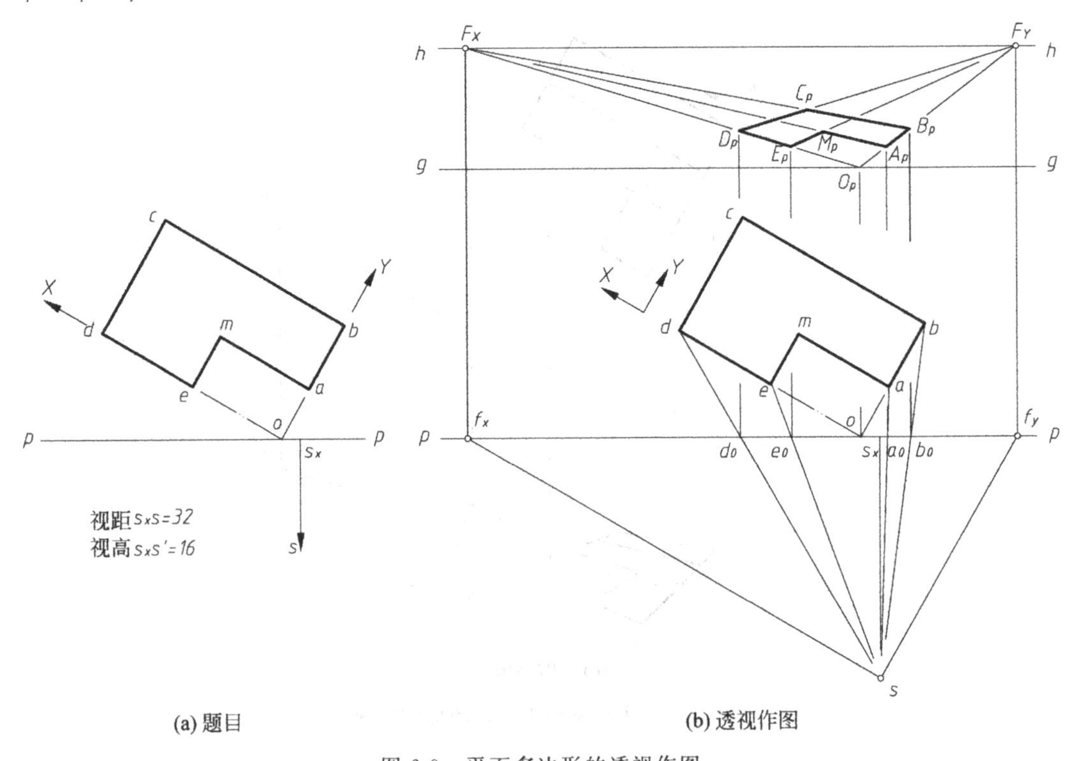

图 6-9 平面多边形的透视作图

例 6-7 已知图 6-10(a)所示的基面上矩形 $ABCD$，又知站点 s 和视高，试作其透视。

解 分析：由透视特性可知，基面上的平面图形，其透视与基透视重合。现已知矩形的一组对边 AC、BD 为画面垂直线，其透视应指向主点 s'，另一组对边 AB、CD 为基线的平行线，其透视与自身平行，仅透视长度不等而已。

作图：先在视平线上作出主点 s'，再确定 AB 边的透视。AB 既属于画面，又属于基面，是基线上的直线，其透视 A_PB_P 就是它本身。连线 A_Ps'、B_Ps'即为矩形对边 AC、BD 的透视所在。以矩形的一条对角线 AD 作为辅助线，求出其灭点 F，则 A_PF 直线与上述所示画

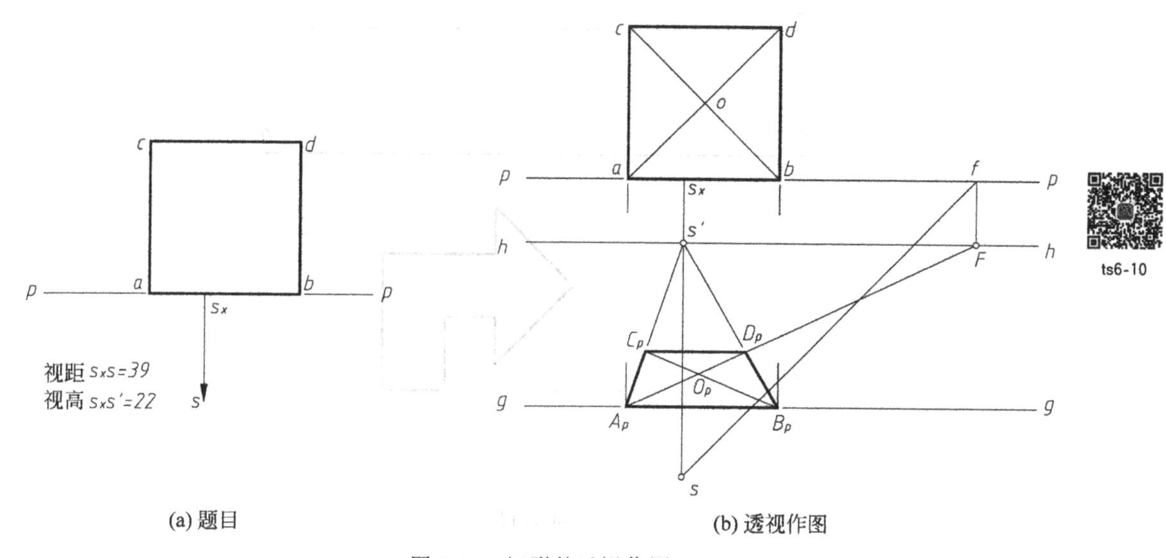

(a) 题目

(b) 透视作图

图 6-10 矩形的透视作图

面垂直线的透视交于 D_P，过 D_P 作水平线与 $A_P s'$ 相交于 C_P，加粗折线 $A_PB_PD_PC_PA_P$ 成封闭的图形即为所求。

例 6-8 已知如图 6-11(a)，求作地面路标的透视。

解 分析：地面路标是属于基面的图形。由透视特性可知，基面上图形的透视与基透视重合。

在图 6-11(b)中，路标的轮廓线 bc、$e5$、$d6$ 为画面垂直线，其透视应指向主点；轮廓线 56 为属于画面的直线，其透视就是它本身；轮廓线 ab 与辅助线 ed 为 Y 方向的平行线，轮廓线 ac 为 X 方向的平行线，它们均是与画面倾斜的水平线，其各自的灭点均应在视平线 h-h 上；至于路标上过点 e、d 的两条侧垂轮廓线，则最后依据侧垂线的透视特性连线作出即可。

本例画面在上，基面在下，形式上与前面各例略有不同，但不影响最终结果。

作图：首先，如图 6-11(b)所示标出路标的有关顶点。

依投影关系先在视平线 h-h 上标出主点 s'。

在水平投影中，延长 ab 与画面位置线 p-p 交于 1，过 1 向上作投影连线交基线于 1_p，1_p 即为 AB 的画面迹点；同理得 AC 的画面迹点 4_p，辅助线 DE(D、E、C 3 点共线)的画面迹点 2_p。

求作主向灭点 F_X、F_Y：在水平投影中，作 $sf_x//ac$、$sf_y//ab$，交画面位置线 p-p 于 f_x、f_y，过 f_x、f_y 向上作投影连线交视平线 h-h 于 F_X、F_Y，F_X、F_Y 即为 X、Y 方向线的灭点。

连线 1_pF_Y、4_pF_X、2_pF_Y 即得 AB、AC、DEC 线段的全长透视。

bc、$e5$、$d6$ 为画面垂直线，其透视应指向主点 s'；轮廓线 56 属于画面，其透视 5_p6_p 就是它本身；延长 bc 与画面位置线 p-p 交于 3，过 3 向上作投影连线交基线于 3_p，3_p 即为 BC 的画面迹点。在画面中，连线 $s'6_p$ 得 $d6$ 边的全长透视；同理连线 $s'5_p$、$s'3_p$ 得 $e5$、bc 边的全长透视。

在画面中 4_pF_X 与 1_pF_Y、2_pF_Y 相交于 A_p、C_p，$3_ps'$ 与 1_pF_Y 相交于 B_p，$5_ps'$、$6_ps'$ 与 2_pF_Y 相交于 E_p、D_p；过 E_p、D_p 作基线平行线与 $3_ps'$ 先后相交。

如图 6-11(b)所示加粗各有效区段，整理后完成作图。

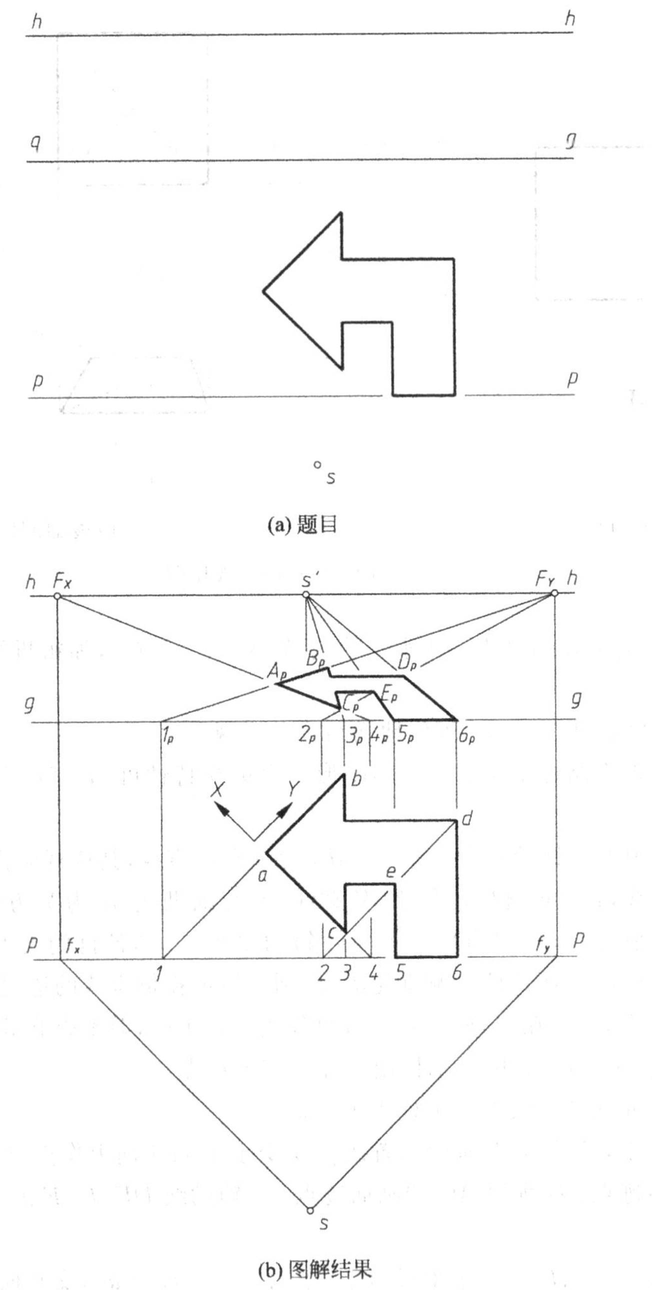

(a) 题目

(b) 图解结果

图 6-11 求作地面路标的透视

6.6 透视图的分类及透视要素的合理选取

6.6.1 透视图的分类

建筑物具有长、宽、高 3 组主要方向的轮廓线，它们与画面可能平行，也可能不平行。与画面不平行的轮廓线在透视图中会形成灭点；与画面平行的轮廓线在透视图中就没有灭点。因此按物体主要方向上灭点的多少，透视图可分为 3 类：一点透视、两点透视、三点透视。

当建筑物只有一个主向轮廓线垂直于画面时，其灭点就是主点；而另两个主向的轮廓线均平行于画面，没有灭点。这时画出的透视称为一点透视(图 6-12)。

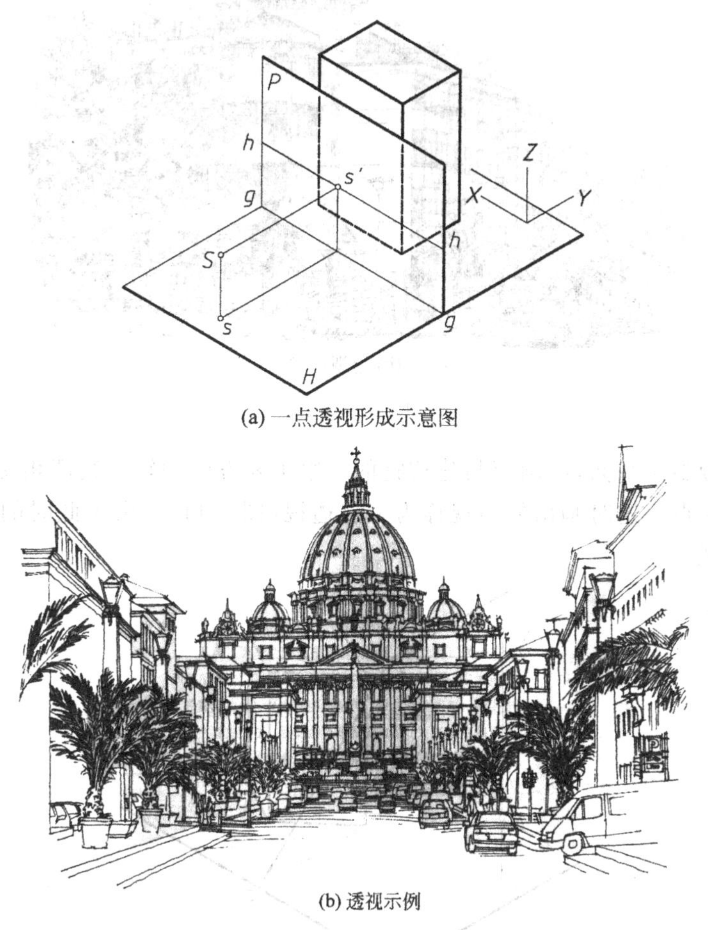

(a) 一点透视形成示意图

(b) 透视示例

图 6-12 一点透视

如果建筑物只有铅垂的轮廓线平行于画面，而另两组水平的轮廓线均与画面斜交，于是在画面上就会得到两个灭点 F_X 和 F_Y，这两个灭点都在视平线上。这时画出的透视称为两点透视(图 6-13)。由于此时建筑物的两组立面均与画面成倾斜的角度，故又称为成角透视。

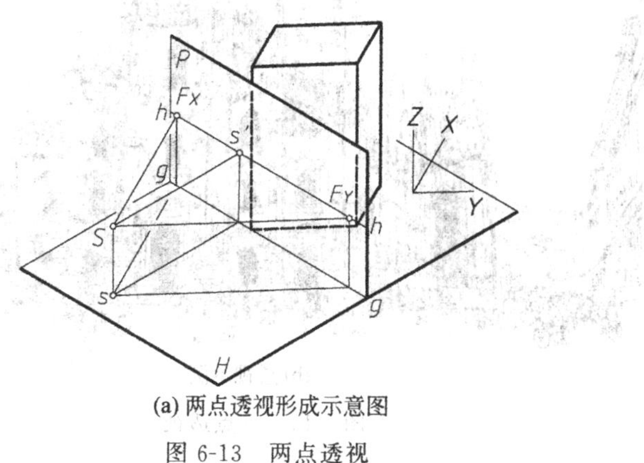

(a) 两点透视形成示意图

图 6-13 两点透视

(b) 透视示例

图 6-13(续)

如果画面倾斜于基面,即画面与建筑物的 3 组主要方向的轮廓线都相交,于是在画面上就会形成 3 个灭点。这时画出的透视称为三点透视(图 6-14)。由于此时的画面是倾斜的,故又称为斜透视。

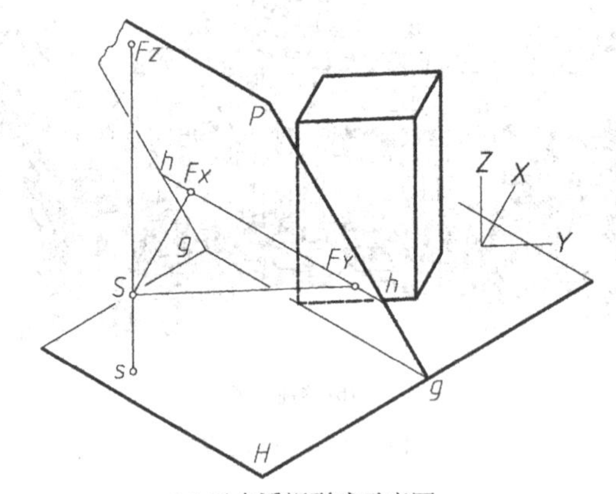

(a) 三点透视形成示意图

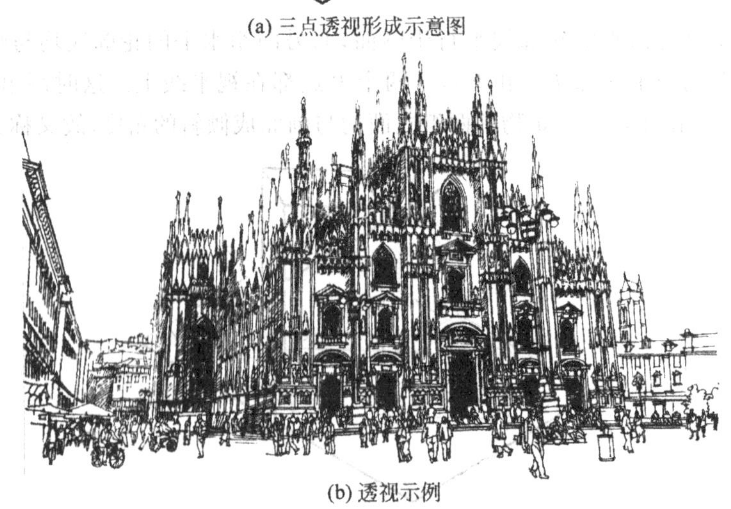

(b) 透视示例

图 6-14 三点透视

6.6.2 透视参数的合理选择

手绘透视图之前，必须根据表达对象的形体特征和透视图的表现要求，确定所绘透视图的类型，即画成一点透视、两点透视还是三点透视。然后，再安排好视点、画面与表达对象三者之间的相对位置。视点、物体、画面是透视作图的三要素，如果这三者的相对位置处理欠妥，将直接影响透视形象，甚至产生畸形与失真，从而无法准确地表达设计意图。

1. 视野与视角

当观者不转动自己的头部，以一只眼观看前方景物时，其所见范围是有限的。此范围是以单眼（视点 S）为锥顶，以中心视线 Ss' 为轴线的圆锥面，称为视锥（图 6-15）。视锥的锥顶角称为视角 φ。

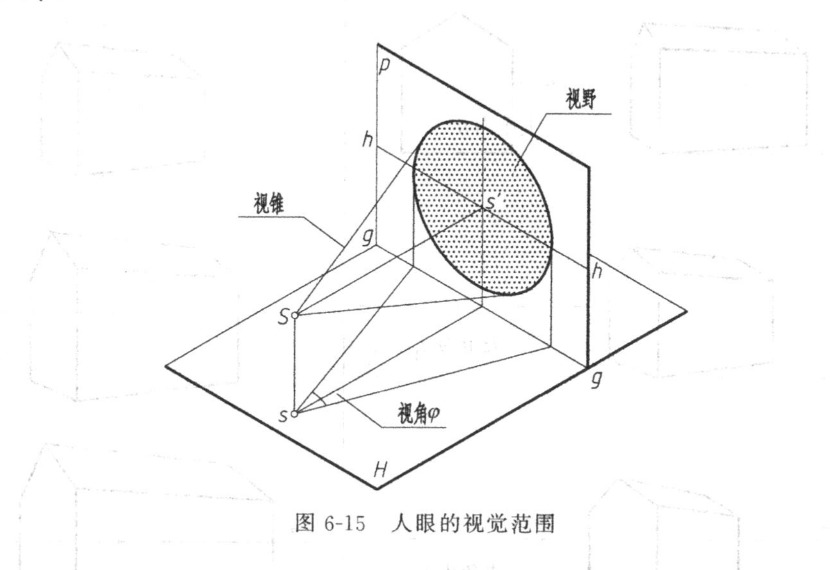

图 6-15　人眼的视觉范围

在绘制透视图时，人眼的清晰视野可近似地看作一个 60°锥顶角的圆锥体。而最清晰的视野的视角为 28°～37°。在特殊情况下，如画室内透视，由于受空间的限制，视角可增大至 60°，但不宜超过 90°。

2. 画面与建筑物的相对位置

表 6-3 所示为画面与建筑物的相对位置对透视的影响。

画面的选择是透视作图的关键一步。当建筑物的主立面与画面的夹角 $\theta=0°$时，所得的透视图为一点透视，它的表达重点是建筑物的正立面。当 θ 不为 0°时，所得的透视图为两点透视。从表 6-3 可以看出，随着 θ 的不断变化，建筑物的两个立面在透视图中的宽度之比也发生了变化。因此，应选择合适的 θ，使得建筑物的两个立面在透视图中的宽度之比较为符合实际。显然，表 6-3 中 θ_1 的选择较为合理。

除此之外，建筑物与画面的远近也应按需确定。从表 6-3 可知，当画面位于建筑物之前时，所得透视较小；当画面位于建筑物之后时，所得透视较大；当画面穿过建筑物时，则位于画面前的那部分透视较大，位于画面后的那部分透视较小，而建筑物与画面相交所得断面图形的透视不变。显然，只要画面平行移动，其透视形象都是相似图形，只不过大小不同而已。

表 6-3 画面与建筑物的相对位置对透视的影响

画面与建筑物立面的夹角对透视的影响 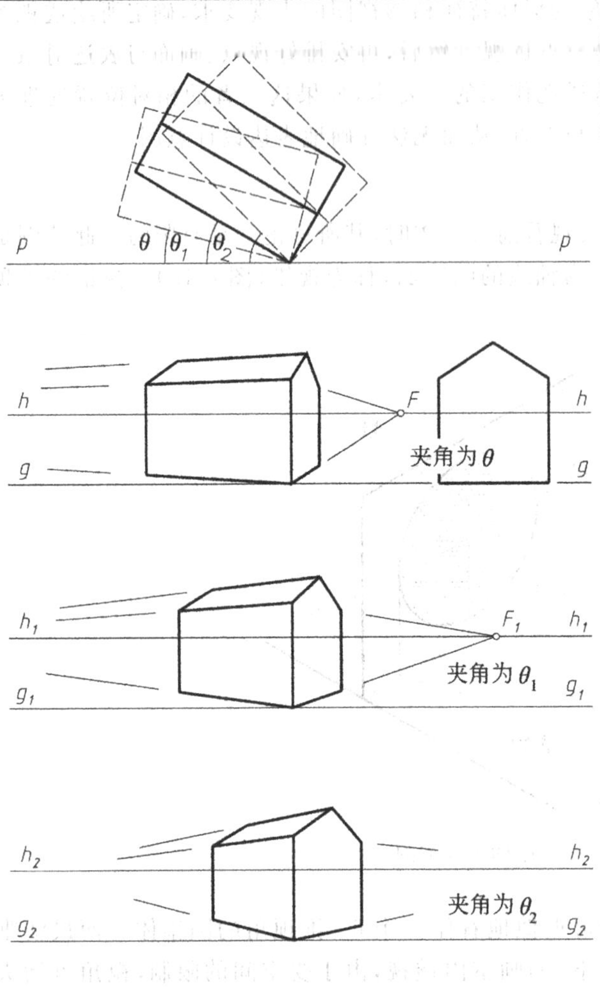	画面在建筑物的前后位置对透视的影响 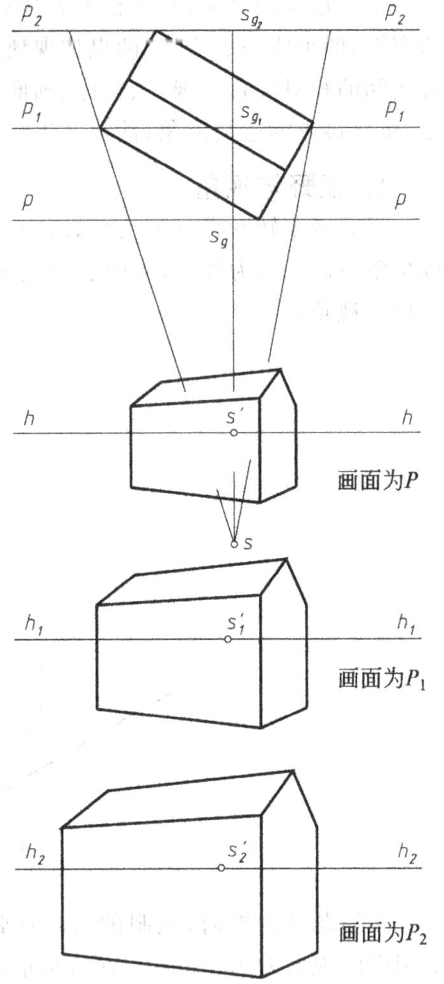
夹角为θ	画面为P
夹角为θ_1	画面为P_1
夹角为θ_2	画面为P_2

tsb6-3 右

3. 视点选择的一般规律

视点 S 的选择体现在透视绘画中，是为了在平面图中确定站点 s 的位置和在画面上确定视平线 h-h 的高度。

表 6-4 所示为在平面图中确定站点、画面位置线的两种方法。

站点决定视距。选择站点位置的一般方法有两种(表 6-4)：一是先确定站点，然后再确定画面。即先使站点 s 位于建筑形体前方，然后过该点向建筑平面图作边缘视线 sa 和 sb，并使其夹角为 30°～40°，然后在该角的中间 1/3 范围内引中心视线的投影 ss_g，最后作画面位置线 p-p 垂直于 ss_g。画面位置线 p-p 最好通过建筑平面图的一角，以使得该角处能获得建筑物的真高，便于作图。二是先确定画面，然后再确定站点。即先作画面位置线 p-p，使其与建筑物的主立面成 θ 角(θ 应根据需要来定)，然后过建筑物的转角 a、b 处作画面的垂直线，得透视图的近似宽度 K，再确定站点 s 的位置，使其距画面(1.5～2)K，且保证中心视线的水平投影 ss_g 位于画面中部的 1/3 范围内。

表 6-4　在平面图中确定站点、画面位置线的方法

方法一：先定站点，后定画面	方法二：先定画面，后定站点
a　b　p　p　s_g　30°～40°　s ss_g位于边缘视线夹角的中间1/3范围内，且画面位置线p–p垂直于ss_g	a　b　p　θ　p　s_g　近似画宽K　$(1.5\sim2)K$　s θ一般取30°； 外景视距取(1.5~2)K； 室内透视视距约为K； 规划透视图视距大于2K

tsb6-4 左

4. 视高的选择

透视图有一点透视、两点透视、三点透视之分，每一类透视又因视高的不同，可有一般高度视平线、提高视平线和降低视平线 3 种不同的效果(图 6-16)。

(a) 提高视平线效果(福建南平民居)

图 6-16　视平线的提高与降低对透视的影响

(b) 一般高度视平线效果(重庆建筑大学校门设计方案)

ts6-16(c)

(c) 降低视平线效果(四川民居)

图 6-16(续)

绘画建筑透视图所采用的视平线高度一般等于视高,即视点与站点间的距离,其取值如果为人眼高 1.5～2m,会获得一般视平线的透视效果,给人以自然、亲切、平和的感觉,符合人们一般的观察习惯(图 6-16(b))。但有时为了特殊效果的表达,可将视点按需要升高或降低。升高视点可获得俯视的效果,给人以舒展、开阔、居高临下的远视感觉(图 6-16(a));降低视点可获得仰视的效果,给人以高耸、雄伟、挺拔的感觉(图 6-16(c))。视高的选择一般来说应与实际环境相吻合,以获得较为现实的透视效果。

第7章

透视图的基本画法

建筑透视的作图方法有多种，本章系统地讲述建筑师法、迹点灭点法、量点法、距点法的作图原理和方法，并介绍斜线的灭点、平面的灭线在透视作图中的应用，为实用透视作图打下必要的基础。

绘制建筑透视，总是先画出建筑形体水平投影的透视，该透视称为透视平面图，或称为建筑的基透视。然后再利用真高线，确定建筑形体上各点的透视高度，从而得到建筑透视图。以下讲述的各种作图方法就是为绘制透视平面图而提供的。

7.1 建筑师法

建筑师法又称视线迹点法。它是在基面上以过站点的直线（空间视线的水平投影）作为辅助线，利用建筑物上可见点的视线迹点（视线与画面位置线 p-p 的交点）、平面图中直线的灭点，先作出平面图中各点（线）的透视，以确定可见面的透视宽度，再以真高线确定各点的透视高度，从而作出形体透视的一种方法。

图 7-1 所示为出檐平顶房屋的透视作图。

该房屋由底部长方体和顶部平板屋面组成。

作图时，首先求出两组水平方向直线的灭点 F_X 和 F_Y，如图 7-1 所示。

底部长方体的最前侧棱 AA 的水平积聚投影 a 位于画面位置线 p-p 上，故 AA 棱属于画面，其透视 A_PA_P 与自身重合，反映实长和真高。由此用建筑师法即可作出下面长方体的透视。

本例的重点在于绘制顶部屋面板檐口的透视。

由 H 面投影可以看出，屋面板的最前角穿过画面，其檐口线的水平投影与画面的位置线 p-p 交于点 1、2，即屋面板在Ⅰ、Ⅱ处与画面相交，该处的截交线应反映屋面板的真实厚度 T_1t_1 与高度（T_2t_2 与 T_1t_1 等高等厚）。

自 F_X 向 T_1、t_1 引直线并延长之，自 F_Y 向 T_2、t_2 引直线并延长之，这两组射线交汇，整理即得屋面板最前角的透视。

利用建筑师法对应作出屋面板后方可见轮廓的透视，整理后完成作图。

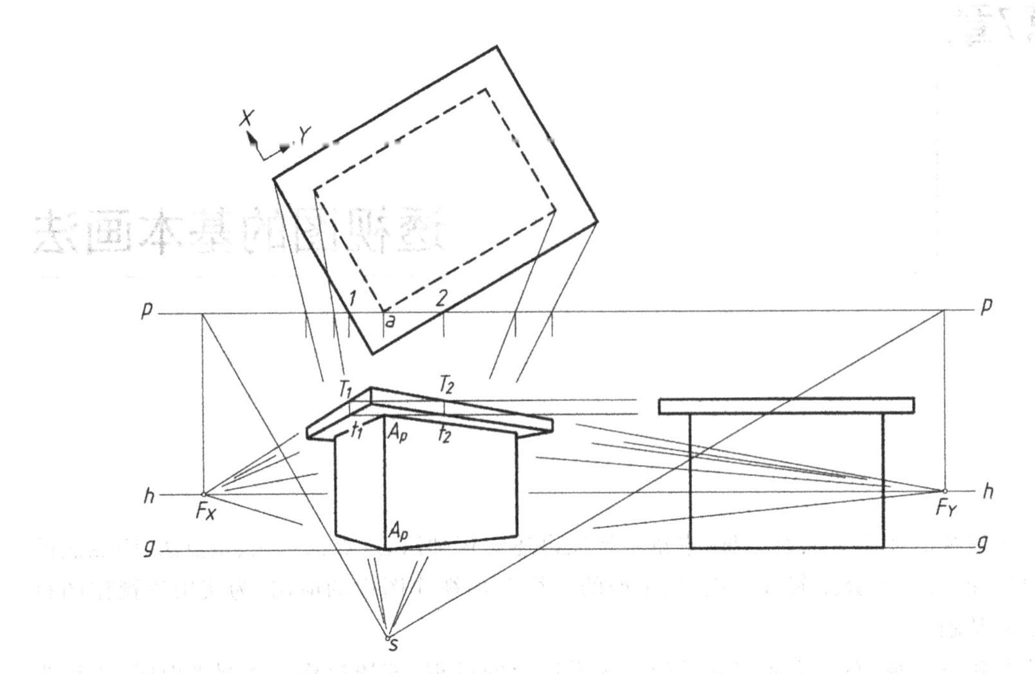

图 7-1 运用建筑师法作出檐平顶房屋的两点透视

例 7-1 已知室内一角的平面图如图 7-2 所示，又知室内净空高为 A、门高为 B。试运用建筑师法作出该室内空间的一点透视。

解 分析：首先，在图 7-2 所示的平面图中设置画面位置线 p-p，使得该平面图只有画面平行线与画面垂直线这两组主向直线，符合一点透视的形成条件。为获得亲临其境的室内透视效果，选择视角接近 60°；为突出室内左侧门与阶梯墙的表达，选择站点位于平面图的右侧，视高取室内净空高 A 的大约 2/3（接近人的身高），给人以自然、亲切的透视效果。

作图：首先，以室内透视图的透视宽度和室内净空高 A，画出属于画面的表示室内空间的矩形方框。以该矩形的底边作为基线，按既定的视高画出视平线 h-h；按投影关系作出主点 s'。

过主点 s' 分别向矩形方框的 4 个角点连线，即得侧墙与地面、顶面相交的 4 条与画面垂直的轮廓线的全长透视。

由站点 s 向平面图内部的 a、b、c、d、e、f 各顶点引视线，这些视线与画面位置线 p-p 分别交于 1、2、3、4、5、6 等点。

过 1、4、5、6 点向下作竖直线，与过 s' 且属于地面和顶面的有关画面垂直线的全长透视相交，即得室内各墙角线的透视高度。

过 2、3 点向下作竖直线，与具有真高 B 的门头侧垂线（图 7-2）相交，即得门框的透视高度。

为表达墙的厚度，在平面图中作视线 sg 与画面位置线 p-p 相交于 7；过 7 向下作竖直线与画面中自 s' 向门框左上角、左下角所引的直线相交，即得墙体的透视厚度。

作侧垂的门内上方可见墙体厚度的轮廓线，整理后，完成作图。

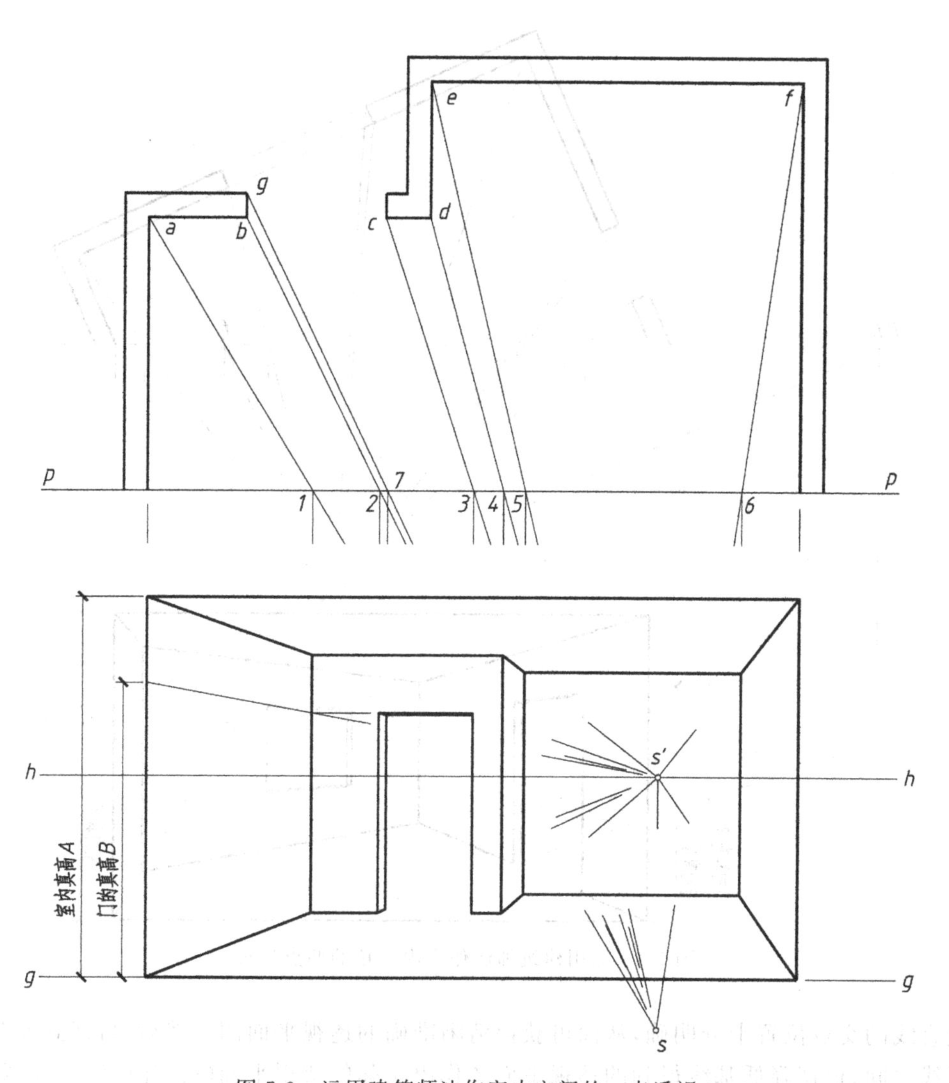

图 7-2　运用建筑师法作室内空间的一点透视

需要强调的是，在一点透视图中，画面垂直线的透视均指向主点 s'（如侧墙的上下轮廓线，表示墙体厚度的门框左上角、左下角的透视线）；基面垂直线的透视仍是铅垂线（如各墙角的透视线，门框的左、右边框轮廓线）；侧垂线的透视仍是侧垂线（如正立面墙的上、下轮廓线，门框的上方轮廓线等）。

讨论：图 7-3 为运用建筑师法作室内一角的两点透视实例。需要特别指出的是，绘制室内透视图时，基于表达室内陈设的需要（表达重点为天花板时除外），视平线可适当提高，直至窗洞的上沿（图 7-2、图 7-3 中均低于门窗的上沿），视角可略超过 60°，真高线一般应定在画面与室内侧墙面的相交处。其余作图方法不变。

图 7-4 表示了视线迹点法作建筑透视图的过程。此例中由于选定的视高较小，则基线 g-g 较为接近视平线 h-h，作出的透视平面图就会因纵向尺寸很小而“压”得很扁，相交直线的夹角因过小而使得交点难以做到清晰准确。于是将基线 g-g 降低一个适当的距离到 g_1-g_1 的位置（也可以升高基线），得到一个纵向拉伸了的透视平面图。这时，透视网格中的

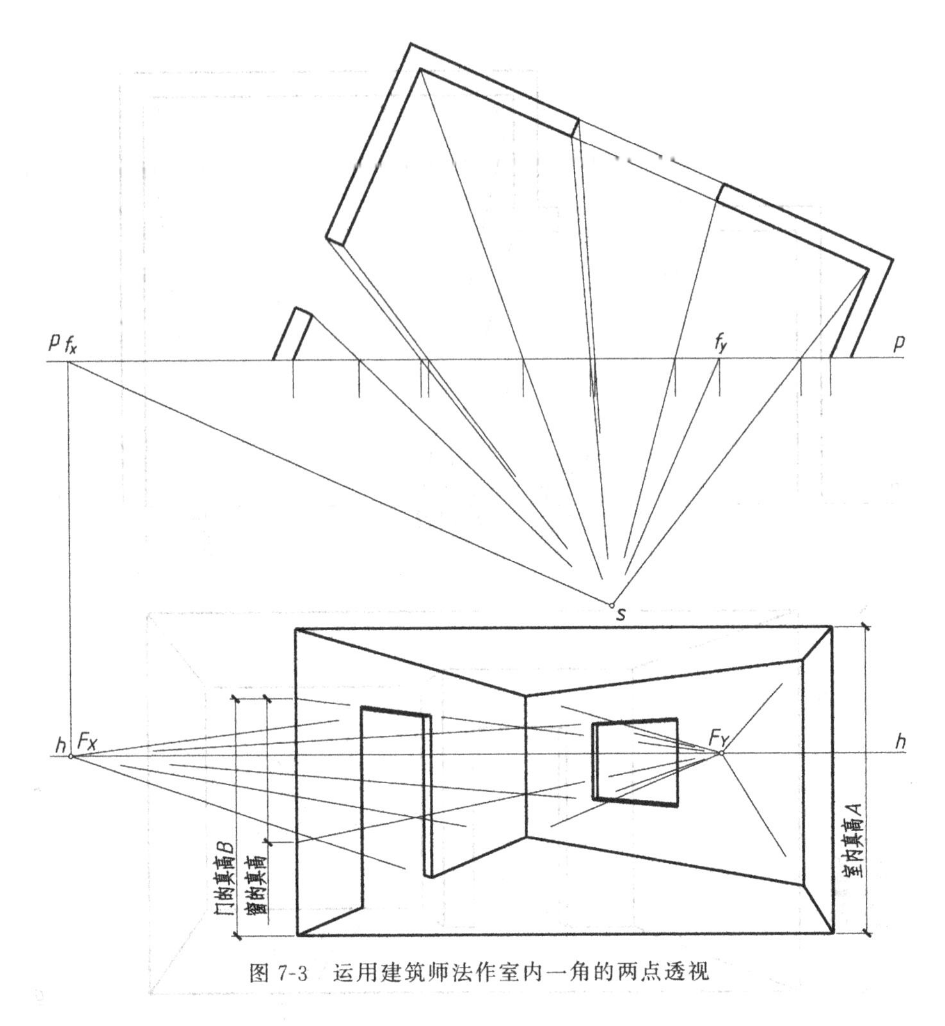

图 7-3　运用建筑师法作室内一角的两点透视

相交直线的交点位置十分明确，从而可获得清晰准确的透视平面图。然后，再回到原基线与视平线之间，根据降低基线得到的透视平面图作出实际的透视平面图。作图时应注意，按原基线或按降低(或升高)基线后所画的透视平面图，其对应的顶点总是在同一条竖直线上。

用视线迹点法作建筑透视图的具体步骤如下(图 7-4)：

(1) 先降低基面并在适当位置作 g_1-g_1 线，并如图 7-4 所示在 g_1-g_1 线上定出点 o_{p1}。过站点 s 在 p-p 线上作出平面图中相互垂直的两主向直线灭点的水平投影 f_x 和 f_y，并由此在视平线 h-h 上得到 F_X 和 F_Y。

(2) 由站点 s 连接房屋平面图上外墙轮廓转折点 a、b，得 p-p 线上的 1、2 点，并由此往下引竖线交 $o_{p1}F_X$ 于点 a_{p1}，交 $o_{p1}F_Y$ 于点 b_{p1}。然后由 a_{p1} 点引线至 F_Y，由 b_{p1} 点引线至 F_X，完成外墙轮廓线的透视平面图。

至于屋脊的透视平面图 $c_{p1}d_{p1}$，则是利用延长 cd 至 p-p 线上的 k 点，从而作出 g_1-g_1 线上的 k_{p1} 点并引线至灭点 F_Y 后确定的。

(3) 完成透视平面图后，作房屋的透视。为此在基线 g-g 线上定出点 o_p(点 o 位于画面上，其透视 o_p 就是它本身)，分别引线至灭点 F_X 和 F_Y，得 ao、bo 所在直线的基透视。由透视平面图中的 a_{p1} 和 b_{p1} 点向上引竖线，在 o_pF_X 和 o_pF_Y 线上分别交出点 a_p 和 b_p。

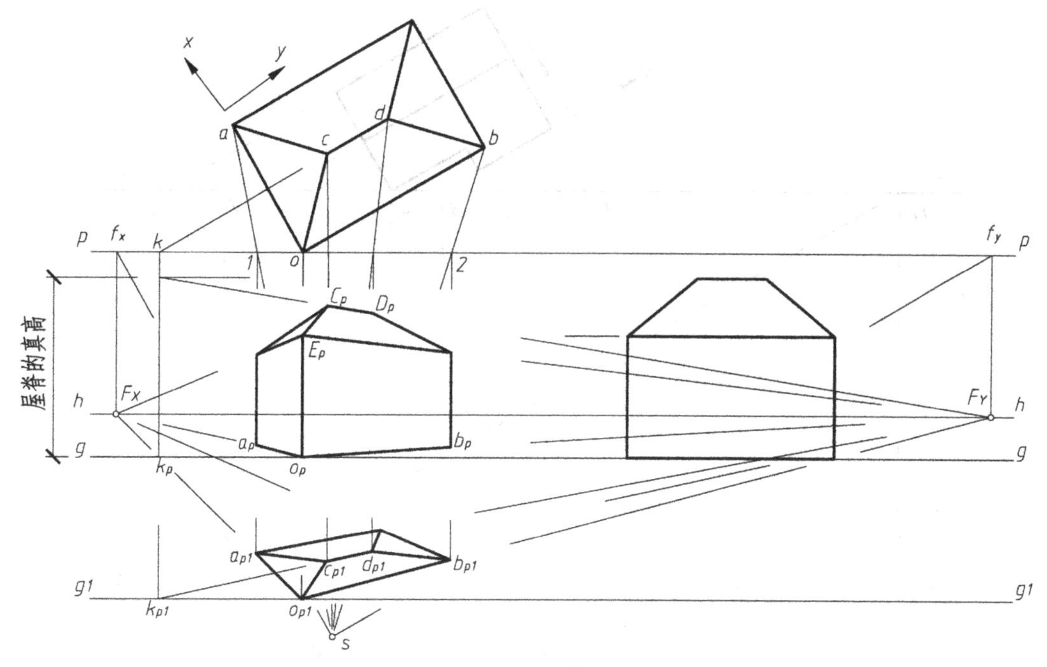

图 7-4 建筑师法作建筑物的两点透视实例

ts7-4

(4) 建筑物在墙角 o 处的棱线位于画面上为真高，在其上直接量取建筑的真高 o_pE_p。过真高线上的点 E_p 分别向 F_X、F_Y 引直线，用类似于作透视平面图的方法，作出两个可见立面的透视。

(5)由 g-g 线上的 k_p 点向上截量屋脊的高度，经所得点引线至灭点 F_Y，在此线上即可定出屋脊的透视 C_pD_p。最后连接各斜脊以完成整个房屋的透视图。

7.2 迹点灭点法

迹点灭点法是借助于两组主向直线的全长透视直接相交，从而确定出平面图上各点的透视位置来实现透视作图的一种方法。这种利用直线的画面迹点、灭点来作形体透视的方法又称为全线相交法。

一般来说，画透视图时首先要作出的是建筑物平面图的透视，即透视平面图，然后再在其上定出各部分的高度。

假如原来既定的视高太小，则基线 g-g 过分地接近视平线 h-h，这样画出的透视网格被“压”得很扁。这时，由于双向透视线的夹角过小，使得交点的位置难以准确确定。为此，可将基线 g-g 降低(或升高)到一个适当的位置如 g_1-g_1(等同于降低或升高了基面)，这样画出的透视网格中的两组直线的交点位置十分明确，从而保证了透视平面图的准确性(图 7-5(a))。

在画出了降低基线的透视平面图后，还需再回到原基线 g-g 与视平线 h-h 间，对应画出建筑物底面的可见轮廓，然后利用真高线在原基线与视平线间向上作图(图 7-5(b))。

需要特别强调的是，不论是按原基线、降低的基线或升高的基线所画出的各个透视平面图，其相应顶点总是位于同一条竖直线上。

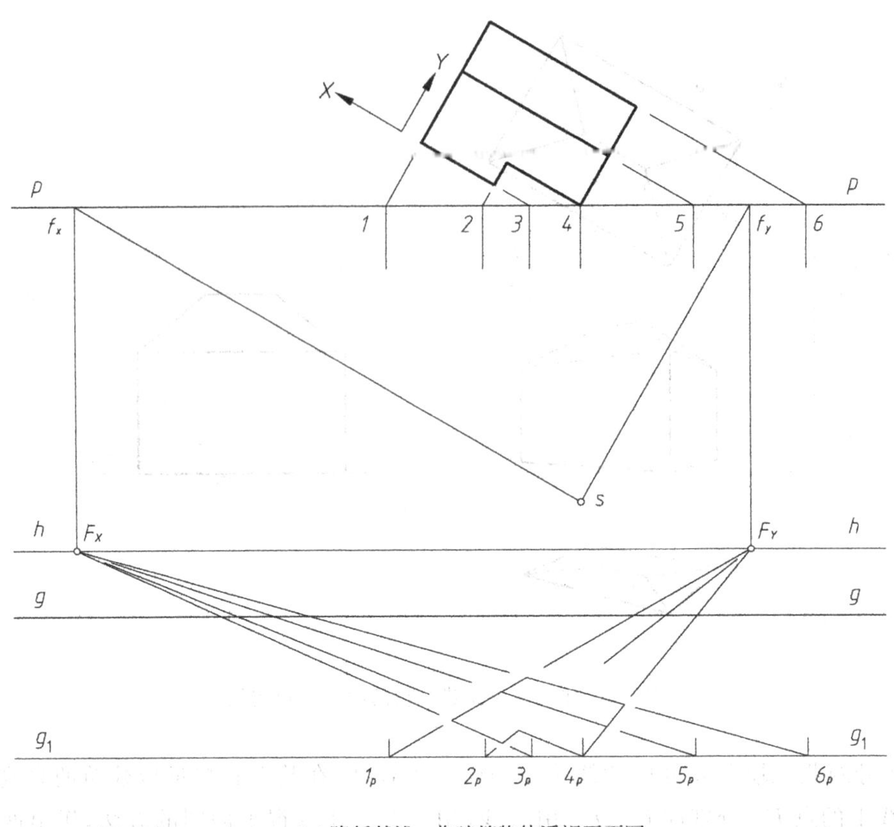

(a) 降低基线，作建筑物的透视平面图

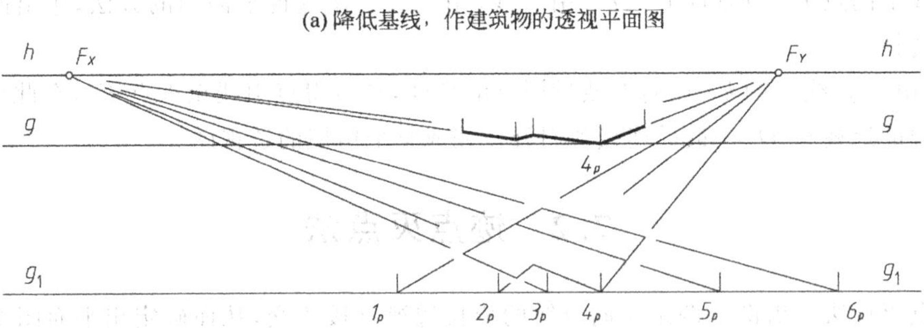

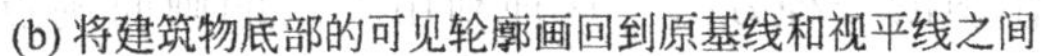

(b) 将建筑物底部的可见轮廓画回到原基线和视平线之间

ts7-5

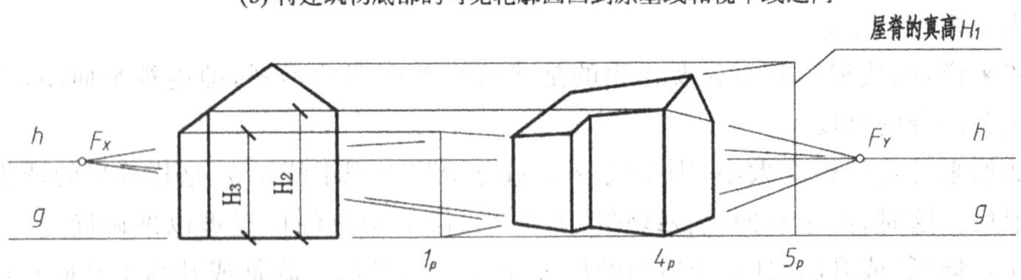

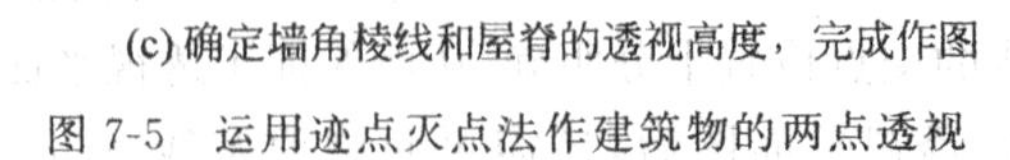

(c) 确定墙角棱线和屋脊的透视高度，完成作图

图 7-5 运用迹点灭点法作建筑物的两点透视

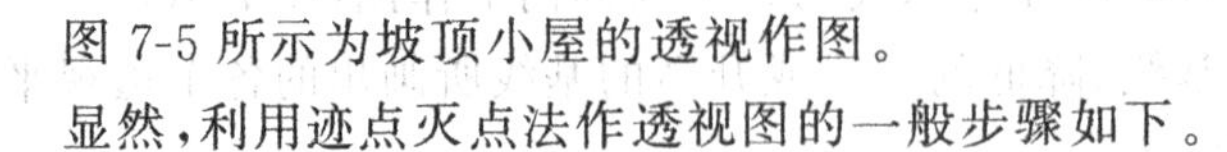

图 7-5 所示为坡顶小屋的透视作图。

显然，利用迹点灭点法作透视图的一般步骤如下。

(1) 将平面图上两组主要方向的所有直线都延长到与画面相交,并求出全部迹点。图 7-5(a)中 1、2、4 为 Y 向直线的画面迹点; 3、4、5、6 是 X 向直线的画面迹点。

(2) 求出平面图中两主向直线的灭点 F_X 和 F_Y。

(3) 必要时降低(或升高)基线作透视平面图。

(4) 将降低(或升高)的基线 g_1-g_1 上的所有迹点与相应的灭点连接,即得到两组主向直线的全线透视。这两组全线透视彼此相交,形成一个透视网格。

(5) 平面图上各顶点的透视,就由这个透视网格中相应的两直线的全线透视相交来确定,从而画出整个平面图的透视,即透视平面图。

(6) 将降低(或升高)基线后画出的透视平面图中属于建筑物底部可见轮廓的透视线压缩画回原基线与视平线之间(图 7-5(b))。

(7) 确定建筑物各处的真高线,在原基线和视平线间向上作图,完成全图(图 7-5(c))。

例 7-2 已知一门洞的平面图、剖面图、画面与站点如图 7-6 所示,试运用迹点灭点法作该门洞的两点透视。

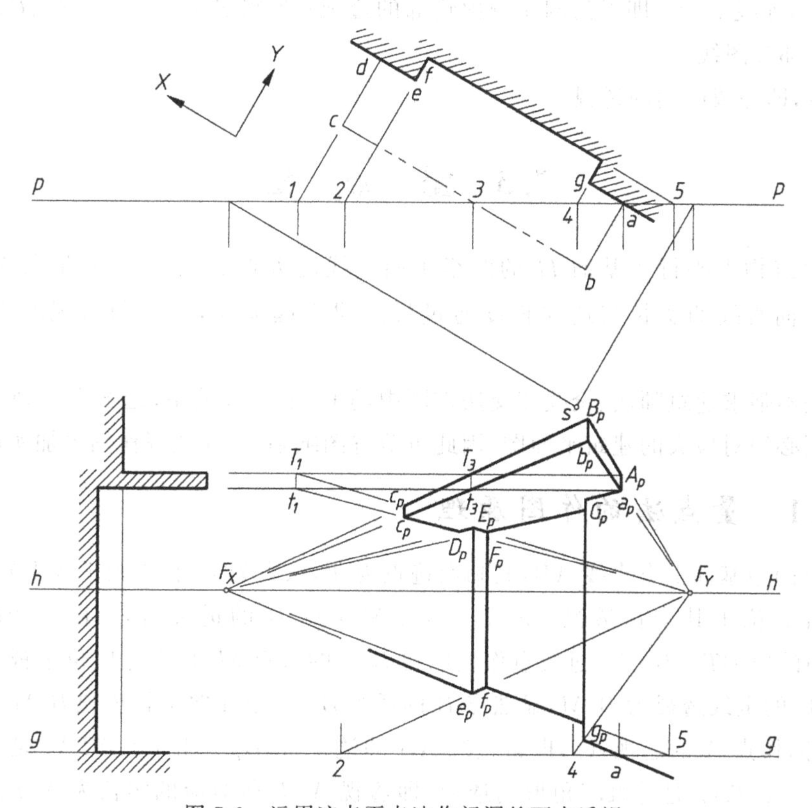

图 7-6 运用迹点灭点法作门洞的两点透视

解 分析:由已知的门洞、画面与视点的相对位置可知,该门洞立面与画面的夹角为 30°,故建筑立面为表达重点。平面图中只有两组与画面倾斜且相互垂直的轮廓线,符合两点透视的形成条件。站点 s 距画面位置线 p-p 较近,视角约为 50°,视高低于雨篷,故可获得身临其境、即将步入室内的透视效果。

作图:首先,将平面图中 X 向、Y 向的所有直线都延长与画面位置线 p-p 相交,交点 a、

1、2、3、4、5 为画面迹点；其中 a 为画面上的点，其透视就是它本身；1、2、4 是 Y 向直线的迹点；a、3、5 是 X 向直线的迹点。

在画面中的视平线上作出两主向直线的灭点 F_X、F_Y。

作雨篷的透视：由平面图可知，雨篷在 a、3 处与画面相交，该处的截交线 A_Pa_p、T_3t_3 反映雨篷的真实厚度和真实高度（A_Pa_p 与 T_3t_3 等高等厚）。连线 A_PF_Y、a_pF_Y 并延长之，连线 T_3F_X、t_3F_X 并延长之，两组射线相交于 B_P、b_p，连线 B_Pb_p，即为雨篷最前角的透视。同理，雨篷 C 角 Y 向延伸后与画面相交的交线 T_1t_1 亦反映雨篷的真高真厚，连线 T_1F_Y、t_1F_Y 与 B_PF_X、b_pF_X 相交，交点间的竖直连线 C_Pc_p 即为雨篷左前角的透视。

连线 a_pF_X 与 c_pF_Y 相交于 D_P，则 D_Pa_p 即为雨篷底面与外墙面的交线。

作门洞的透视：在画面中连线 F_Xa，并延长之，即得外墙面与地面的交线的透视；连线 $4F_Y$、$2F_Y$，与 aF_X 相交，过交点 e_p、g_p 向上作竖直线与 D_Pa_p 相交于 E_P、G_P，则 E_Pe_p、G_Pg_p 即为属于外墙面的门洞左、右竖向轮廓线的透视；过 E_P、e_p 向 F_Y 引直线，与 $5F_X$ 相交于 F_P、f_p，连线 F_Pf_p 即得门洞左侧内轮廓的透视；加粗过 F_P、f_p 向 F_Y、F_X 所引直线的门内可见部分图线。

整理后，即完成门洞的透视。

7.3 量 点 法

利用建筑物上平行于基面 H 的两组主向直线的灭点 F_X、F_Y 及其量点 M_X、M_Y，并将这两组主向直线的实长与透视长度通过量点建立起关联，来绘制透视的方法称为量点法。

量点法不强求建筑师法、全线相交法作图中的上、下对应关系，也不强求画大比例的透视（平面）图必须对应大的建筑平面图，因此可节省图纸幅面，使透视作图更加实用。

7.3.1 量点法的作图原理

图 7-7(a)中基面上有直线 AB，其画面迹点为 T，灭点为 F（位于视平线上）。于是直线 AB 的透视必位于其全长透视 TF 上。为了确定点 B 的透视，作辅助线 BB_1，使等腰 $\triangle BTB_1$ 中的边 $BT=B_1T$。过视点作辅助线 BB_1 的灭点 M（该点也应位于视平线上），则辅助线 BB_1 的全线透视为 B_1M，显然点 B 的透视 B_P 一定在两全长透视 B_1M 与 TF 的交点上。同理，作点 A 的透视 A_P，即得直线 AB 的透视 A_PB_P。由于$\triangle ATA_1$ 是一个等腰三角形，所以$\triangle A_1TA_P$ 是等腰三角形的透视，即透视 A_PT 所对应的实长为 A_1T。这就在直线的透视长度与实长之间建立了一种联系，由于辅助线的灭点 M 是用来在全长透视 TF 上量取该方向上的线段的透视长度的，所以称点 M 为量点。这种利用量点直接根据平面图中的已知尺寸作透视图的方法就叫作量点法。显然，量点 M 是辅助线 BB_1、AA_1 等的共同灭点。

量点法适用于作建筑形体的两点透视图。

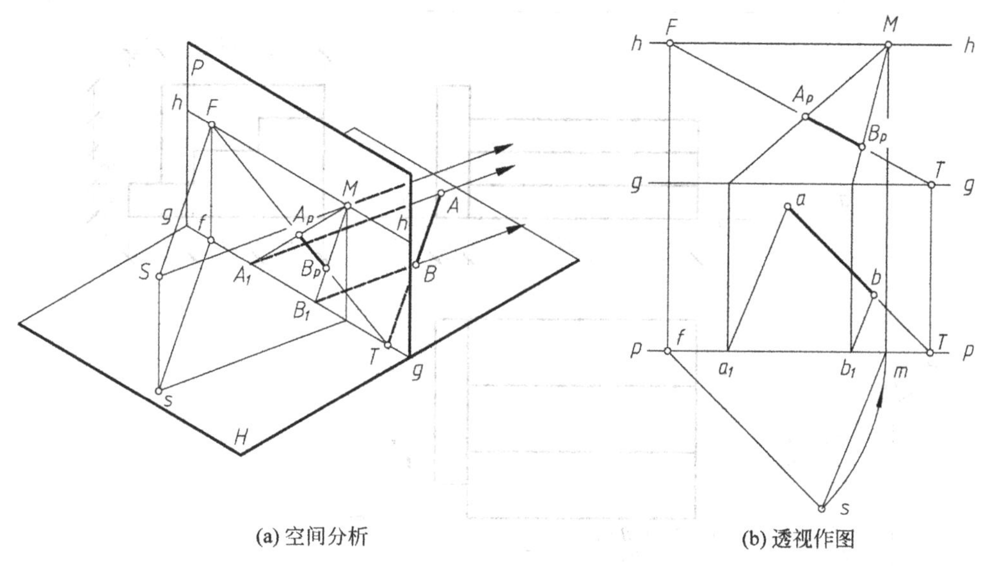

(a) 空间分析　　(b) 透视作图

图 7-7　量点法的作图原理

ts7-7

7.3.2　量点法作透视平面图

图 7-8 所示为运用量点法作台阶的两点透视。

作图时，先确定画面 p-p、视平线 h-h 和站点 s（图 7-8(a)）。本例中台阶的正立面是透视表达的重点，因此过台阶平面图中的左前角 a 设置铅垂的画面，使其与台阶的正立面成 30°左右的夹角。然后确定站点 s，使其位于画面近似宽度 K 的中间 1/3 部分的正前方，且距画面大约 1.5K（表 6-4）。

在平面图中作台阶平面图中相互垂直的两主向直线的灭点的基面投影 f_x、f_y。再根据量点法中等腰三角形原理，以 f_x 为圆心、f_xs 为半径画弧，交画面位置线 p-p 于一点，该点即为量点 M_X 的基面投影 m_x。同法，以 f_y 为圆心、f_ys 为半径画弧，交画面位置线 p-p 得量点 M_Y 的基面投影 m_y（图 7-8(a)）。

在画面中根据既定的视高画出视平线 h-h 和基线 g-g，并将图 7-8(a) 中的 f_x、f_y 和 m_x、m_y 对应移植到属于画面的视平线 h-h 上（图 7-8(b)），得灭点 F_X、F_Y 和量点 M_X、M_Y。过台阶转角处的点 a_p（该点为画面上点 a 的透视，a_p 到 F_X 的横向距离等于图 7-8(a) 中的 af_x）分别向 F_X 和 F_Y 引直线，即为过点 a 的主向 X、Y 直线的全长透视。

在基线 g-g 上的点 a_p 之左依次量取台阶的 X 向尺寸为 5、4、9、9，得相应的刻度点，过这些点分别向 M_X 引直线交全线透视 a_pF_X，即得 4 个相应的透视点。同理，根据平面图中 Y 向各点的实际距离，在基线上的 a_p 点之右依次度量为 32、5，过这些度量点分别向 M_Y 作直线交全线透视 a_pF_Y，即得台阶上 Y 向刻度的相应透视点。

过上述透视点分别向相应的灭点 F_X 或 F_Y 引直线，得一透视网格，从而可以画出台阶的透视平面图（图 7-8(b)）。

最后，确定台阶各转角棱线的透视高度。台阶在转角 a_p 处的棱线位于画面上为真高，在其上依次量取各级台阶和右挡边的真实高度 5、5、5、5，过这些点分别向灭点 F_X 引直线，

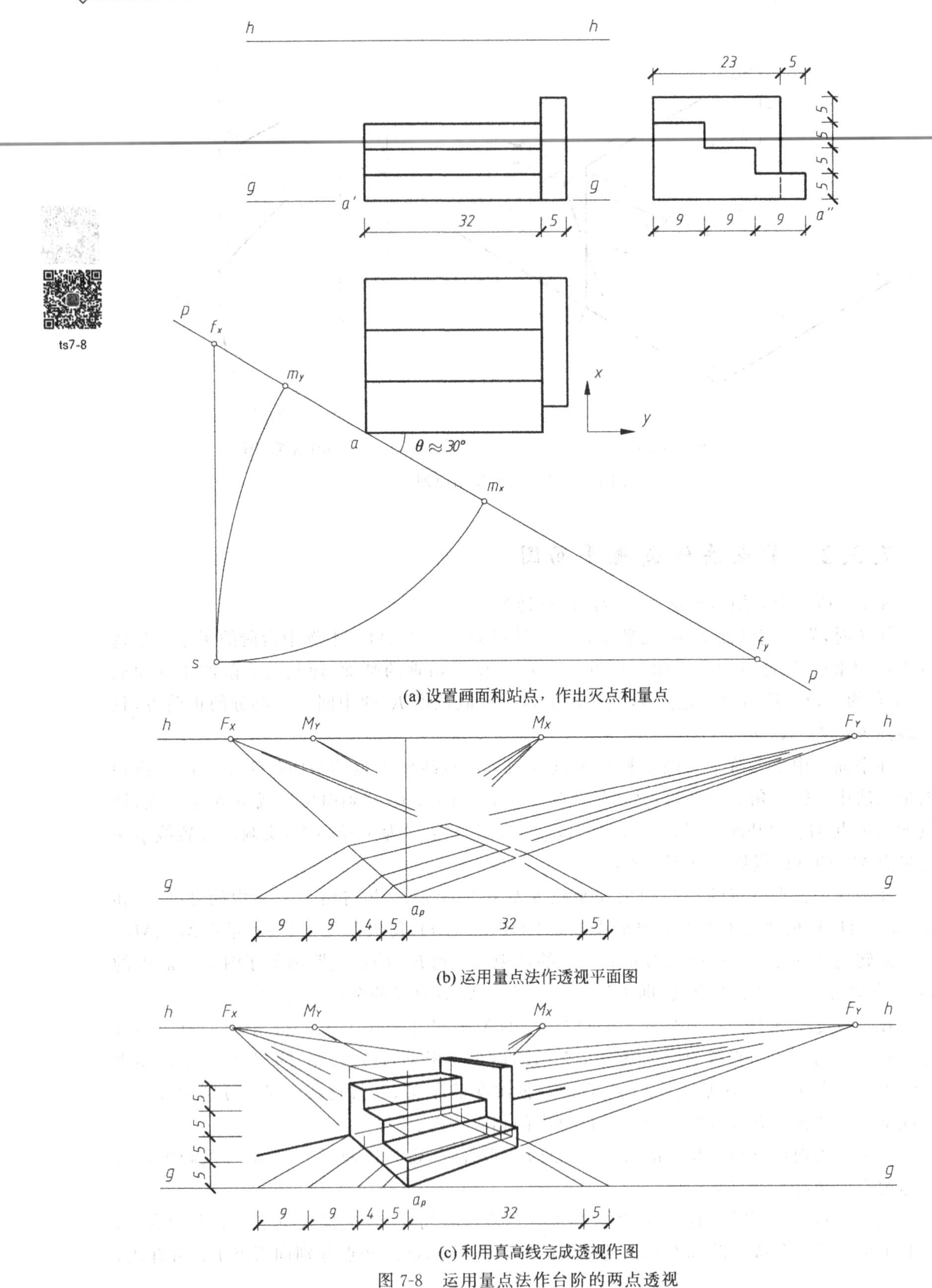

(a) 设置画面和站点，作出灭点和量点

(b) 运用量点法作透视平面图

(c) 利用真高线完成透视作图

图 7-8　运用量点法作台阶的两点透视

再由下面的透视平面图各顶点向上作竖直线，定出台阶左端面各顶点的透视位置，最后自台阶左端面的各顶点向 F_Y 作图线，从而完成整个台阶的透视作图(图 7-8(c))。

例 7-3 已知纪念碑的三面投影如图 7-9(a)所示，试确定画面与视点，利用量点法作该形体放大一倍后的两点透视。

解 分析：首先确定画面，再定视点。如图 7-9(b)所示，过平面图的右前转角 0 处作画面位置线 p-p，使其与纪念碑的主立面成 30°，以保证重点表达纪念碑的主立面；过纪念碑的两边缘作画面垂直线与 p-p 相交，得透视图的近似宽度 K；在近似画宽内，令主点的水平投影重影于 0(也可略偏左一点)，过 0 作画面位置线 p-p 的垂线，并取其长度等于透视宽度 K 的 1.5～2.0 倍(本例取 1.5 倍)，即得站点 s(图 7-9(a))。

为获得自然、亲切的透视效果，视平线 h-h 不宜过高，按如图 7-9(a)所示设立即可。

需要特别注意的是，放大一倍画透视图时，所有的参数，如视高、视距、建筑物各部分的尺寸都应放大一倍作图。同理，如果要求放大 n 倍作图，则所有的参数均应放大 n 倍。在运用量点法具体作图时，原题中的平面图、立面图均不需放大，待透视作图时，再放大形体的长宽高尺寸、视高、视距等有关参数，直接作图即可。

作图：在画面上将原视高放大一倍画出基线 g-g 和视平线 h-h；由于原视高较小，不易作出准确的透视平面图，故降低基线 g-g 到 g_1-g_1 位置(图 7-9(c))。

将图 7-9(a)中画面位置线 p-p 上的 5 个点 f_x、f_y、m_x、m_y、0 的点间距离放大一倍后，对应转移画到视平线 h-h 上得两主向灭点 F_X、F_Y，量点 M_X、M_Y，并将 0 点竖向移植到基线 g_1-g_1 上得 0_1。

连线 0_1F_X、0_1F_Y 即得过 0_1 点的 X、Y 向直线的全长透视。

自 0_1 起向左在 g_1-g_1 线上连续量取 $2a$、$2b$、$2a$ 得点 1、2、3，即为纪念碑 X 向尺寸放大一倍后的分点；自 0_1 起向右在 g_1-g_1 线上连续量取 $2c$、$2d$、$2c$ 得点 4、5、6，即为纪念碑 Y 向尺寸放大一倍后的分点；连线 $1M_x$、$2M_x$、$3M_x$ 与 0_1F_X 相交于 1_p、2_p、3_p，连线 $4M_Y$、$5M_Y$、$6M_Y$ 与 0_1F_Y 相交于 4_p、5_p、6_p，则 0_13_P、0_16_P 即为纪念碑基座 X、Y 向轮廓的基透视；连线 1_pF_Y、2_pF_Y、3_pF_Y、4_pF_X、5_pF_X、6_pF_X 得一透视网格；整理并加粗有关图线，画出斜面交线的基透视，即得降低基线后纪念碑的透视平面图。

有了透视平面图，作透视时就不再利用量点了。

将纪念碑基座的右前角点自基线 g_1-g_1 上的 0_1 处移回至原基线 g-g 上得 0；连线 $0F_X$、$0F_Y$ 得纪念碑基座过 0 点的 X、Y 向直线的全长透视。过 0 点立集中真高线，并自 0 点起向上依次量取 $2m$、$2n$、$2s$、$2t$，得纪念碑各处真高的刻度点。

根据集中真高线和降低基线后的透视平面图，按投影关系，即可完成纪念碑的透视全图。

图中纪念碑顶部斜面的透视轮廓线的高度作图采用了转移法，即先在集中真高线上获取真高 $2s$ 和 $2t$，连线 $2sF_Y$、$2tF_Y$，将这两个真高转移到了扩大后的基座右侧面上；过降低基线所作的透视平面图中的 4_p、5_p 向上作投影连线，与 $2sF_Y$、$2tF_Y$ 相交，过交点向 F_x 作直线，即得碑体顶部斜面轮廓的透视所在直线。其余部分作图方法不变(图 7-9(c))。

碑体顶部斜面的透视轮廓线的高度作图也可用全线相交法，在画面迹点处获得真高来完成作图(图 7-10)。

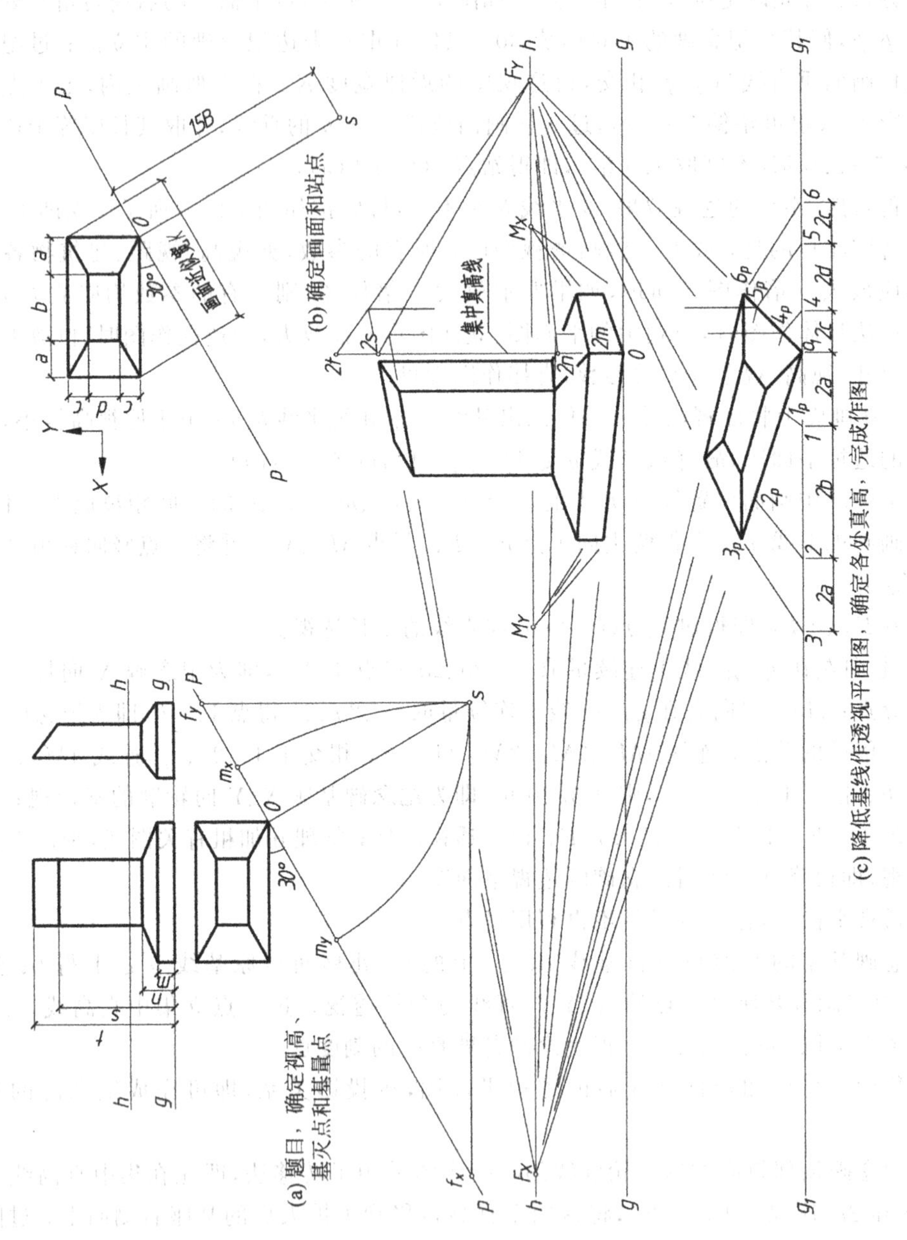

(a) 题目，确定视高、基灭点和基量点

(b) 确定画面和站点

(c) 降低基线作透视平面图，确定各处真高，完成作图

图 7-9　运用量点法作纪念碑的两点透视

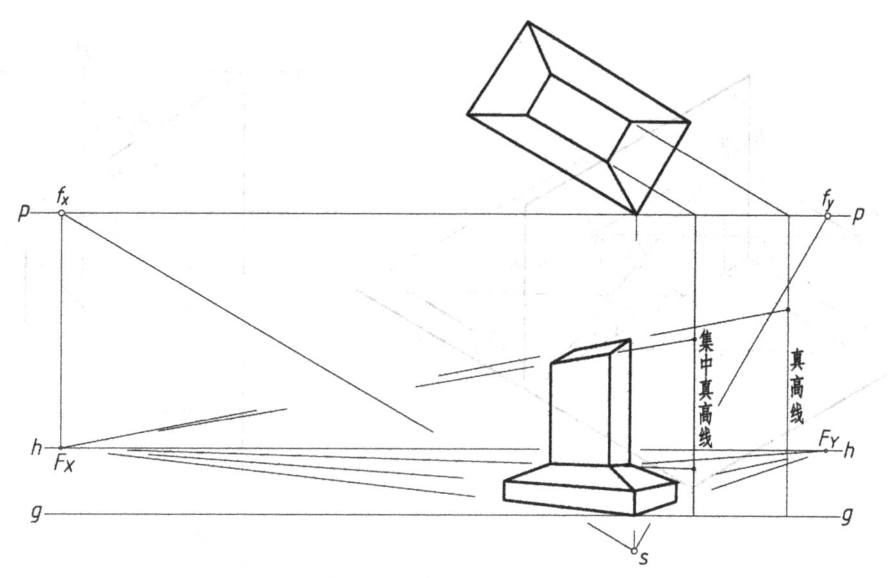

图 7-10 运用迹点灭点法作纪念碑顶部斜面轮廓的透视

7.4 距 点 法

距点法是量点法的特例。

按透视作图的惯例，本课程约定与画面相交的 45°水平线的灭点为距点，用字母 D 表示。

利用主点 s' 及距点 D，并将画面垂直线的实长与透视长度通过距点 D 建立起关联，来绘制透视图的方法称为距点法。

7.4.1 距点法的作图原理

由量点法可知，当基面上的直线 AB 垂直于画面时(图 7-11)，辅助线变成了 45°，这时，该方向线的灭点称为距点 D。显然，距点是量点的特例。由于 45°辅助线可作在画面垂直线的左侧或右侧，因此，距点要对应地取在主点的右侧或左侧。即当 45°辅助线作在画面垂直线的左侧时，距点 D 应位于主点 s' 的右侧；否则相反。这种利用距点 D，根据画面垂直线上的点对画面的距离，求作该点透视的方法就叫作距点法。

距点法适用于作建筑形体的一点透视图。

7.4.2 距点法作透视平面图

图 7-12 所示为距点法在某校门的一点透视作图中的应用实例。由上可知，在一点透视中与画面垂直的主向直线的灭点为主点 s'。

为便于作图，首先确定画面通过校门顶部的前立面；站点在校门的正前方略偏左一点的位置，以得到生动的透视形象(图中未标出站点 s，其位置由主点 s'体现)。为获得校门的常规透视效果，按正常视高画出视平线 h-h。令视点到画面的距离 Ss' 等于透视宽度，以获得临近校门的透视效果(视点 S 到画面的距离 Ss'等于距点 D 到主点 s'的距离，图 7-12(b))。

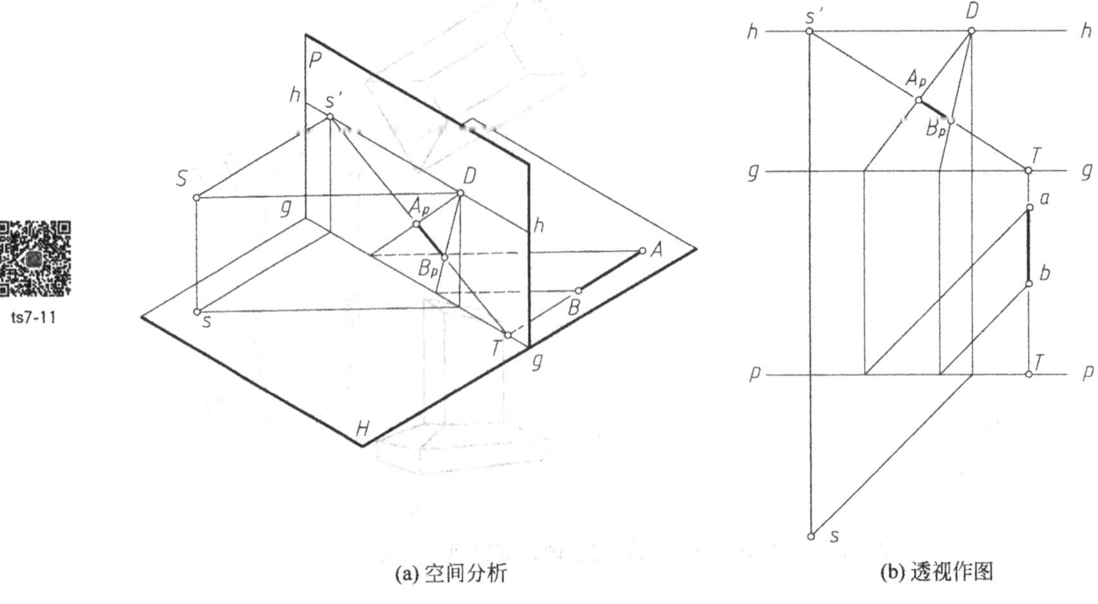

ts7-11

(a) 空间分析 (b) 透视作图

图 7-11 距点法的作图原理

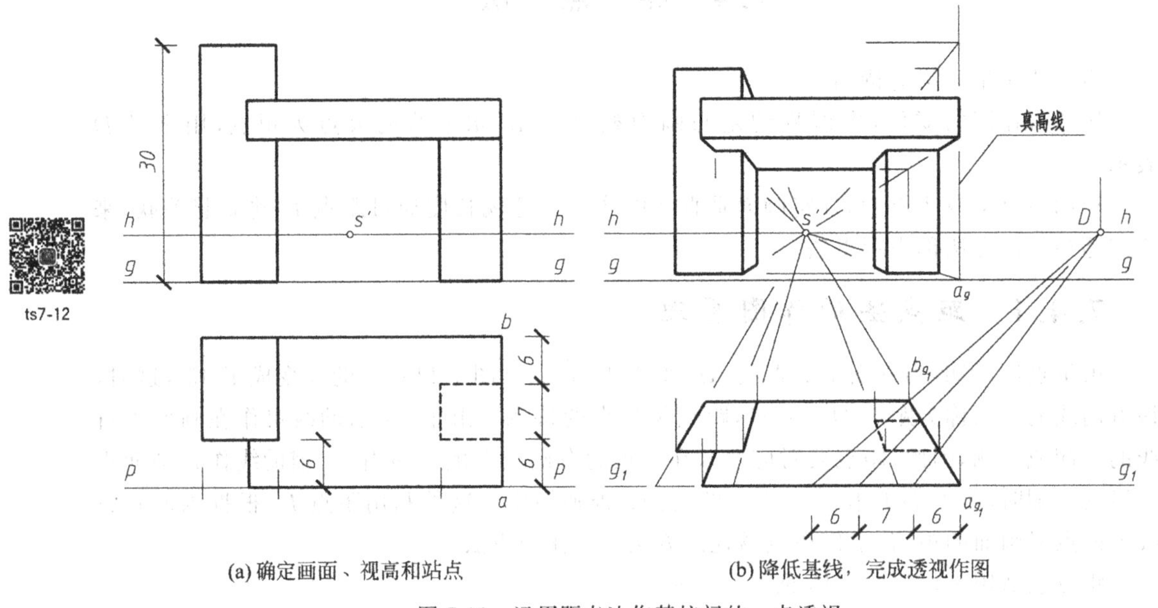

ts7-12

(a) 确定画面、视高和站点 (b) 降低基线，完成透视作图

图 7-12 运用距点法作某校门的一点透视

此例中由于选定的视高较小，使基线 g-g 较为接近视平线 h-h，作出的透视平面图就会因纵向尺寸很小而“压”得很扁，相交直线的夹角也会因过小而使得交点难以作得清晰准确。于是，将基线 g-g 降低一个适当的距离到 g_1-g_1 的位置（也可以升高基线），得到一个纵向拉伸了的透视平面图（图 7-12(b)）。这时，透视网格中的相交直线的交点位置十分明确，从而可获得清晰准确的透视平面图。然后，再回到原基线与视平线之间，根据降低基线得到的透视平面图作出实际的透视平面图。作图时应注意，按原基线、降低（或升高）基线后所画的透

视平面图，其对应的顶点总是在同一条竖直线上。

此外，作图时还应注意，所有的画面垂直线在透视图上都指向主点。距点 D 到主点的距离等于站点到画面的距离(本例中取 Ds' 等于校门立面的宽度)。当画面垂直线的距离量在其的左侧时，则距点应量在主点的右侧。至于透视深度的获取，图中选用了一条画面垂直线 ab 作为量度的基准线，显然该建筑物各部分对画面的距离都可以对应在这条线上。由于所取的距点 D 在主点 s' 的右侧，点 a 又在画面上，故画面上各部分的深度尺寸应依次量在降低基线 g_1-g_1 上点 a_{g_1} 的左侧(图 7-12(b))。其余作图过程与上述各例相仿，此处从略。

例 7-4 已知建筑形体的投影如图 7-13(a)所示，图中 1、2 两处为架空连廊。试合理地选择画面与视点，运用距点法放大一倍作其一点透视。

解 分析：图 7-13(a)所示建筑由左栋、右栋房屋及连接它们的空中走廊 1、2 组成。首先确定画面，再定视点。为作图方便起见，在平面图中作画面位置线 p-p 重合于左栋房屋的前立面；为获得自然、亲切的透视效果，取视高低于连廊 2(等同于常人的身高)；取视距等于透视画面的近似宽度(即建筑物的立面宽度)，以获得临近建筑的视觉效果。

确定站点(图 7-13(a))。当站点定于左栋建筑的左前方时，因左栋建筑高于右栋建筑，而造成视线的阻隔，影响连廊和右边建筑的表达，故该类站点不可取。当站点位于左栋前立面的正前方时，左栋建筑的透视仅为一个反映实形的前立面，毫无纵深感可言，是一个不可取方案；同理，站点也不可位于右栋前立面的正前方。当站点位于左、右两栋建筑之间时，建筑物上的画面垂直线向透视图的中部收缩，从而产生强烈的透视感。这种置主点于透视图中部的站点选择方案，能引导人的视线，适宜于表现笔直深邃的街巷场景。

当站点太偏过建筑物右侧时，过站点所作的视线不能直接穿过两栋建筑的中间部分到达左栋建筑的后面轮廓，反映在透视图中是左、右两栋建筑的透视重叠，两建筑后面的连接关系表达不出来，造成了事实上的悬念和不清晰，也是一个不可取的方案。

当站点为 s 时，过 s 所作的视线可无障碍地穿过两栋建筑之间，反映在透视图上两栋建筑均可清晰地表达完整它们的三维形象，各栋建筑的透视也反映原平面图中的长、宽比，是一个较好的选择方案。综上所述，本例选定站点为 s。

考虑到放大一倍的作图要求，本例中均应将所有的参数，如视高、视距、建筑物各部分的尺寸放大一倍再来作图。

作图：在画面上将原定视高放大一倍画出基线 g-g 和视平线 h-h(图 7-13(b))；由于追求真实的透视效果，使得视高较小，不易作出准确的透视平面图，故降低原基线 g-g 到新的位置 g_1-g_1。

在平面图(图 7-13(a))中，将所有的画面垂直线均延长至与画面位置线 p-p 相交，交点 0、1、2、3 即为迹点的基面投影。过站点 s 作画面位置线 p-p 的垂线，垂足为 s_x，则 ss_x 即为主视线 Ss' 的基面投影。

将图 7-13(a)中画面位置线 p-p 上的 5 个点 3、2、1、0、s_x 的点间距离放大一倍后，对应画到基线 g_1-g_1 上得点 3_1、2_1、1_1、0_1，并将点 s_x 竖向移植到视平线 h-h 上得主点 s'。

连线 $3_1s'$、$2_1s'$、$1_1s'$、$0_1s'$，即得画面垂直线的全长透视。

ts7-13

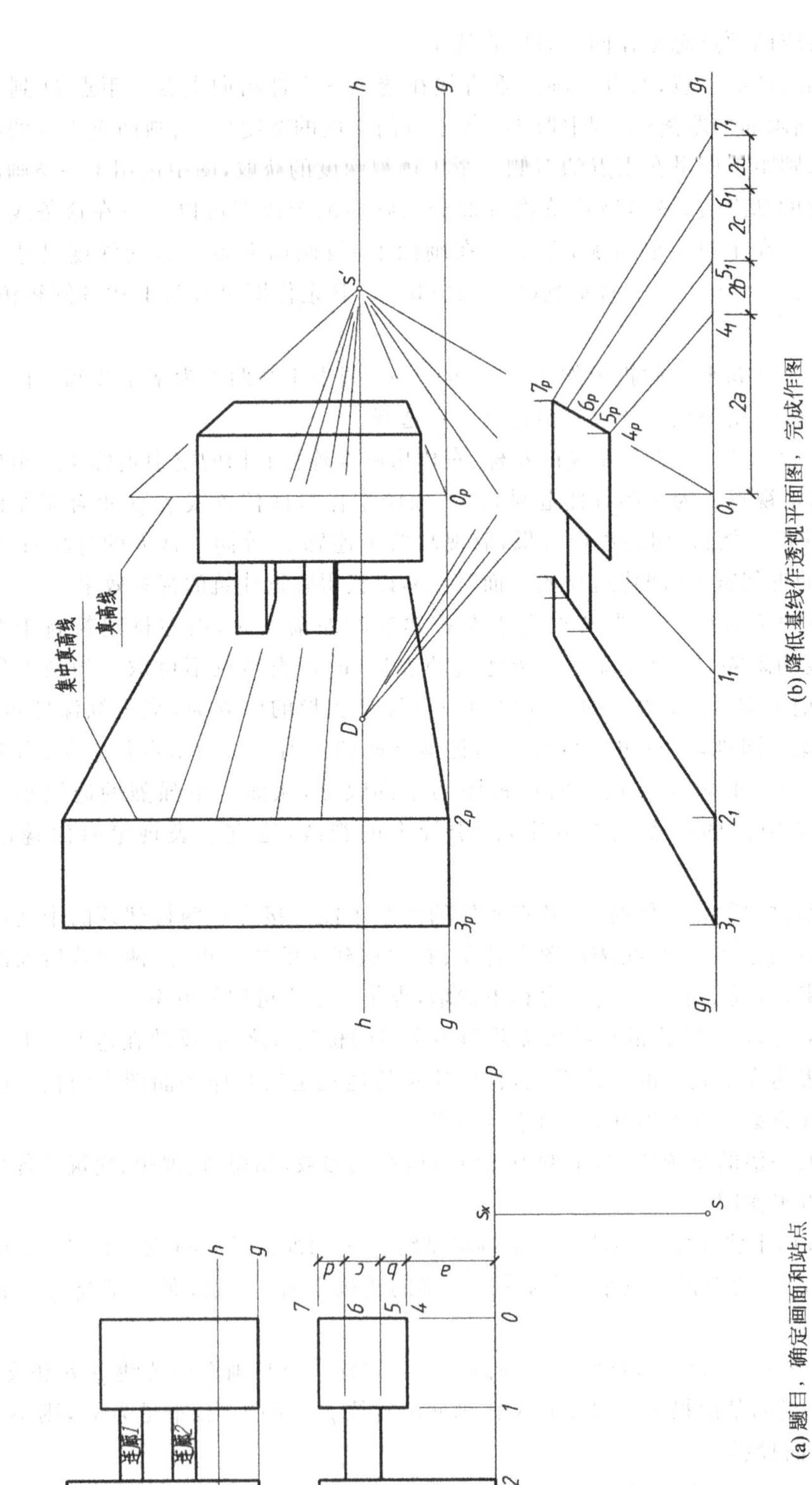

(a) 题目，确定画面和站点

(b) 降低基线作透视平面图，完成作图

图 7-13　运用距点法作建筑形体的一点透视

在视平线 h-h 上自主点 s' 起向左量取两倍的视距 ss_x 得距点 D；在基线 g_1-g_1 上自 0_1 起向右连续量取 $2a$、$2b$、$2c$、$2d$ 得点 4_1、5_1、6_1、7_1，即为建筑物 Y 向尺寸放大一倍后的分点；连线 4_1D、5_1D、6_1D、7_1D 与 $0_1s'$ 相交于 4_p、5_p、6_p、7_p，过上述4点作基线的平行线与画面垂直线的全线透视 $3_1s'$、$2_1s'$、$1_1s'$ 相交，将交线的有效部分加粗，整理后即得降低基线后建筑物的透视平面图(图7-13(b))。

有了透视平面图，作透视图时就不再用距点了。

在画面上将基线 g_1-g_1 上的点 3_1、2_1、0_1 按投影关系对应作回到原基线 g-g 上，得点 3_p、2_p、0_p。过点 3_p、2_p、0_p 作真高线，过 2_p、0_p 向 s' 引全长透视线，并据此和降低基线后的透视平面图，按投影关系完成建筑物的透视全图。

图中的全部真高尺寸均较原题放大了一倍，且连廊的透视高度作图源于过 2_p 的集中真高线。其余部分的作图方法不变。

7.5 斜线的灭点和平面的灭线

斜线的灭点和平面的灭线是深入学习透视作图的两个重要概念，巧用和善用这两个概念作图，对于提高作图效率和作图准确度都有很大的帮助。

7.5.1 斜线灭点的概念与应用

与画面、基面均倾斜的直线为一般位置的直线，在透视图中称为斜线。

由上可知，水平线的灭点属于视平线 h-h；但斜线的灭点不属于视平线。

图7-14所示的是一幢双坡顶房屋，设视平线 h-h 及两个主向灭点 F_X、F_Y 已知。显然，过视点 S 引平行于山墙斜线 AB 的视线 SF_1、引平行于斜线 CD 的视线 SF_2，它们与画面的交点 F_1、F_2 就分别是 AB、CD 方向线的灭点。

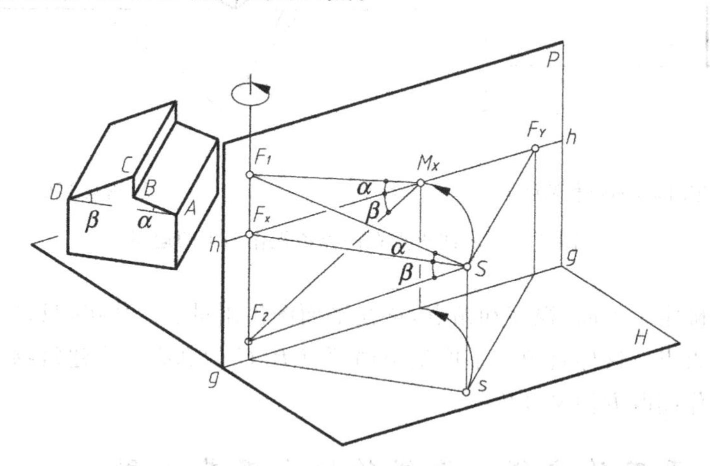

图7-14 斜线灭点的概念和求法

图7-14中的直线 AB，近观察者的端点 A 低于离观察者较远的端点 B，这种离观者越远直线上的点越高的直线叫作上行直线。显然，上行直线的灭点在视平线上方，又称为天际点。同理，直线 CD 上因属于它的点离观者越远而越低，被称为下行直线，下行直线的灭点

位于视平线的下方，又称为地下点。

从图 7-14 中也不难看出，视线 SF_1 有着与斜线 AB 相等的倾角 α，即 $\angle F_1SF_X=\alpha$，同理，$\angle F_2SF_X=\beta$；$\triangle F_1SF_2$ 为平行于房屋山墙的铅垂面。因此，该铅垂面与画面的交线 F_1F_2 是一条铅垂线。且 F_1、F_2、F_X 共线，即斜线的灭点 F_1、F_2 与斜线的基透视的灭点（即基灭点、重合于灭点 F_X）同在一条铅垂线上。

在画面上作图时，若以 F_1F_2 为旋转轴，将平面 $\triangle F_1SF_2$ 旋转到与画面重合，则 SF_X 必重合于视平线 h-h，视点 S 必重合于量点 M_X，视线 F_1S 重合于 F_1M_X，它与视平线 h-h 的夹角仍为 α；同理，视线 F_2S 重合于 F_2M_X，它与视平线 h-h 的夹角仍为 β。

由此可得求作斜线灭点的具体方法：由量点 M_X 作直线，使之与视平线 h-h 的夹角为 α，该直线与通过 F_X 的铅垂线相交，交点 F_1 即为上行斜线 AB 的灭点。同法，可求得下行斜线 CD 的灭点 F_2。

图 7-15 所示是利用斜线灭点的概念来解决房屋的透视作图的实例。

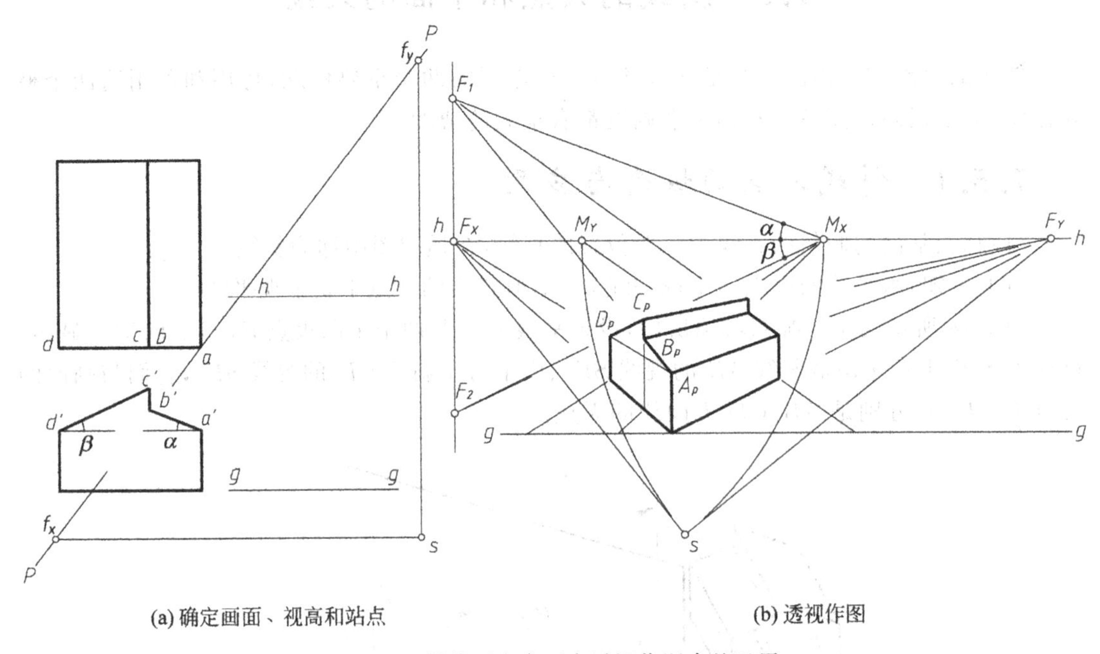

(a) 确定画面、视高和站点　　(b) 透视作图

图 7-15　斜线灭点在两点透视作图中的运用

图 7-15(a)确定了画面、视高和站点，透视平面图仍用量点法作出，只是在求作山墙斜线时，利用了斜线灭点。这样就免去了度量山墙顶点 B、C 的真高。当建筑物上相互平行的斜线较多时，如此作图既方便又准确。

7.5.2　平面的迹线、灭线的概念及其应用

平面扩大后与画面的交线，称为平面的迹线。

平面的迹线是属于画面的直线，其透视就是它本身，基透视与基线重合。

平面的灭线是平面上所有直线（与画面平行的直线除外）的灭点的集合，亦可理解为平

面上所有无限远点的透视的集合。因此，要作平面的灭线，只要作出平面上任意两直线的灭点，并连线即得所求(图 7-16)。

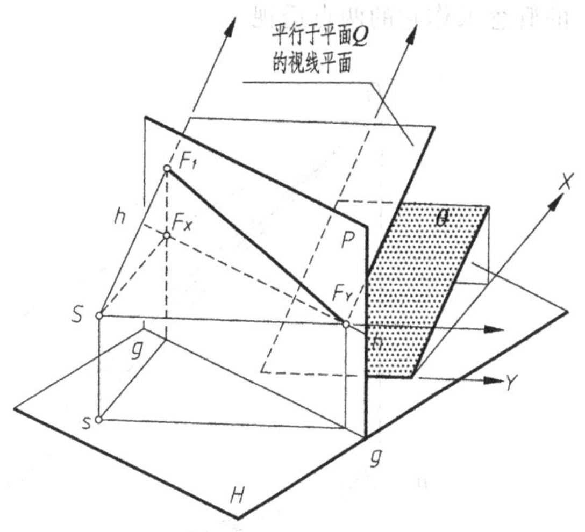

图 7-16 平面灭线的概念

显然，基面平行面(水平面，包括基面)的灭线就是视平线。

基线平行面(不含水平面)的灭线一定是水平线，但不重合于视平线。

基面垂直面(即铅垂面)的灭线是画面上的竖直线。

画面垂直面的灭线必通过主点 s'。

基线垂直面的灭线是通过主点 s' 的竖直线。

既倾斜于基面又倾斜于画面的平面的灭线是一条倾斜直线。

画面平行面的灭线在画面的无限远处，在画面的有限范围内不存在灭线。

图 7-17 所示的房屋透视作图中，按上述方法可求得两个主向灭点 F_X、F_Y 和山墙斜线的灭点 F_1、F_2、F_3 和 F_4。显然，屋面Ⅰ的檐口和屋脊的灭点是 F_X，两端山墙斜线的灭点是 F_3，故连线 F_XF_3 为屋面Ⅰ的灭线；同理，连线 F_YF_1 是屋面Ⅱ的灭线。显然屋面Ⅰ和屋面Ⅱ的交线(即天沟)AB 的灭点既在灭线 F_YF_1 上，又应在 F_XF_3 上。因此，这两条灭线的交点 F_5 就是两屋面交线 AB 的灭点。利用灭点 F_5 即可方便地求得天沟线 AB 的透视 A_PB_P。

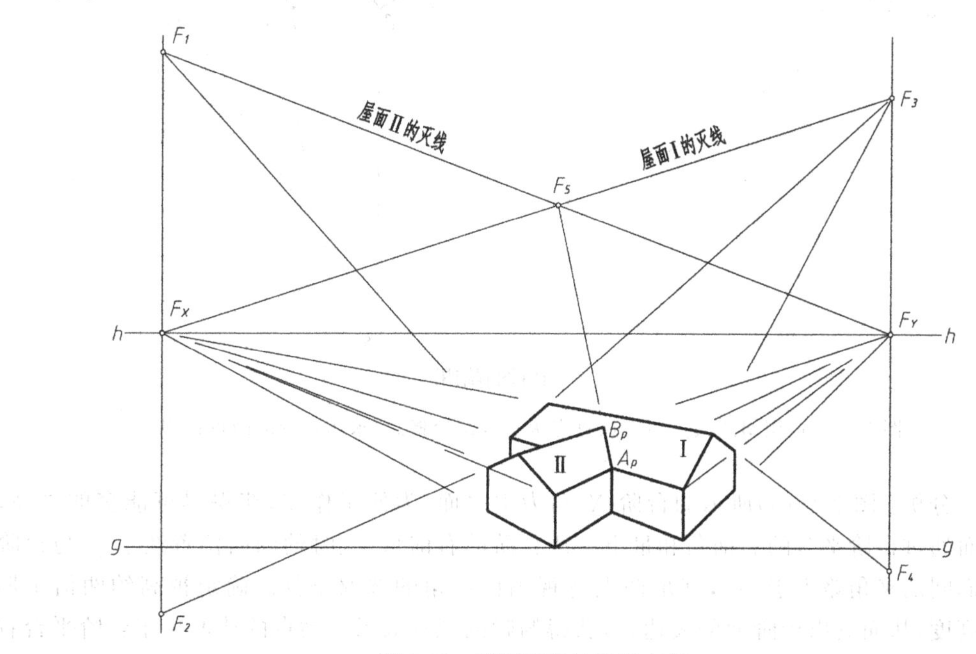

图 7-17 平面灭线的运用实例

例 7-5 已知如图 7-18(a)所示台阶的两面投影，试确定画面与视点，并运用斜线灭点的概念求作它的两点透视。

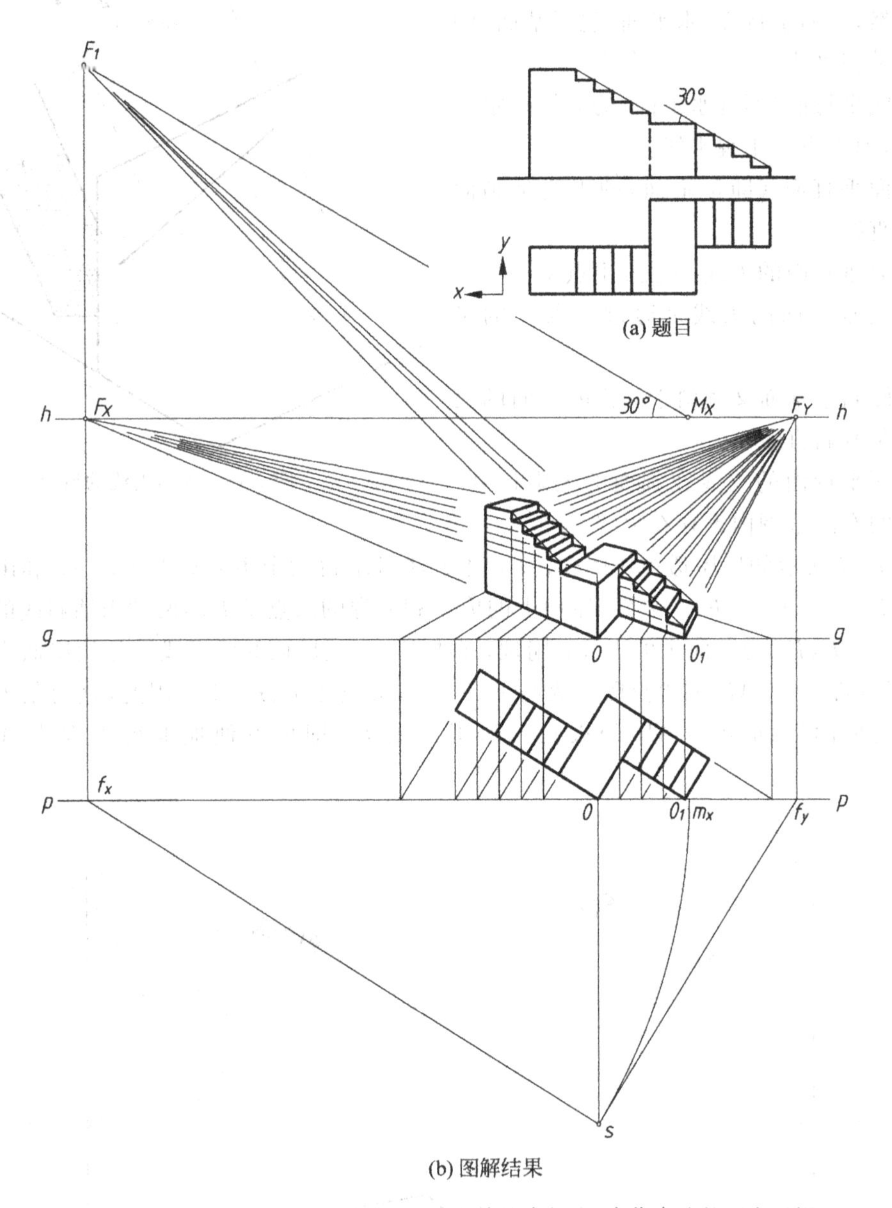

(a) 题目

(b) 图解结果

图 7-18 运用斜线灭点、量点、迹点灭点等综合概念，求作台阶的两点透视

解 分析：图 7-18(a)所示的台阶 X 向为主立面，为便于作图，获得尽可能多的真高，确定画面通过台阶平台的右前角和最下一级台阶的右前角，此时的画面位置线 p-p 与台阶的主立面间的夹角略大于 30°，满足两点透视画面倾角的选取条件。确定视高约两倍于形体的总高度，从而突出台阶面的表达，以获得俯瞰的视觉效果。站点的选取定于台阶平台右前角的正前方，且距画面约为 1.5 倍的透视画面近似宽度（透视画面近似宽度为台阶主立面的尺寸）。

作图：建筑形体的透视作图，一般先作透视平面图，然后再作透视图。本例根据台阶的形状特征，采用迹点灭点法先作出面向观察者的形体各可见立面的透视，这样作图反而较易。

作主向灭点 F_X、F_Y，作量点 M_X，它们均位于视平线 h-h 上。根据台阶的梯级坡度 α，过 M_X 作与视平线 h-h 向上倾斜 α 角的斜线，该线与过 F_X 所作的竖直线交于 F_1，则 F_1 即为梯级轮廓斜线的灭点(图 7-18(b))。

0、0_1 属于画面与基面上的共有点，过它们分别向 F_X、F_Y 引直线，即得形体的 X 向、Y 向直线的全长透视。

作面向观察者可见各立面的透视。过 0 点立台阶平台的真高，作该平台前立面上部的透视轮廓，过 0_1 点立单级台阶的真高，并过该真高线的顶点向 F_1 引直线，即得平台下方台阶前立面坡度线的全长透视；在过 0 点的台阶平台真高线顶部再加高一级台阶的真高，并过最高点向 F_X 引直线，与平台上方最下一级台阶踢面的透视高度线交汇于一点，过该点向 F_1 引直线，即为平台上方台阶前立面坡度线的全线透视。

其余各部分的透视作图如图 7-18(b)所示，此处从略。

需要特别强调的是，形体背面的坡度线的灭点也是 F_1；属于坡面的相邻台阶踢面与踏面的交线均起讫于对应的坡度线的全长透视，相邻台阶踢面与踏面的交线均指向共同的灭点 F_Y；所有踢面上的垂直轮廓线的透视仍为竖直线，所有踏面上的水平轮廓线的透视均对应指向 F_X、F_Y。

讨论：本例平台上、下部的台阶均为 4 级。空间呈矩形的坡面透视为四边形(图 7-19(a))。由于台阶的踏面与踢面的交线正好将矩形四等份，故可通过透视矩形的对角连线来等分坡面。事实上，凡按 2、4、8、16…成倍划分的矩形等份的透视作图均可由该法作图实现。

本例不用斜线灭点，而直接借助台阶的集中真高线，作图过程也较易(图 7-19(b))。

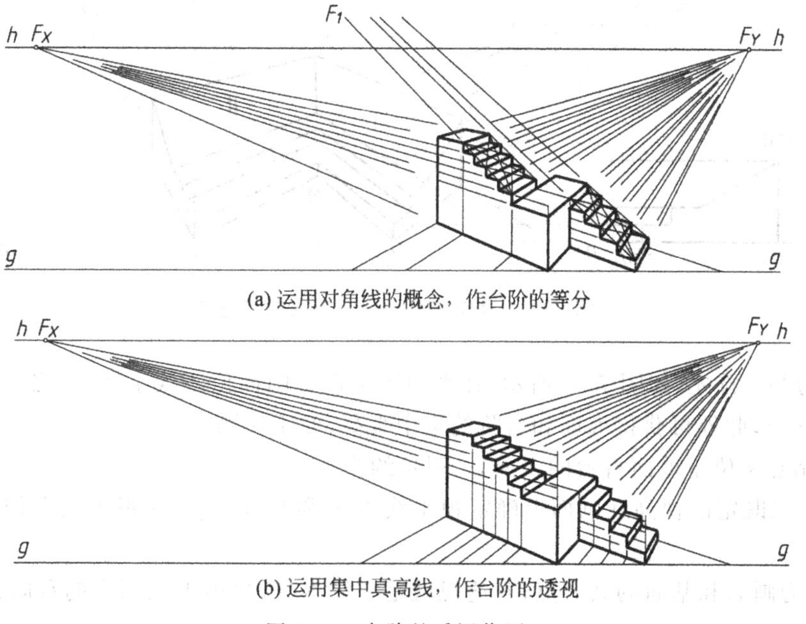

(a) 运用对角线的概念，作台阶的等分

(b) 运用集中真高线，作台阶的透视

图 7-19 台阶的透视作图

例 7-6 已知如图 7-20 所示坡面看台一角的平面图和立面图(局部),试作该建筑形体的两点透视。

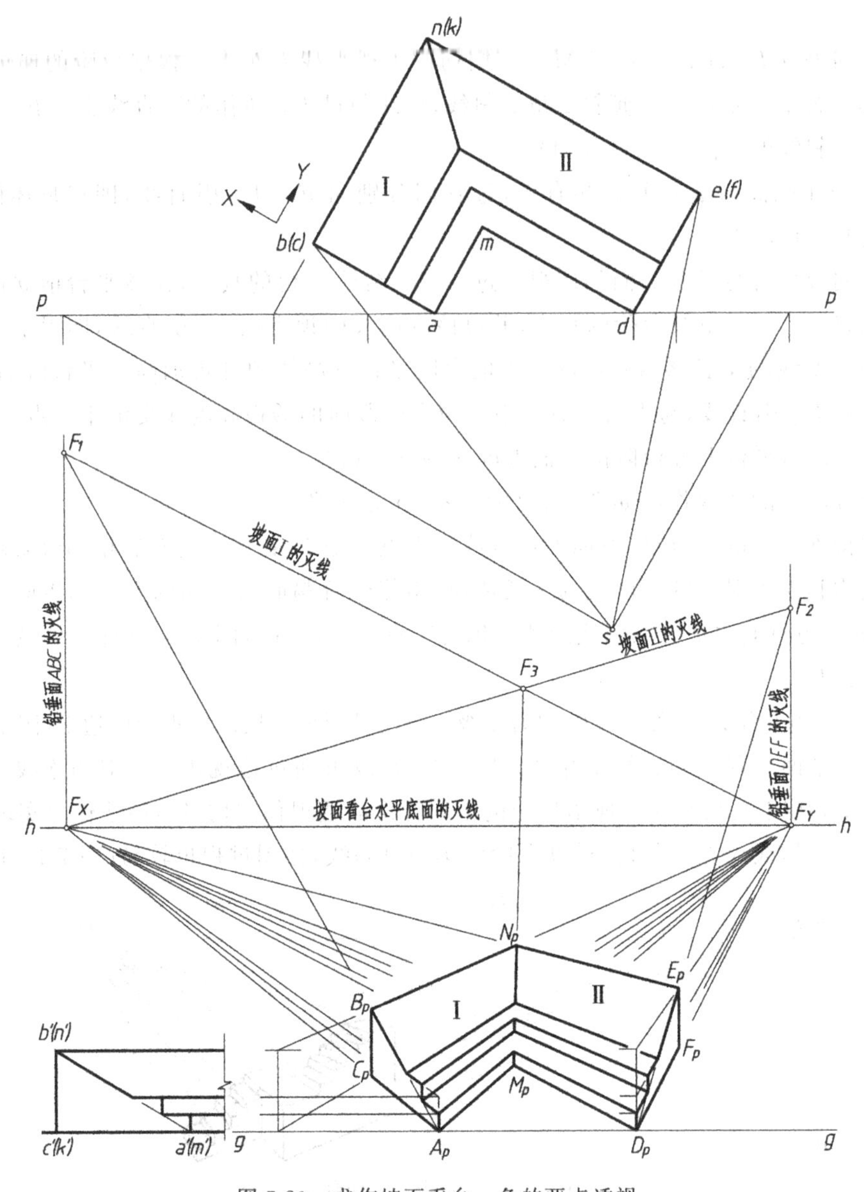

图 7-20 求作坡面看台一角的两点透视

解 分析:首先,如图 7-20 所示,在平面图中设置画面位置线 p-p,使之过最下一级台阶的顶点 a、d,此处可获得坡面和台阶的集中真高,便于作图。

确定站点 s 位于坡面看台的正前方,视角约为 45°。

作图:以既定的视高在画面上确定视平线 h-h 和基线 g-g,在视平线上作出主向灭点 F_X、F_Y。

A、D 为画面和基面的共有点,其透视就是它们本身,故由平面图中的台阶顶角 a、d 向下作投影线交画面上基线 g-g 得 A_P、D_P。

过 A_P、D_P 分别向 F_X、F_Y 引直线，即得过看台顶点 A、D 的 X 向、Y 向直线的全长透视。

在平面图中，延长直线 bn 与画面位置线 p-p 相交，交点在画面上反映坡面看台的真高(也可直接在 A_P 处立竖直线作为斜面看台和台阶的集中真高线)，在 D_P 处立真高线，运用建筑师法即可方便地作出坡面的透视图(图 7-21)。

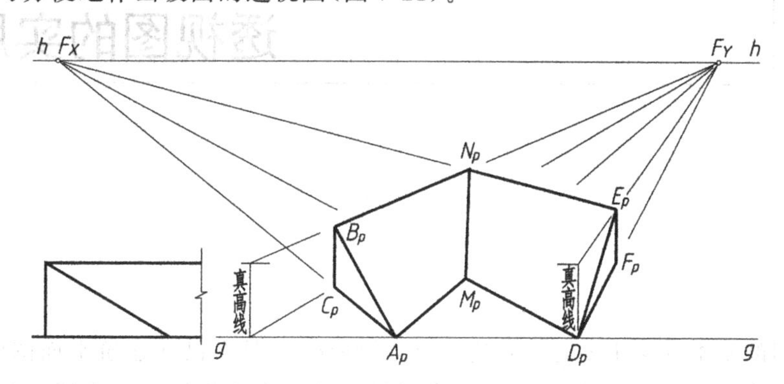

图 7-21 相交两坡面的两点透视

图 7-20 中，透视线 A_PB_P 的延长线与过 F_x 的竖直线相交于 F_1，F_1 即为坡面上行斜线 AB 的灭点，显然连线 F_1F_Y 为坡面Ⅰ的灭线；同理，透视线 D_PE_P 的延长线与过 F_Y 的竖直线相交于 F_2，F_2 即为坡面上行斜线 DE 的灭点，连线 F_XF_2 即为坡面Ⅱ的灭线。连线 M_PN_P 是坡面Ⅰ、Ⅱ的交线的透视，其灭点既属于 F_1F_Y，又属于 F_2F_X，故两者的交点 F_3 即为坡面斜线 M_PN_P 的灭点(此外，F_XF_1 是铅垂面 ABC 的灭线，F_YF_2 为铅垂面 DEF 的灭线，视平线 h-h 为坡面看台水平底面和台阶踏面的灭线。本段文字为强化平面灭线的概念而作，具体作图时，除视平线外，其余平面的灭线均视具体要求作出)。

作台阶的两点透视。在图 7-20 中，过 A_P、D_P 点作两级台阶的集中真高线，并按投影关系完成透视作图。需要特别强调的是，双向台阶的踢面的交线在透视图中仍为竖直线，而不与透视线 M_PN_P(斜线)共线。

第8章

透视图的实用画法

透视作图的基本方法主要有三：其一，建筑师法，它是在已知建筑平面图的基础上，利用迹点和灭点确定主向直线的全长透视，再借助视线的水平投影求作直线段透视的一种画法，因此画面上除透视图外，还应有平面图，且要求两者上下对应、比例一致。这样画图费时费事，误差也较大。其二，迹点灭点法，它是利用两组主向直线的全线透视直接相交来得到透视平面图的透视作图法。透视高度从立面图上量取，作图相对简单，且容易获得具体的形象。其三，量点法和距点法，这种作图方法建立在灭点法的基础上，它根据辅助线的灭点求得量点(或距点)，在画面上不需要加画平面图和立面图，而直接根据设计图中的三维尺寸求作透视，且易于获得定比缩放的结果。

本章将根据实际作图的需要，讲述几种透视作图的快捷方法，即 30°-60°透视、45°-45°透视、网格法、辅助灭点法、建筑细部的透视画法等，使透视理论更加丰满，走向实用。

8.1 特殊画面倾角的透视画法

本书涉及的特定画面倾角的透视作图法有 3 种：当画面倾角为 0°时，即采用前面所述的距点法，作图时视距可近似取为画面宽度，此处不再赘述。本节重点讲述画面倾角为 30°-60°、45°-45°的两种快捷透视作图。

8.1.1 30°-60°透视

由量点法的透视作图原理可知，视平线 h-h 上的灭点 F_X、F_Y，量点 M_X、M_Y，主点 s'是至关重要的 5 个点。

又由前述透视参数的合理选取条件可知，对于画面墙角为直角的建筑物而言，宜取建筑物主立面的画面倾角 $\theta=30°$(该建筑物辅立面的画面倾角为 60°)，以获得较真实的透视长宽比(表 6-3)；取视距为(1.5～2.0)K(K 为近似的透视宽度)，以获得最清晰的视野视角(表 6-4)。

于是视平线上的上述 5 个点的位置关系如图 8-1 所示。

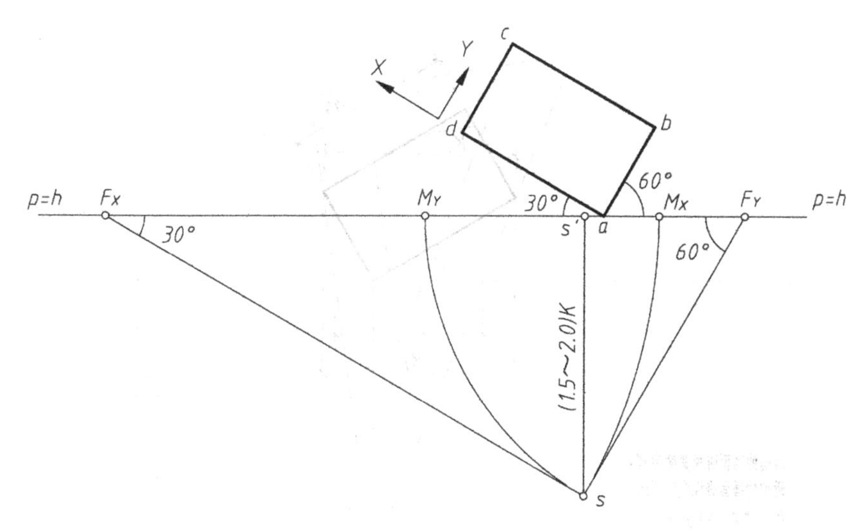

图 8-1 30°-60°透视中灭点、量点、主点与画面倾角、视距的几何关系

由图 8-1 可得

$$F_XF_Y = F_Xs' + s'F_Y$$

$$= (1.5 \sim 2.0)K \cdot \cot 30^\circ + (1.5 \sim 2.0)K \cdot \cot 60^\circ \approx (3.5 \sim 4.6)K$$

$$F_XM_X = F_XF_Y \cdot \cos 30^\circ = 0.86F_XF_Y \approx 7/8F_XF_Y$$

$$F_YM_Y = F_XF_Y \cdot \cos 60^\circ = F_XF_Y/2$$

$$F_Ys' = F_Ys \cdot \cos 60^\circ = F_YM_Y/2$$

30°-60°透视下视平线上的灭点、量点和主点的分割比例简图如图 8-2 所示。

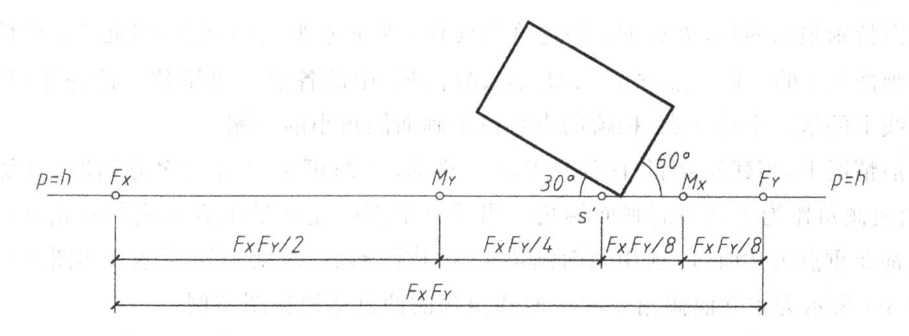

图 8-2 30°-60°透视下视平线上的灭点、量点和主点的分割比例简图

由此可见，视平线上 5 个特殊点的具体作图步骤如下。

(1) 在平面图中确定建筑物主立面的画面倾角为 30°(图 8-3)，画出画面位置线 p-p。

(2) 基于最清晰视角为 28°～37°的出发点，可如图 8-3 所示采用 30°直角三角板直接获取透视宽度 K，亦可粗略地估量出近似的透视画面宽度(K_1、K_2 或 K_3，取其一即可)；由于视距的小范围变化会导致两灭点 F_XF_Y 的距离变化，再加之透视画面宽度的近似获取，建议取中间值 $4K$ 为两灭点 F_XF_Y 的距离作图，以获得快捷的作图进程。

(3) 在画面上画出视平线 h-h、基线 g-g，并依次标出 F_X、M_Y、s'、M_X、F_Y。

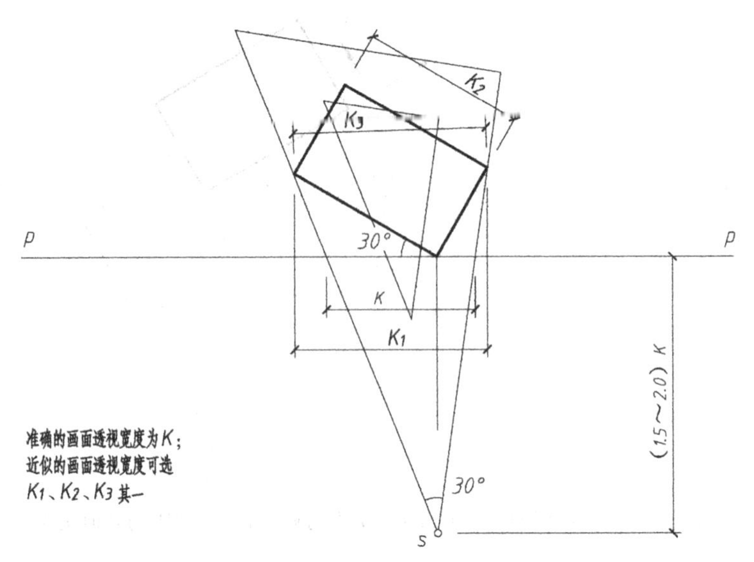

图 8-3　3 种画面近似透视宽度的获取示意图

(4) 如按比例缩放作图时，这 5 个点的点距均应作同比例缩放；与此同时，建筑物的长、宽、高尺寸和视高也需同样乘以缩放因子方可绘图。

采用这种方法作透视图时，平面图中的建筑物最前处(即画面顶点)可直接定在主点 s' 正下方的基线 g-g 上，也可适当地左右偏移。当该点偏向主点的右侧时，即表明建筑物的右前立面的表达得以加强(该向立面透视宽度加大了)；反之，该向立面表达削弱(该向立面透视宽度减小)。

还需特别强调的是，灭点 F_X 是建筑物具有 θ 主向水平线的灭点，因此 F_X 应位于建筑立面与画面呈 θ 的一侧。点序 F_X、M_Y、s'、M_X、F_Y 中的各点不可错位。此外还应注意，关于视平线上的这 5 个特殊点，稀疏的点总位于画面倾角小的一侧。

一般情况下，当建筑物的平面图为矩形轮廓，且两可见立面主次分明时，宜优先选用 30°的画面倾角作为主立面的画面倾角。当建筑平面图轮廓呈正方形或接近正方形，且主、辅立面都要重点表达时，应选用画面倾角 45°的作图参数(详见 45°-45°透视作图法)。

图 8-4 所示为主立面倾角 $\theta=30°$时建筑物的两点透视作图实例。

为了获得高层建筑常规的透视效果，如图 8-4(a)所示设置画面位置线 p-p 过建筑物裙楼的左前角，且令建筑物的主立面与画面的倾角 $\theta=30°$；取视高低于门洞高度，约为成人身高；取建筑平面图的总长 4m 作为透视的近似透视宽度。

具体作图时，以既定的视高画出视平线 h-h 和基线 g-g，由于视高较小，故降低基线至 g_1-g_1 作透视平面图。在视平线上，标出主向灭点 F_X、F_Y，使得 $F_XF_Y \approx 4\times4$m (图 8-4(b))。

然后，根据图 8-2 快速地定出量点 M_X、M_Y 和主点 s'。

本例将平面图中的建筑物最前角(即画面顶点)直接定位在主点 s' 正下方的基线 g-g 上。其余作图过程与量点法作图一样，此处不再赘述(图 8-4(b))。

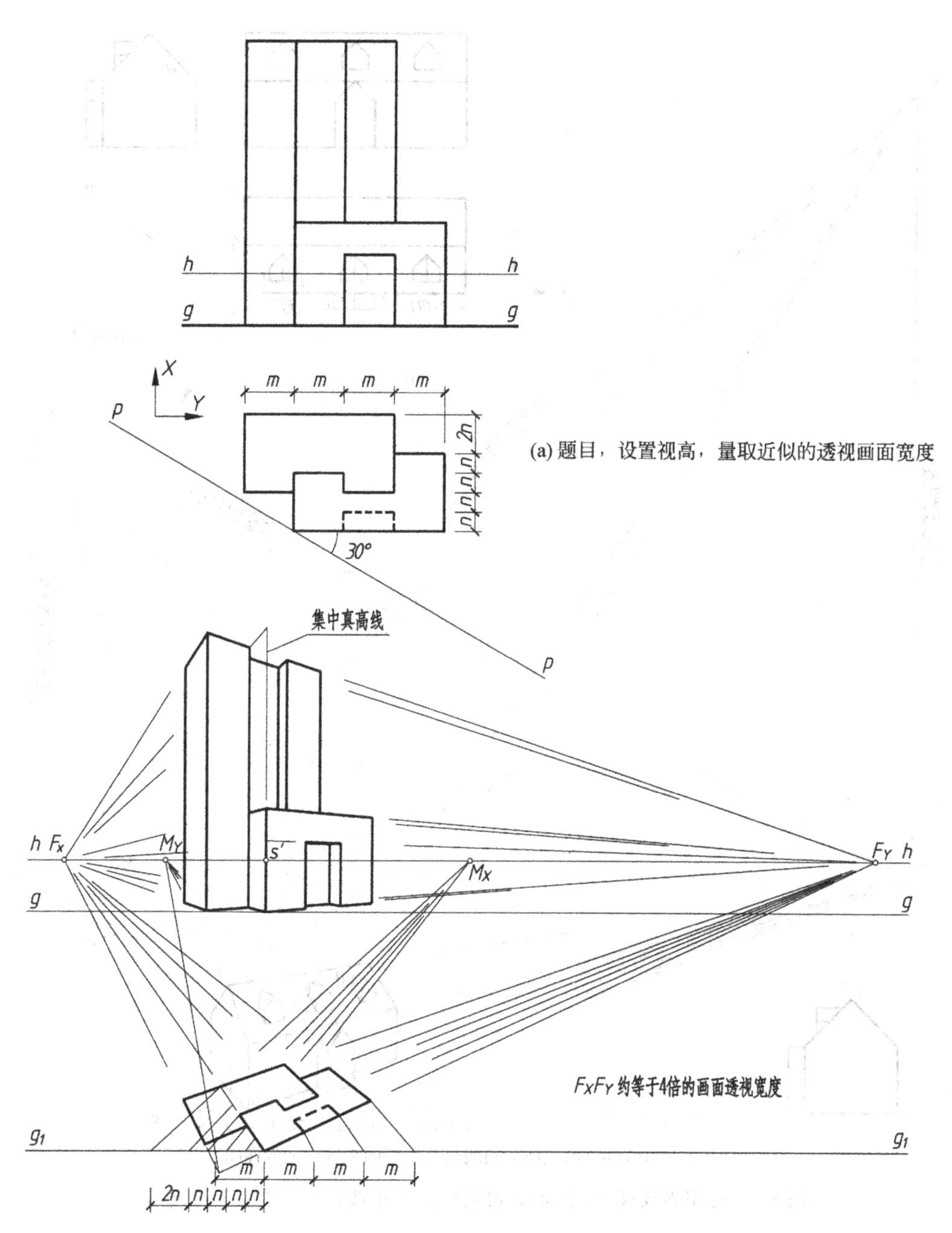

(a) 题目，设置视高，量取近似的透视画面宽度

(b) 降低基线作透视平面图，完成作图

图 8-4　某高层建筑的 30°-60°透视

需要特别指出的是，利用这种方法作图，透视效果因人而异，不尽相同，这主要是画面顶点、视距、站点位置的不同所致。因为最佳的站点位置并非是唯一的一个点，而是图 8-3 中站点 s 周围的一个适当区域。

例 8-1　已知如图 8-5(a)所示带天窗的坡顶小屋的三面投影，试利用斜线灭点、平面灭线的概念，求作其 30°-60°透视。

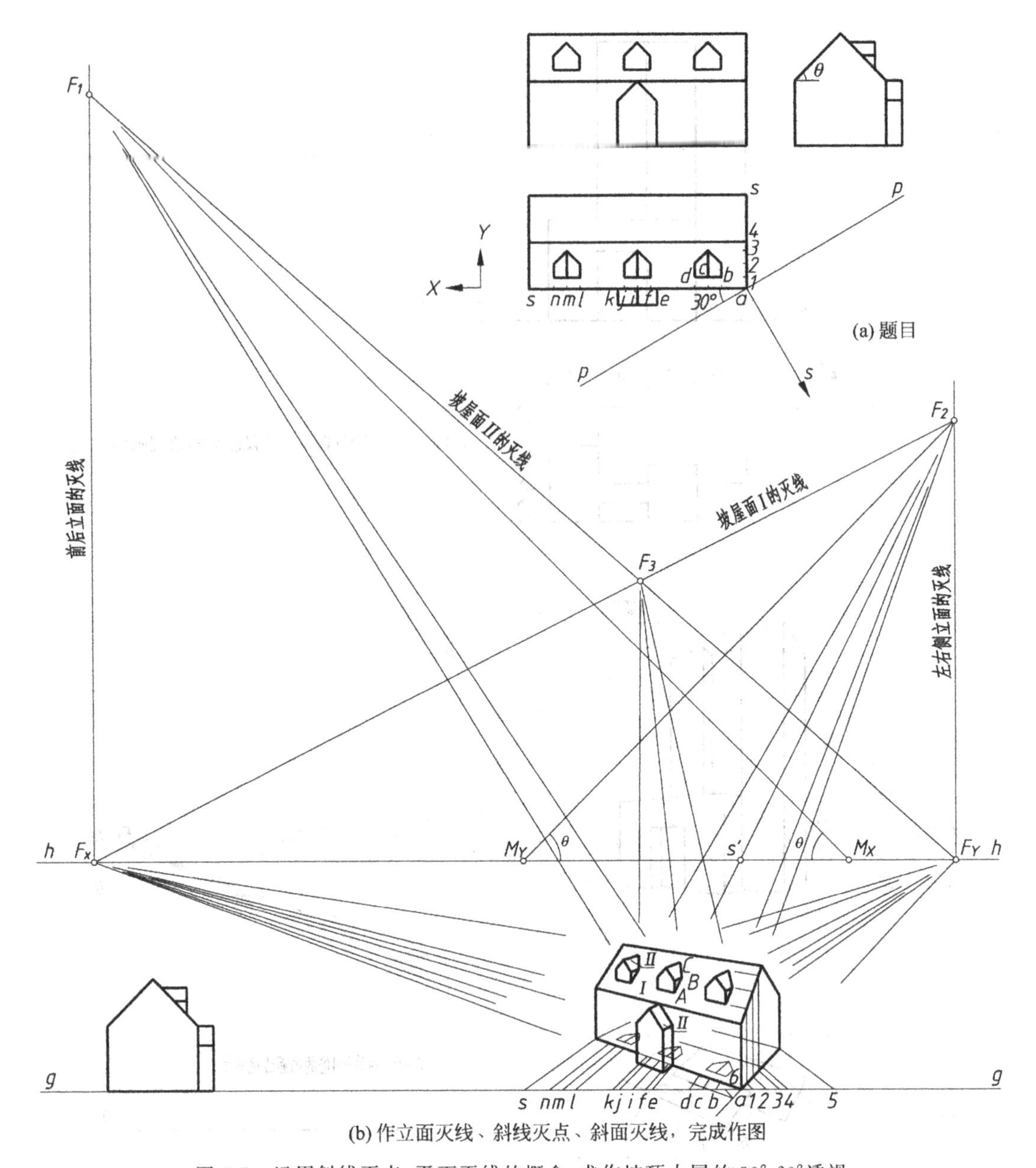

(a) 题目

(b) 作立面灭线、斜线灭点、斜面灭线，完成作图

图 8-5 运用斜线灭点、平面灭线的概念，求作坡顶小屋的 30°-60°透视

解 分析：图 8-5(a)所示小屋的坡屋面以及天窗的坡面与地面的夹角均为 θ，故其端面斜线的平行线簇分别指向各自共同的灭点，且这些灭点均属于各自端面的灭线。即小屋左右立面的灭线为一条铅垂线，属于这两个端面的斜线灭点均落于其上；该小屋的前后立面、门廊和天窗的前立面的灭线为另一条铅垂线，属于这些立面的斜线灭点落于其上。天窗坡面与小屋坡面的交线必指向天窗坡面灭线与小屋坡面灭线的交点。

作图：如图 8-5(a)所示，置画面于小屋的右前墙角 a 处，令小屋的主立面与画面倾角为 30°，取站点 s 位于墙角 a 的正前方。为突出表现坡屋面的透视，取视高大约为两倍的房屋高度，以获得俯瞰的效果。取近似的透视画面宽度 K 为小屋主立面的尺寸 as。在平面图中标出 X、Y 方向的刻度。

按照既定的视高在画面上画出基线 g-g、视平线 h-h，以大约 4 倍的透视画面宽度 $4as$ 在视平线上定出两主向灭点 F_X、F_Y；按照图 8-2 所示的比例确定量点 M_X、M_Y 和主点 s'；在主点 s'的正下方基线上定出画面顶点 a；依据量点法的作图法则，在 a 点左侧的基线上标定小屋的 X 向刻度，在 a 点右侧的基线上标定小屋的 Y 向刻度(图 8-5(b))。

运用量点法作出透视平面图。借助墙角 a 处的真高线作出小屋的主体轮廓。此处叙述从略，请读者自行分析作图过程。

过 F_X 作竖直线即为小屋前后立面、门廊前立面的灭线；过 F_Y 作竖直线即为小屋左右侧立面的灭线；过 M_X 作与视平线左方成 θ 的斜线交小屋前后立面的灭线于 F_1 点，该点即为小屋门廊和天窗前立面右侧上行斜线的灭点。其左侧下行斜线的灭点位于视平线的正下方，是 F_1 点关于视平线的对称点(图中未作出)；同理，过 M_Y 作与视平线右方成 θ 的斜线交小屋左右侧立面的灭线于 F_2 点，该点即为小屋左右侧立面上行斜线(包括 3 个天窗左右侧立面与前屋面的交线，如图 8-5(b)中所示的 AB，及其未标出的空间平行线簇)的灭点。其左侧下行斜线的灭点位于视平线的正下方，是 F_2 点关于视平线的对称点(图中未作出)。

连线 F_XF_2 即得前坡屋面Ⅰ的灭线，连线 F_YF_1 即得门廊和天窗的右坡屋面Ⅱ的灭线，两斜面灭线相交于 F_3 点，该点即为小屋的前坡屋面Ⅰ与天窗的右坡屋面Ⅱ交线(如图 8-5(b)中所示的 BC，及其未标出的空间平行线簇)的灭点。

整理细节，加深透视轮廓线，完成作图。

综上所述，30°-60°透视作图要点如下。

(1) 该画法要求建筑物的画面墙角为(或约等于)90°。

(2) 视高需根据表现意愿自拟，即取正常高度的视平线或提高或降低视平线。

(3) 缩放透视作图时，需先同比例缩放建筑形体的长、宽、高尺寸，视高尺寸，以及视平线上的 5 个特殊点的点距(等同于缩放了整个透视体系)，再开始透视作图。

(4) 该画法确定建筑物可见主立面的画面倾角为 30°，其可见辅立面的画面倾角为 60°。

(5) 视平线上 5 个特殊点的点序依次为 F_X、M_Y、s'、M_X、F_Y(不可错位)，且稀疏的点一定位于 30°画面倾角的一侧。

(6) 由于透视画面宽度 K 取值近似，建议 F_XF_Y 取(3.5～4.6)K 的中间值作图。

(7) 建筑平面图的画面顶点可取在主点 s'的正下方基线上。该点可左移少许，使得建筑物可见左侧立面表现加强(即该侧立面的透视加宽)；同理，该点也可右移少许，使得建筑物可见右侧立面表现加强。

8.1.2 45°-45°透视

当建筑物的平面图接近正方形，且两相邻主立面对画面的倾斜角度都呈 45°，或建筑物的平面轮廓非正方形，但两可见相邻主立面都需作同等重要的表达时，可采用 45°-45°透视(简称 45°透视)。在这种情况下，若视距仍取(1.5～2.0)K，则有(图 8-6)：

$$F_XF_Y = F_Xs' + s'F_Y = 2 \times (1.5 \sim 2.0)K \cdot \cot 45° = (3 \sim 4)K$$

$$F_Xs' = s'F_Y = F_XF_Y/2$$

$$M_XF_X = M_YF_Y = sF_X = sF_Y = F_XF_Y \cdot \cos 45° \approx 7/10\ F_XF_Y$$

$$s'M_X : M_XF_Y = s'M_Y : M_YF_X = 2 : 3$$

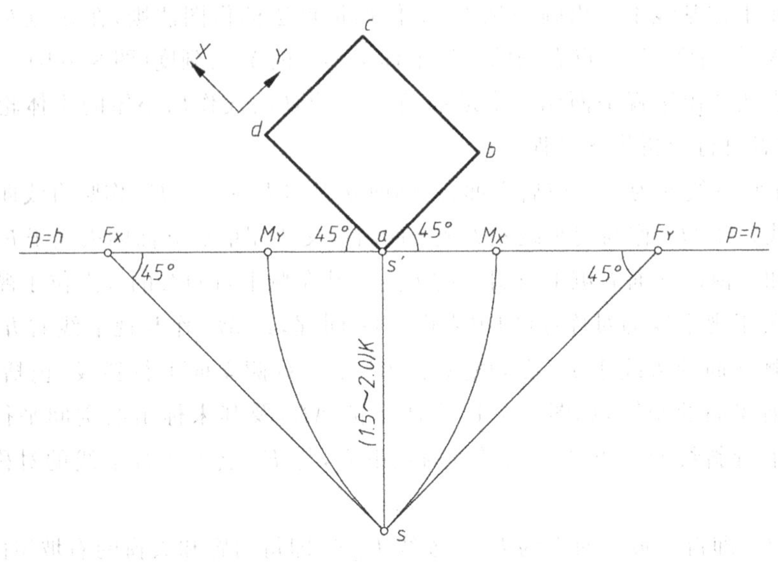

图 8-6　45°透视中灭点、量点、主点与画面倾角、视距的几何关系

也就是说，画建筑物的 45°透视时，只要估算出拟画透视的画面近似宽度 K，就可在视平线 h-h 上直接定出 F_X、M_Y、s'、M_X、F_Y 5 个点，而无须再通过作视线逐一求出这些点的位置了。

确定 45°透视图视平线上 5 个点相对位置的具体作图方法和步骤如下(图 8-7)：

(1) 沿用图 8-3 所示的方法，估量出拟画透视的画面近似宽度 K，按 $F_XF_Y=(3\sim4)K$ 在视平线上一左一右定出两个灭点 F_X、F_Y(由于 K 值粗略，建议取其系数 3～4 的中间值)；

(2) 取 F_XF_Y 的中点即为主点 s'；

(3) 再按 $s'M_X/M_XF_Y=s'M_Y/M_YF_X=2/3$，即可定出量点 M_X、M_Y。

ts8-6 & 8-7

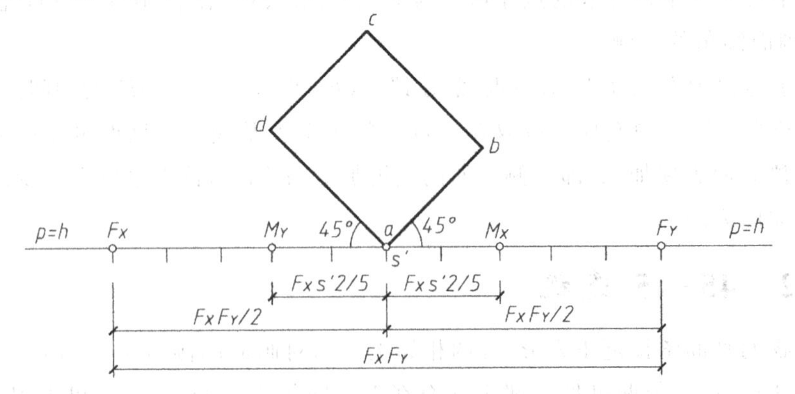

图 8-7　45°透视下视平线上的灭点、量点和主点的分割比例简图

与 30°-60°透视一样，采用这种方法作透视图时，平面图中的建筑物最前处（即画面顶点）亦可直接定在主点 s' 正下方的基线 g-g 上，也可适当地左右偏移。当该点偏向主点的右侧时，即表明建筑物的右前立面的表达得以加强（该向立面透视宽度加大了）；反之，该向立面表达削弱（该向立面透视宽度减小）。

例 8-2 已知某传达室的两面投影如图 8-8（a）所示，试确定视点与画面，并运用 45°透视作图法作该传达室的两点透视。

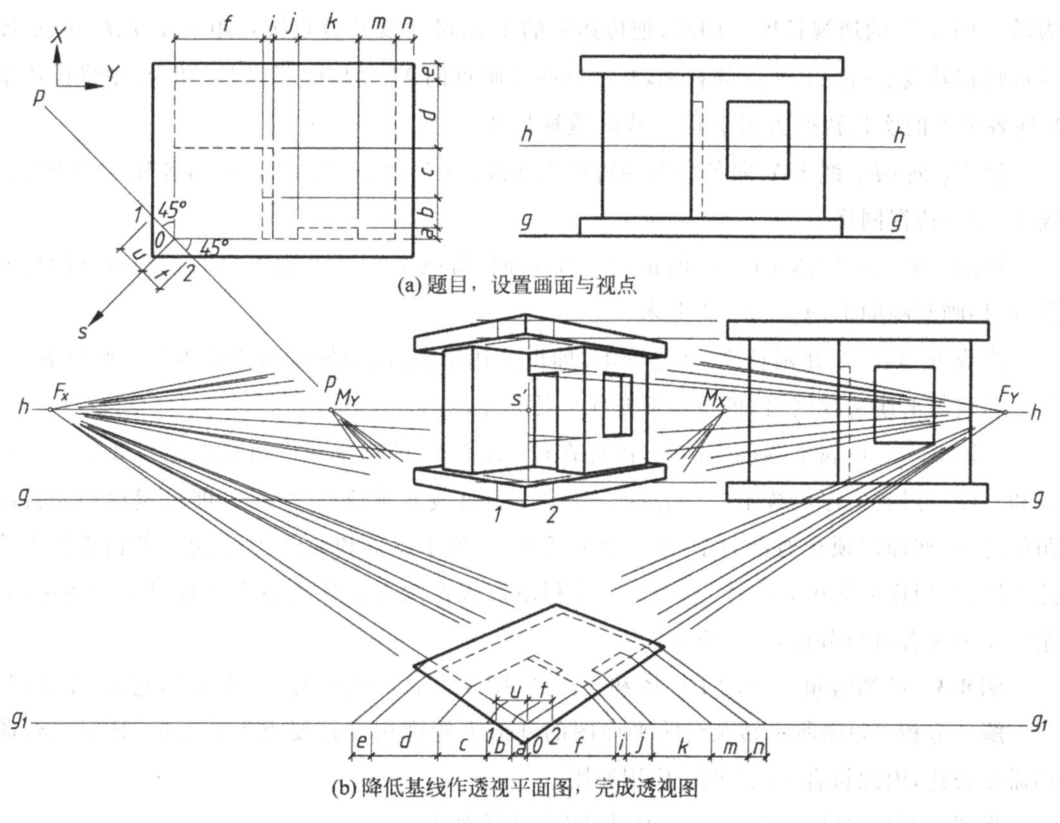

(a) 题目，设置画面与视点

(b) 降低基线作透视平面图，完成透视图

图 8-8 作建筑形体的 45°透视

解 分析：图 8-8（a）所示传达室的平面图轮廓较为接近正方形，且对于传达室而言门窗开启方向均为重要的观察与表达方向，因此取画面倾角为 45°，以突出门窗所在立面的同等重要地位。视高取建筑高的一半，以获得屋顶与地台的均衡表达效果。取视点 s 位于传达室左、前立面延伸后交汇点的正前方，以获得临近传达室的透视效果。

作图：如图 8-8（a）所示，在平面图中过传达室的左侧立面与前立面的延伸交汇点 0 处，设置画面位置线 p-p，使画面倾角为 45°。取建筑物主立面的 Y 向最大尺寸为透视近似宽度 K；站点 s 位于画面顶点 0 的正前方。在立面图中按既定的视高，画出视平线 h-h、基线 g-g。

在画面上画出视平线 h-h、基线 g-g；由于视高较小，故降低基线到 g_1-g_1 的位置（图 8-8（b））。

根据既定的画面倾角$\theta=45°$，取$F_XF_Y\approx3.5K$；在视平线上标出F_X、F_Y，并根据图8-7所示的分割比例，在视平线h-h上确定量点M_X、M_Y和主点s'。

在主点s'的正下方、基线g_1-g_1上取点0、连线$0F_X$、$0F_Y$，即得过0点的X、Y向直线的全长透视。

把传达室的X向尺寸及其分点按点距a、b、c、d、e连续量画在基线g_1-g_1上0点的左侧，并通过这些量画点向M_X引直线与$0F_X$相交，于是将传达室X方向各分点的实长转换为属于$0F_X$线的透视长度。同理，把传达室的Y向尺寸及其分点按点距f、i、j、k、m、n连续量画在基线g_1-g_1上0点的右侧，并过这些量画点向M_Y引直线与$0F_Y$相交，则将传达室Y向各分点的实长转换为属于$0F_Y$线的透视长度。

过F_X向$0F_Y$线上Y向各分点的透视点连线，过F_Y向$0F_X$线上X向各分点的透视点连线，得一透视网格。

将图8-8(a)中传达室的左、前轮廓线与画面位置线p-p的交点1、2，保持与点0的相对位置，移画到画面上的g_1-g_1线上来。

连线F_X1、F_Y2并延长之，使之交汇，即得传达室左、前角轮廓的全长透视。整理F_X1、F_Y2图线与上述透视网格，即得降低基线后传达室的透视平面图(图8-8(b))。

上述0、1、2点属于画面上的点，因此在过1、2所作的铅垂线上可获得地台和屋盖的真高和真厚。过真实厚度线上、下端点向F_X、F_Y引直线并延长使之交汇，即得屋顶和地台前角的透视(亦即屋顶和地台的左、前立面的透视)。处于屋盖和地台之间，过0的铅垂线为传达室墙面、门窗的集中真高线，通过此线可利用常规作图方法作出各立面及门窗的透视，其余作图请读者自行分析，不难理解。

例8-3 已知转角台阶的平面图和立面图(图8-9(a))，试放大1.5倍画出它的45°透视。

解 分析：如图所示转角台阶平面图的外形大轮廓按设计要求为正方形，其双向台阶均需要表达，因此符合45°透视的应用原则。

作图：作图(按投影图1.5∶1放大作图)步骤如下。

(1) 为获得台阶的俯瞰效果，选择视高高于7级台阶，画出视平线h-h；确定铅垂的画面通过台阶的右前角a处(图8-9(a))；取近似的透视宽度为$K=ae=a4$，则两主向灭点的距离$F_XF_Y\approx3.5K$(本例取中间值作为K的系数)，于是便可用前述的方法在画面的视平线h-h上定出F_X、F_Y两个灭点，再依次定出s'、M_X、M_Y。需要特别强调的是，放大1.5倍作透视图时，这5个点的点距，包括后面将涉及的视高、台阶长宽高的尺寸等均应作同比例放大(图8-9(b))。

(2) 根据放大1.5倍后的视高在画面上画出基线g-g，并在其上定出画面顶点a(本例确定画面顶点a位于主点s'的正下方)；过点a作全长透视aF_X、aF_Y，再利用量点法作出台阶的透视平面图(此处作图描述从略)。

(3) 最后利用画面上的真高线作出台阶的两点透视，本例不再赘述(图8-9(b))。

与30°-60°透视作图相类似，45°透视作图要点如下。

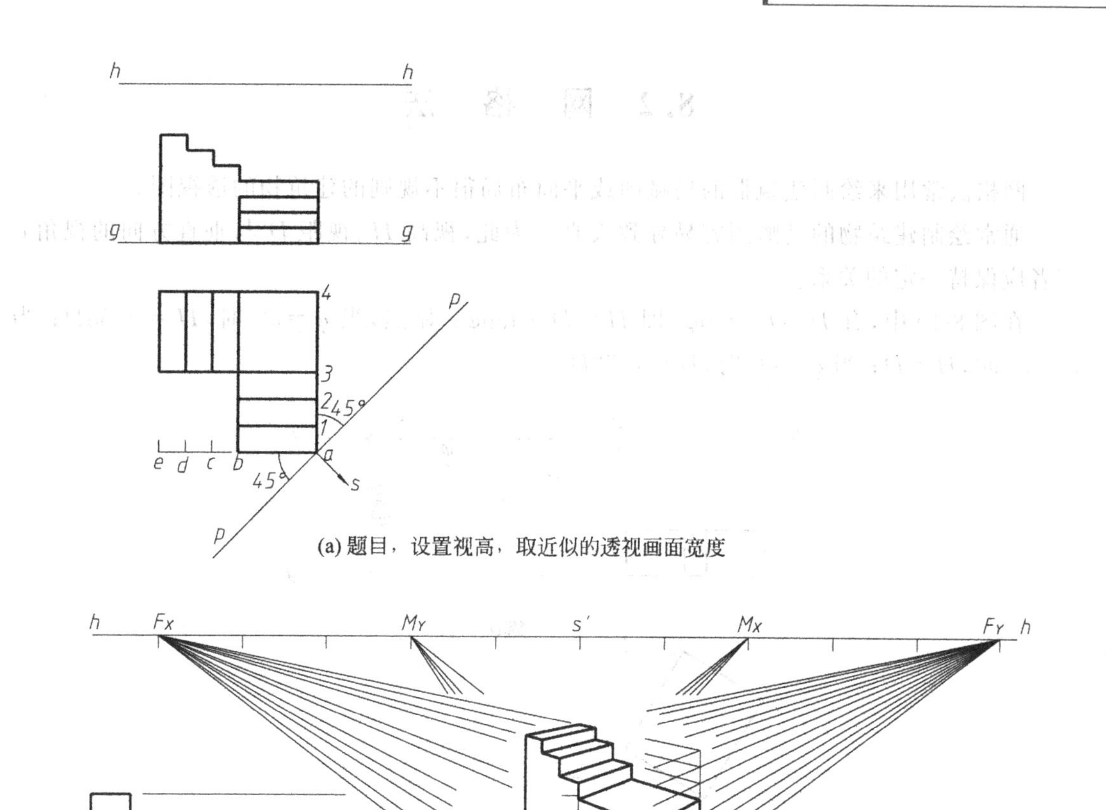

(a) 题目，设置视高，取近似的透视画面宽度

(b) 作透视平面图，完成作图

图 8-9 转角台阶的 45°透视作图

(1) 该画法要求建筑物的画面墙角为(或约等于)90°。

(2) 视高需根据表现意愿自拟,即取正常高度的视平线或提高或降低视平线。

(3) 缩放透视作图时,需先同比例缩放建筑形体的长、宽、高尺寸,视高尺寸,以及视平线上的 5 个特殊点的点距(等同于缩放了整个透视体系),再开始透视作图。

(4) 该画法确定建筑物可见主立面的画面倾角为 45°,其可见辅立面的画面倾角也为 45°。

(5) 视平线上 5 个特殊点的点序依次为 F_X、M_Y、s'、M_X、F_Y(不可错位),且左右对称。

(6) 由于透视画面宽度 K 取值近似,建议 F_XF_Y 取(3 ～ 4)K 的中间值作图。

(7) 建筑平面图的画面顶点可取在主点 s'的正下方基线上；该点可左移少许,使得建筑物可见左侧立面表现加强(即该侧立面的透视加宽)；同理,该点也可右移少许,使得建筑物可见右侧立面表现加强。

8.2 网格法

网格法常用来绘制建筑群的鸟瞰图或平面布局很不规则的建筑物的透视图。

通常绘制建筑物的鸟瞰图容易导致失真。为此，视高 H、视距 D 与垂直方向的视角 φ 三者应保持一定的关系。

在图 8-10 中，有 $H/D=\tan\varphi$，即 $H=D\cdot\tan\varphi$；显然，当 $\varphi=30°$时，$H=0.58D$；当 $\varphi=45°$时，$H=D$；当 $\varphi=60°$时，$H=1.73D$。

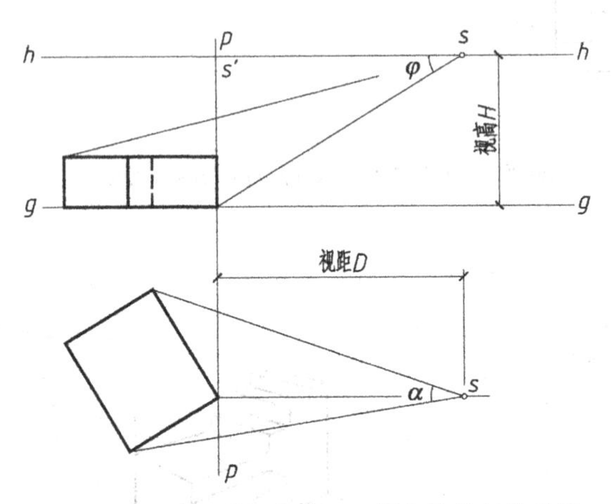

图 8-10　鸟瞰图的视高、视距、视角的几何关系图

由于视距 D 受水平方向视角 α 的制约，根据第 6 章的相关知识，规划透视图中水平方向的视角 α 不宜大于 30°；在铅垂画面的情况下，φ 应是垂直视角的 1/2，故图 8-10 中所示垂直方向的半视角 φ 也不宜大于 30°。

当垂直方向的半视角 $\varphi=30°$时，通常选择视高 $H=0.6D$ 左右为最佳。

图 8-11 所示为网格法作建筑形体透视的应用实例。图中建筑物的平面轮廓很不规则，其透视轮廓向多灭点消失，因此用网格法作图较易。作图时首先将待表现的建筑平面图（图 8-11(a)）用正方形网格包络起来，网格的单位大小以易于确定图线的起止位置、便于作图来定。由于视高较低，图 8-11(b)中采用了下降基面法，并利用距点来作方格网的透视（图中取距点 D 到主点 s' 的距离略小于透视宽度，以获得临近建筑的视觉效果。画面 P 通过建筑物的前立面）。然后画出网格的一点透视，并在网格的透视图中对应画出建筑物平面轮廓的透视。最后利用左侧的集中真高线来量取建筑物各部分的透视高度，从而获得该建筑物的透视图。

例 8-4　已知建筑物的两面投影如图 8-12(a)所示，试运用网格法，确定画面与视点，作出它的透视。

解　分析：由于图 8-12(a)所示建筑物的平面轮廓不规则，没有明显的两组主向直线，故宜采用网格法作其一点透视。

为全面表达形体特征，清晰地表现形体轮廓，拟抬高视点，把建筑物画成鸟瞰透视。

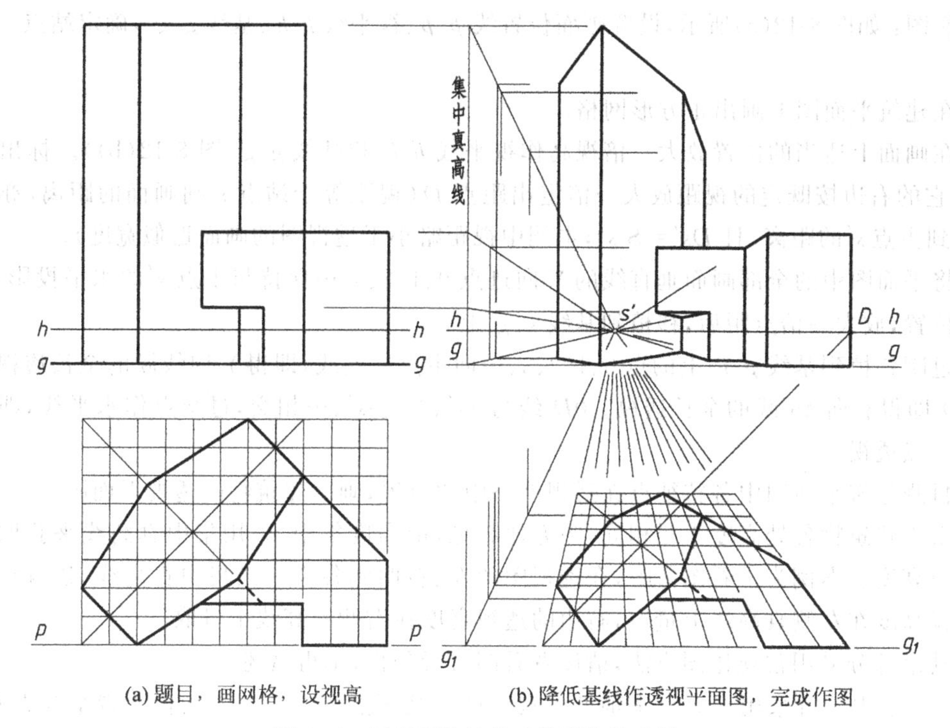

(a) 题目，画网格，设视高　　(b) 降低基线作透视平面图，完成作图

图 8-11　运用网格法作建筑形体的透视

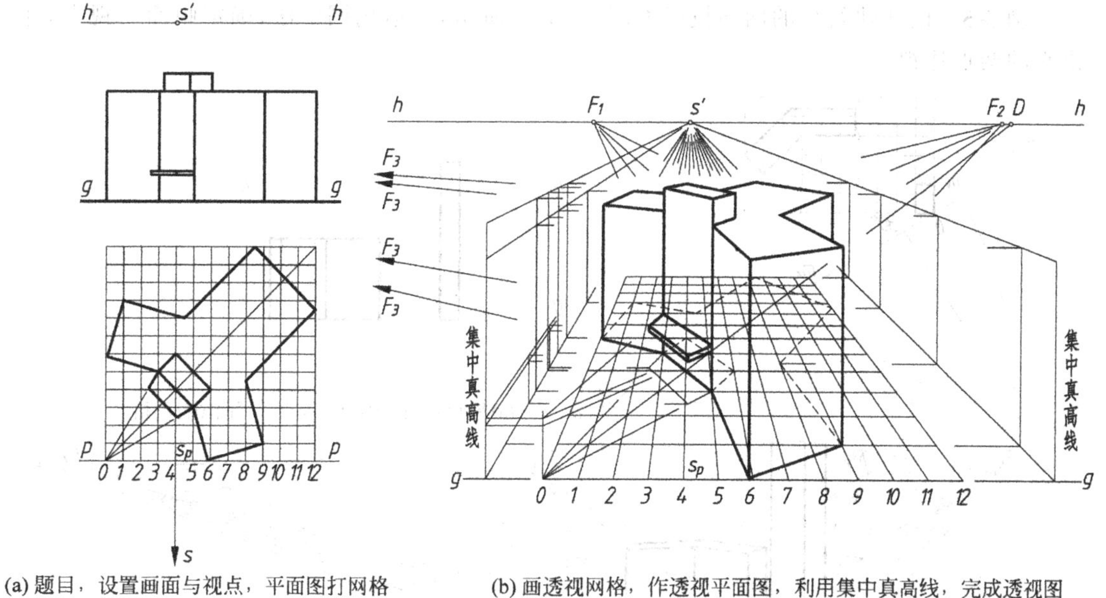

(a) 题目，设置画面与视点，平面图打网格　　(b) 画透视网格，作透视平面图，利用集中真高线，完成透视图

图 8-12　运用网格法作建筑形体的一点透视

为简便作图，令画面通过建筑物的前角点。

令视点位于建筑物主立面的前方正中，站点 s 距画面略小于透视的画面近似宽度，以获得近距离俯瞰建筑的透视效果。

放大一倍作透视图。

作图：如图 8-12(a)所示，设置画面位置线 p-p、视平线 h-h、基线 g-g，确定站点 s 和主点 s'。

在建筑平面图上画出正方形网格。

在画面上适当的位置放大 倍视高作视平线 h-h 和基线 g-g(图 8-12(b))。标出主点 s'，在它的右边按既定的视距放大一倍定出距点 D(视距等于站点 s 到画面的距离，亦即视点 S 到主点 s'的距离，且 $Ds'=S\,s'$，本例中视距略小于透视图的画面近似宽度)。

将平面图中的全部画面垂直线的 Y 向迹点 0、1、2、3、…保持与主点 s'的水平投影 s_p 的相对位置，放大一倍点距后，移植到基线 g-g 上。

过刚移植到基线 g-g 上的点 0、1、2、3、…向主点 s'连线，即得 Y 向线簇的全长透视。连线 $0D$ 即得右向 45°线的全长透视。$0D$ 线与 $1s'$、$2s'$、$3s'$、…相交，过交点作水平线，即得网格的一点透视。

目测建筑平面图中各特征点在透视网格中的位置，画出建筑物的透视平面图。

由于建筑物各处高度不尽相同，为方便起见，把高度集中，采用集中真高线来获取各处的透视高度。本例为了看图清晰，在透视图的左、右两侧各立一条集中真高线，建筑物左边的透视高度在左侧真高线上量取，右边的透视高度在右侧真高线上量取。

其余部分采用常规作图方法，请读者看图自行分析，不再赘述。

讨论：本例可采用多灭点来辅助透视作图。其灭点 F_1、F_2、F_3 均位于视平线 h-h 上，这几个灭点可在透视平面图的作图过程中就确定出来，以提高作图效率和精度(图 8-12(b))。

例 8-5 已知建筑物的两面投影如图 8-13(a)所示，试运用网格法，确定画面与视点，作出它的两点透视。

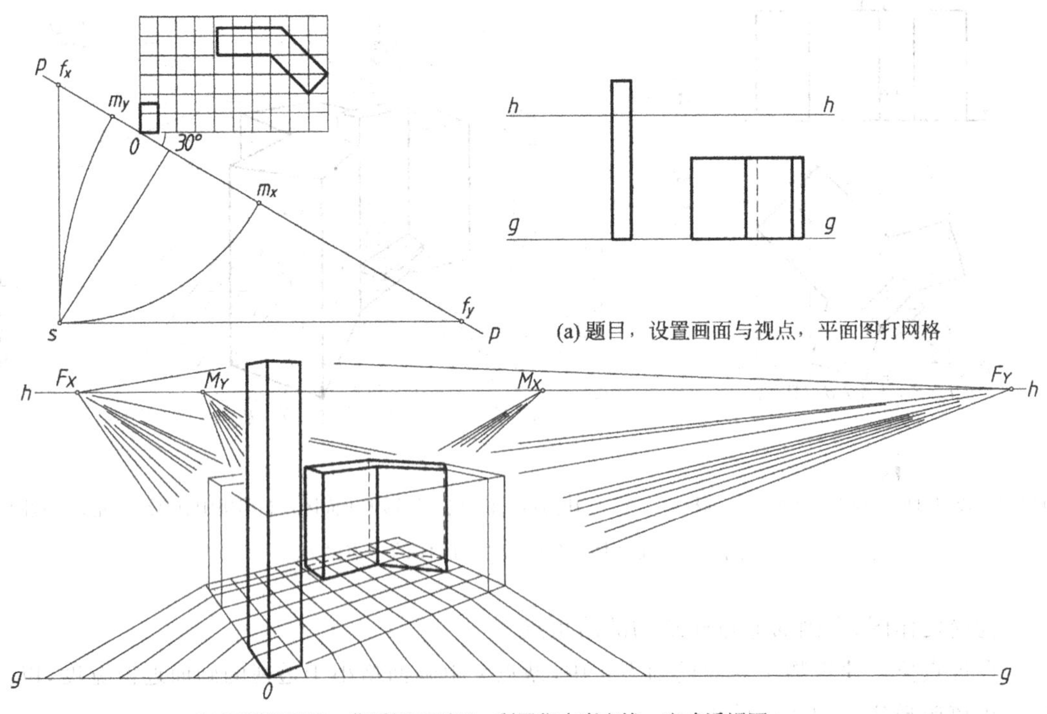

(a) 题目，设置画面与视点，平面图打网格

(b) 画透视网格，作透视平面图，利用集中真高线，完成透视图

图 8-13 运用网格法作建筑形体的两点透视

解 分析：图 8-13(a)所示建筑物平面图中的轮廓线呈多方向状态，即不限于两组主向直线，因此宜采用网格法作其两点透视。

为充分表现两建筑的高与低、前与后的相对位置关系，拟升高视点 S，把建筑群画成鸟瞰透视，并取视高约为 0.6 倍的视距。

为方便作图，令画面通过前座建筑的左前角点，并使画面与建筑物主立面的倾角为 30°。

为避免前、后座建筑的遮挡，取站点 s 位于画面顶点 0 的右边，且距画面大致为 1.5 倍的画面近似宽度。

放大一倍作透视图。

作图：如图 8-13(a)所示，先设置画面位置线 p-p（使画面倾角为 30°）、视平线 h-h、基线 g-g，确定站点 s 位于画面顶点 0 的右侧（使视高约等于 0.6 倍的视距）。

在平面图中，作正方形网格，使网格线尽可能多地重合或平行于平面图中的两组主向直线，并在画面位置线 p-p 上作出点 f_x、m_y、0、m_x、f_y。

在画面上按既定的视高放大一倍画出视平线 h-h 和基线 g-g（图 8-13(b)）。将平面图中的点 f_x、m_y、0、m_x、f_y 放大一倍点距移画到视平线 h-h 上来，并将 0 点下移至基线 g-g，从而得主向灭点 F_X、F_Y、量点 M_X、M_Y 和建筑物的画面顶点 0 的透视。

用量点法作网格的两点透视（网格间距较平面图放大一倍）。

作建筑物的透视平面图：按建筑物在平面图中相对于网格的位置，目测估画出透视平面图。

利用集中真高线确定前、后座建筑物的透视高度（前、后座建筑的真高较立面图中放大一倍作图）。

其余部分采用常规方法作图，请读者看图自行分析，不再赘述。

由此可见，网格法透视作图要点为：

(1) 网格法常用来绘制建筑群的鸟瞰图或平面布局很不规则的建筑物（含室外环境和室内平面布置）的透视图，或曲面立体（含曲线图案）的透视图。

(2) 作图时，先要在建筑群或建筑物的平面图上画出间隔适中的正方形网格（确定网格疏密的原则是使建筑的平面轮廓或顶点尽可能多地重合或通过网格线），并把这些网格画成透视；然后根据建筑平面图中各图线或特征点与网格线的相对位置，凭目测确定它们在透视网格中的位置，并画出这些线和点，从而得到透视平面图；最后利用同一比例的真高线，量画出建筑物各部分的透视高度，从而获得所需的透视图。

(3) 缩放透视作图时，需先同比例缩放建筑物的长、宽、高尺寸，并同比例缩放打在原平面图上的方格网、视高尺寸以及视平线上的主（灭）点和距（量）点的点距（等同于缩放了整个透视体系），再开始透视作图。

(4) 网格法结合量点法（30°-60°透视、45°-45°透视）、距点法会使得作图更易。

8.3 受画幅限制时的透视画法——辅助灭点法

透视图在绘制过程中，灭点往往远在图板之外，使得引向该灭点的直线无法直接作出。有时，连量点或距点也越出图板外，从而给作图带来困难。这时，就要采用辅助作图法——

辅助灭点法。

如图 8-14 所示，当一个主向灭点如 F_X 落在图板之外，为求该主向墙面的透视，可过墙角点 a 选作下列两种辅助直线：

(1) 作垂直于画面的辅助线 ab（图 8-14(a)），则该辅助线的透视 a_pb_p 应指向主点 s'；

(2) 作平行于可达灭点 F_Y 的主向平行线 ak 与画面相交于点 k（图 8-14(b)），则该辅助线的透视 a_pk_p 应指向可达灭点 F_Y。

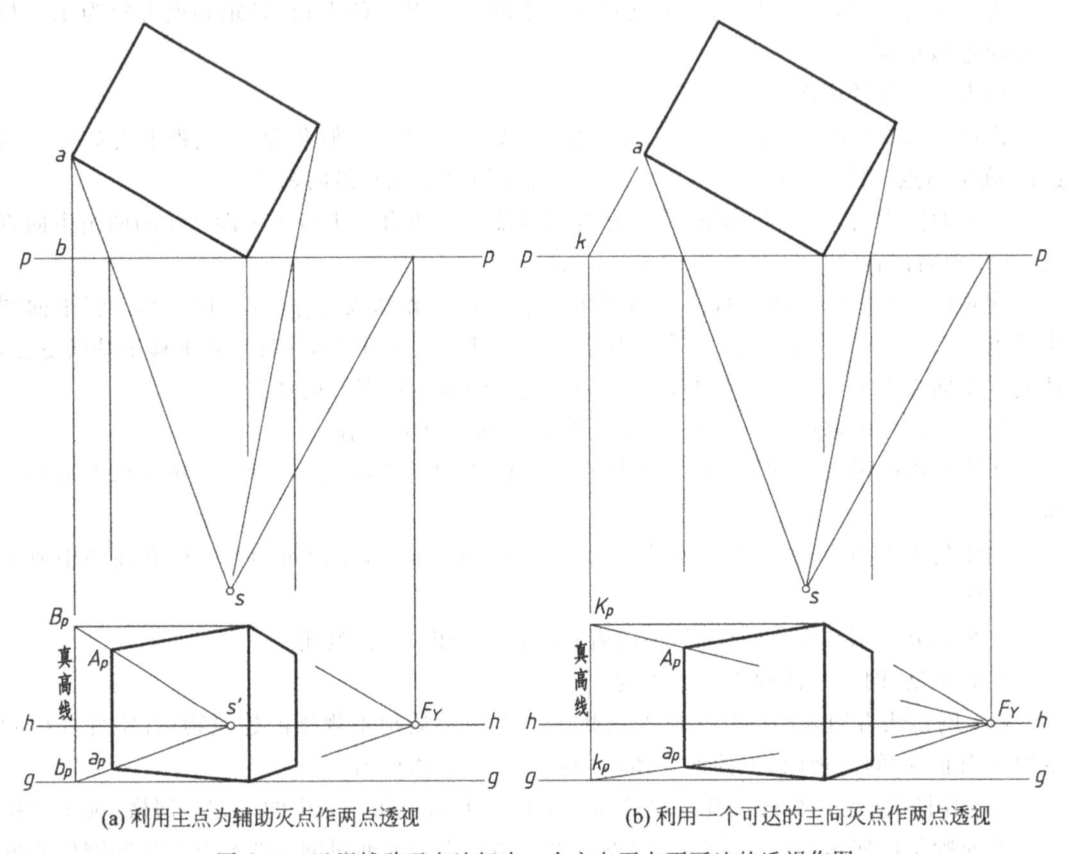

(a) 利用主点为辅助灭点作两点透视　　(b) 利用一个可达的主向灭点作两点透视

图 8-14　运用辅助灭点法解决一个主向灭点不可达的透视作图

在作出上述辅助线的透视后，再通过视线 as 与画面位置线 p-p 的交点向下作铅垂线，与上述辅助线的透视相交，交点 a_p 就是墙角最低点 a 的透视。至于 a_p 处墙角线的透视高度，由于图板内无灭点 F_X 可以利用，故要在图 8-14(a)中的 b_p 处或图 8-14(b)中的 k_p 处各立一条真高线，再配合主点 s' 或灭点 F_Y 即可求得墙角线的透视 A_Pa_p。

图 8-15 为利用一个可达的主向灭点，作建筑群的两点透视实例。作图时将前排 3 栋建筑、后排两栋建筑各视为一个整体。然后将平面图中最左侧的 Y 向轮廓线延长与画面位置线 p-p 相交，从而得到反映前、后座建筑高度的集中真高线，过真高线标高为 0、12m、30m 处和基线上的画面顶点 o 向 F_Y 引直线，得 Y 向图线的全长透视，在平面图中过建筑物前、后座最左、最右侧轮廓线的端点作视线，与画面位置线 p-p 相交，过交点向下作竖直线，与上述全长透视相交，整理即得建筑物前、后座的整体透视轮廓。最后，如图 8-15 所示作细分

后建筑物前、后座有关顶点的视线与画面位置线 $p\text{-}p$ 相交，过交点向下作竖直线与上述整体透视轮廓相交，整理后即得所求透视图。

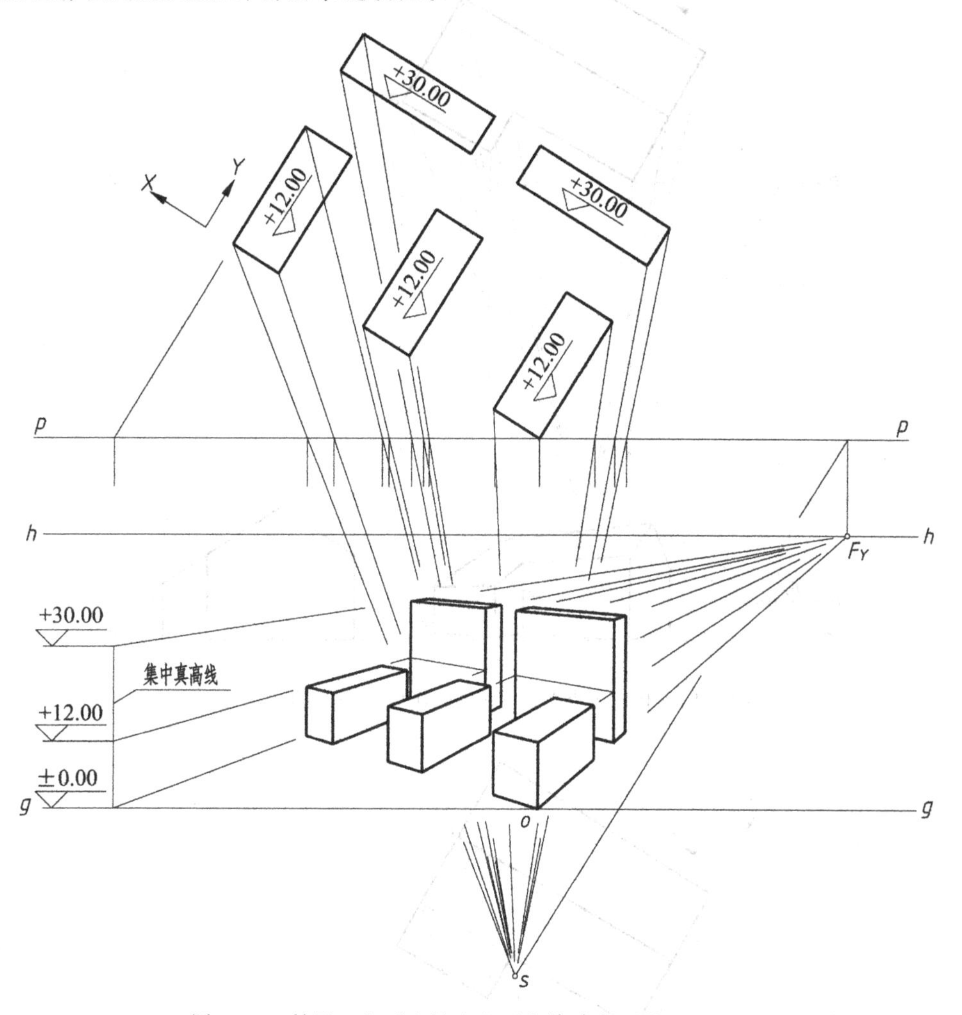

图 8-15 利用一个可达的主向灭点作建筑群的两点透视

图 8-16 为利用主点为辅助灭点，作坡顶小屋的两点透视实例。

为求平面图中点 a 的透视，过点 a 作垂直于画面位置线 $p\text{-}p$ 的辅助直线 $a1$，其透视 a_p1_p 指向主点 s'。过 1_p 立墙角 a 处的真高线，自该线最高点向 F_X 引直线，与过 a_p 的竖直线相交于 A_P，则 A_Pa_p 即为 a 处墙角线的透视。

同理，作 b 处墙角线的透视、c 处屋脊线的右端点的透视。其余作图沿用前面有关章节的通用方法，此处不再赘述。

值得说明的是，本例中若首先作出小屋左端面上行直线的灭点 F(位于该主向灭点 F_X 的正上方)，则平面图中屋脊线的右端点 c 的画面辅助垂直线和真高作图均可省略，使作图既快捷又准确（图 8-17）。

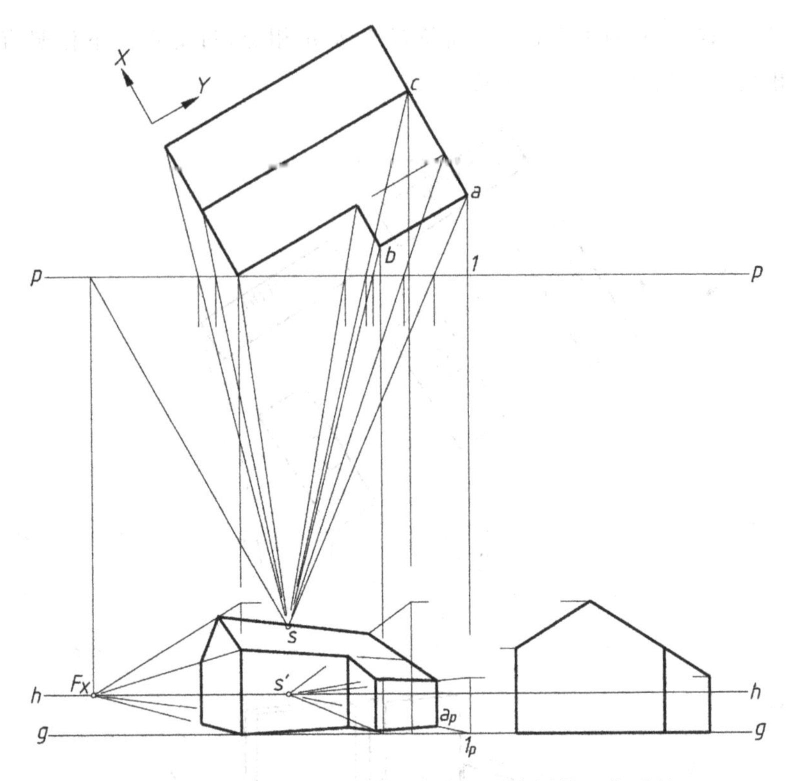

图 8-16　利用主点为辅助灭点，作坡顶小屋的两点透视

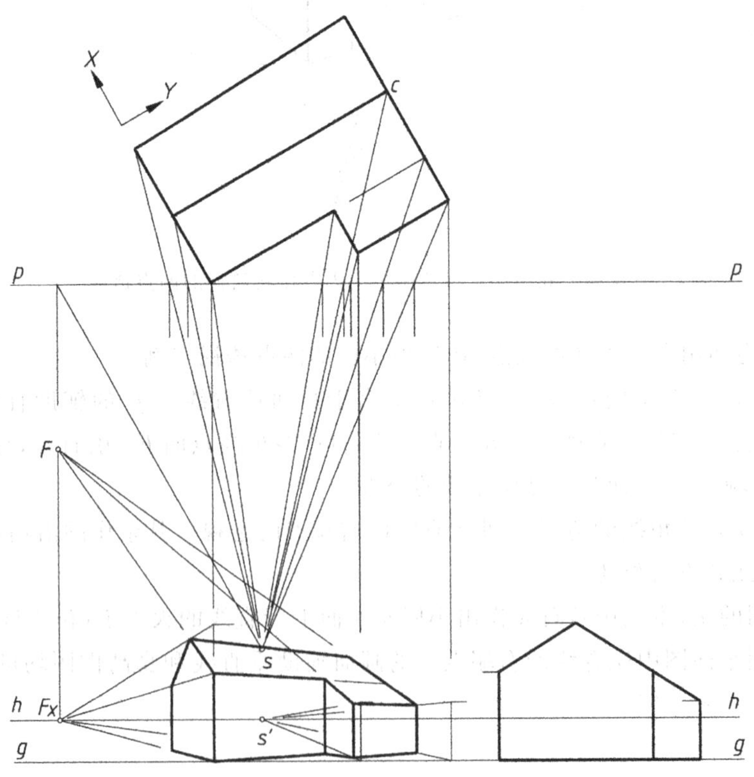

图 8-17　利用主点为辅助灭点，借助斜线的灭点作坡顶小屋的两点透视

8.4 建筑细部的实用画法——倍增与分割

在用上述各种方法画出建筑物的透视轮廓线之后，可运用画面平行线、矩形的透视特性、斜线灭点或量点等概念来作建筑细部的透视，从而达到简化作图、提高效率的目的。

8.4.1 直线的分割（分比法）

在透视图中，属于画面平行线上的各分点之间的比例关系在透视前后不会改变(图 8-18(a)中，$AC:CD:DB=A_PC_P:C_PD_P:D_PB_P=2:1:3$，$ME:EN=M_PE_P:E_PN_P=2:3$)；但画面相交线上的各分点之间的比例关系在透视后将被破坏，即不等于实际的点距之比。

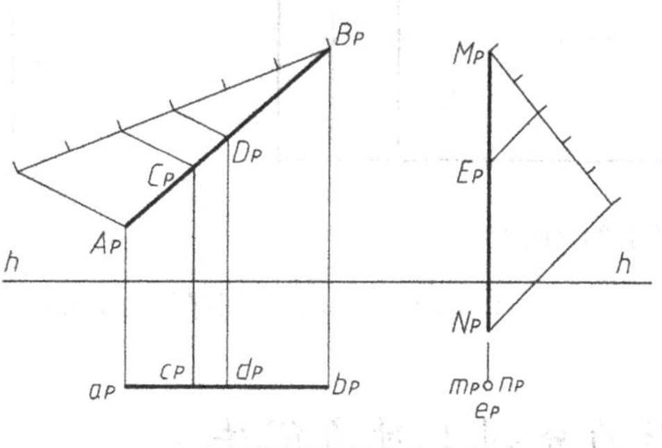

ts8-18(a)

(a) 画面平行线的定比分割

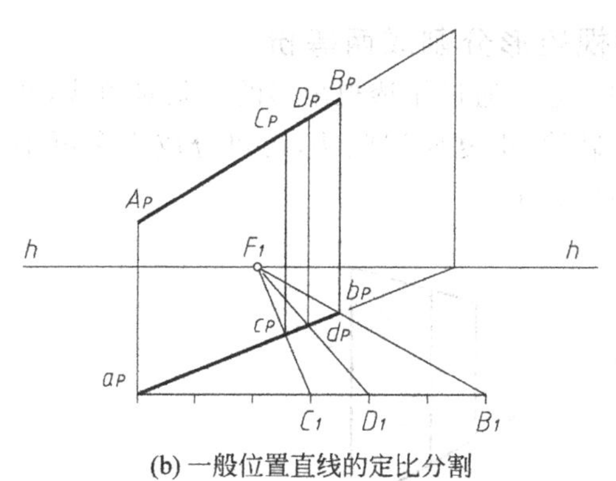

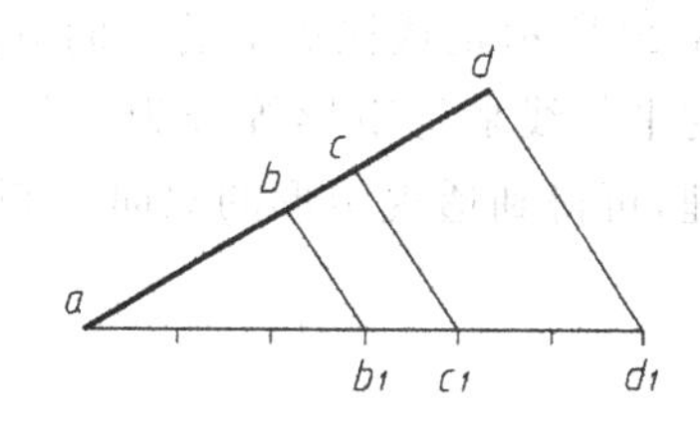

ts8-18(b)

(b) 一般位置直线的定比分割　　(c) 透视直线定比分割的依据

图 8-18 各种位置直线的定比分割

图 8-18(b)所示为已知一般位置直线的透视 A_PB_P，试将其分成 3 段，使比值为 3∶1∶2 的透视作图。作图时，首先自 a_pb_p 的任一端点如 a_p，作一水平辅助线，并以适当长度为单位，自 a_p 向右量得点 C_1、D_1、B_1，使得 $a_pC_1:C_1D_1:D_1B_1=3:1:2$；连线 B_1b_p 并延长之，交视平线 $h\text{-}h$ 于 F_1；连线 F_1C_1、F_1D_1 与 a_pb_p 交于 c_p、d_p；过 c_p、d_p 向上作竖直线交 A_PB_P 于 C_P、D_P，即得所求定比点的透视。

上述作图原理来自平面几何的理论，即一组平行线可将任意两直线分割成比例相等的线段，故图 8-18(c)有 $ab_1:b_1c_1:c_1d_1=ab:bc:cd$。显然，在对应的透视作图(图 8-18(b))中，由于直线 F_1C_1、F_1D_1、F_1B_1 都交汇于视平线 $h\text{-}h$ 上的同一灭点 F_1，所以这 3 条透视线空间对应于一组互相平行的基面平行线。

图 8-19 所示是根据上述作图原理，借助量点 M_X、M_Y，在已知建筑立面的透视轮廓后确定其门窗透视位置的细部分割作图。

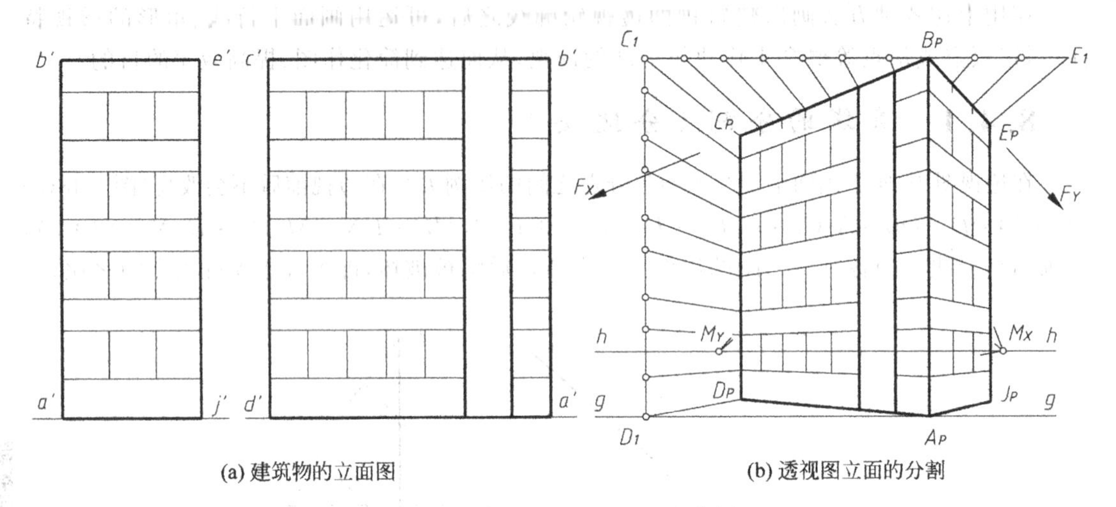

(a) 建筑物的立面图　　(b) 透视图立面的分割

图 8-19　建筑立面细部的简捷作图

8.4.2　矩形的分割（对角线法）

1. 利用矩形的两条对角线将透视矩形分割成两等份

图 8-20 所示是透视矩形的单向分割。它是通过作透视矩形的两条对角线，并过其交点作边线的平行线来将矩形等分为二的。显然，重复使用此法，还可分成更多更小的透视矩形。同理，可得到透视矩形的双向分割(图 8-21)。

ts8-20

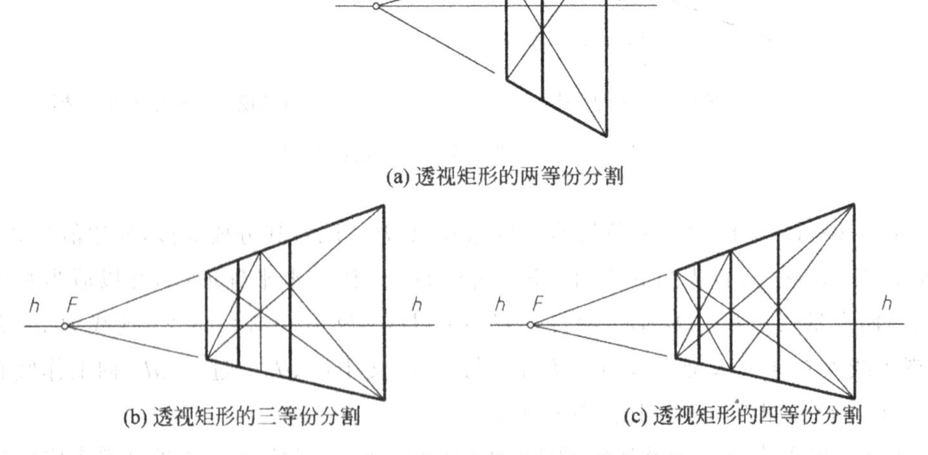

(a) 透视矩形的两等份分割

(b) 透视矩形的三等份分割　　(c) 透视矩形的四等份分割

图 8-20　透视矩形的对角线分割法(单向等分)

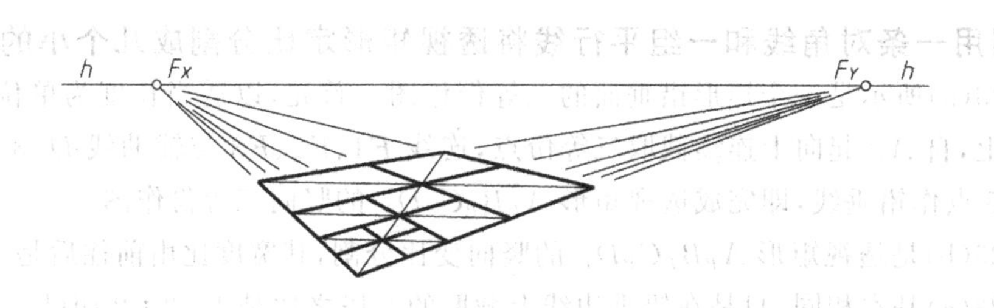

(a) 透视矩形的双向细分

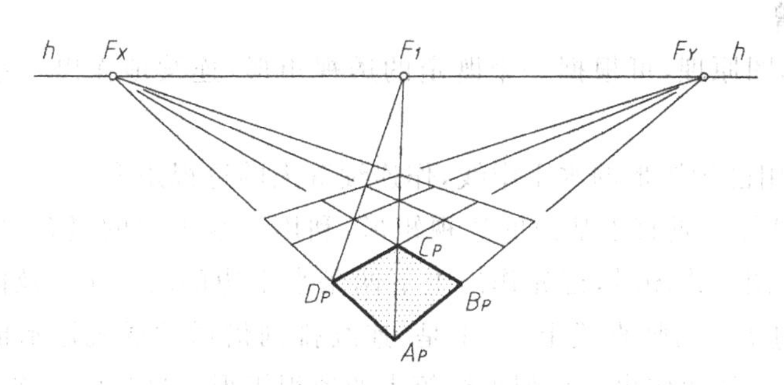

(b) 利用对角线作连续等大的矩形

ts8-21

图 8-21 透视矩形的对角线分割法（双向等分）

图 8-22 为透视矩形的任意分割与延续。图 8-23 为透视矩形的定比分割。

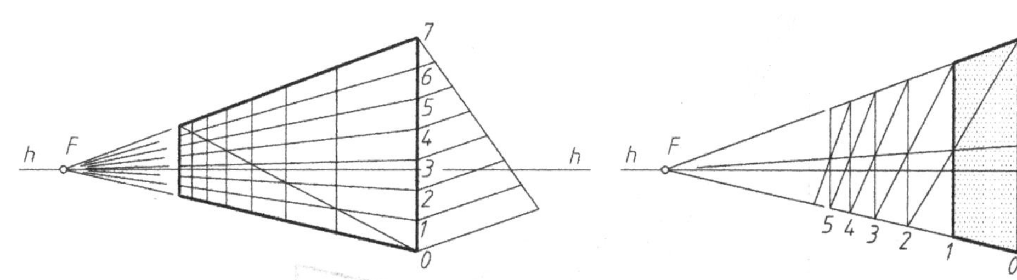

(a) 透视矩形的任意分割(竖向七等份分割)　(b) 利用中线作透视矩形的任意延续

ts8-22

图 8-22 透视矩形的任意分割与延续

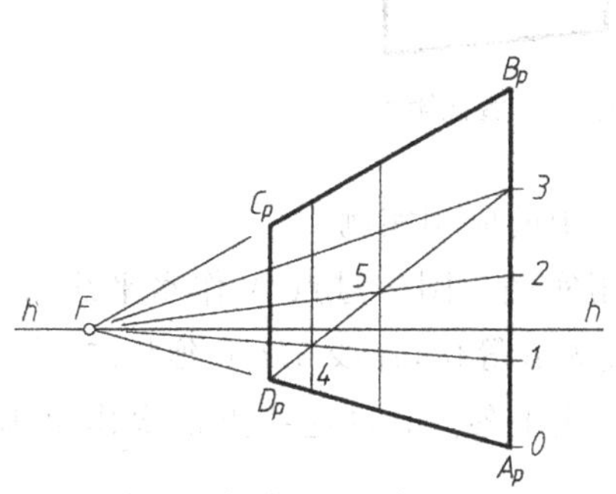

(a) 透视矩形的等比分割(竖向三等份分割)

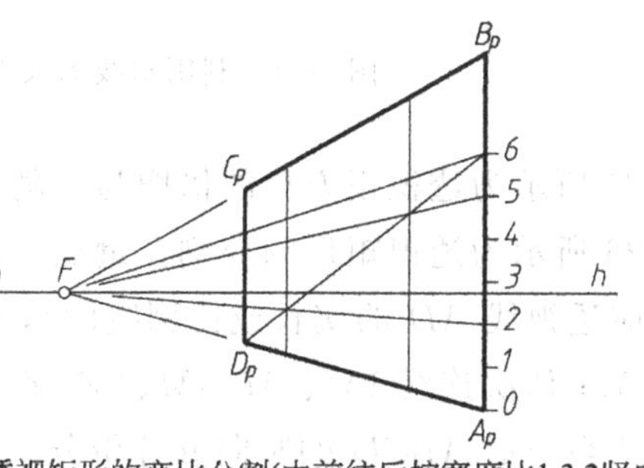

(b) 透视矩形的变比分割(由前往后按宽度比1:3:2竖向分割)

ts8-23

图 8-23 透视矩形的定比分割

2. 利用一条对角线和一组平行线将透视矩形定比分割成几个小的矩形

图 8-23(a)所示是一个矩形铅垂面的三等份作图。首先，以适当长度为单位，在铅垂边线 A_PB_P 上，自 A_P 起向上连续截取三等份点，连线 $F1$、$F2$、$F3$ 与辅助线 D_P3 相交于 4、5 点。过 4、5 点作铅垂线，即完成透视矩形 $A_PB_PC_PD_P$ 的竖向三等份作图。

图 8-23(b)是透视矩形 $A_PB_PC_PD_P$ 的竖向变比分割，其宽度比由前往后是 1∶3∶2，作法与图 8-23(a)基本相同，只是在铅垂边线上截取的 3 段之比是 1∶3∶2 而已。

3. 矩形的倍增

运用对角线的作图原理，可根据一个既定的透视矩形，连续地作出一系列等大的透视矩形。

图 8-22(b)是利用已知矩形的水平中线，作连续等大的透视矩形。

图 8-24 所示为已知一垂直于基面的透视矩形，利用斜线灭点的概念，再连续地作出几个相等矩形的透视作图。作图时，首先作出上下两条水平边的灭点 F_X 及同向对角斜线的灭点 F_1(F_1 必位于过 F_X 的竖直线上)。于是，连续排列倍增的透视矩形的上行对角线均应指向共同的灭点 F_1，从而作出一系列连续等大的透视矩形。这是由于连续平铺的等大的矩形网格(如地砖与天花板的拼接纹理)其同方向的对角线在空间是相互平行的缘故，因此在透视图上它们指向共同的灭点。

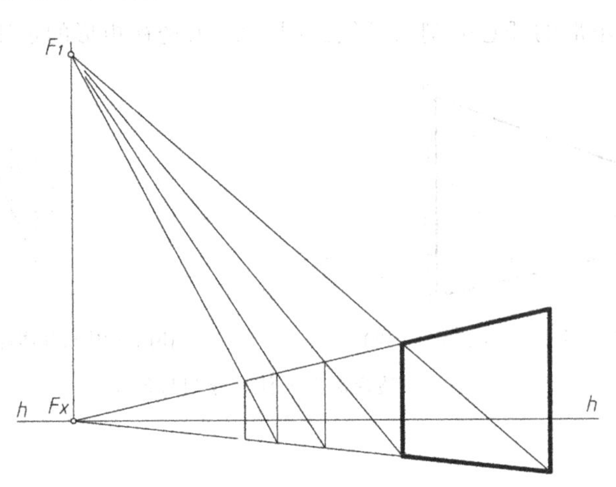

图 8-24 利用斜线的灭点作连续等大的透视矩形

图 8-25 所示为透视正方形的倍增与分割在距点法中的应用实例。

图 8-26 所示为透视矩形的分割在量点法中的应用实例。图中过点 A 作水平线 $A5$(该线应为对应透视线 AD 的实长或比例线段)，等分该线为五等份，连线 $5D$ 并延长之，交视平线于量点 M；依次连线 $1M$、$2M$、$3M$、$4M$ 交 AD 透视线于各点；过这些点依次作铅垂线，即可完成透视矩形 $ABCD$ 的竖向五等份分割。

图 8-27 所示是量点法将室内立面垂直分割的综合应用示例。

4. 作对称于已知透视矩形的图形

对称图形的透视作图主要也是利用对角线来解决的。

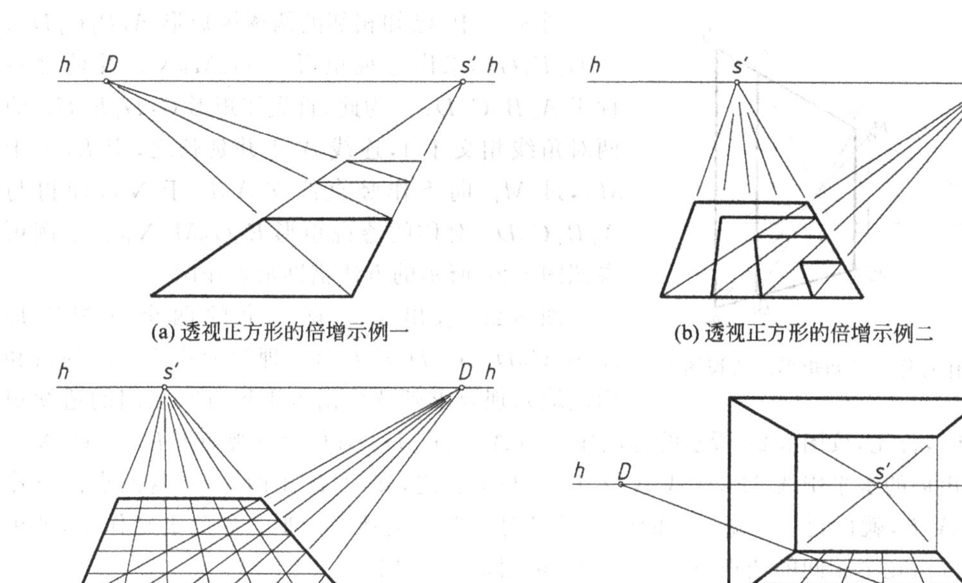

(a) 透视正方形的倍增示例一

(b) 透视正方形的倍增示例二

(c) 透视正方形的分割示例

(d) 透视矩形的分割示例

图 8-25 运用距点法作透视正方形的倍增与分割

ts8-25

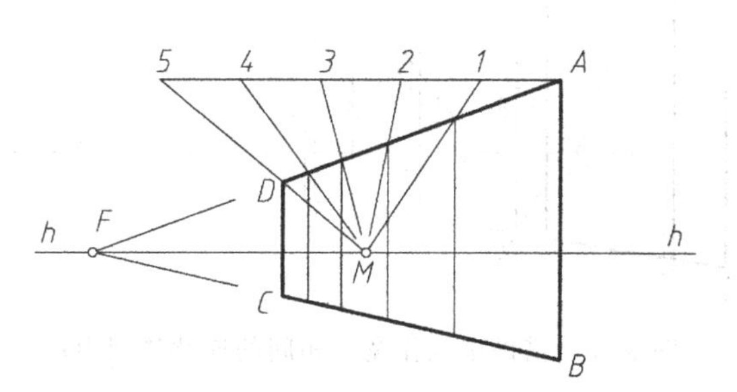

图 8-26 运用量点法作透视矩形的垂直分割

ts8-24 & 8-26

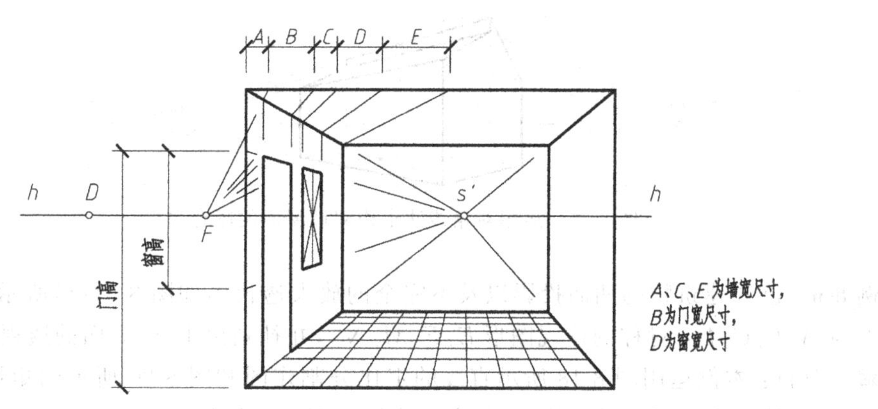

图 8-27 运用量点法作室内立面的垂直分割

ts8-27

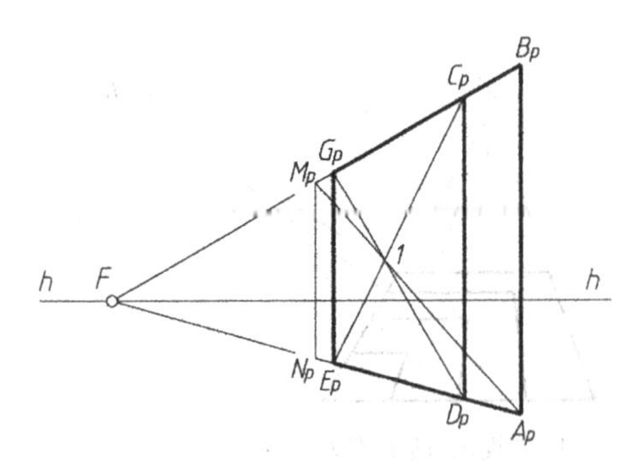

图 8-28 作对称于已知矩形的透视图形

图 8-28 中，已知相邻的两透视矩形 $A_PB_PC_PD_P$、$C_PD_PE_PG_P$，求作透视矩形 $E_PG_PM_PN_P$，并使之对称于 $A_PB_PC_PD_P$。为此，首先作矩形 $C_PD_PE_PG_P$ 的两对角线相交于 1，连线 A_P1 并延长之，交 B_PF 于 M_P，过 M_P 向下作竖直线交 A_PF 于 N_P，即得与 $A_PB_PC_PD_P$ 对称的透视矩形 $E_PG_PM_PN_P$。本例可参照图 8-26 所示的方法借助量点作图。

图 8-29 给出了一宽一窄的两个透视矩形 $A_PB_PC_PD_P$、$C_PD_PE_PG_P$（可理解为建筑立面的窗和窗间墙），现要求延续作出若干组宽窄相间的透视矩形。作图时，首先，按图 8-28 所示的方法作出与 $A_PB_PC_PD_P$ 对称的透视矩形 $E_PG_PM_PN_P$，然后作出矩形的水平中线 $1F$，连线 A_P2、D_P3 并延长之，交 B_PF 于两点，过这两点向下作竖直线交 A_PF，就得到了一宽一窄的两个满足对称要求的透视矩形。如此重复作图，即可连续作出多组宽窄相间的透视矩形。本例也可用量点法作图。

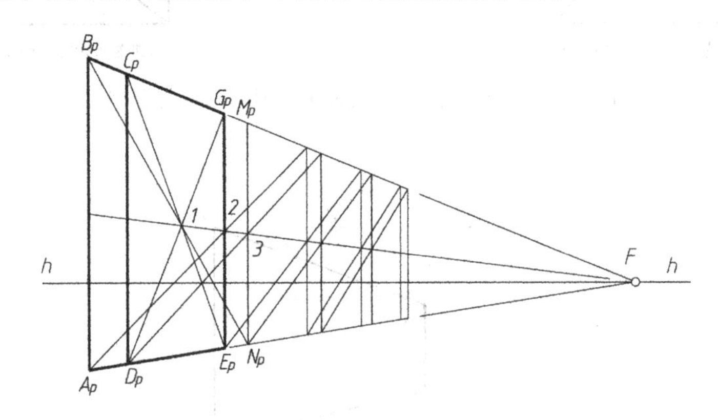

图 8-29 借助中线作宽窄相间的连续透视矩形

图 8-30 所示为运用对角线法求作双坡屋面的屋脊线的作图实例。

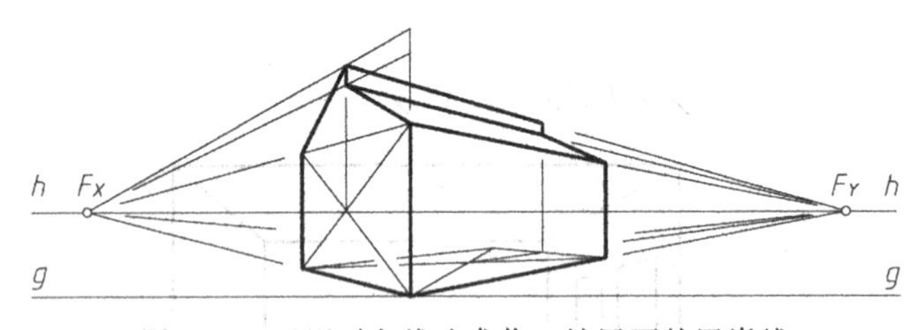

图 8-30 运用对角线法求作双坡屋面的屋脊线

例 8-6 已知建筑物的两面投影以及不完全的放大透视图如图 8-31(a)所示，试补全主立面上与 $A_PB_PC_PD_P$ 对称的透视图形 $E_PF_PM_PN_P$，并补画出主、辅立面的透视分割线。

解 分析：本例运用图 8-18 所示直线的定比分割作图和图 8-20 所示的矩形分割的对角线法，即可补全主立面的透视轮廓，并完成建筑立面的细部分割。

作图：首先，过图 8-31(b)中墙角线 A_PB_P 的最高点作水平的辅助直线，并在其左侧量

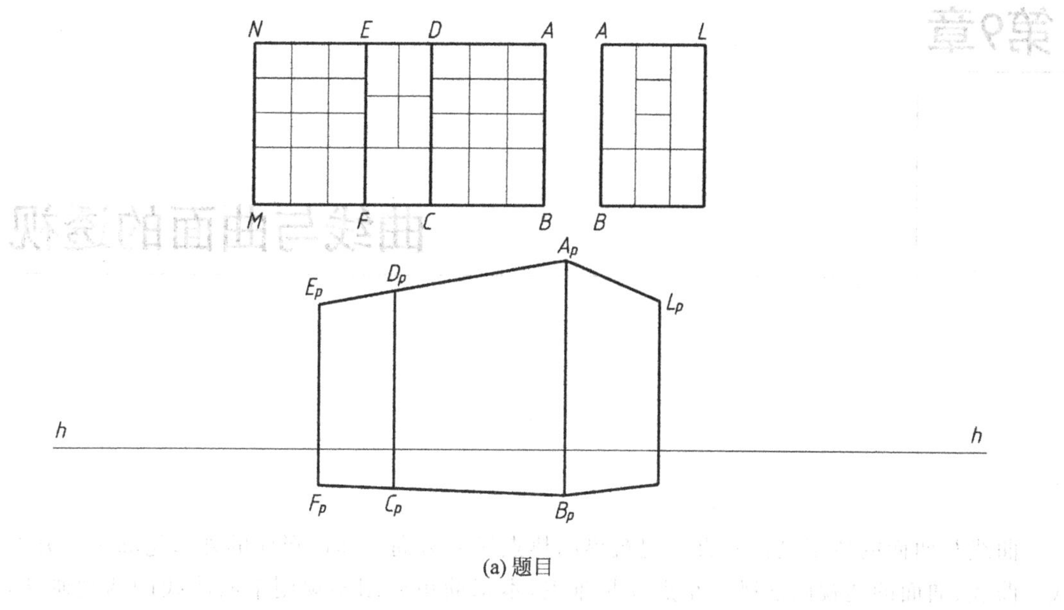

(a) 题目

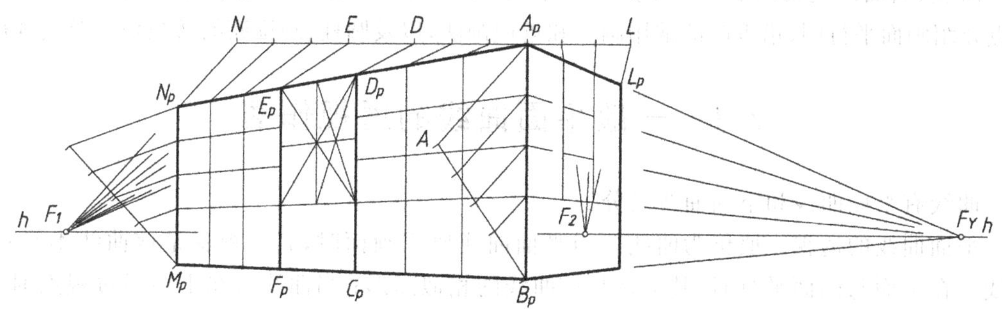

(b) 补全透视轮廓，立面轮廓线作定比分割，完成透视细部

图 8-31 补画建筑物主立面的透视轮廓，并画出立面的分割线

取 A_PN 等于图 8-31(a)中主立面的长 AN，其分点 N、E、D 的点间距离保持不变。连线 EE_P 并延长之，交视平线 h-h 于 F_1 点。连线 NF_1 与 A_PE_P 的延长线交于 N_P；过 N_P 作铅垂线与 B_PF_P 的延长线交于 M_P，即得与 $A_PB_PC_PD_P$ 对称的透视矩形 $E_PF_PM_PN_P$。

过 A_PN 上的其他分点向 F_1 连线，与 A_PN_P 相交，过交点向下作竖直线即得主立面的竖向分割。

同理，作辅立面的竖向分割。

由于铅垂的墙角线 A_PB_P 透视前后的分割比例不会改变，故过 B_P 以适当的方向作辅助线 B_PA，使其等于 BA，且 B_PA 上的各分点与 BA 上的点间距保持不变。连线 AA_P，过 AB_P 上各分点作 AA_P 的平行线，交 A_PB_P，即得 AB 上各分点的透视分割点。

同理，作 M_PN_P 的透视分割点。

连线 A_PB_P、M_PN_P 上的对应分点，即得主立面的横向分割。

在视平线 h-h 上作出可达的主向灭点 F_Y，过 A_PB_P 上的各透视分割点向 F_Y 引直线，即得建筑辅立面的横向分割。

整理后，完成作图(图 8-31(b))。

第9章

曲线与曲面的透视

曲线与曲面的造型设计一直是建筑界的热点研究方向。曲面形体的外形轮廓离不开曲线。曲线、曲面的透视画法既是重点又是难点，本章简单介绍不规则平面曲线的透视画法，重点介绍画面平行圆、铅垂圆的常用画法和近似画法，以及圆柱、圆锥面的透视作图及其规律。

9.1 一般平面曲线的透视作图

曲线有平面曲线和空间曲线之分。

平面曲线的透视一般仍为曲线。当平面曲线属于画面时，其透视就是该曲线本身；当曲线所在平面与画面平行时，其透视是该曲线的相似图形；当曲线所在平面通过视点时，其透视成为一条直线段。

不平行画面的平面曲线，其透视形状将发生变化。

一般平面曲线的透视作图有两种方法。其一，在曲线上选取一系列足以确定该曲线透视形状的特征点，求出这些点的透视，再用曲线将它们光滑地连接起来，即得所求曲线的透视。其二，将曲线纳入一个由正方形(也可以是矩形)组成的网格中，先将该网格的透视画出来，然后，依据原曲线与网格线的交点位置，通过目测对应定位到透视网格中，最后用光滑的曲线依次连接这些交点，即得所求曲线的透视(图 9-1)。

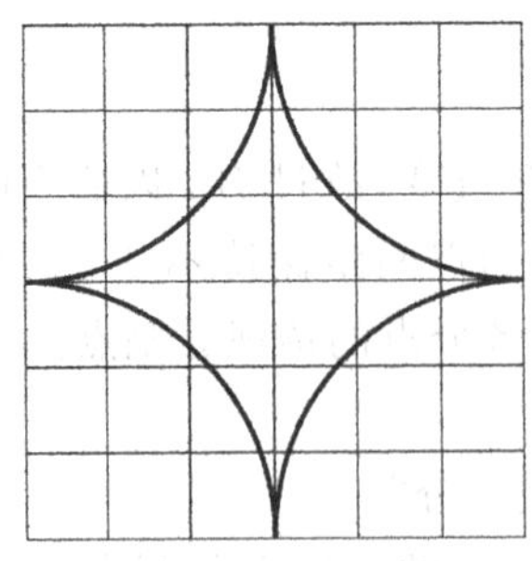

(a) 在平面曲线上加画网格

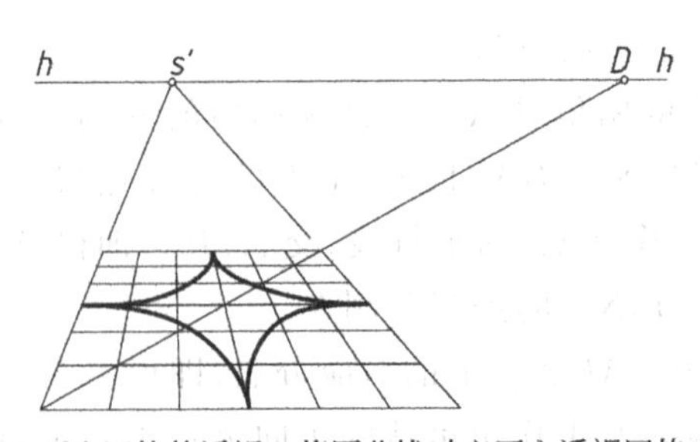

(b) 画出网格的透视，将原曲线对应画入透视网格中

图 9-1　网格法作平面曲线的透视

不规则平面曲线的透视作图宜采用网格法。但对于圆周曲线，用得最多的则是八点法；而对于空间曲线（如螺旋线）则是以上两种方法兼用为好。

本章的重点是圆曲线、圆柱、圆锥面的透视作图及其应用。

9.2 圆的透视作图

9.2.1 画面平行圆的透视作图

画面平行圆的透视仍为圆，其透视大小视圆平面距画面的远近而定。

图 9-2 所示是一轴线垂直于画面的圆管的一点透视作图，其前后端面的轮廓圆均为画面平行圆（前端面位于画面上，其透视就是它本身）。该圆管的全部直素线（包括轴线）均为画面垂直线，因此，轴线和圆管外壁的轮廓素线均指向主点 s'。至于圆管后端面的透视圆则可根据建筑师法在轴线的透视上定出圆心 O_{p2}，再在过圆心的中心线上定出后端面内、外圆的半径 $O_{p2}R_1$ 和 $O_{p2}R_2$，最后用圆规完成后端面可见圆弧的透视作图，整理转向轮廓线后即得所求（图 9-2）。

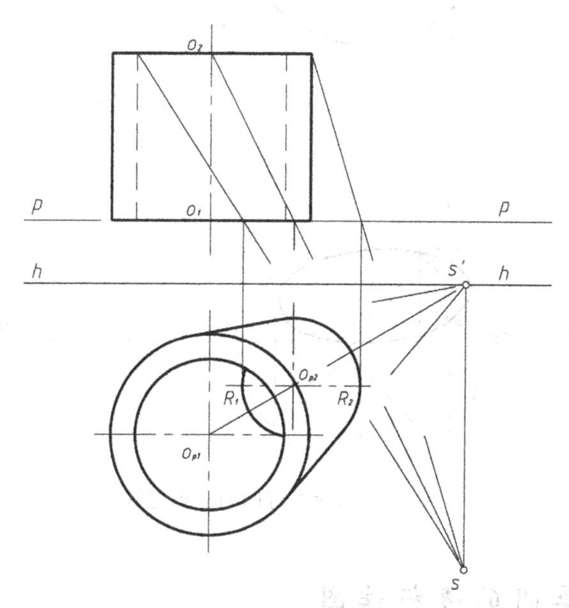

图 9-2 圆管的一点透视

9.2.2 水平圆的透视作图

水平圆的透视一般为椭圆。

为作图方便起见，通常使圆的外切正方形的一对对边（图 9-3 中的 ab、de）平行于画面，且借助辅助半圆完成作图，从而可省去平面图的作图。此时，圆的外切正方形的另一对对边（图 9-3 中的 ae、bd）为画面垂直线，其透视应指向主点 s'。

图 9-3 所示为基面上圆的透视作图，其透视与基透视重合。它的对角线在空间是 45°水平线，其透视应指向该向距点 D。由于画面的下方作出了辅助的半圆，故基面上的全部作

图可以省去，且距点 D 到主点 s' 的距离应等于站点 s 到画面的距离。

圆的透视作图常采用“以方求圆”的方法，即先画出圆的外切正方形的透视 $A_PB_PD_PE_P$，对角线 A_PD_P 和 B_PE_P 的交点 O_P 即为圆心 o 的透视（O_P 不是透视椭圆的中心）。过点 O_P 作正方形两对对边平行线的透视，它们与透视正方形 4 边的交点 1_P、2_P、3_P、4_P 即为圆周 4 个切点的透视。至于空间圆周与正方形对角线的交点 5、6、7、8，一定有连线 56、78 平行于对边 ae、bd，并在透视图中与 A_PB_P 边相交于 9_P、10_P。过 9_P、10_P 向主点 s' 引直线，与透视正方形的对角线相交得点 5_P、6_P、7_P、8_P。最后将上述 8 个透视点光滑地连成椭圆即得所求（图 9-3）。

由于所求透视椭圆是通过 8 个点作出的，因此该方法又称为八点法。

ts9-3

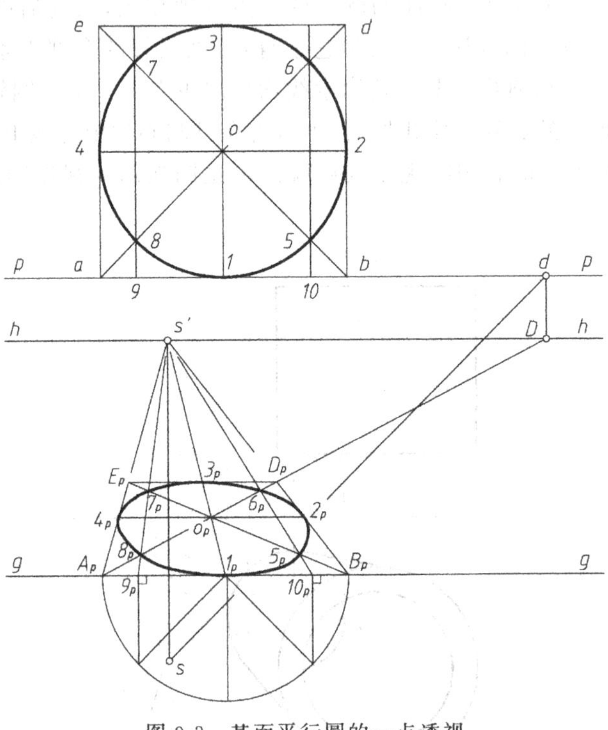

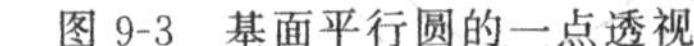
图 9-3　基面平行圆的一点透视

9.2.3 铅垂圆的透视作图

为作图简便起见，通常令铅垂圆的外切正方形的一对对边平行于画面，这样，便可省去圆的基面作图，从而使作图过程简单快捷。此时，也要借助辅助半圆来完成作图（图 9-4）。

位于画面后的铅垂圆（包括侧平圆）的透视一般为椭圆，其作图原理与水平圆的透视作图方法相同。

图 9-4 同时表达了建筑师法和量点法作铅垂圆的透视过程。在用量点法作铅垂圆的透视时，基线上的 C_1A_p 应等于该铅垂圆的外切正方形的边长 A_PB_P，亦即等于空间圆的直径。

需要特别说明的是，无论是水平圆还是铅垂圆，其圆心的透视都不在它们所对应的透视椭圆的几何中心（图 9-3、图 9-4）。

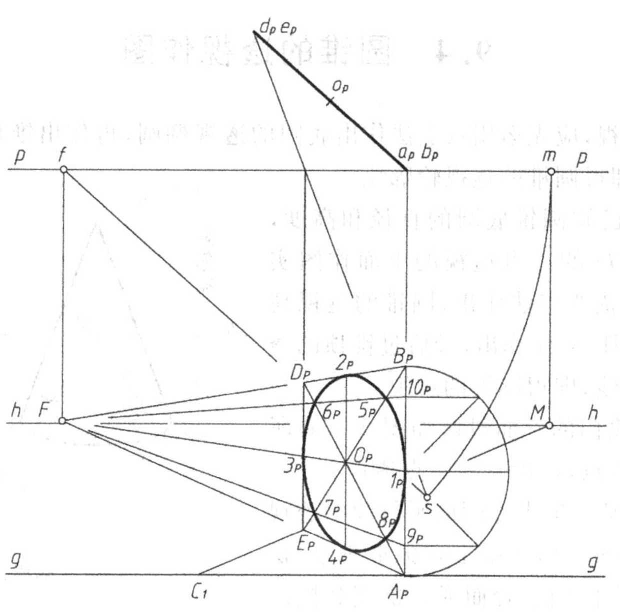

图 9-4 铅垂圆的透视作图

9.3 圆柱的透视作图

求作圆柱的透视时,应先运用八点法作出上、下底圆的透视椭圆,再作出两椭圆的切线,即得圆柱的透视轮廓线。

图 9-5 所示为根据圆柱的直径和高度,作其一点透视的实例。图 9-5(a)中的主点 s' 重叠在圆柱的透视轴线上,而图 9-5(b)中的主点 s' 则偏离了圆柱的透视轴线。图中距点 D 与主点 s' 的距离等于空间视点到画面的距离 Ss',亦即等于站点 s 到画面位置线 p-p 的距离。

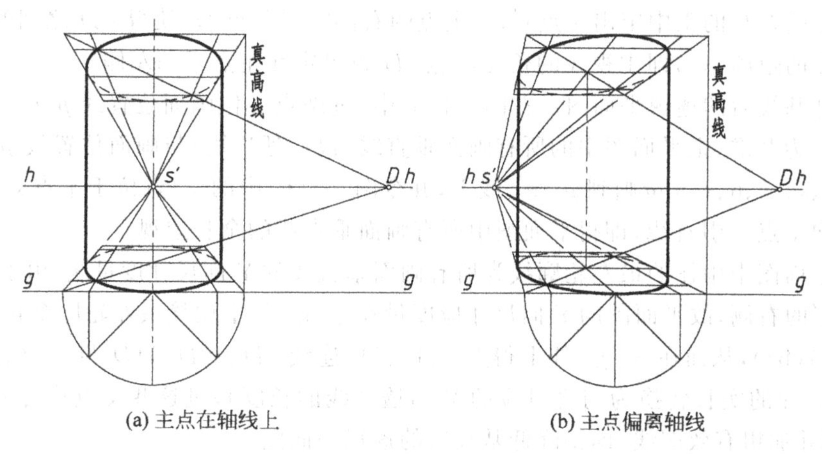

图 9-5 圆柱的一点透视

9.4 圆锥的透视作图

求作圆锥的透视，应先运用八点法作出底圆的透视椭圆，再作出锥顶的透视，过锥顶作透视椭圆的切线，即得圆锥的透视轮廓线。

图 9-6 所示为已知圆锥底圆的直径和高度，并取其视距等于 $s'D$ 的一点透视的单面作图实例。图中锥底底圆依八点法作出，圆锥的透视高度根据真高线通过距点 D 作出，最后过锥顶的透视作透视椭圆的切线，即得圆锥的透视。

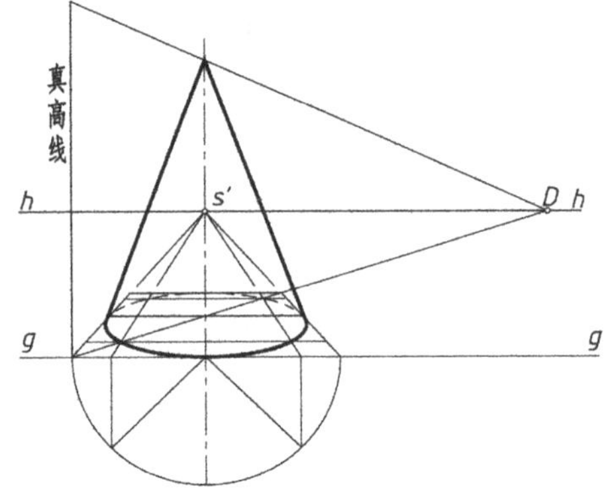

图 9-6　圆锥的一点透视

例 9-1　已知拱门的三面投影如图 9-7(a)所示，试确定画面和视点，作出它的一点透视。

解　分析：这是一道求作画面平行圆的透视练习题。图 9-7(a)所示形体由 180°弧形拱篷、拱门和门下方的左、右门挡组合而成。拱篷和拱门的圆弧轮廓均平行于墙面。为了表达方便，设置画面通过拱形雨篷的前立面，故该雨篷的前立面轮廓反映真高和实形。

为获得即将步入室内的透视效果，取视距 ss_p 等于雨篷的画面宽度，即 $2(a+b+c+d)$；为突出雨篷的透视效果，视高取儿童身高，即低于成人身高，并如图 9-7(a)设置视平线 h-h；为使画面生动，令主视线偏离门洞的左、右对称轴线，即站点 s 定在门洞对称线的右侧。

根据画面平行圆的透视特性，画面上圆(弧)的透视就是它本身，画面后圆(弧)的透视仍为圆(弧)，但半径变小，且圆(弧)所在平面距画面越远，透视圆的半径就越小。

作图：本例用距点法作图。

首先，在画面上按既定的视高画出视平线 h-h、基线 g-g(图 9-7(b))。由于视高较小，故降低基线到 g_1-g_1 的位置。

在视平线 h-h 的正中定出主点 s'，在主点的右侧定出距点 D，使得 $s'D$ 之间的距离等于站点到画面的距离 ss_p，即主视线的长度(距点 D 也可定在主点 s'的左侧)。

作降低基线后的透视平面图。在图 9-7(a)中，过站点 s 作画面位置线 p-p 的垂线得垂足 s_p，以 s_p 为基准，把平面图中的所有画面垂直线(包括延长线)与画面位置线 p-p 的交点 0、1、2、3、4、s_p、5、6、7、8 量画到 g_1-g_1 线上，并令图 9-7(b)中的 s_p 点位于主点 s'的正下方，过这些点向主点 s'引直线，即得平面图中所有画面垂直线的全长透视。

选定平面图中雨篷的最左轮廓线为所有画面垂直线的 Y 向尺寸度量线，由于距点 D 已定在主点 s'的右侧，故平面图的 Y 向尺寸应度量在 g_1-g_1 线上雨篷最左轮廓全长透视 $0s'$的左侧(图 9-7(b))，从而在 g_1-g_1 线上得点 9、10、11，连线 $9D$、$10D$、$11D$ 与 $0s'$相交(即将雨篷的 Y 向尺寸的实长转换为与之对应的 Y 向透视线的长度)，过这些交点作 g_1-g_1 线的平行线，整理并加粗有效图线，即得降低基线后的透视平面图。

作透视图。雨篷和挡板的前立面属于画面，其透视反映真高和实形。这部分图形在原基线 g-g 上方直接作出。

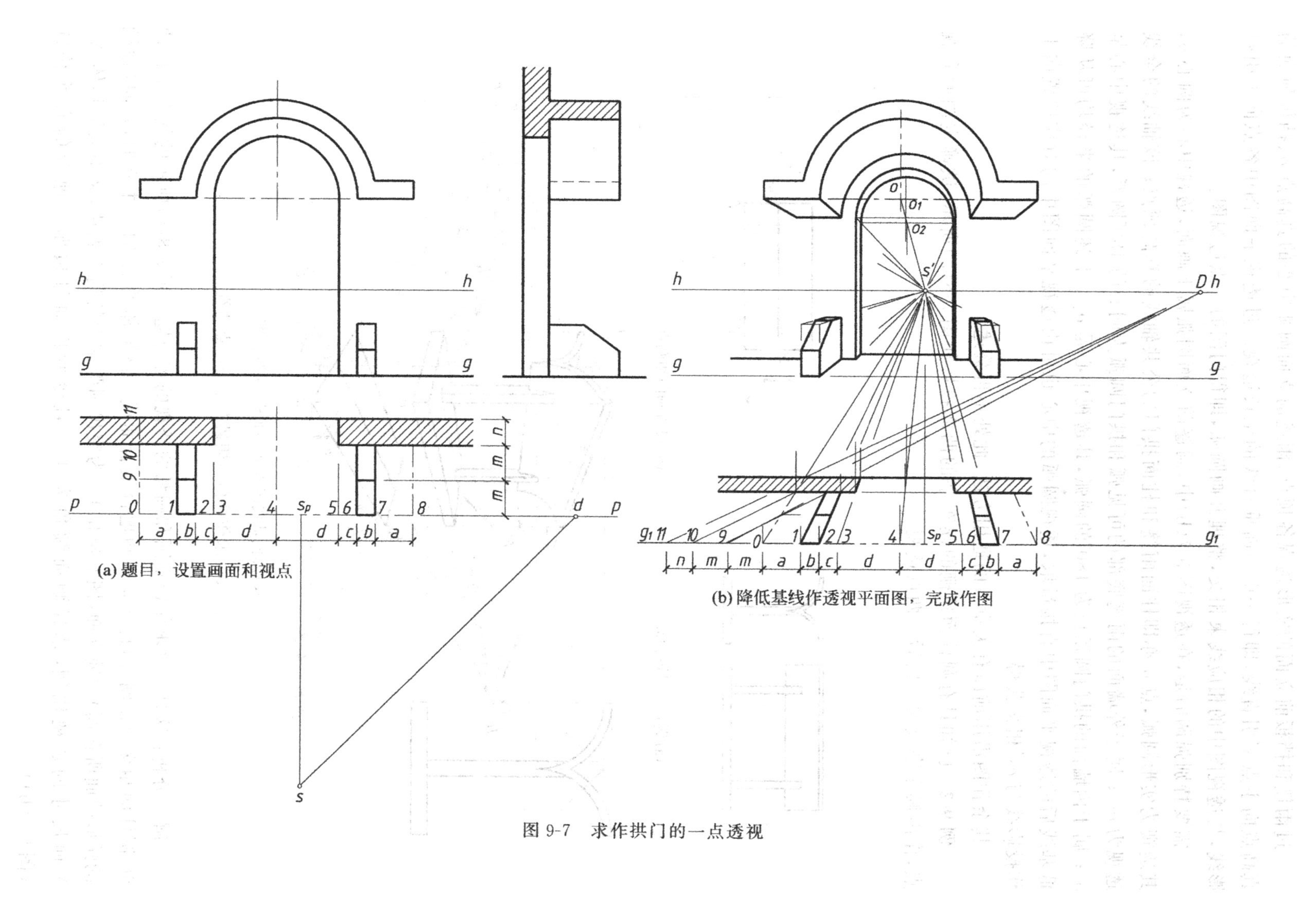

(a) 题目，设置画面和视点

(b) 降低基线作透视平面图，完成作图

图 9-7 求作拱门的一点透视

过雨篷和挡板前立面的实形透视各顶点、雨篷前立面圆弧中心的真高点 o、挡板顶面的真高点向主点 s' 引直线，即得一束画面垂直线的全长透视。过透视平面图中各点向上引投影线，与透视图中的相应线束相交，整理并画圆弧，即得门洞的一点透视图。

需要特别强调的是，在透视图 9-7(b)中，雨篷前立面圆弧属于画面，透视中心为圆心 o，其透视为实形圆弧，点 o 亦即柱面雨篷和柱面拱门的公共轴线的真高顶点；该轴线的全线透视为 os'；属于外墙面的雨篷底部的可见弧和拱门圆弧为同心的 180°圆弧，其透视中心是 o_1；属于内墙面的拱门圆弧也为 180°的圆弧，其透视中心是 o_2。上述圆弧的半径均可从降低基线后的透视平面图中直接量取，透视圆弧的中心也可由透视平面图中的对应位置向上作投影线与 os' 相交获得。

其余作图沿用前面有关章节的通用方法，此处不再赘述。

例 9-2 已知具有圆柱面顶棚的候车亭的两面投影如图 9-8(a)所示，试确定画面和视点，作出候车亭放大一倍后的两点透视。

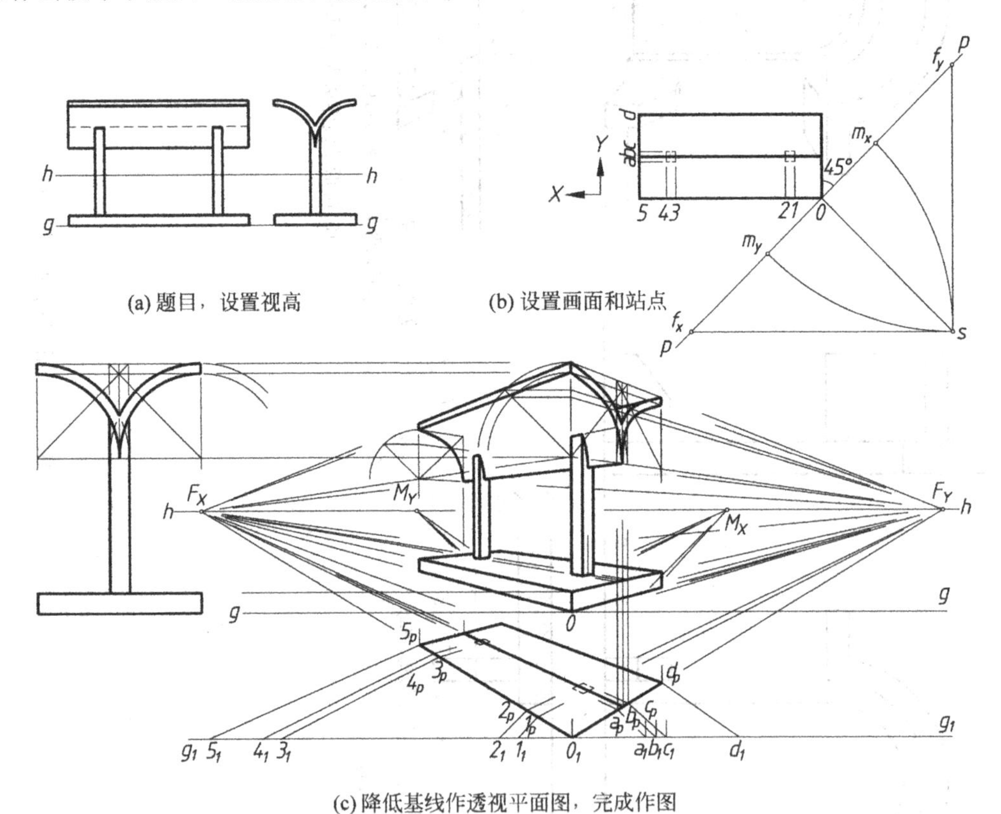

(a) 题目，设置视高

(b) 设置画面和站点

(c) 降低基线作透视平面图，完成作图

图 9-8 求作柱面顶棚候车亭的两点透视

解 分析：这是一道求作铅垂圆和圆弧的透视的练习题。图 9-8(a)所示的候车亭由两 90°圆柱面相交的顶棚、两直立立柱和地台组合而成。该形体的 X 向为主立面，Y 向（顶棚的弧形端面所在面）为辅立面（图 9-8(b)）。为突出圆弧端面的透视表达，又不失原形体 X、Y 向尺寸的透视比例，选择画面倾角为 45°，且令画面通过顶棚和地台的右前棱线（图 9-8(b)）。

为获得临近候车亭的透视效果，取视距等于候车亭 X 向的总体尺寸；为突出顶棚的透视效果，取儿童身高作为视高，即视平线 h-h 略低于候车亭总高的一半；站点 s 取在候车亭右前角点 0 的正前方，以突出顶棚圆弧端面的表达(图 9-8(b))。

根据铅垂圆的透视特性，候车亭顶棚的端面圆弧所在平面垂直于基面，其透视应为椭圆弧。

作图：本例用量点法作图。

首先，在画面上按既定的视高放大一倍画出视平线 h-h 和基线 g-g。由于视高较小，故降低基线到 g_1-g_1 位置(图 9-8(c))。

在图 9-8(b)中作出 f_x、f_y、m_x、m_y、0 点，将这 5 个点的点间距放大一倍画到图 9-8(c)的视平线 h-h 上，得点 F_X、F_Y、M_X、M_Y、0，并将 0 点按投影关系对应向正下方移画到 g_1-g_1 线上得点 0_1。

把平面图中 X 向的尺寸及其分点的点间距放大一倍后量画在 g_1-g_1 线上的点 0_1 之左，得点 1_1、2_1、3_1、4_1、5_1。把平面图中的 Y 向尺寸及其分点的点间距放大一倍后量画在 g_1-g_1 线上的 0_1 点之右，得点 a_1、b_1、c_1、d_1。

作降低基线后的透视平面图。连线 0_1F_X、0_1F_Y 得过 0_1 点的 X、Y 向直线的全线透视；连线 1_1M_X、2_1M_X、3_1M_X、4_1M_X、5_1M_X 与 0_1F_X 相交，得交点 1_P、2_P、3_P、4_P、5_P，即将原 X 向的实长转换为对应的透视长度；同理，连线 a_1M_Y、b_1M_Y、c_1M_Y、d_1M_Y 与 0_1F_Y 相交得交点 a_p、b_p、c_p、d_p，从而将原形体 Y 向实长转换为对应的透视长度。连线 F_Xa_p、F_Xb_p、F_Xc_p、F_Xd_p 与连线 1_PF_Y、2_PF_Y、3_PF_Y、4_PF_Y、5_PF_Y 相交得一透视网格，整理并加粗该网格的有效区段，即得降低基线后候车亭的透视平面图(图 9-8(c))。

作透视图。有了透视平面图，作透视图时，就不再利用量点了。

图 9-8(c)的左边为已放大一倍的候车亭的左侧立面图，透视图中各处的真高均引自该图。先过基线 g-g 上的 0 点立顶棚和地台的集中真高线，然后过顶棚和地台的画面铅垂棱线的端点向相应灭点 F_X、F_Y 连线，得全长透视，再过透视平面图中的各顶点向上作投影连线，与相应全长透视相交，整理后即得顶棚顶部轮廓和地台的透视图(图 9-8(c))。

作候车亭右端面的两两同心的 90°圆弧的透视。按铅垂圆的八点法作与上述圆弧对应的透视椭圆弧。首先，作两两同心的 90°圆弧的外切正方形的 1/4 透视图形(前后柱面顶棚右端面的两外切正方形略有重叠)，为了求圆的外切正方形对角线与圆周的交点，以原始的同心内外弧的半径为半径，在过 0 的真高线左侧顶棚圆心的真高处作辅助同心的 1/4 圆，所作的两同心 90°圆弧与过弧心的 45°辅助线相交，过交点作真高线的垂线，过两垂足向 F_Y 引两直线。这两条直线与候车亭右端面的两 90°同心弧的外切正方形的透视图形的对角线相交，交点即为两两同心的 90°圆弧的中间点的透视。将每条内外弧的 3 个透视点(起点、止点和中间点)光滑地连成椭圆曲线，整理加粗后即得顶棚右端圆弧的透视。同理，作候车亭左端面(前方内表面)的可见圆弧的透视椭圆弧。

最后，画出顶棚后上方可见轮廓的透视，整理后完成顶棚的透视作图(图 9-8(c))。

至于两立柱透视，按投影关系不难作出。但需要强调的是，两立柱可见的右端面与顶棚底面的交线在空间都是圆弧，在透视图中都是椭圆弧。具体作图时，在每条椭圆弧准确的起、止点之间，依弧线的发展趋势取中间点连成椭圆弧即可。

其余作图沿用前面各章的通用方法，请读者自行分析，此处不再赘述。

例 9-3 已知室内的一点透视如图 9-9 所示，试求作门(合页在左侧)内开 60°、最右窗(合页在右侧)外开 45°、门亮子上悬内开 45°的透视。

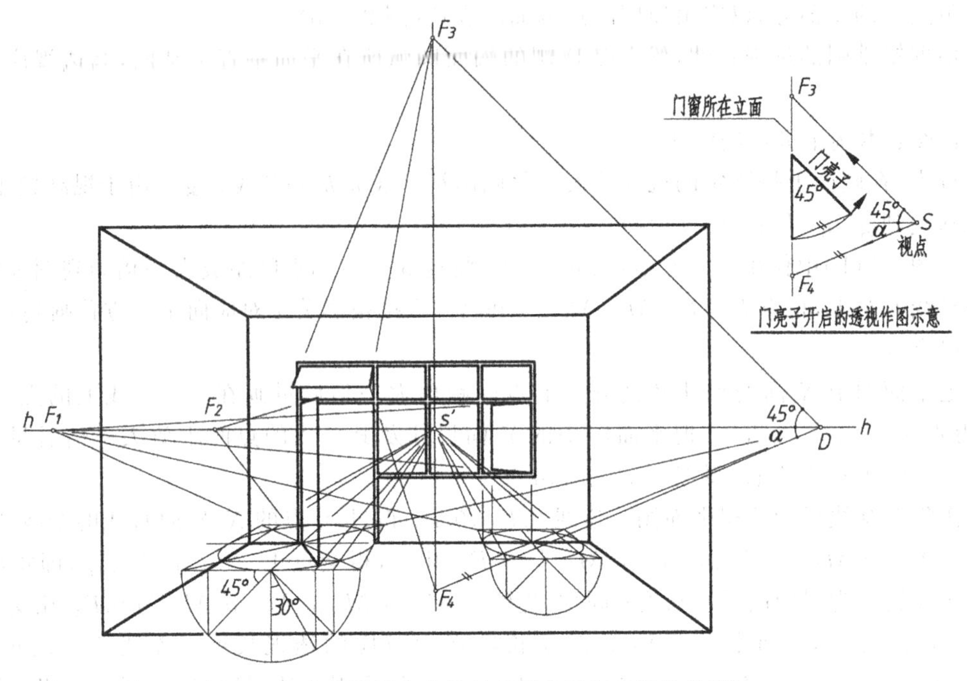

图 9-9 在透视图中求作门窗开启固定角度后的透视

解 分析：这是一个有关水平圆的透视椭圆的作图问题。

因为门窗开启时，其上下水平边最外侧端点的移动轨迹为水平圆。因此，应用水平圆的透视作图就可以准确地画出门窗开启各种角度的透视。又根据水平线的透视特性，透视图中的门窗框上下边缘线均应有自己的灭点，且应落在视平线 h-h 上。

门亮子开启后，其左、右边框线均为与画面倾角成 45°的上行侧平斜线，根据斜线灭点的概念，这两条斜线的公共灭点 F_3 应位于过主点 s'的视平线 h-h 的垂线上方，且同时属于过距点 D 的 45°斜线。

作图：为获得身居室内的透视效果，在视平线 h-h 上确定距点 D 到主点 s'的距离(即视点 S 到画面的距离)略小于画面宽度，且位于主点的右侧(图 9-9)。

作门内开 60°的透视。先以门内框的左下角点(可理解为门轴的最低点)作为门的底线的开启圆弧中心，以门内框的宽度为圆弧半径作该圆的外切正方形中与画面垂直的一对对边的透视。由于距点是 45°线的灭点，因此，过门内框的左下角点向 D、F_1 连线并延长之($Ds'=F_1s'$)，即得门的开启圆弧外切正方形的透视四边形的对角线，从而作出门的开启底圆的外切正方形的透视。

以上述透视四边形的最前边为直径作辅助半圆，过辅助半圆的圆心作双向 45°线将半圆五等份，并过这两个既属于两条 45°线又属于圆周上的点，作两条画面垂直线的透视，它们与圆外切正方形对角线的透视相交于 4 个点，这 4 个点即为圆的透视椭圆上的 4 个点。该透视椭圆上的另外 4 个特殊点位于圆的外切正方形的轮廓线上，且为过透视正方形的中心所作的基线平行线的端点、画面垂直线的透视的端点。根据基面平行圆的透视作图八点法，依次光滑地连线这 8 个点成椭圆，即得门的底边开启圆的透视椭圆。

在反映实形的半个辅助圆上，以圆心为起点作与水平方向夹角成 60°的半径（图 9-9），过该半径的端点作半圆直径边的垂线，过垂足作直线指向 s'，该直线与透视椭圆交于一点，过该点向上作竖直线得门的右边缘开启 60°后的透视，过该点连线椭圆的中心（门轴的最低点）并延长之，交视平线 h-h 于点 F_2，则 F_2 即为门上、下水平边框线的灭点，从而作出门内开 60°的透视。

同理，可作窗外开 45°的透视。需要指出的是，当门、窗开启角度为 0°、45°、90°、135°、180°等特殊角度时，其开启圆的基透视椭圆可以不必画出来（图中作出是为了更清晰地反映作图原理），而直接从用来作透视椭圆的 8 个点中的对应点向上作图，即可获得开启线。其余作图方法同上，此处不再赘述。

门亮子上悬内开的透视作图。门亮子上悬内开 45°后，其左右边框线为与画面倾斜成 45°的上行侧平直线，根据斜线灭点的概念，这两条斜线的公共灭点应位于视平线 h-h 上主点 s'的正上方 F_3 处，F_3 到主点 s'的距离等于距点 D 到主点 s'的距离，亦即视点 S 到画面的距离，即 $F_3s'=Ds'=$视距。

从图 9-9 中的门亮子开启的透视示意图可知，门亮子开启前后下端的辅助连线为下行直线，其灭点 F_4 位于主点 s'的正下方，且同属于过距点向左下所作倾角为 α 的斜线（本例中 $\alpha=22.5°$）。

过 F_4 连线门亮子外框的左、右下角与上述所作的开启斜线相交，过交点作水平横线即得门亮子下边缘的透视。

整理后完成作图。

讨论：门亮子上悬内开 45°的透视也可按铅垂圆的透视原理作图，具体方法参见图 9-10。

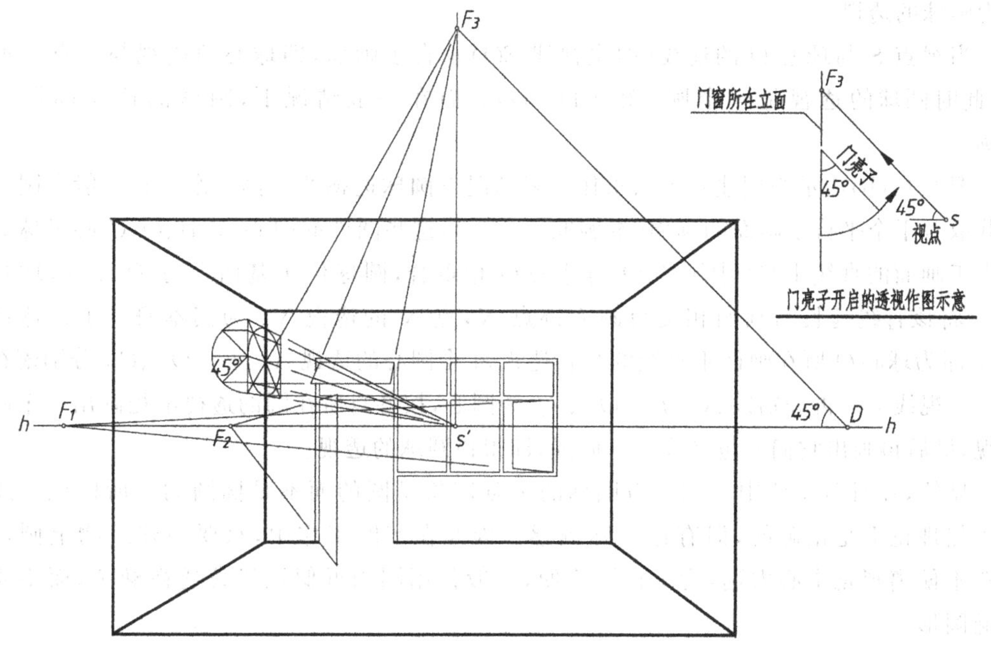

图 9-10 在透视图中求作门亮子开启固定角度后的透视（方法二）

门亮子上悬内开时，其左、右边框最下点的轨迹为基面垂直圆。因此，可借助基面垂直圆的透视作图八点法，先画出该基面垂直圆的外切正方形在左侧墙面上的投影所对应的透视四边形。F_3 是上行侧平 45°斜线的灭点，亦即该透视正方形对角线的灭点。作辅助的实形半圆，过半圆周上 5 个等份点作画面垂直线的透视，透视正方形的对角线与这 5 条画面垂直线相交得 4 个透视点，过透视正方形的中心作竖直线和画面垂直线的透视与透视正方形的轮廓相交得另外 4 个透视点，连线这 8 个透视点成光滑的椭圆，即得门亮子开启圆的透视椭圆。

过透视正方形的对角线与透视椭圆的前下交点向右作水平横线，即得门亮子开启后下边框的透视。其余全部作图同图 9-9。

由于门亮子的开启角度为 45°，故门亮子开启圆弧所对应的透视椭圆可以不必作出（图中作出是为了更清晰地反映作图原理），而直接从用来作透视椭圆的 8 个点中选择对应点向右作图即可获得开启线。显然，当开启角度为 0°、45°、90°、135°、180°等特殊角度时，开启圆对应的透视椭圆都不必画出，从而使作图更加简单。

需要特别强调的是，在图 9-9、图 9-10 中，距点 D 为右向 45°水平线的灭点，F_1 为左向 45°水平线的灭点，F_3 为与基面夹角呈 45°的上行侧平直线的灭点，图中 $Ds'=F_3s'=F_1s'=$ 视距，即都等于视点 S 到画面的距离。

*9.5 圆球的透视作图

过视点作视线与圆球相切，构成一个外切于圆球面的圆锥面。该圆锥面与画面的交线即为圆球的透视。

当视点 S 与球心 O 的连线（即主视线 SO）垂直于画面，即球心的透视与主点 s' 重合时，此时圆球的透视是一个圆（图 9-11(a)）。而在一般情况下，圆球的透视都是一个椭圆。

图 9-11(b)所示为用建筑师法求作一般情况下圆球透视的示例。作图时一般在圆球面上截取若干个平行于画面的圆周（本例取了 4 个），这些圆周的中心 A、B、O、C 必过球心且垂直于画面的直线上（图中圆心 O 与球心 O 相重合，圆球位于基面上方 $D/2$ 处，球径为 D）。将该直线延长与画面相交得画面迹点 N，点 N 的透视 N_P 为其本身。于是透视线 N_Ps' 即为球心 O 所在画面垂直线的全长透视，4 个圆心的透视 A_P、B_P、O_P、C_P 分别落在该全长透视线上。再分别以 A_P、B_P、O_P、C_P 为圆心，按各自所在圆的透视半径画出各个圆的透视，最后再画出它们的包络线——椭圆，即得该圆球的透视。

显然，在日常生活中人们观看圆球的视觉印象是圆的而不是椭圆的。所以说上述画法虽然理论上是正确的，但有悖实际观感。因此在实践工作中，只要当建筑物上圆球的位置不偏离视觉中心太远，为了作图简便，一般仍用圆周近似地代替透视椭圆，而不要画成椭圆形。

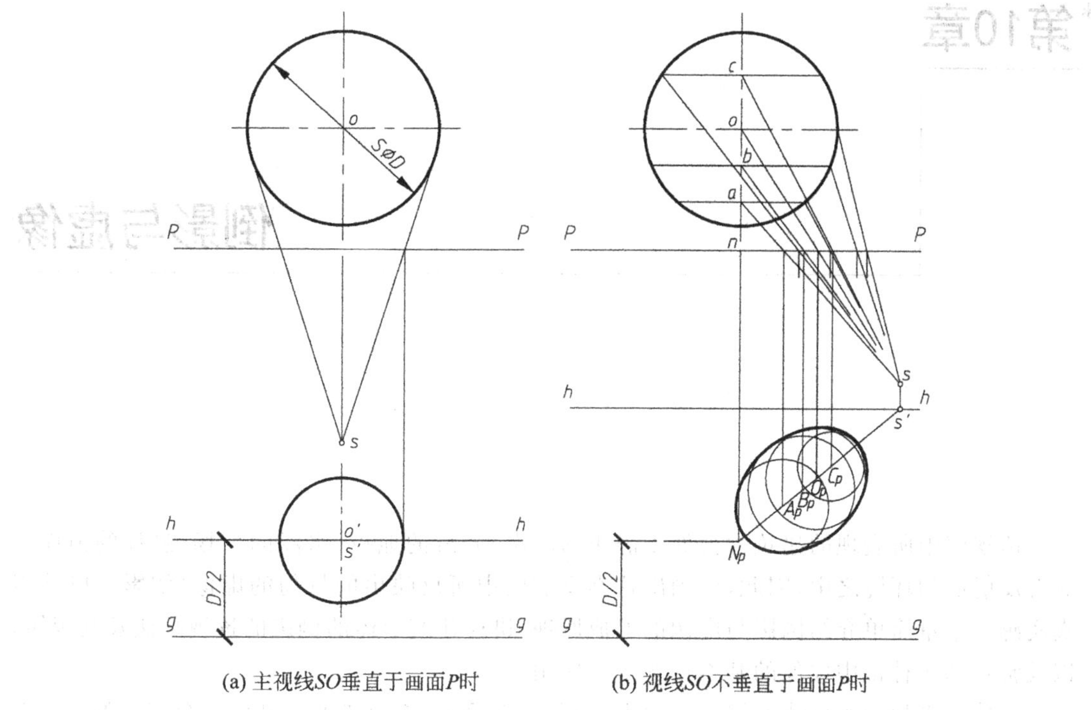

(a) 主视线*SO*垂直于画面*P*时　　(b) 视线*SO*不垂直于画面*P*时

图 9-11　圆球的透视

*第10章 倒影与虚像

透视图中所表现的建筑常会处于静止的河岸、光滑的地板、水浸的广场、悬挂的镜面等具有反射面的环境之中，因此，应画出这类反射面中所反映出的景物的虚像(倒影)，以获得真实感。本章简单介绍倒影与虚像的形成原理，讲述建筑形体的倒影的透视画法及其规律，以及常见的4种镜中虚像的基本作图及其应用。

物体在平静的水面或水浸的地面上有倒影，在镜面、漆面或玻璃幕墙上会有虚像。前者由水平面形成倒影，后者主要由铅垂面或斜面形成虚像。

当建筑物处在上述自然环境中时，其透视图中的倒影与虚像是不容忽视的重要内容，它有助于加强透视图的真实感，烘托出令观者身临其境的艺术效果。

倒影与虚像同属一种光学现象，其形成原理就是物理上光的镜面成像的原理，即物体在平面镜(水面或镜面)中的成像与物体大小相等，且互相对称。

对称的图形具有如下的特点。

(1) 对称点的连线垂直于对称面——镜面或水面；

(2) 对称点到对称面的距离相等。

在透视图中求作物体的倒影与虚像，实际上是画出该物体对称于水面(或镜面)的对称图形的透视。

10.1 水中倒影

空间点与其水中倒影的连线是一条垂直于水平面的铅垂线。当透视绘画的画面是铅垂面时，该点到水面的距离应等于其倒影到水面的距离。因此，在透视图中，空间点与其倒影对水面的垂足的距离仍保持相等。

图10-1所示为水中倒影的形成原理。河岸右边竖有一根灯柱 Aa，当观者站在河的左岸观看灯柱时，同时又能看到灯柱在水中的倒影 A_0a_0，连线视点 S 和倒影 A_0，则 SA_0 与水面相交于一点 B，过 B 作水面的法线，则入射线与法线的夹角为入射角 α_1，反射线与法线的夹角为反射角 α_2。由物理学可知 $\alpha_1=\alpha_2$。所以，直角三角形 Aa_1B 与 A_0a_1B 为对称图形，即大小相等，方向相反，由此得到求倒影的一般步骤如下。

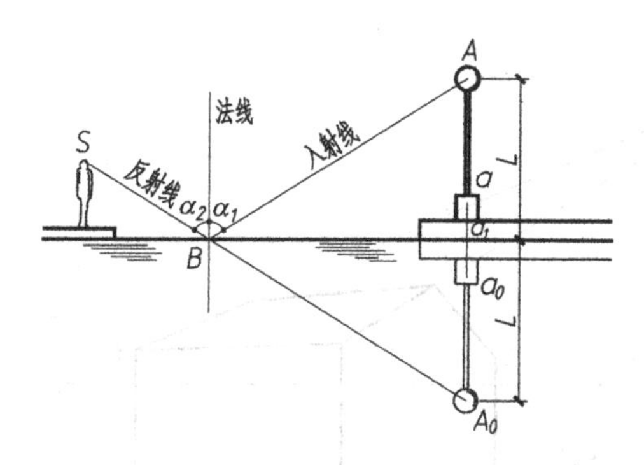

图 10-1　水中倒影的形成原理

(1) 过点 A 作直线 Aa_1 垂直于水面，a_1 即为点 A 在水面上的投影(垂线的垂足)。

(2) 在 Aa_1 的延长线上，取 $A_0a_1=Aa_1$，即得点 A 在水中的倒影 A_0。连线形体上各点的倒影，即可求得形体在水中的倒影。

由此可见，在透视图中作物体的倒影，实际上就是画出该物体以水面(或湿滑的地面)为对称面的对称图形的透视(图 10-2)。

图 10-2 通过标注出的几个重要尺寸 A、B、C、D、E、G 等，反映了建筑物水中倒影在垂直方向上的对称关系。

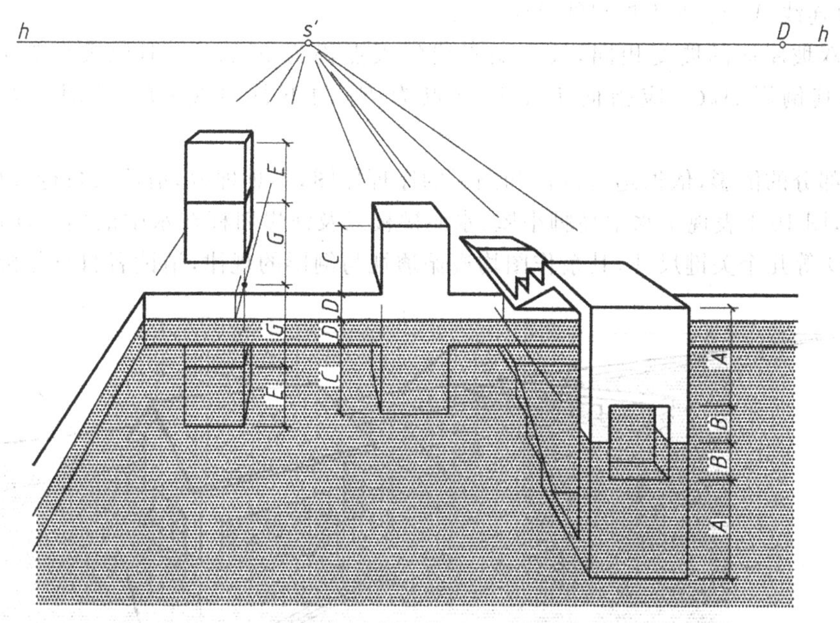

图 10-2　河岸建筑物水中倒影在垂直方向上的对称关系

图 10-3 所示为河岸边一座双坡顶小屋的水中倒影的两点透视作图。

由于水面是对称面，故应先求出墙角线的顶点 A 在水面的投影 a_1。求得 a_1，也就求得了该墙角线的上下对称点。为此，连线 aF_X 并延长之，交 EF_Y 于 1；过 1 作竖直线，交 e_1F_Y 于 2，连线 $2F_X$ 与 Aa 延长线相交于 a_1，则 a_1 即为墙角线 Aa 的上下对称点；向下延长 Aa，并量取 $A_0a_1=Aa_1$。由于倒影与房屋的透视是以水面为对称面的图形，所以，它们有共同

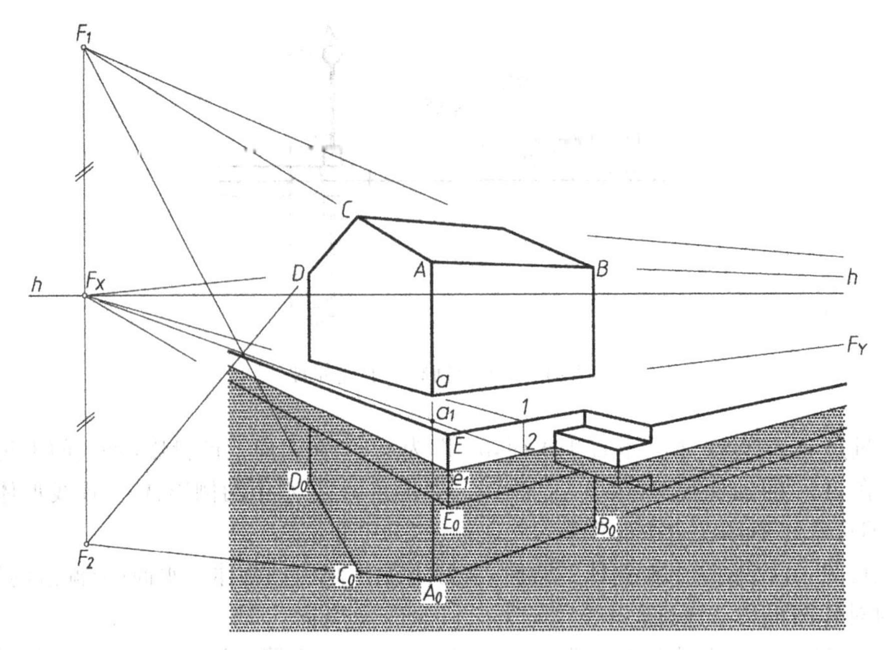

图 10-3 坡顶小屋在水中的倒影的透视作图

的灭点，故连线 A_0F_Y 即为檐口线 AB 的倒影。

由于双坡屋面的坡度相同，故山墙斜线的灭点仍为 F_1、F_2。但原灭点为 F_1 的上行斜线 AC，其倒影 A_0C_0 应指向 F_2；原灭点为 F_2 的下行斜线 CD，其倒影 C_0D_0 应指向 F_1。

其他部分的倒影，依据透视规律和倒影的原理作图，不难理解，请读者自行分析。

同理，图 10-4 表现了水中高脚小屋、水面挑板以及河岸斜杆在水中的倒影，图中标出了 A、B、C、D 等几个关键尺寸，其余作图均遵循透视与倒影的规律，请读者自行分析阅读。

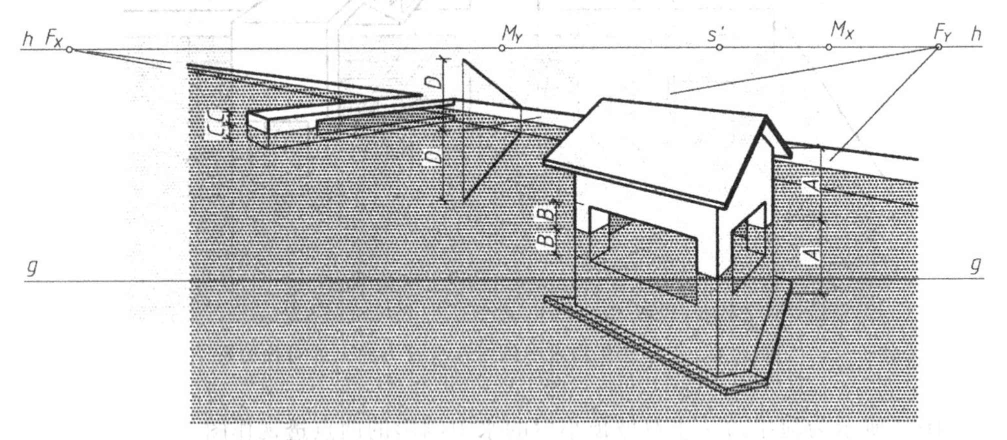

图 10-4 水中高脚小屋、水面挑板以及河岸斜杆在水中的倒影

需要说明的是，空间水平线的倒影也是水平线，它们彼此平行，具有共同的灭点，利用这层关系，可使作图过程更加简化。实际作图时，并不需要按上述方法作一个个点的倒影。而

是利用已作出倒影的一个点和辅助线进行作图。例如，当所求倒影的点与已知倒影的点位于同一条水平线上时，可利用已知的倒影向该水平线的灭点引线，从而作出该水平线的倒影，然后在该倒影上确定出所需的点。又如已知一直线倒影的灭点，则在求得其上的一点的倒影后，就可由其向该灭点引线。总之，在掌握了倒影的基本性质，并遵循透视的基本规律下，作图方法可灵活多样，但应注意作图精度，以免产生较大的误差累积，从而使图形失真。

例 10-1 已知坡顶亭屋的两点透视如图 10-5 所示，求作该屋在屋前池塘中的倒影。

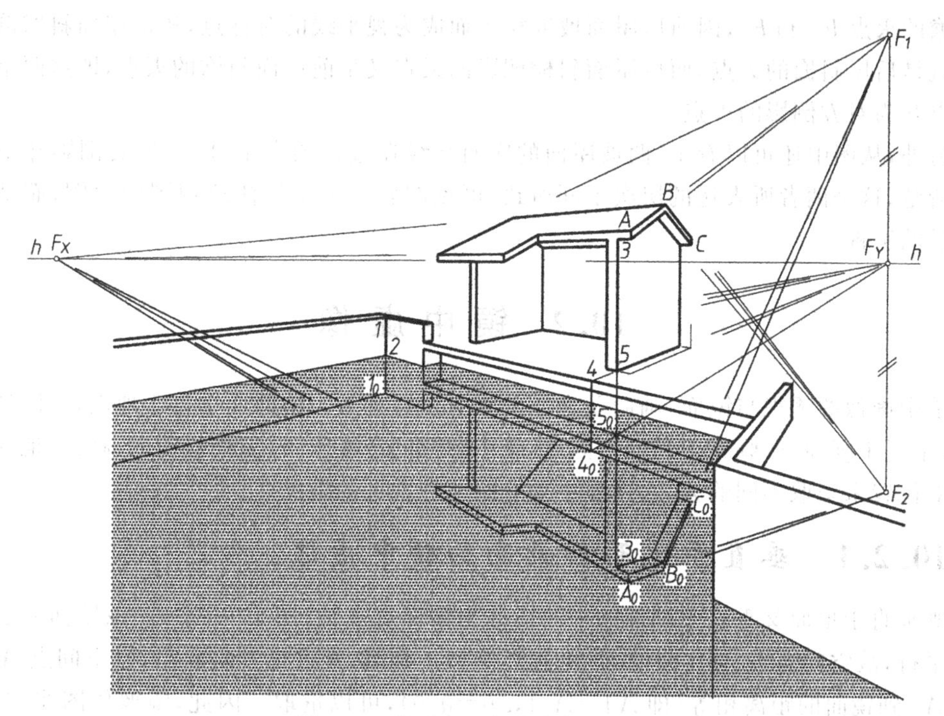

图 10-5 坡顶亭屋在池塘中的倒影

解 分析：图 10-5 所示双坡顶亭屋为两点透视，其水中倒影也应符合两点透视的作图原理和特征。例如屋脊线和前后檐口线灭于 F_X，其对应的倒影也应灭于 F_X；坡屋面斜线的灭点在倒影中应互换位置，即原上行斜线 AB 的灭点为 F_1，其倒影的灭点则是 F_2；原下行斜线 BC 的灭点为 F_2，其倒影的灭点则应为 F_1，且 $F_1F_Y=F_2F_Y$。

其余部分的倒影作图，都应符合透视规律和倒影原理。

作图：首先，应作出带有挡墙池壁的倒影。由于两相邻池壁面的铅垂交线的倒影为等长的延伸线，故有线段 $12=21_0$。挡墙上其他水平线的倒影仍应指向各自的灭点 F_X 或 F_Y。

需要说明的是，中部挡墙开口处的池壁凹入，并支撑着上表面与地面共面的平板，故应作全平板的底面与凹入池壁面的交线的倒影。

为了作出地面上坡顶亭屋的倒影，应先作出其中的一个顶点(如点 3 的倒影 3_0)，并从 3_0 开始逐线作出亭屋的檐口线和墙身线的倒影。为此，延伸亭屋右侧墙的下边缘线与地面的连线 $4F_Y$，与平板地面的边线相交于 4，过 4 向下作竖直线与该平板对应边线的倒影相交于 4_0(4_0 即为点 4 的水中倒影)，连线 4_0F_Y 与墙角线 35 的延长线相交于 5_0；5_0 即是墙身线

35 的端点 5 在水中的倒影(虚影点);在 35 的延长线上自 5_0 起向下量取 $5_0 3_0 = 35$,即为该墙身线的水中倒影。连线 $3_0 F_X$ 并适当延长,即得对应檐口线的水中倒影,并由此顺序逐线作出全部倒影。

需要说明的是,本例并未求出墙身线 35 在水面的对称点,而是直接求端点 5 的水中倒影,然后作该线的等长向下的倒影。

作图时,亭屋中墙身的铅垂轮廓线、坡顶檐口两端的铅垂短线,其等长的倒影分别在各自向下的延长线上;亭屋中的水平檐线和屋脊线,其倒影仍指向共同的灭点 F_X;亭屋中前后斜檐的灭点 F_1 和 F_2,因前后屋面坡度相等而成为视平线的对称点,故前屋面斜檐倒影的灭点就是后屋斜檐的灭点,而后屋面斜檐倒影的灭点又是前屋面斜檐的灭点,即这两个斜檐的灭点互为对方倒影的灭点。

另外,从图中还可以看出,两坡屋面的底面交线在透视图中不可见,但其倒影却呈现得极为清楚,这是两者所表达的层次不同所致,可见倒影并不是形体透视图的颠倒,而是形体颠倒后的透视。

10.2 镜中虚像

镜中虚像的透视与镜面、画面及地面的相对位置有关。镜面或垂直于地面,或倾斜于地面,或平行于画面,或倾斜于画面。因此,镜中虚像的透视作图,需根据镜面、画面、地面的不同相对位置来采取不同的方法,这里主要介绍 4 种常见的情况。

10.2.1 垂直于地面和画面的镜中虚像

既垂直于地面又垂直于画面的平面镜称为侧面直立镜(图 10-6(a))。该镜面的法线与画面平行,故空间点 A 与其镜像 A_0 的连线平行于画面,其透视方向水平,且空间点 A 与其镜像 A_0 到镜面的距离相等(即 $A1 = A_0 1$,$a0 = a_0 0$),可以量取。因此,镜像作图非常简单。图中 Aa 连线如果理解为一根铅垂的直立竿,其镜像 $A_0 a_0$ 也是一根等高的铅垂直立竿;如果 $A1$ 是某形体上的一条垂直于镜面的水平横线,则其镜像 $A_0 1$ 就是该棱线向镜面延伸后的一条等长的线段。

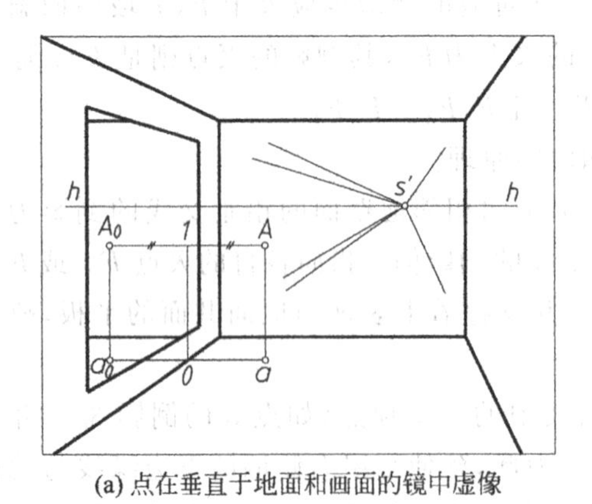

(a) 点在垂直于地面和画面的镜中虚像

(b) 作一点透视中侧面直立镜中的虚像

图 10-6　垂直于地面和画面的镜中虚像

图 10-6(b)是按上述方法作出的室内一点透视中侧墙上直立镜中的虚像。正面墙上的窗子与其虚像成对称图形,其对称轴是扩大后的镜面与正面墙的交线(即正面墙的右墙角线)。图中贴墙放置的桌面的棱线 $A1$、$B2$ 的镜中虚像,仍保持方向水平,且 $A1=A_01$、$B2=B_02$(即 1、2 分别是这两条棱线水平方向的对称点)。A_0B_0 连线必指向主点 s'。过 A_0 作竖直线,即得桌子转角处的铅垂棱线的镜像。其余作图依据镜像原理完成,不难理解。

10.2.2 平行于画面的镜中虚像

平行于画面的直立镜,其法线方向一定是一条画面垂直线。即空间点 A 与其虚像 A_0 的连线的透视必通过主点 s';此时空间点与其虚像是关于镜面的对称等距关系,产生了透视变形,而不能直接量取(图 10-7(a))。为此,连线 As'、as',as'与镜面的 H 面迹线交于点 1,由点 1 向上引竖直线交 As'于 2,取线段 12 的中点 0,连线 $a0$ 并延长交 As'于点 A_0,则 A_0 即为点 A 的虚像。由此,可作出点 a 的虚像 a_0。显然,这种作图方法就是透视矩形的对角线法的简单应用,即在空间有 $A2=A_02$、$a1=a_01$。

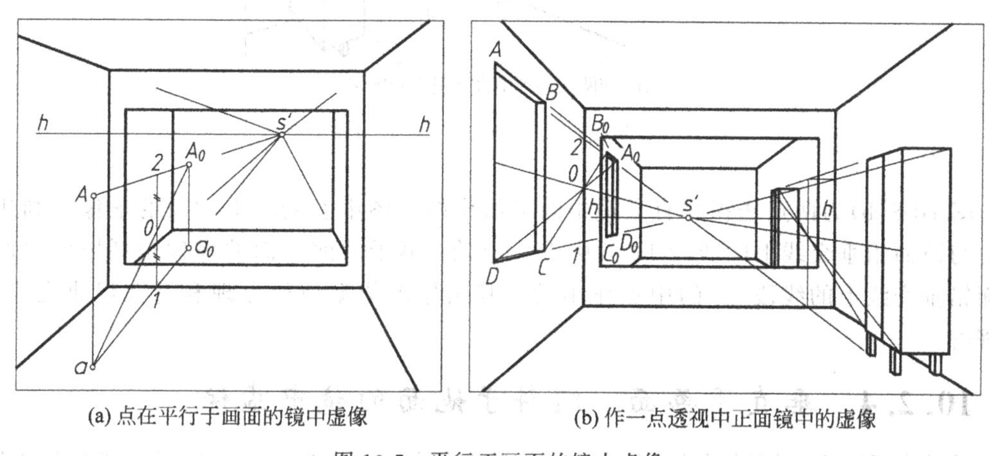

(a) 点在平行于画面的镜中虚像　　(b) 作一点透视中正面镜中的虚像

图 10-7　平行于画面的镜中虚像

图 10-7(b)是一点透视中正面镜中的虚像作图。左侧墙上的窗洞 $ABCD$ 是利用该墙面与镜面所在平面的交线上的线段 12 的中点 0 作出虚像 $A_0B_0C_0D_0$ 后画出来的。室内右侧立柜的虚像画法相仿。

需要提醒注意的是,主点 s'是视点 S 的虚像。观者通过正面镜正好看到自己的虚像。

10.2.3 垂直于地面而倾斜于画面的镜中虚像

如图 10-8(a)所示,铅垂的镜面上下边为水平线,其灭点为视平线上的 F_Y。铅垂线 Aa 与其虚像 A_0a_0 组成的平面垂直于镜面,但倾斜画面。连线 AA_0、aa_0 的灭点也在视平线上为 F_X;属于镜面的对称轴线 12 为铅垂线,0 是 12 连线的中点,根据矩形对角线交点仍然为透视矩形对角线交点的特性,连线 $A0$ 并延长之,交 aF_X 于 a_0,则 a_0 为点 a 的镜中虚像。同理,可求得点 A 的镜中虚像 A_0。显然,A_0 为空间点 A 的镜中虚像,A_0a_0 即为铅垂线 Aa 的镜中虚像。

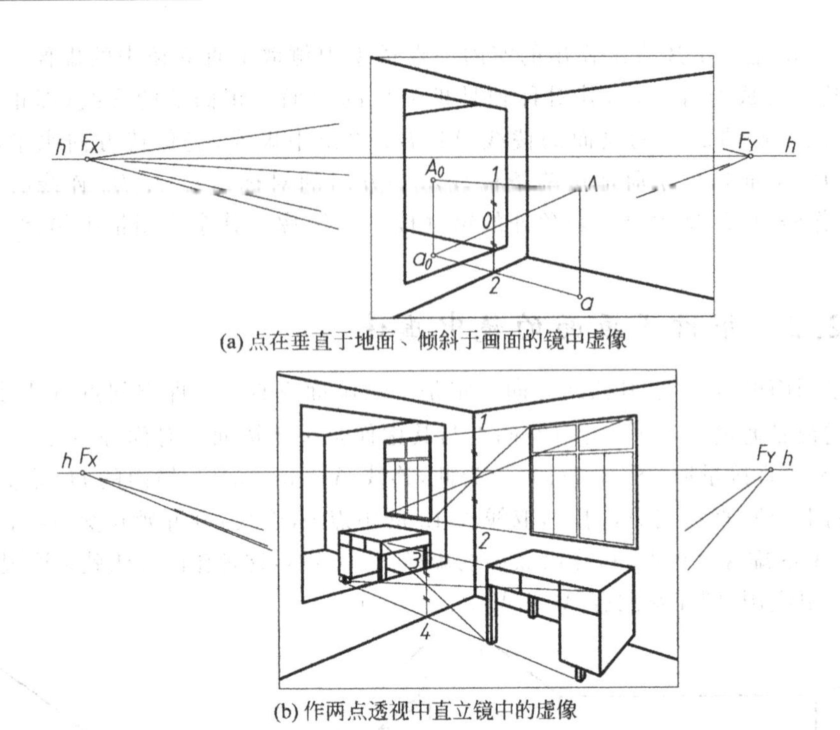

(a) 点在垂直于地面、倾斜于画面的镜中虚像

(b) 作两点透视中直立镜中的虚像

图 10-8 垂直于地面而倾斜于画面的镜中虚像

图 10-8(b)为两点透视中直立镜中的虚像作图。图中右侧墙上的窗的虚像是利用该墙面与镜面铅垂交线上的线段 12 的中点作出的；桌子的前立面的虚像是利用该立面与镜面铅垂交线上的线段 34 的中点作出的。其余作图依据镜像原理和透视规律完成，不难理解。

10.2.4 垂直于画面、倾斜于地面的镜中虚像

既垂直于画面又倾斜于地面的平面镜又称为倾斜镜，如图 10-9(a)所示。其上下水平边的灭点为主点 s'。为了作图方便，令该镜的下边框与左侧墙的底线重合。镜面的两侧边线平行于画面，它们反映该镜面与地面夹角 α 的实形。为了作出空间点 A 在镜中的虚像 A_0，自基点 a 向左引水平线交镜面与地面的交线于点 0；过点 0 作镜面侧边的平行线 03，则直角三角形 $03a$ 所在平面垂直于镜面、平行于画面，且$\angle a30=90°-\alpha$，$\angle a03=\alpha$。显然，斜边 03 属于镜面，它就是空间点 A、a 关于镜面的对称线。于是过 A 作 03 的垂线得垂足 1，取 $A1=A_01$，则 A_0 即为 A 的镜中虚像。同理，作点 a 的镜中虚像 a_0（$aa_0 \perp 03$，$a2=a_02$）。

如果将图 10-9(a)中的 Aa 理解为铅垂线，则其镜像 A_0a_0 不再铅垂；如果将图中的 $a0$、$A4$ 理解为水平线，则其镜像 a_00、A_04 不再水平。但彼此都保持对称于直线 03 的关系。直线 03 是直角三角形 $03a$ 所在平面内的图形与镜面中虚像的对称轴（该轴平行于镜的侧边，反映镜面与地面夹角 α 的实形）。由此看来，巧用并善用对称轴的概念，对于倾斜镜中虚像的透视作图是有益处的。

图 10-9(b)所示是室内透视图在画面垂直镜（左侧为倾斜镜、右侧为直立镜）中的虚像作图。正面墙上的门窗在倾斜镜中的虚像是以 03 为对称轴线作出的；门窗在直立镜中的

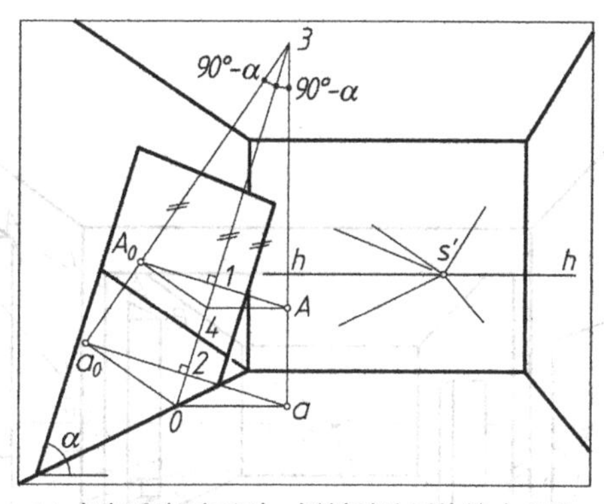

(a) 点在垂直于画面、倾斜于地面的镜中虚像

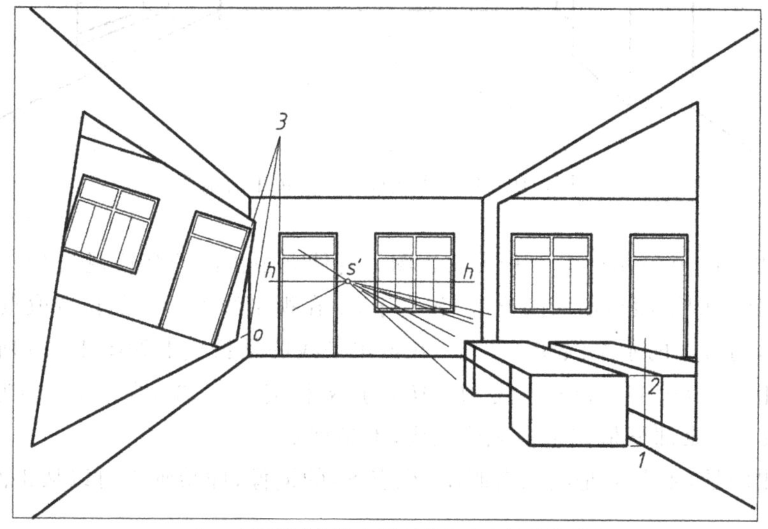

(b) 作一点透视中侧墙上倾斜镜和直立镜中的虚像

图 10-9 垂直于画面而倾斜于地面的镜中虚像

虚像是以门窗所在立面的右墙角线为对称轴作出的；桌子的前侧面在直立镜中的虚像是以12 为对称轴作出的。其余作图遵循镜像原理和透视规律完成，不难理解。

例 10-2 已知室内的一点透视如图 10-10 所示，求作其正面镜中的虚像。

解 分析：图 10-10 所示室内的一点透视，其正面镜中的虚像应符合一点透视的作图原理和特征。例如原图中所有的画面垂直线（如立柜主立面的上下边缘线、台阶的踢面与踏面的交线、右侧通道的上下边缘线等）的透视均指向主点 s'，故其镜中虚像也应指向主点 s'；原画面平行线（如立柜侧面的轮廓边缘线、台阶与通道侧墙面的交线等）的镜中虚像也应保持与自身平行。

作图：首先，作右侧通道及台阶的镜中虚像。以右侧墙与正面镜的交线 12 为对称轴，取 12 的中点 0，依据透视矩形的对角线法，连线 $A0$、$B0$ 并延长之，交 bs' 于 a_0、b_0，过 a_0、b_0 向上作竖直线，交 Bs' 于 A_0、B_0，则 $a_0A_0B_0b_0$ 即为右侧墙通道口 $aABb$ 的镜中虚像。至于台阶的镜中虚像，依据一点透视规律作图即可。

作左侧立柜的镜中虚像。立柜在正面镜中的虚像除沿用透视矩形的对角线法作图之

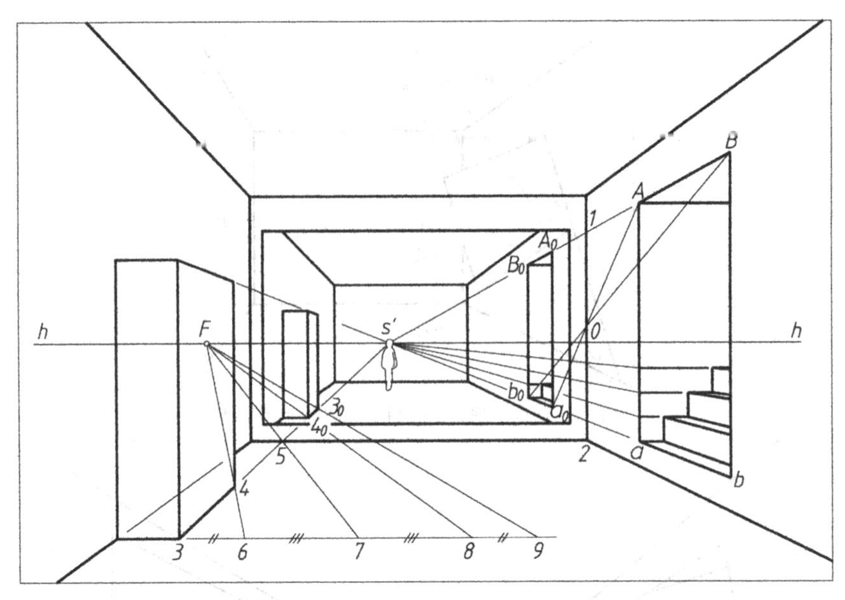

图 10-10 作一点透视中正面镜中的虚像

外，也可用如图 10-10 所示的第二种方法作图。延伸立柜正面的基透视线 34 与正面镜所在墙面的下边缘线（即镜面与地面的交线）相交于 5；在视平线上适当的位置取点 F，连线 $F4$、$F5$ 并延长之，与过 3 的水平线交于 6、7；在该水平线的延长线上如图 10-10 所示确定点 8、9，使水平点距 36＝89、67＝78；连线 $8F$、$9F$，与 $3s'$ 相交于 4_0、3_0，则 4_0、3_0 即为立柜角点 4、3 的镜中虚像。其余部分依据透视规律完成，不难理解。

需要指出的是，主点 s' 是绘画者眼睛（视点 S）的镜像，即绘画者可以从正面镜中看到自己的虚像。

例 10-3 已知室内的一点透视如图 10-11 所示，求作其在贴挂于侧墙面上的平面镜面内的虚像。

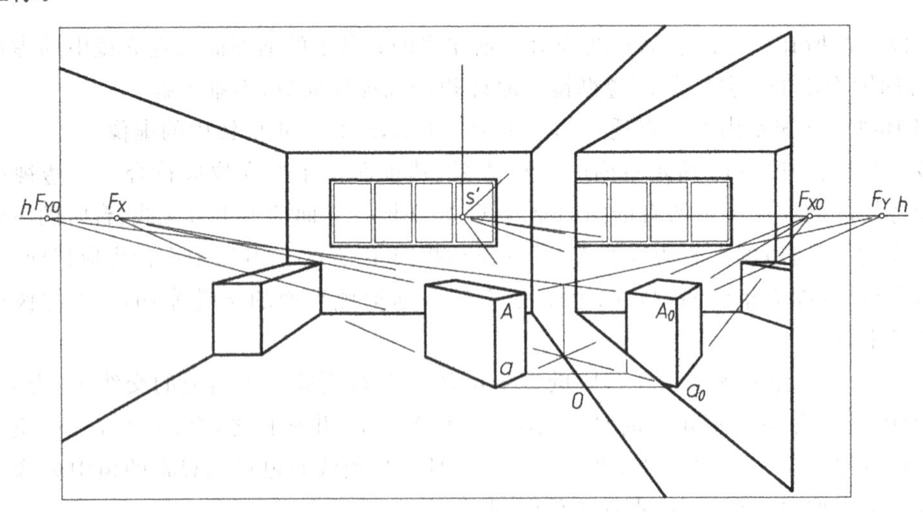

图 10-11 作一点透视中侧面直立镜中的虚像

解 分析：图 10-11 所示室内一点透视图，其侧面镜中的虚像（除斜置写字台外）应符合一点透视的作图原理和特征，即靠墙放置的写字台的画面垂直棱线的镜中虚像仍应指向主点 s'；室内地面斜置的写字台的两水平方向轮廓线的灭点为 F_X、F_Y，其镜中虚像的灭点仍位于视平线上，且应是关于主点 s'的水平对称点 F_{X0}、F_{Y0}，即 $F_{X0}s'=F_Xs'$、$F_{Y0}s'=F_Ys'$。至于其他的图线，铅垂线的虚像仍为铅垂等长的等高线；侧垂线的虚像在其延长线上，且等长；画面垂直线的虚像仍指向主点。

作图：除斜置写字台外的室内正面墙上的窗与写字台的贴墙轮廓线，在侧面直立镜中的虚像是以正面墙的右墙身线为对称轴作图的。

斜置写字台的 Aa 棱线的虚像作图。过 a 作水平线交镜面与地面的交线于点 0，以 0 为对称点，向右量取 $0a_0=0a$；过 a_0 向上作竖直线 A_0a_0，使 $A_0a_0=Aa$，则 A_0a_0 即为 Aa 的镜中虚像。过 A_0、a_0 向 F_{X0}、F_{Y0} 引直线，并依据透视规律和虚像原理，即可完成斜置写字台其余部分的镜中虚像的全部作图。

*第11章 三点透视

前面各章探讨的透视图的画面都是垂直于基面的。因此,建筑物所有铅垂轮廓线在透视图中仍然是竖直的,该向没有灭点,这与人们日常生活中的视觉印象有一定的出入,尤其是在观看高耸的建筑物和室内多层通高的大堂空间时更是如此。本章简单介绍仰望和鸟瞰三点透视的形成原理,讲述建筑师法(视线迹点法)、迹点灭点法作三点透视的基本概念和作图方法。

11.1 画面位置与视角

前面各章介绍的透视作图,画面均垂直于基面。但当近距离观看高层建筑时(图 11-1),由于建筑物非常高,若沿用直立画面 P_1,则会使主视线与边缘视线的夹角 δ_1 偏大,甚至超越 30°,使透视图产生较大的形变。而加大视距虽可以减小视角,但当视距过大时,所得到的图形会接近轴测图,其透视效果不佳,缺乏身临其境的感觉。此时,若采用倾斜的画面 P_2,就可在不改变视点位置的情况下,有效地减小主视线与边缘视线的夹角,以满足透视绘画的需求。这就是为什么人们在近距离观看高层建筑时,会自然地抬头仰视,以减小视角,获得自然的透视效果的缘故。同理,身处高处低头俯瞰建筑物时的透视作图的画面设置也是如此。

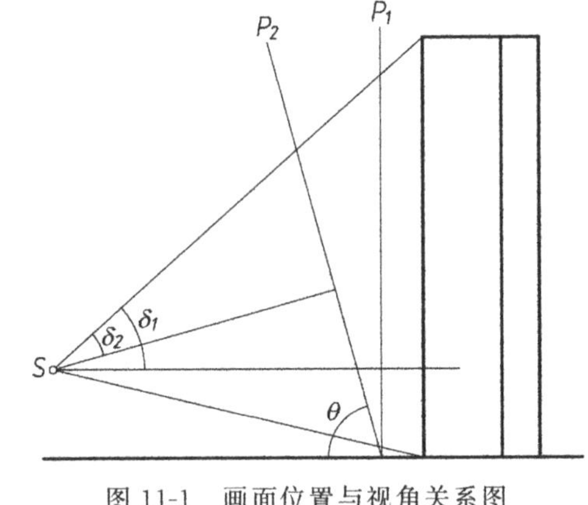

图 11-1　画面位置与视角关系图

在上述情况下透视作图时,通常令画面 P 倾斜于基面 H,此时物体上的三主向直线均与画面倾斜,于是过视点 S 作出的平行物体上三主向直线的视线交画面于 3 个主向灭点 F_X、F_Y 和 F_Z(图 11-2)。

作图时,通常使视点 S 位于包含建筑形体中部的一条主要铅垂棱线且垂直于画面的平面内,以保证这条铅垂棱线在透视图中仍然铅垂。显然,此时的灭点 F_Z 应落在该铅垂线的延长线上,所画的透视图因此而具有稳重、庄严的感觉。

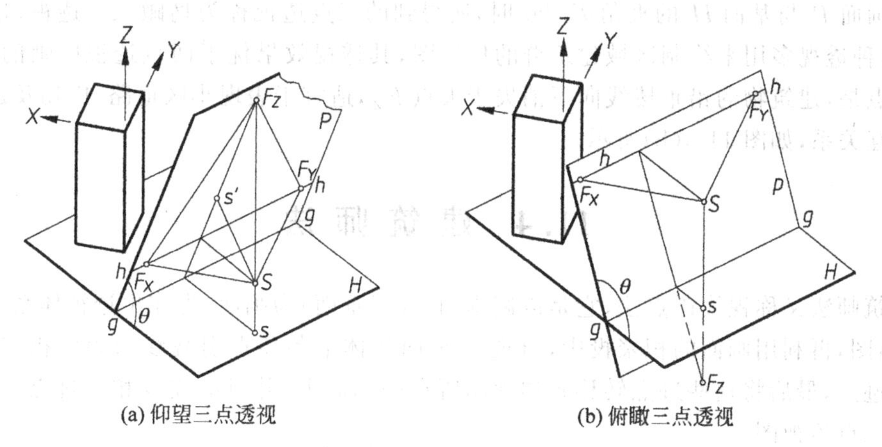

(a) 仰望三点透视 (b) 俯瞰三点透视

图 11-2 三点透视中的视点、画面和物体

11.2 灭点三角形

三点透视中的三灭点 F_X、F_Y 和 F_Z 是 3 条互相垂直的主向直线的灭点。它们所形成的$\triangle F_XF_YF_Z$ 称为灭点三角形。由于该三角形的 3 条边线 F_XF_Y、F_YF_Z、F_ZF_X 又是物体上 3 个相互垂直的侧面的灭线，所以$\triangle F_XF_YF_Z$ 也叫灭线三角形(图 11-2(a))。

由视点 S 向倾斜的画面 P 作垂线交画面于主点 s'，$S\,s'$是视点到画面的距离，叫作视距(图 11-2(a))。

11.3 仰望三点透视和鸟瞰三点透视

当画面 P 与基面 H 的夹角 $\theta<90°$时(图 11-1)，所得到的三点透视称为仰望三点透视。这种透视用来绘制高层建筑。其特点是，建筑物的铅垂棱线向上消失于灭点 F_Z，竖向高度感突出，如图 11-3(a)所示。

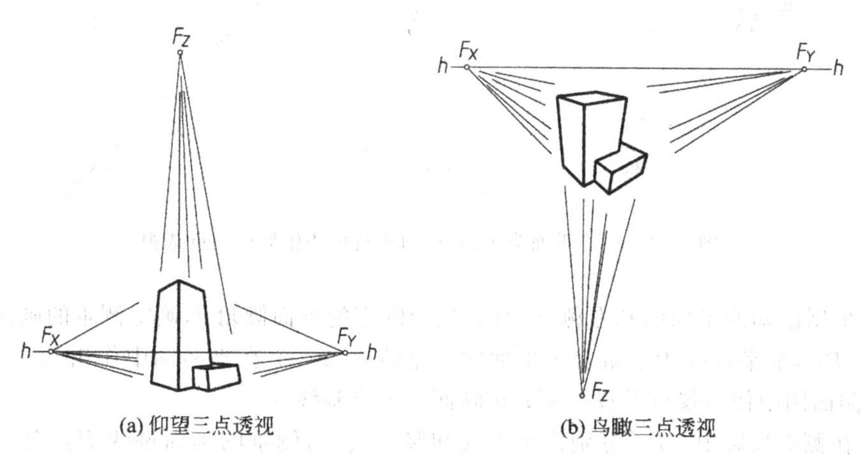

(a) 仰望三点透视 (b) 鸟瞰三点透视

图 11-3 三点透视的种类

当画面 P 与基面 H 的夹角 $\theta>90°$ 时，所得到的三点透视称为鸟瞰三点透视(俗称鸟瞰图)。这种透视多用来绘制区域建筑群的鸟瞰图，其透视效果优于两点透视所画的鸟瞰图。它的特点是，建筑物的铅垂棱线向下消失于灭点 F_Z，适宜于表现小区道路、广场及建筑群之间的相互关系，如图 11-3(b)所示。

11.4 建筑师法

建筑师法又称视线迹点法，它是以侧垂面(或正垂面)为画面，先作出透视体系中的立面图、平面图，再利用画面的积聚投影，过视点 S 向物体上各顶点引视线与画面相交，得视线的画面迹点，最后将这些迹点转移到透视图所在的画面上，并对应连线相关迹点，即得建筑形体的三点透视图。

图 11-4 所示为以侧垂面为画面的仰望三点透视作图实例，具体作法如下。

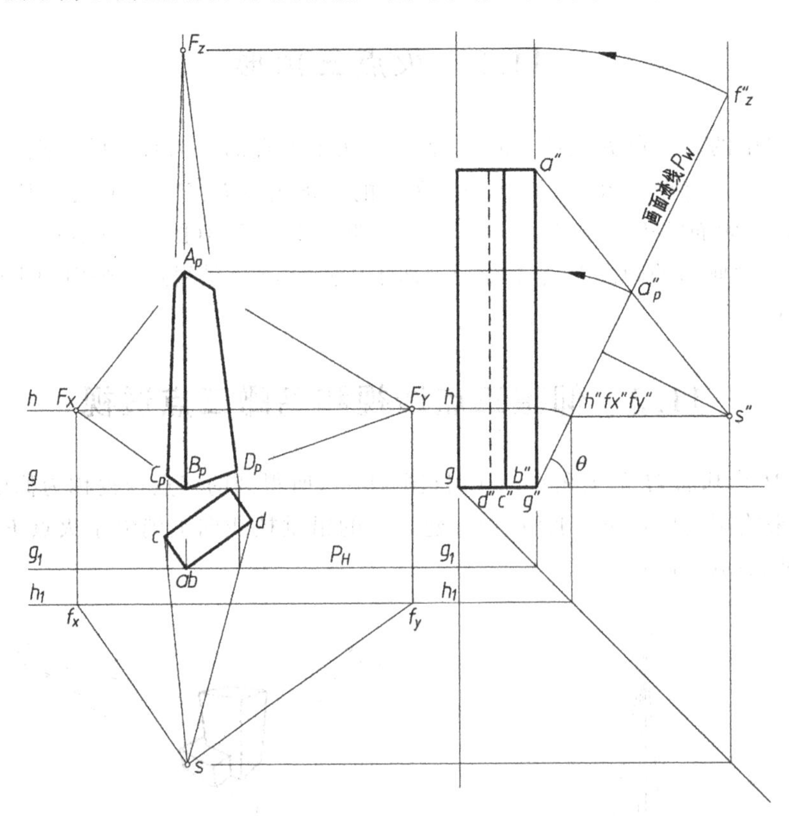

图 11-4 以侧垂面为画面，运用建筑师法作仰望三点透视

(1) 根据已知的平面图和左侧立面图，按照既定的画面倾角 θ，确定侧垂的画面 P(其侧面迹线为 P_W，水平迹线 P_H 重合于平面图中基线 g_1-g_1)；在平面图中作出基线 g_1-g_1、站点 s；在侧面图中作出视点的投影 s''；在画面上定出基线 g-g。

(2) 在侧面投影中，过 s'' 分别作水平线和竖直线，与侧垂的画面迹线 P_W 交于 h''(h''为视平线的侧面积聚投影，f''_x、f''_y 重影于该点)、f''_z(f''_z 为 Z 向直线灭点的侧面投影)。再由视点 S 向 a'' 引视线，得画面迹点 a''_p。因为画面是倾斜的，故应把倾斜的画面迹线连同其上的各迹点，以基线的侧面积聚投影 g'' 为轴旋转至铅垂位置，再向左水平投影到透视图中，从而得到画面上的视平线 h-h、Z 向灭点 F_Z、A 点的透视 A_P 等。

(3) 在平面图中，过站点 s 分别作两水平方向主向直线的平行视线，与视平线 h_1-h_1 相交得点 f_x、f_y。根据投影关系，过 f_x、f_y 向上作竖直线，交画面中的视平线 h-h 得水平方向的两主向灭点 F_X、F_Y。

(4) 平面图中的点 b 属于基面，其透视 B_P 就是它本身，且位于画面中的基线 g-g 上。过 B_P 向 F_X、F_Y、F_Z 引直线即得过点 B 的三主向直线的全长透视。连线 A_PF_X、A_PF_Y，则 A_PB_P 即为建筑物 AB 墙角线的透视。

(5) 在平面图中，由站点 s 向 c、d 引视线与基线 g_1-g_1 相交；过交点向上作投影线交透视图中的基线 g-g 于两点；过这两点向 F_Z 引直线与 B_PF_X、B_PF_Y 相交于 C_P、D_P（图 11-4）。

(6) 根据直线的消失规律，整理并加粗有关直线，即得所求的透视。

同理，图 11-5 是以侧垂面为画面的鸟瞰三点透视的建筑师法作图，其作图过程与图 11-4 相仿，请读者自行分析，此处不再赘述。

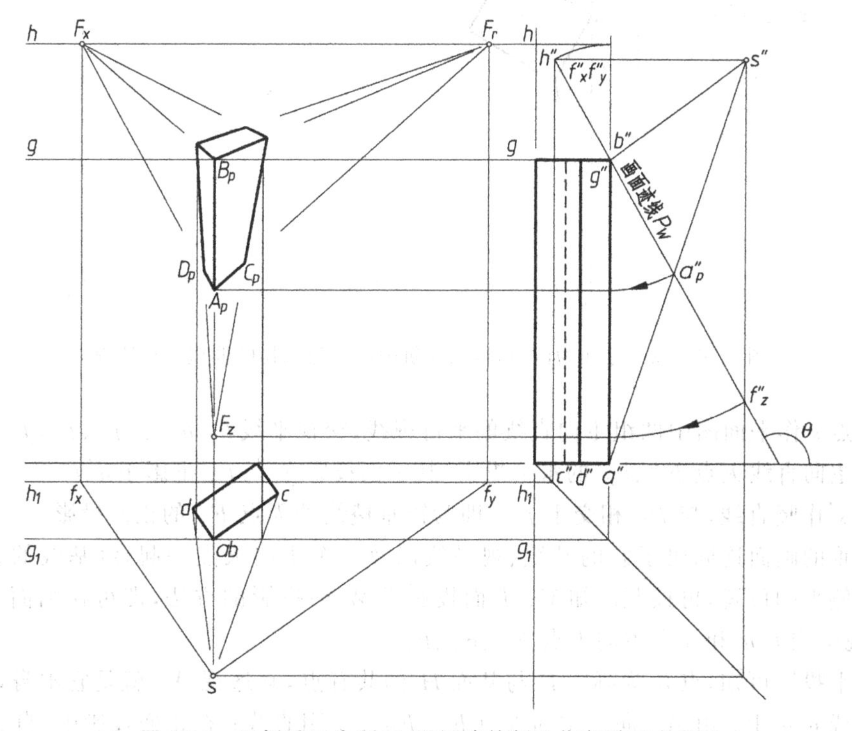

图 11-5 以侧垂面为画面，运用建筑师法作鸟瞰三点透视

图 11-6 是以正垂面为画面的坡顶单体高层建筑的建筑师法三点透视作图。图中的视点 S 由其两面投影 s、s' 给定（这里的 s' 不是主点，而是视点 S 的正面投影）；正垂的画面 P 由其迹线（正面迹线 P_V、水平迹线 P_H）确定；由 P_V 可以看出，画面对于视点 S 来说是前倾的，且倾角为 θ，故得到的透视图为仰望三点透视；如果将 H 面看作基面，则 P_H 就是平面图中的基线 g_1-g_1。

作图时，首先在正面投影中自 s' 作水平线，交 P_V 于 h'（h' 为视平线的正面投影），过 h' 向下作竖直线即得视平线的水平投影 h_1-h_1。

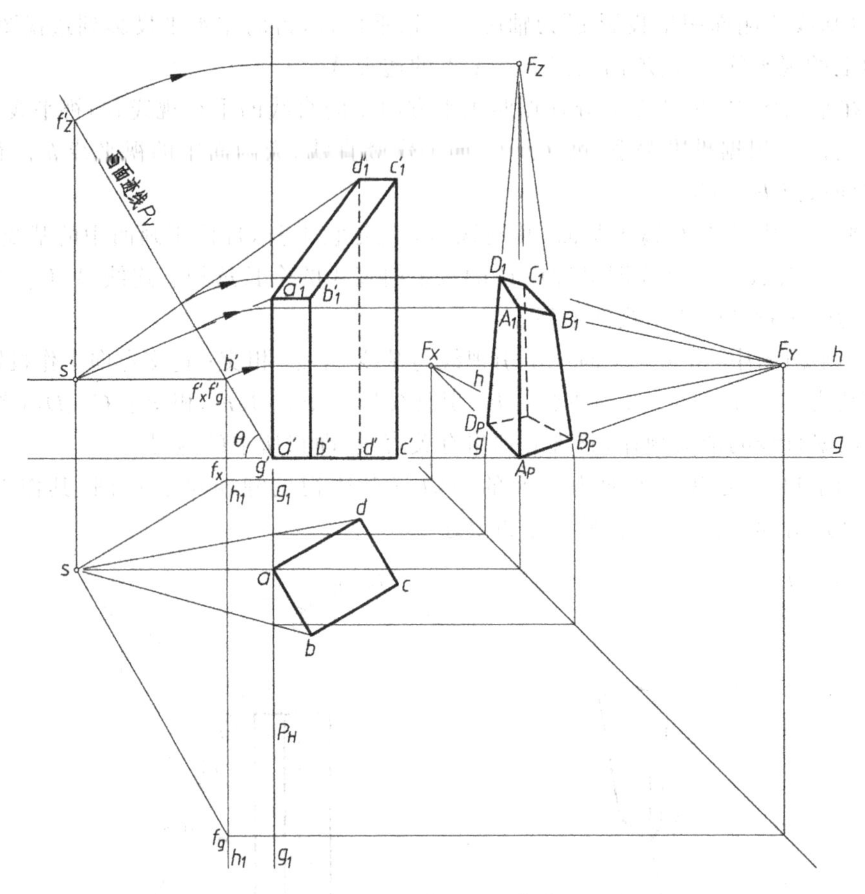

图 11-6　以正垂面为画面，运用建筑师法作建筑物的仰望三点透视

由站点 s 作平面图中两组主向直线的平行视线，交视平线 h_1-h_1 于 f_x、f_y，f_x、f_y 即为两组水平主向直线灭点 F_X、F_Y 的水平投影（其正面投影 f_x'、f_y'重影于 h'）。

再由 s'作竖直线，与 P_V 相交于 f_z'，即为铅垂棱线的灭点 F_Z 的正面投影。

将正垂的画面连同属于它的基线、视平线以及 3 个主向灭点一起，绕基线的积聚投影 g'旋转到侧平的位置，再按照已知 V、H 面投影求 W 面投影的方法，即可在画面上得到基线 g-g、视平线 h-h 和 3 个主向灭点 F_X、F_Y、F_Z。

由水平投影可知，点 a 为画面 P 与基面 H 的共有点，其透视 A_P 就是它本身，A_P 落在画面的基线 g-g 上；由 A_P 向三主向灭点 F_X、F_Y、F_Z 引直线；在正面投影中，自 s'向点 a_1'引视线，与画面相交得该视线的画面迹点，将该迹点随画面旋转到侧平位置，再向右投影到画面上，与 A_PF_Z 相交于 A_1，连线 A_PA_1 即得最前棱线的透视。

在水平投影中过站点 s 作视线 sb、sd 与基线 g_1-g_1 相交，过交点向右作水平横线，并通过 45°线的转换，即得画面中基线上的两个点，过这两个点向 F_Z 引直线。

与透视点 A_1 的求法一样，作正面投影中点 d_1'的透视 D_1；过 A_1、D_1 向 F_Y 引直线；连线 F_XB_P、F_YD_P 使之相交，过交点连线 F_Z，与 D_1F_Y 相交于 C_1。

连线并加粗至各有关点，整理后即得所求。

例 11-1 已知如图 11-7(a)所示建筑形体的两面投影，试运用建筑师法作其鸟瞰三点透视。

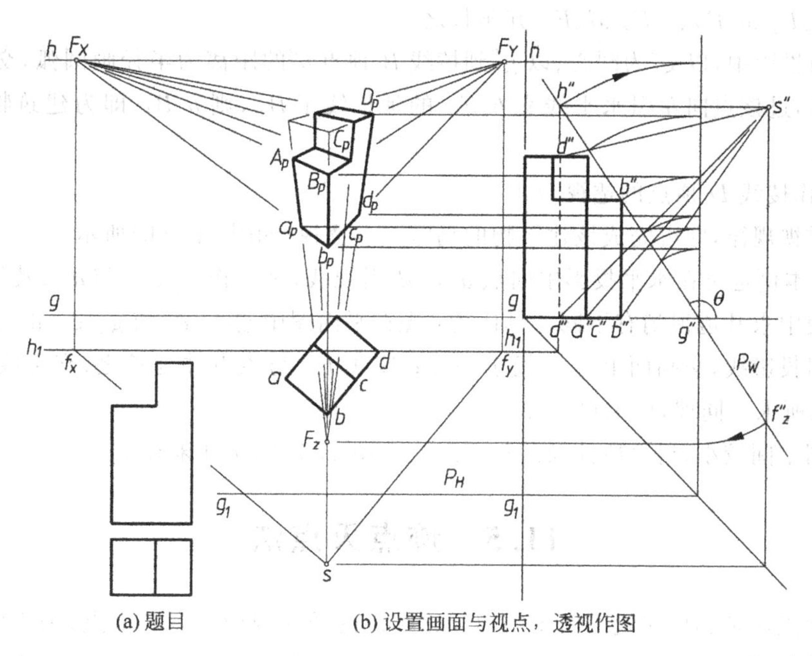

(a) 题目　　(b) 设置画面与视点，透视作图

图 11-7　以侧垂面为画面，运用建筑师法作建筑物的鸟瞰三点透视

解　分析：图 11-7(a)所示建筑的顶部呈阶梯状，采用鸟瞰图(取 $\theta>90°$)可清晰地表达形体的顶部特征。为便于获得透视高度，方便透视作图，应使画面通过建筑物的最前墙角线的顶点 B。

为了获得稳定、庄重的透视感，令视点 S 位于包含上述墙角线且垂直于画面的平面内。

作图：如图 11-7(b)所示，按照上述分析设置侧垂的画面 P(其侧面迹线为 P_W、水平迹线为 P_H，P_H 与基线的水平投影 g_1-g_1 重合)和视点 $S(s,s'')$；并使 P_W 过棱线 B 的顶点 b''；设置视点 S，使视角接近 45°；在画面上画出基线 g-g，在平面图中画出基线 g_1-g_1(即侧垂画面的水平迹线 P_H)。

作 h''和 $h-h$、f_x、f_y、f_z。在侧面投影中，过 s''作水平线与 P_W 相交，得视平线的侧面积聚投影 h''；过 s''作竖直线与 P_W 相交，即得 Z 向灭点的侧面投影 f_z''。在平面图中过站点 s 作 X、Y 向平行线，与 h_1-h_1(视平线 h-h 的水平投影)相交，交点为 f_x、f_y。f_x、f_y 的侧面重影于 h''，图 11-7(b)中未标出。

在侧面投影中，以基线 g-g 的侧面积聚投影 g''为圆心、以 $g''h''$、$f_z''g''$为半径画圆弧，交过 g''的竖直线于两点，过这两个点向左引水平线到画面上，即得视平线 h-h 和 Z 向灭点 F_Z(位于过站点 s 的竖直线上)；过 f_x、f_y 向上引竖直线，交画面上视平线 h-h 得主向灭点 F_X、F_Y。

在侧面投影中，作棱线 A、B、C、D 最低点的视线 $s''a''$、$s''b''$、$s''c''$、$s''d''$与画面迹线 P_W 相交于 4 个点，再以 g''为圆心，以 g''到这 4 个点的距离为半径分别画 4 条同心弧线，交过 g''的竖直线于4个点,过这4个点向左引水平线到画面上得透视点a_p、b_p、c_p、d_p(b_p位于过站点s的竖直线;a_p位于全长透视b_pF_X,c_p、d_p位于全长透视b_pF_Y)。

连线a_pF_Z、b_pF_Z、c_pF_Z、d_pF_Z并延长之。

在侧面投影中,以g''为圆心、以g''到棱线B顶点b''的距离为半径画圆弧,交过g''的竖直线于一点,过该点向左引水平线交b_pF_Z的延长线于B_P,则b_pB_P即为建筑物最前棱线bB的透视。

同理,作棱线D顶点的透视D_P。

根据透视规律,即可完成该建筑物的鸟瞰三点透视,如图11-7(b)所示。

讨论:本例也可在水平投影中向点a、c、d引视线,来求作a_p、c_p与d_p,其作法与传统的两点透视中求基透视稍有不同。具体为:先在平面图中连线sd,与g_1-g_1相交于一点,过该点向上引投影线,交画面上g-g线于一点;连线F_Z与该点并延长之,交全线透视b_pF_Y于d_p,即得所求。同理,可求得a_p、c_p。

因作图空间较小,讨论所涉及的作图过程在图11-7(b)中并未画出。

11.5 迹点灭点法

迹点灭点法是利用建筑平面图中形体轮廓线的透视画面迹点和灭点,来确定出建筑形体上全部直线的全长透视;它们在透视平面图中形成网格,从而交汇出建筑平面图上轮廓线的透视,以实现快速透视作图的一种方法。

例11-2 试运用迹点灭点法作出图11-7(a)所示建筑形体的鸟瞰图。

解 分析:本例所示建筑形体的平面图(图11-7(a))只有X、Y两主向直线,它们与基线的倾角均接近45°,这说明运用迹点灭点法较易于获得可达的画面迹点,透视平面图较易实现。

至于墙角棱线的透视高度同例11-1一样,只要确定两个,即b_pB_P、d_pD_P。其余部分依据透视规律,即可完成作图。

作图:如图11-8所示确定画面P与视点S;求作三主向灭点F_X、F_Y、F_Z(求作过程详见图11-7(b)分析)。

运用迹点灭点法将平面图中的各图线延长(图11-8),与基线g_1-g_1交于1、2、3、4、5点;将上述5个点对应移画到基线g-g上;连线$1F_Y$、$2F_Y$、$3F_X$、$4F_X$、$5F_X$,即得平面图中两组主向直线的全长透视,它们交汇形成透视网格,对照原始平面图形,即可确定出透视平面图(其透视图中的可见轮廓线为a_pb_p、b_pd_p,且c_p属于b_pd_p)。

与图11-7(b)一样,求作棱线B、D顶点的透视B_P、D_P。

其余部分依据透视规律,完成作图,如图11-8所示。

显然对于本例而言,运用迹点灭点法作图优于建筑师法。

事实上,针对不同的建筑形体特征,采用迹点灭点法和建筑师法综合作图,效果会更优。

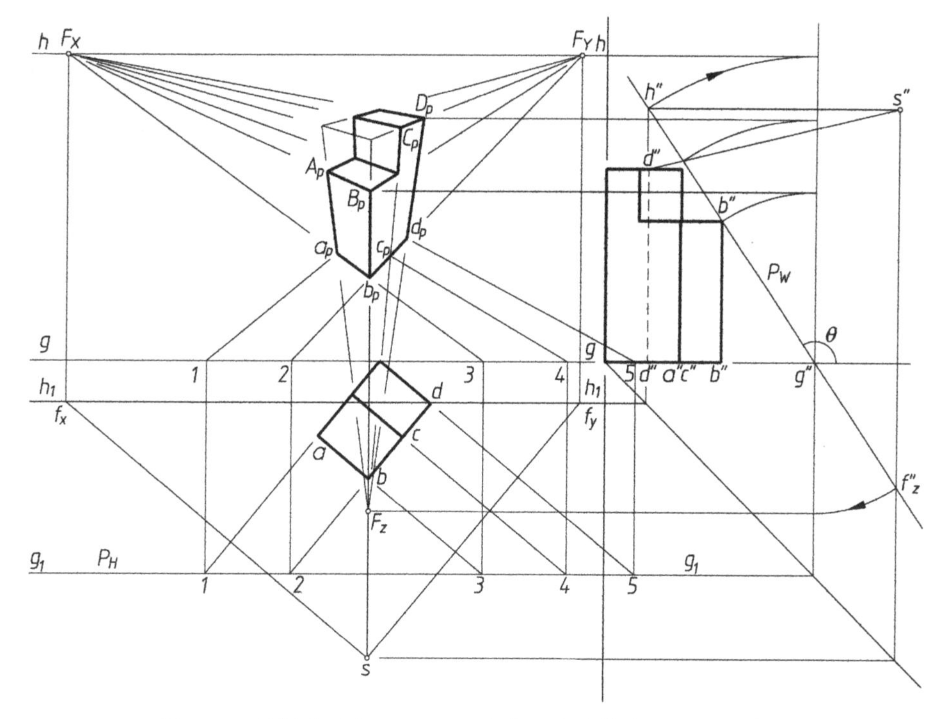

图 11-8 以侧垂面为画面,运用迹点灭点法作建筑物的鸟瞰图

第三部分　正投影图中的阴影

第12章

阴影的基本概念与基本规律

对于建筑(艺术、工业)设计类专业而言,阴影是建筑表现图(正投影图、透视图)不可缺失的重要组成部分。在建筑表现图中,如果加画出阴影,可丰富投影的表现力,增加画面的美感,进而清楚地表达出景物的形状特征和空间几何关系,烘托出形体的立体感和空间感。本章将讲述阴影的概念和术语、常用光线,以及点、直线和平面图形的落影及其规律。

12.1 阴影的形成与作用

日月同辉,光影相随。物体在光的照射下必产生阴和影。因此,阴影的形成是宇宙赋予的自然属性。在光线的照射下,物体受光的表面显得明亮,称为阳面(简称阳);背光的表面显得阴暗,称为阴面(简称阴)。阳面与阴面的分界线称为阴线。由于物体一般是不透光的,因此照射在物体阳面上的光线受到阻挡,从而在物体本身或其他物体原来受光的表面上(阳面)出现阴暗的部分,这部分称为物体在该面上的影(落影)。影的轮廓线称为影线。影所在的阳面称为承影面(图 12-1)。影线就是阴线的影。

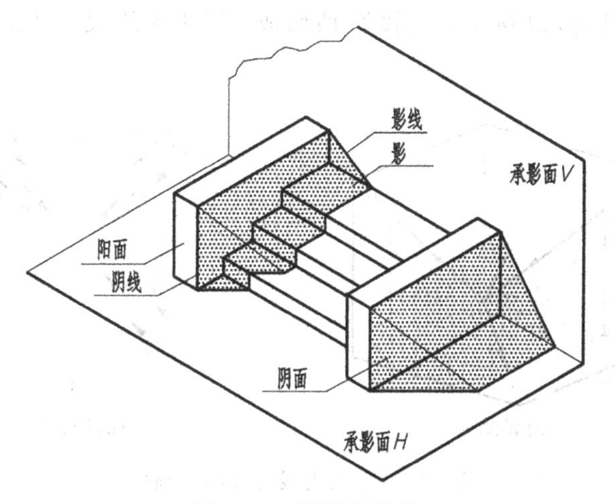

yy12-1

图 12-1　阴影的形成

由上述阴影的形成可知，光线、物体和承影面是形成阴影的三要素，缺一不可。

本课程约定：光源相对于物体位于无穷远处(如太阳光)，它形成平行光线。受光物体均假定为不透明。承影面主要是平面，必要时也可以是曲面。

阴影常用于建筑设计的表现图中，没有绘制阴影的建筑立面图缺乏立体感和尺度感。如果加绘了阴影，则大大地丰富了图形的表现力，增加了画面的美感，从而使建筑立面生动逼真，富于立体感(图 12-2)。

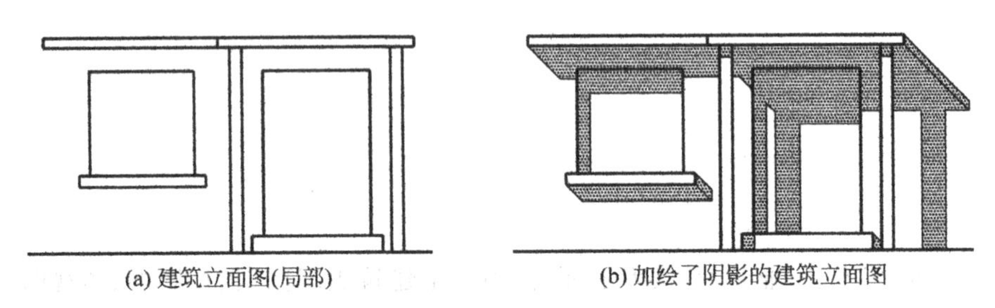

(a) 建筑立面图(局部)　　(b) 加绘了阴影的建筑立面图

图 12-2　建筑立面图加绘阴影的效果示例

12.2 常用光线

形体的存在是通过明暗与阴影来表现的，立体感也是这样。明暗与阴影的用法不同，其立体感会表现出很大的差异，如果阴影表现不当，就无法表达正确的形体。明暗与阴影在表现形体的立体感时，扮演着十分重要的角色，因此必须充分地把握才能准确地表达建筑形体的设计造型。具体绘图时，必须以光的角度与位置求出阴影与明暗的关系。

考虑到阴影作图的简捷和度量方便，兼顾生动自然的表现效果，在画建筑立面图的阴影时，常采用一种特定方向的平行光线，称为常用光线。常用光线的空间方向为表面平行于基本投影面的立方体的体对角线的方向(其指向从立方体的左、前、上角到右、后、下角)，将上述光线向各投影面投射，得到 3 个与投影轴均成 45°的光线投影 l、l'、l'' (图 12-3(b))。

yy12-3

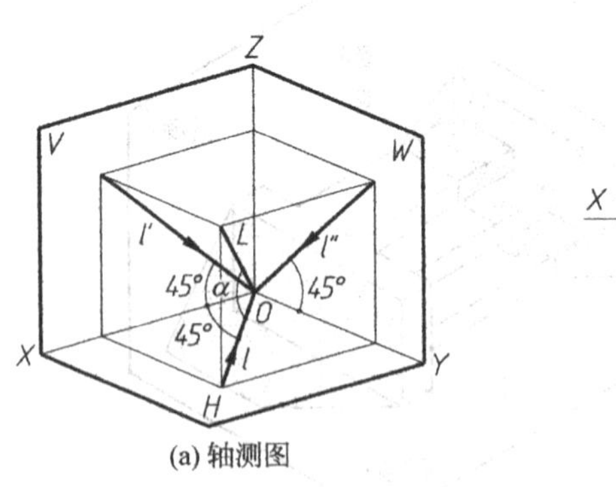

(a) 轴测图

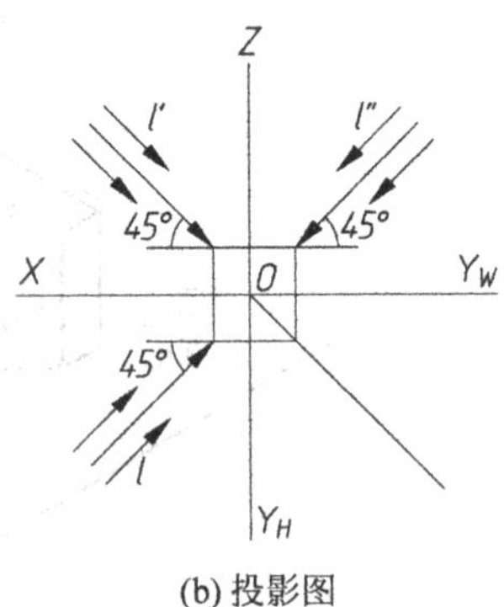

(b) 投影图

图 12-3　常用光线的方向与倾角

12.3 点的落影

点在承影面上的影，实际上是过该点的光线延长后与承影面的交点。当点属于承影面时，其落影与该点自身重合(表12-1)。

表 12-1 点的落影

	轴测图	投影图	
属于承影面的点的落影	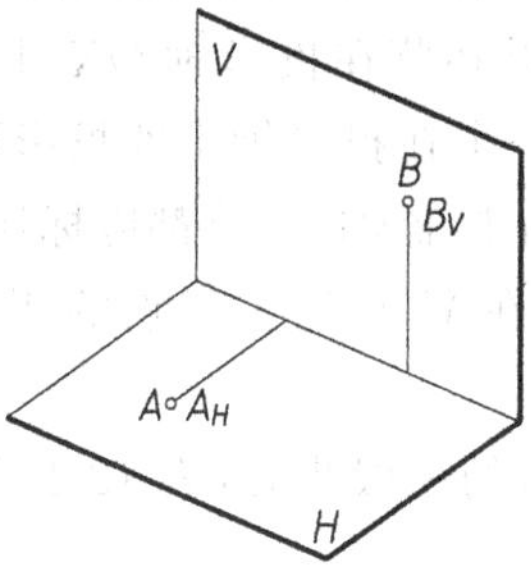	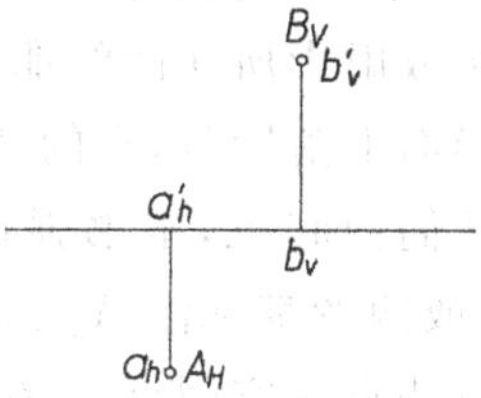	
空间点在投影面上的落影	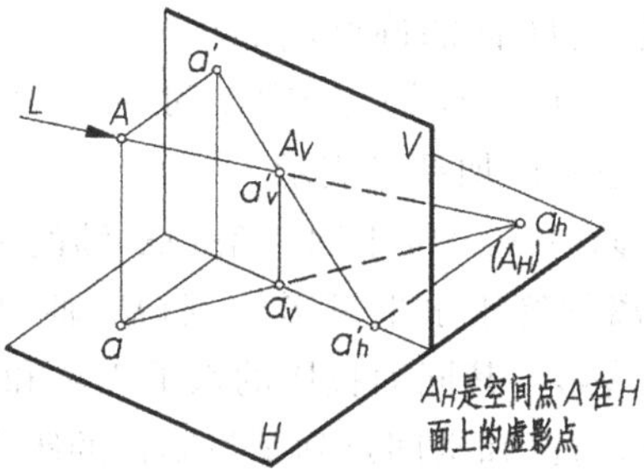 A_H是空间点A在H面上的虚影点	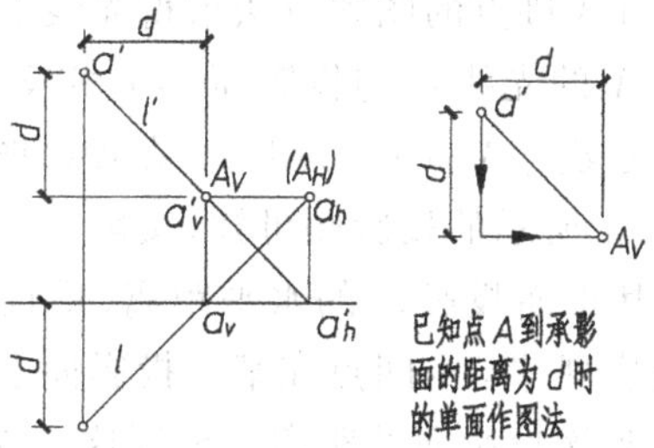 已知点A到承影面的距离为d时的单面作图法	光线迹点法
点在特殊位置平面上的落影	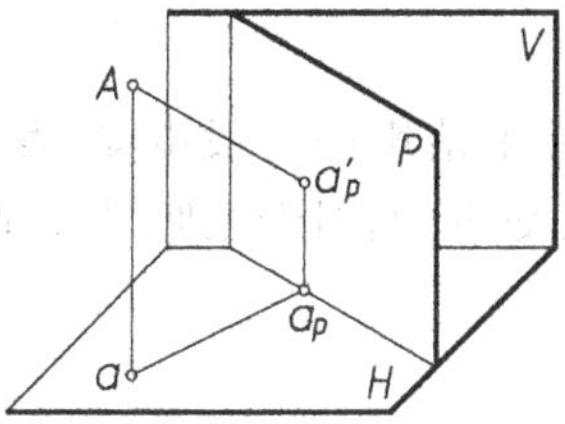	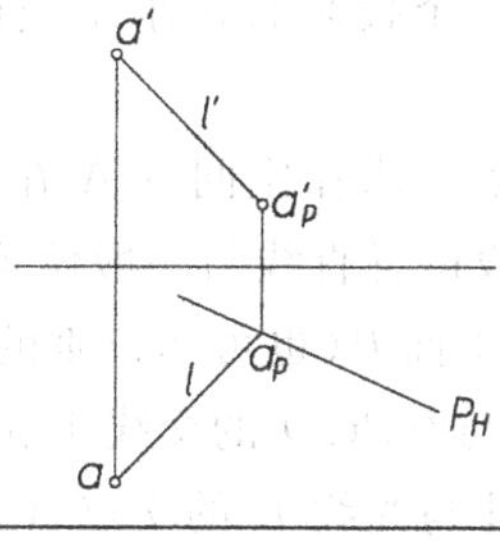	线面交点法
点在一般位置平面上的落影	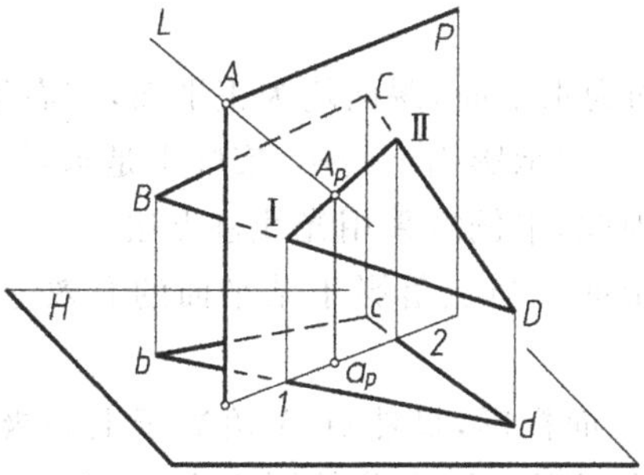	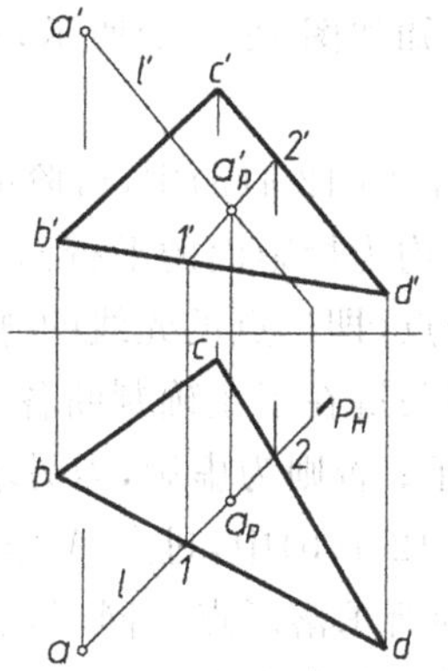	线面交点法

yyb12-1 (1-2)

yyb12-1 (3)

yyb12-1 (4)

当承影面是投影面时，作点的落影也就是作过该点光线的迹点，这种作图的方法称为光线迹点法(表 12-1)。

当承影面为其他平面时，作点的落影就是作过该点的光线与承影面的交点，这种作图的方法称为线面交点法(表 12-1)。

若有两个或两个以上的承影面，则过该点的光线与某承影面相交的点称为实影，再与其他承影面的交点都是虚影(表 12-1)。

本课程约定：点的落影用该点的字母加该承影面的名称作下标来表示，如 A_H、A_V、A_P 等；虚影还应加括号表示，如(A_H)、(A_V)、(A_P)等。落影点 A_V 的正面投影用 a'_v 表示，水平投影用 a_v 表示。由于正立投影面上实影的水平投影必落在投影轴 OX 上，故在投影图上，一般只需标出实影或虚影所在面的那个投影，而另一个在投影轴上的投影可省略不再标出。但当点在其他承影面上落影时，它的两个投影都不在投影轴上，故都应标注。

为阅读和标注简便起见，本书强调，空间点 A 在 V 面的实影点的正面投影可标记为 A_V，或标记为 a'_v，或两者都标注 A_V、a'_v，其余类推。

运用光线迹点法求作空间点 A 在投影面上落影的一般步骤(表 12-1)如下。

(1) 分别过 a'、a 作光线的 V、H 面投影。

(2) 据直线迹点的图解方法求得光线 L 的 V、H 面的迹点 a'_v、(a_h)。

(3) 过 A 的光线 L 与投影面 V 先相交，其交点 A_V(a'_v)为实影；过 A 的光线与投影面 H 后相交，其交点 A_H(a_h)为虚影，在投影图上虚影应加括号表示。

由表 12-1 所示的投影图可知，实影 A_V 与虚影(A_H)位于同一条 OX 轴的平行线上，且实影 A_V 与其正面投影 a' 的水平距离、垂直距离均等于水平投影 a 到 OX 轴的距离 d。由此得点的落影规律：空间点在某一投影面上的落影与其同面投影的水平距离和垂直距离都等于空间点到该投影面的距离。根据这一规律，当已知空间点到某投影面的距离时，可通过空间点在该面的一个投影直接求出空间点在该投影面上的落影。这种作图法称为单面作图法。

运用线面交点法求作空间点 A 在一般位置平面上落影的一般步骤(表 12-1)如下。

(1) 根据一般位置直线与一般位置平面相交求交点的作图原理，先过点 A 包含空间光线 L 作辅助的铅垂面 P(也可作正垂的辅助平面)；

(2) 求 P 面与△BCD 的交线 Ⅰ Ⅱ；

(3) 交线 Ⅰ Ⅱ 与光线 L 的交点 A_P(a'_p,a_p)即为所求。

例 12-1 已知如图 12-4(a)所示，求作点 A、B、C 在台阶表面上的落影和点 A 在台阶左端面的落影点。

解 分析：在图 12-4(a)中，台阶的踏面均为水平面，踢面均为正平面，左右端面为侧平面。由于承影面均为投影面的平行面，故求作点在承影面上的影，实际上是求过这些点的光线与承影面的交点(即过点的光线的迹点)。因此，本例宜采用光线迹点法。

本例的解题关键在于正确判断各点的承影面。当点落影于某平面的有效范围时，其落影为实影，为所求；否则为虚影，需另求。

作图：在图 12-4(b)中，过点 A 作光线的三面投影，显然点 A 落影于上一级的踏面上，A_0(a_0,a'_0,a''_0)为所求落影点。同理，点 B 落影于下一级台阶的踢面上，B_1(b_1,b'_1,b''_1)即为所求；点 C 落影于台阶的左端面，C_2(c_2,c'_2,c''_2)即为所求。

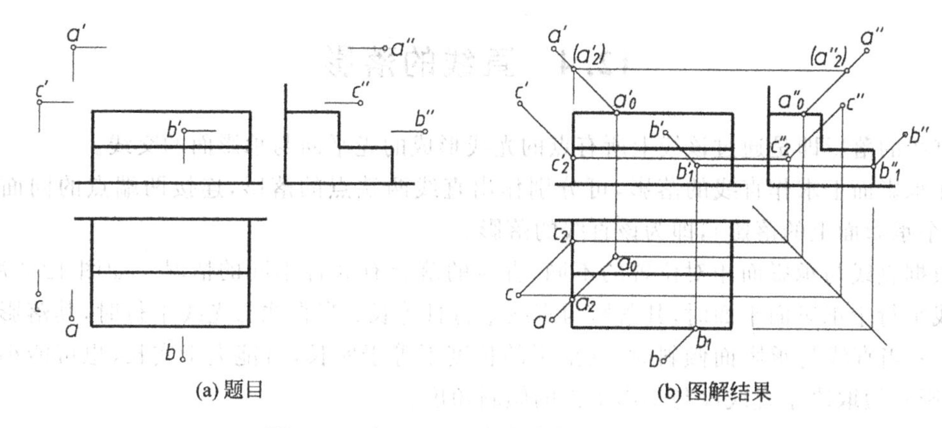

(a) 题目　　(b) 图解结果

图 12-4　点 A、B、C 在台阶表面上的落影

扩大台阶的左端面，令其与过点 A 的光线交于 $A_2(a_2,a_2',a_2'')$。显然，$A_2(a_2,a_2',a_2'')$不在台阶左端面的有效区域内，故 A_2 为空间点 A 在台阶左端面上的虚影点，前面所求的 A_0 为实影点。虚影点一般不要求作出。

例 12-2　已知如图 12-5(a)所示，求作点 D 在三棱锥表面上的落影和它在棱锥底面上的虚影点。

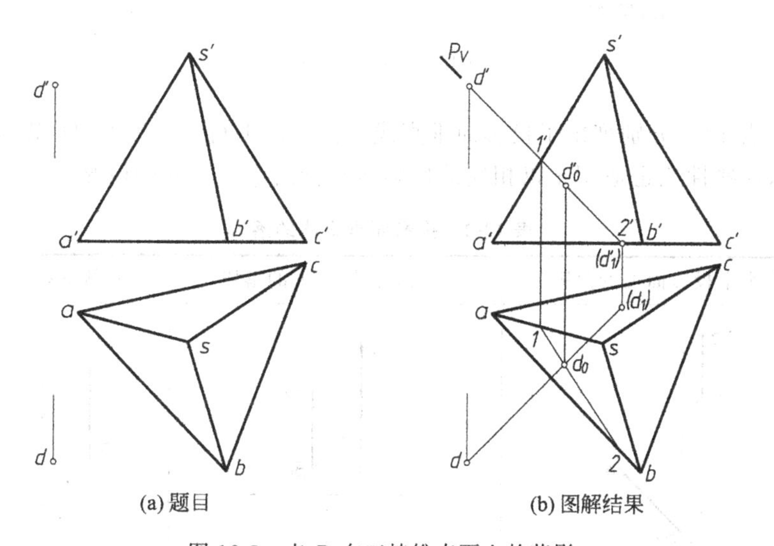

(a) 题目　　(b) 图解结果

图 12-5　点 D 在三棱锥表面上的落影

解　分析：图 12-5(a)所示三棱锥的各棱面均无积聚性，故宜采用线面交点法求作点 D 在棱锥表面的落影。

作图：过空间点 D 作光线的 V、H 面投影。包含该光线作正垂的辅助平面 P(也可作铅垂的辅助平面)，P 平面交棱面 SAB 得交线 Ⅰ Ⅱ(12，$1'2'$)。过点 D 的光线与交线 Ⅰ Ⅱ 的交点 $D_0(d_0,d_0')$即为点 D 在三棱锥表面上的落影(实影点)。

三棱锥的底面为水平面，其正面投影积聚为一条直线。应用光线迹点法，点 D 在棱锥底面上的虚影 $D_1(d_1,d_1')$可直接获得(图 12-5(b))，按本课程的约定，虚影点加括号表示。

12.4 直线的落影

直线的落影即是通过该线上所有点的光线形成的光平面与承影面的交线。

在承影面上求作直线的落影，可分别作出直线两端点的落影，连接两端点的同面落影（同一个承影面上的落影），即为该直线的落影。

根据直线与承影面相对位置的不同，直线的落影有3种不同的情况。如图12-6所示，当直线平行于承影面平面时，其落影与直线平行且等长；当直线与光线平行时，其落影积聚为一点；当直线与承影面倾斜时，其落影的长度不等于实长，可能大于实长，也可能小于实长，落影长短取决于直线段与承影平面的倾斜角度。

yy12-6

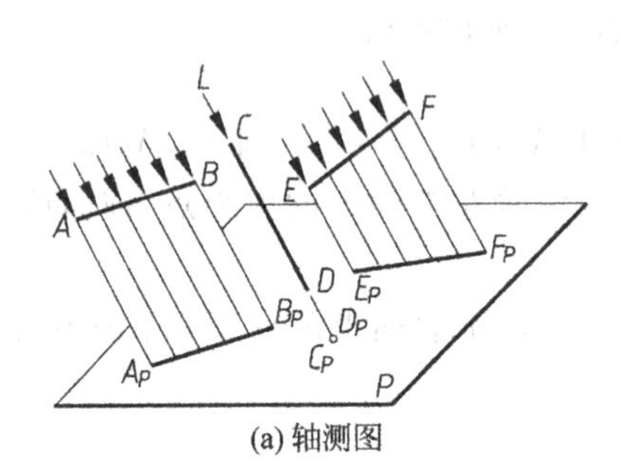

(a) 轴测图

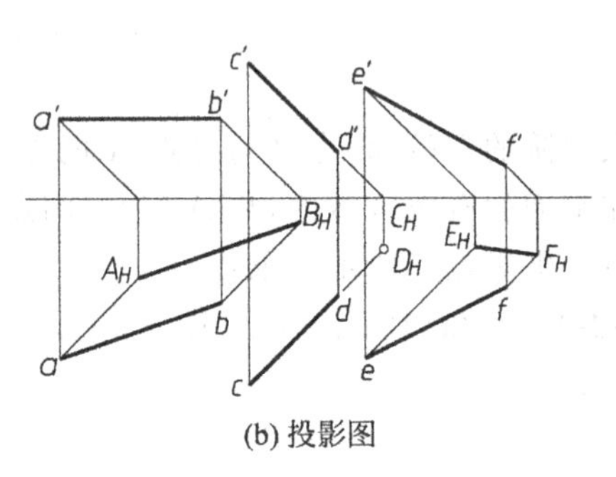

(b) 投影图

图12-6 直线的落影

表12-2、表12-3分别列出了投影面垂直线和投影面平行线在以 V、H、W 面为承影面时的落影性质，这些性质也适用于以相应的投影面平行面作承影面的情况。

表12-2 投影面垂直线的落影

	在水平投影面上的落影	在正立投影面上的落影	在侧立投影面上的落影
H 面垂直线	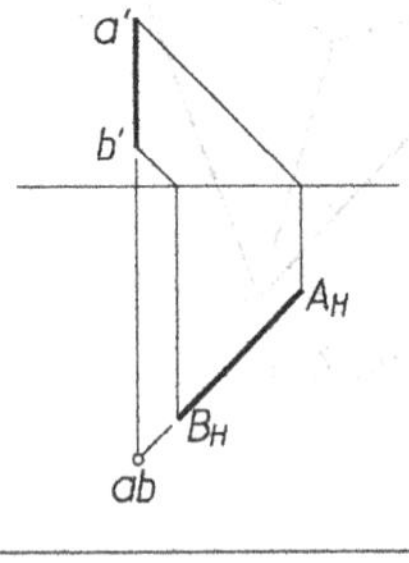	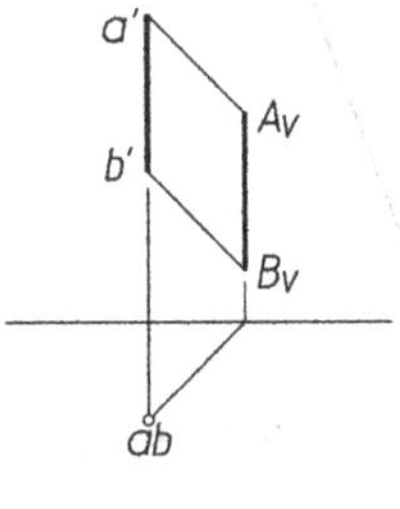	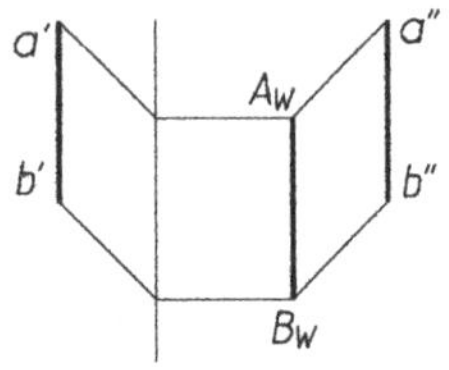
V 面垂直线	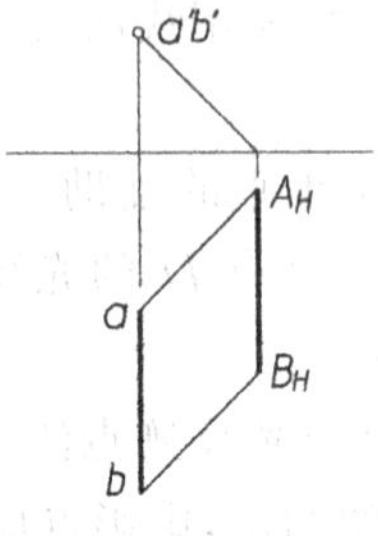	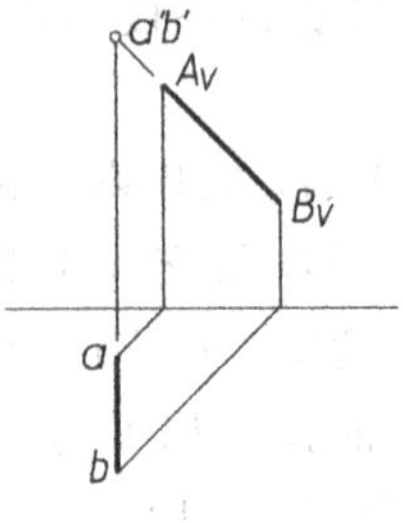	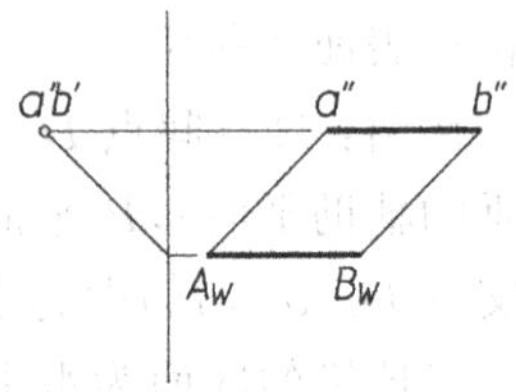

续表

	在水平投影面上的落影	在正立投影面上的落影	在侧立投影面上的落影
W 面垂直线	a' b' A_H B_H a b	a' b' $a''b''$ A_V B_V	$a'b'$ $a''b''$ B_W A_W

表 12-3 投影面平行线的落影

	在水平投影面上的落影	在正立投影面上的落影	在侧立投影面上的落影
H 面平行线	a' b' A_H B_H a b	a' b' A_V B_V a b	a' b' b'' a'' B_W A_W
V 面平行线	b' a' B_H A_H a b	b' a' B_V A_V a b	a' a'' A_W b' b'' B_W
W 面平行线	a' b' B_H A_H b a	a' a'' A_V b' b'' B_V	a' a'' A_W b' b'' B_W

表 12-4 为特殊位置直线 AB 的落影特性。

表 12-4　特殊位置直线 AB 的落影特性

AB 线段	H 面落影	V 面落影	W 面落影
铅垂线	45°方向线	$//a'b'$，$=AB$	$//a''b''$，$=AB$
正垂线	$//ab$，$=AB$	45°方向线	$//a''b''$，$=AB$
侧垂线	$//ab$，$=AB$	$//a'b'$，$=AB$	45°方向线
水平线	$//ab$，$=AB$		
正平线		$//a'b'$，$=AB$	
侧平线			$//a''b''$，$=AB$

注：(1) 表中的 45°线是指与光线的该面投影方向一致的 45°线；

(2) 全部落影特性同样适用于以相应的投影面平行面作为承影面的情形；

(3) 表中的落影规律特指 AB 线段全部落影于同一承影面，对于部分落影于一个承影面的情形则只有部分对应。

当一条直线段落影于两相交承影面，即直线段两端点的影不在同一承影面时，该直线段的落影呈折线状，此时必须先求出折影点，然后再依据"只有同一承影面上的落影点方可连线"的原则作图。表 12-5 列出了线段 AB 落影于两相交承影面的 3 种作图方法。显然，折影点必位于两相交承影面的交线上。

表 12-5　线段 AB 落影于两相交承影面时的折影点的作图

yyb12-5

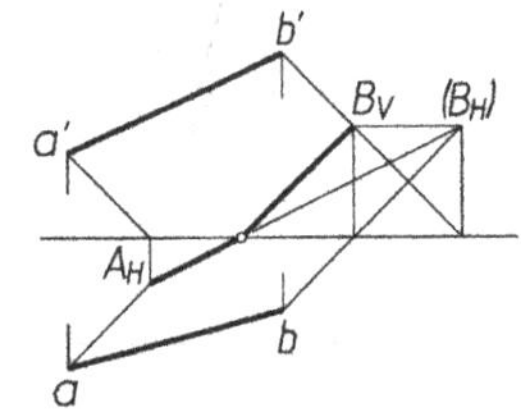

利用虚影点的概念作图

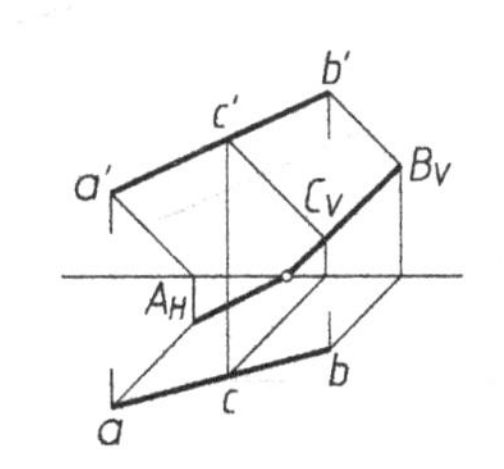

利用线段上的中间点作图

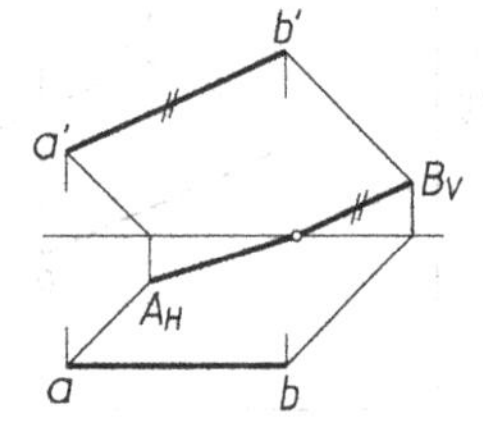

当线段平行于投影面时，利用线段在该面上的投影与落影彼此平行的特性作图

除此之外，表 12-6 还列出了直线的其他落影规律。表 12-7 列出了投影面垂直线落影的投影对称特性，即当某一投影面的垂直线落影于另一投影面垂直面（单一的或由平面、柱面组合而成的）时，该落影在第三投影面上的投影，与该承影面的积聚性的投影呈对称图形。

表 12-6　直线落影的平行规律和相交规律

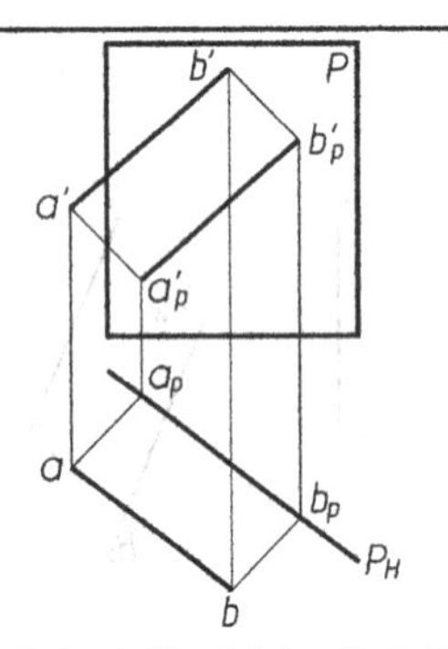

直线与承影面平行，其落影与直线本身平行且等长。它们的同面投影亦平行且等长

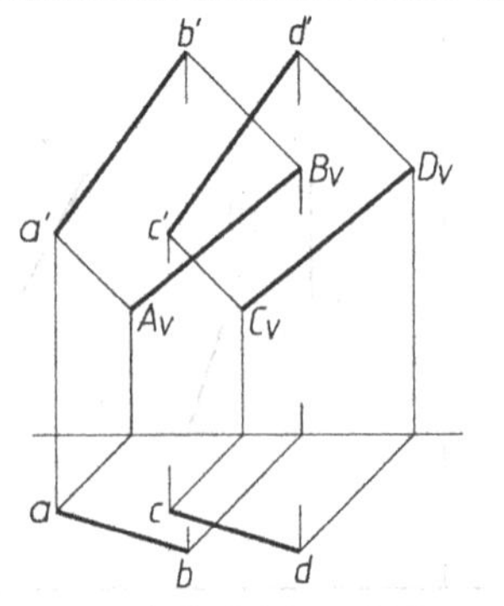

平行两直线在同一承影面上的落影应相互平行

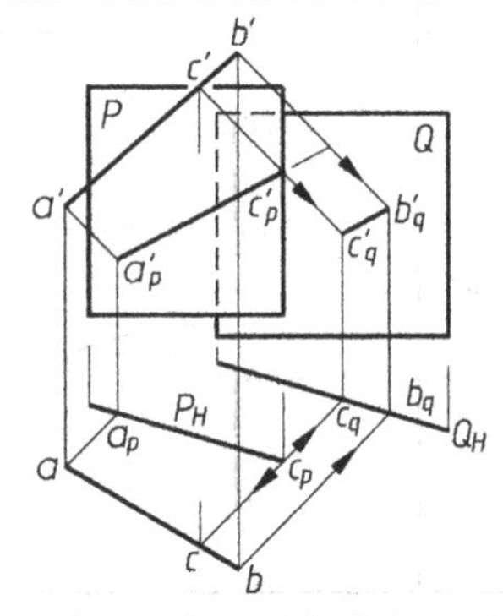

一直线在相互平行的各承影面上的落影应相互平行

续表

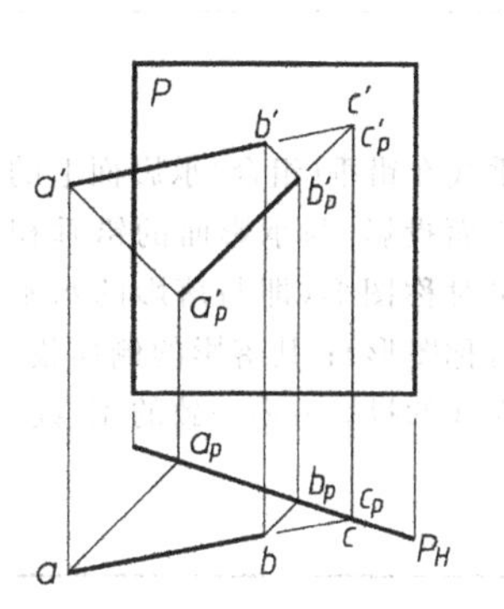 直线与承影面相交，其落影（或延长后）必过它们的交点	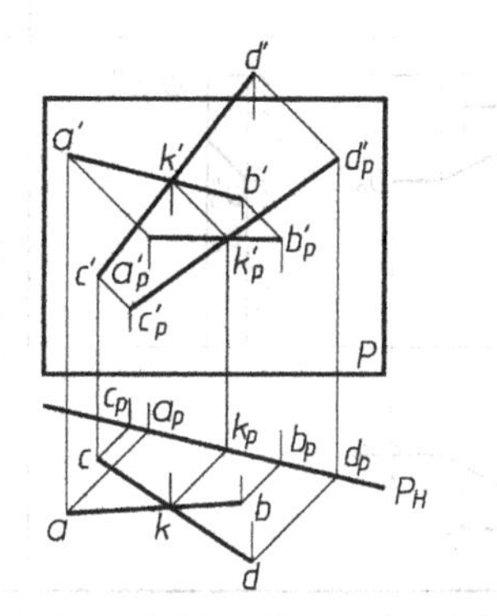 相交两直线在同一承影面上的落影必然相交，且落影的交点就是两直线交点的落影	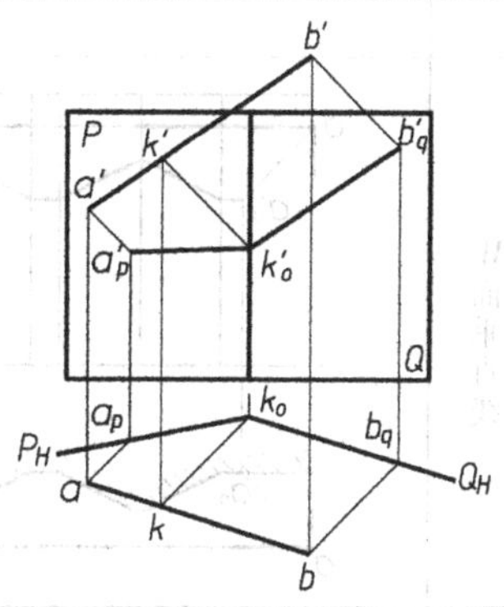 一直线在两个相交的承影面上的两段落影必然相交，且落影的交点（即折影点）必位于两承影面的交线上

表 12-7 投影面垂直线落影的投影对称性

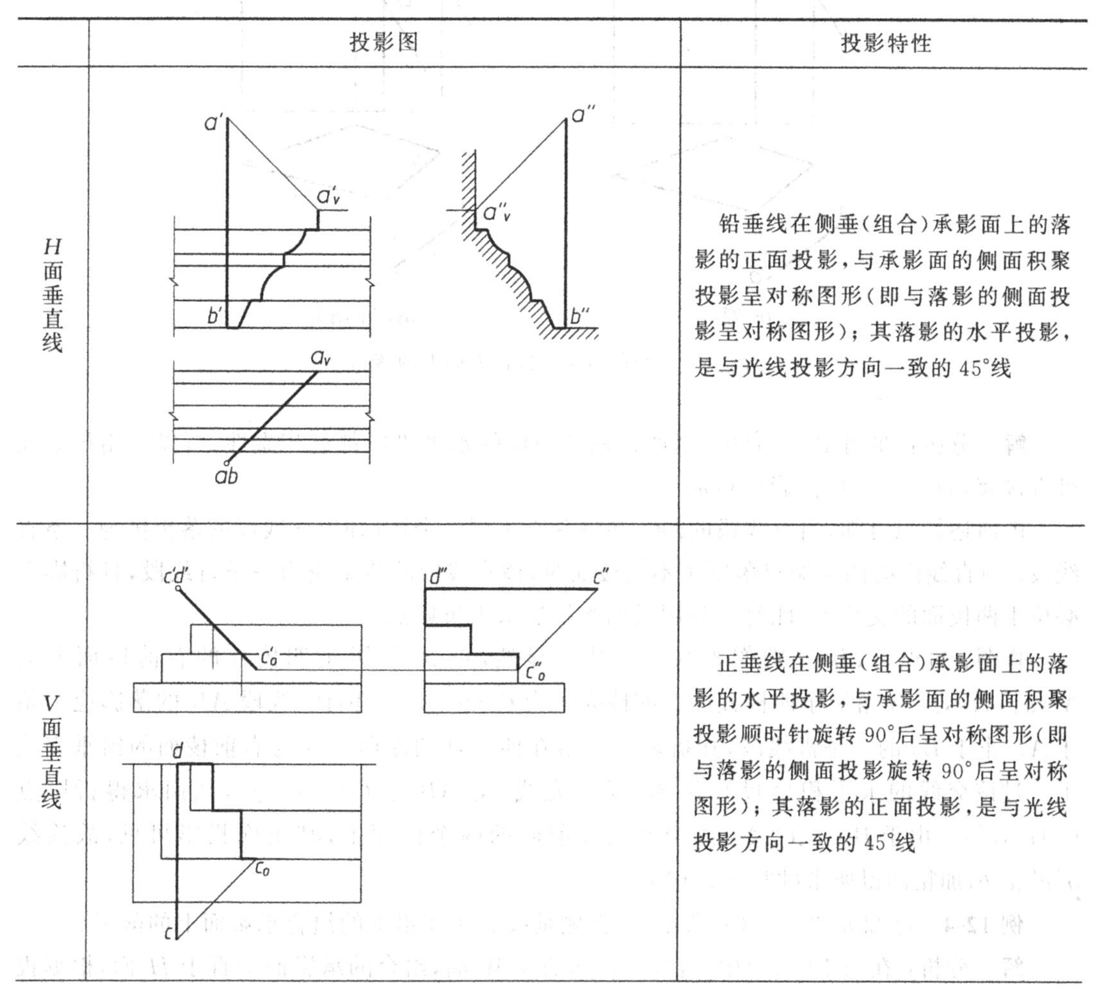

	投影图	投影特性
H面垂直线		铅垂线在侧垂（组合）承影面上的落影的正面投影，与承影面的侧面积聚投影呈对称图形（即与落影的侧面投影呈对称图形）；其落影的水平投影，是与光线投影方向一致的45°线
V面垂直线		正垂线在侧垂（组合）承影面上的落影的水平投影，与承影面的侧面积聚投影顺时针旋转90°后呈对称图形（即与落影的侧面投影旋转90°后呈对称图形）；其落影的正面投影，是与光线投影方向一致的45°线

续表

	投影图	投影特性
W面垂直线	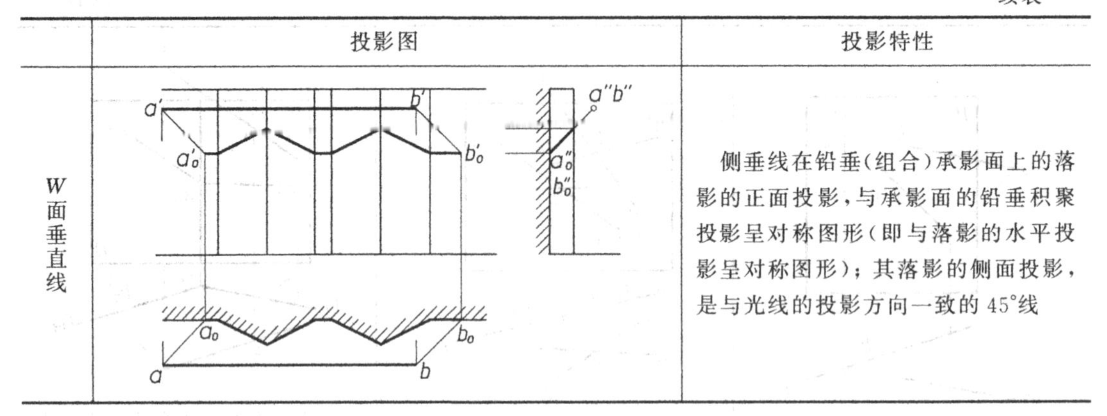	侧垂线在铅垂(组合)承影面上的落影的正面投影,与承影面的铅垂积聚投影呈对称图形(即与落影的水平投影呈对称图形);其落影的侧面投影,是与光线的投影方向一致的45°线

例 12-3 已知如图 12-7(a)所示,求作线段 AB 在棱柱表面上的落影。

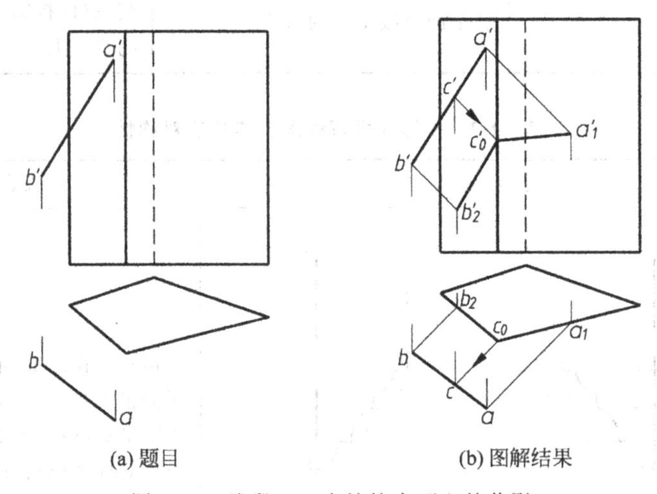

(a) 题目　　(b) 图解结果

图 12-7　线段 AB 在棱柱表面上的落影

解　分析:在图 12-7(a)中,因四棱柱各棱面的水平投影都有积聚性,所以利用积聚性可直接获知端点 A、B 落影的棱面。

由前述知识可知,当直线段的两个端点落影于同一个棱面时,该线段的落影仍为一条直线段;当直线段的两个端点落影于不同棱面时,该直线段的落影应为一条折线段,且折影点必位于两棱面的交线上,此时应利用反回光线法求出折影点。

作图:过点 A、B 分别作光线的投影。显然,点 A 落影于四棱柱的右前棱面上为 $A_1(a_1, a_1')$,点 B 落影于四棱柱的左前棱面上为 $B_2(b_2, b_2')$。因此,线段 AB 的落影应为始于 A_1、止于 B_2 的一条折线段,其折影点应落在四棱柱的左前棱面与右前棱面的铅垂交线上。过该交线的水平积聚投影作 45°反回光线,交 AB 于 $C(c, c')$点,从而求得折影点 $C_0(c_0, c_0')$。由于 B_2C_0、C_0A_1 位于四棱柱前向的两个棱面上,其正面投影可见,故连线 $a_1'c_0'$、$c_0'b_2'$ 加粗即得所求(图 12-7(b))。

例 12-4 已知如图 12-8(a)所示,求作侧垂线 AB 在铅垂的组合承影面上的落影。

解　分析:在图 12-8(a)中,直线 AB 垂直于 W 面,组合的承影面垂直于 H 面,根据投

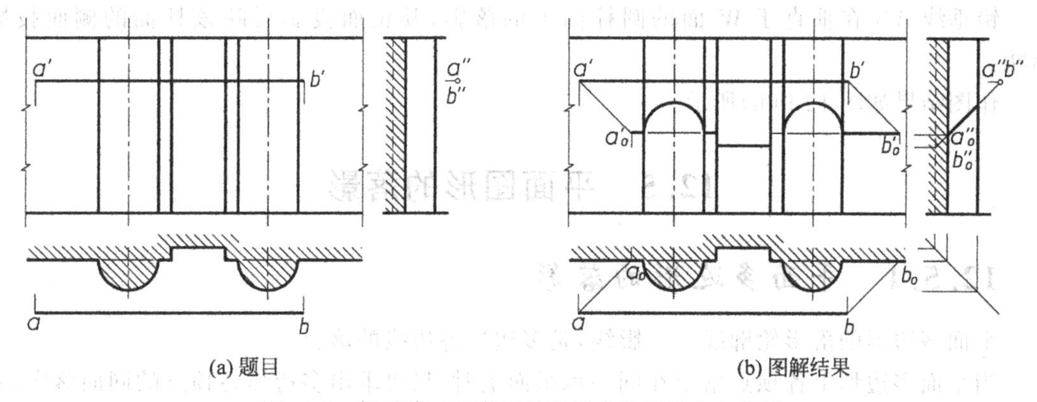

(a) 题目　　(b) 图解结果

图 12-8　侧垂线 AB 在铅垂的组合承影面上的落影

影面垂直线落影的投影对称特性(表 12-7),该线段落影的 W 面投影应与光线的同面投影方向一致(即落影的 W 面投影为一条 45°线),落影的 V 面投影与落影的 H 面投影(亦为组合承影面的积聚投影)呈对称图形。

作图:所求如图 12-8(b)所示(图中暂未作出圆柱面与凹墙的阴影,对此,本书第 14 章将予以讨论)。

例 12-5　已知如图 12-9(a)所示,求作铅垂线在侧垂的组合承影面上的落影。

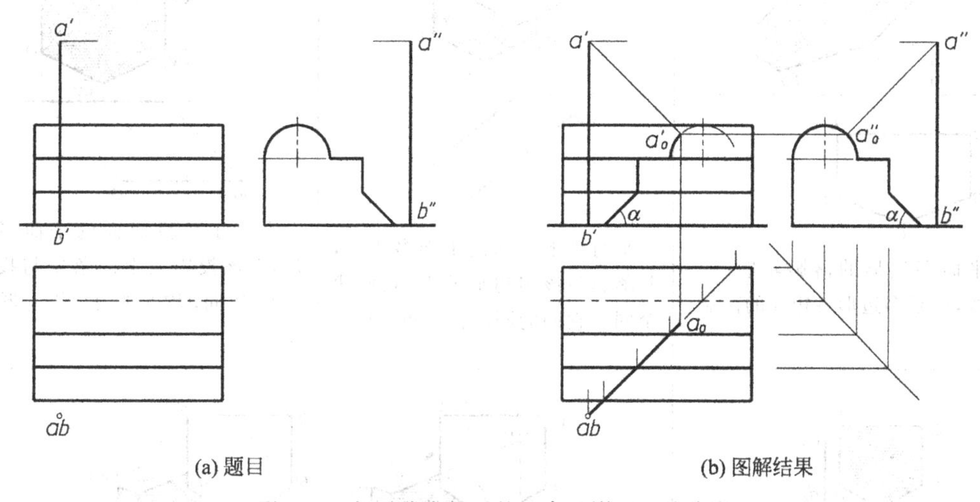

(a) 题目　　(b) 图解结果

图 12-9　铅垂线在侧垂的组合承影面上的落影

解　分析:在图 12-9(a)中,直线 AB 垂直于 H 面,组合的承影面垂直于 W 面,根据投影面垂直线落影的投影对称特性(表 12-7),该线段落影的水平投影应与光线的同面投影方向一致(即落影的 H 面投影为一条 45°线),落影的 V 面投影与落影的 W 面投影(即组合承影面的 W 面积聚投影)呈对称图形。

作图:在图 12-9(b)中,依投影面垂直线的落影特性可知,铅垂线 AB 的落影的水平投影,不论承影面的数量和形状如何,总是一条与光线投影方向一致的 45°直线。

铅垂线 AB 在侧垂承影平面上的落影,其正面投影与 OX 轴的夹角反映出该侧垂面对 H 面的倾角 α。

铅垂线 AB 在垂直于 W 面的圆柱面上的落影，其正面投影反映该柱面的侧面投影形状。

作图结果如图 12-9(b)所示。

12.5 平面图形的落影

12.5.1 平面多边形的落影

平面多边形的落影轮廓线——影线，是多边形各边线的落影。

当平面多边形上各顶点落影在同一承影面上时，只要求出多边形各顶点的同面落影，并依次以直线连接即得所求。

若平面多边形各顶点的落影不在同一承影面上，则必须求出有关边线落影的折影点，然后按"只有同一承影面上的落影点才能连线"的原则，依次连接各落影点即得所求(表 12-8)。

yyb12-8
上

表 12-8 平面多边形的落影

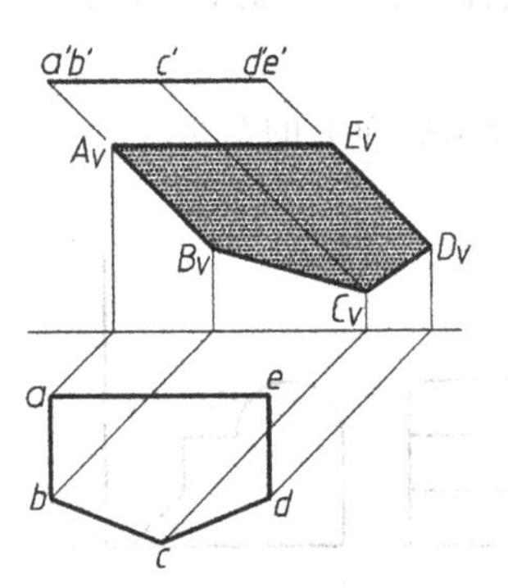 平面多边形的落影轮廓——影线，就是多边形各边线的落影	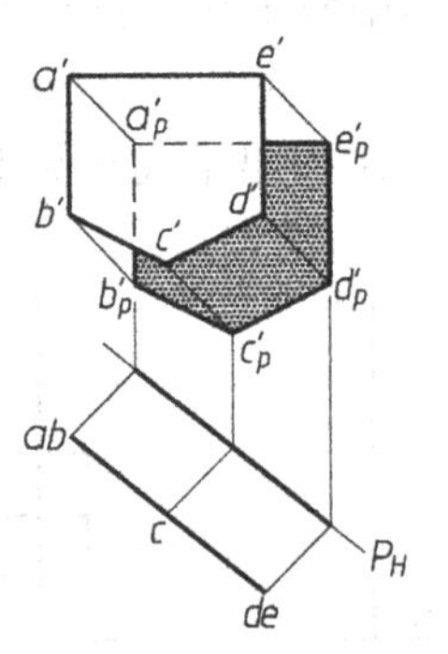 平行于承影面的平面多边形，其落影与该多边形的大小、形状全同。它们的同面投影也相同	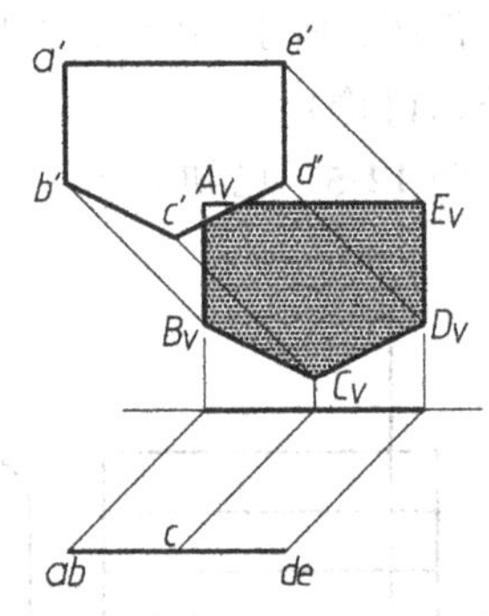 平行于某投影面的平面多边形，在该投影面上的落影与投影形状全同，均反映该多边形的实形
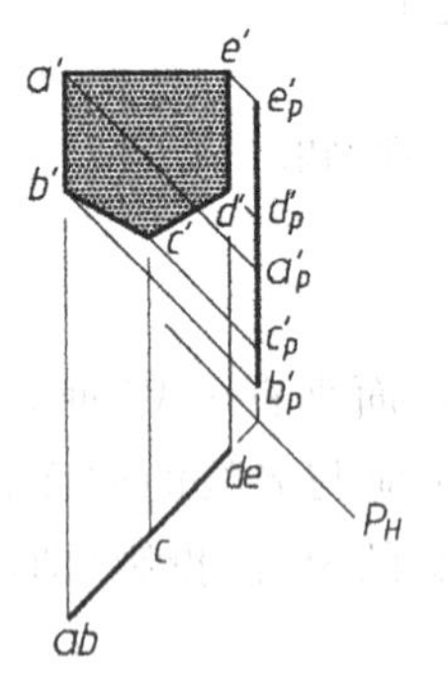 当平面图形与光线的方向一致时，在任何承影平面上的落影成一条直线，且平面图形的两面均呈阴面	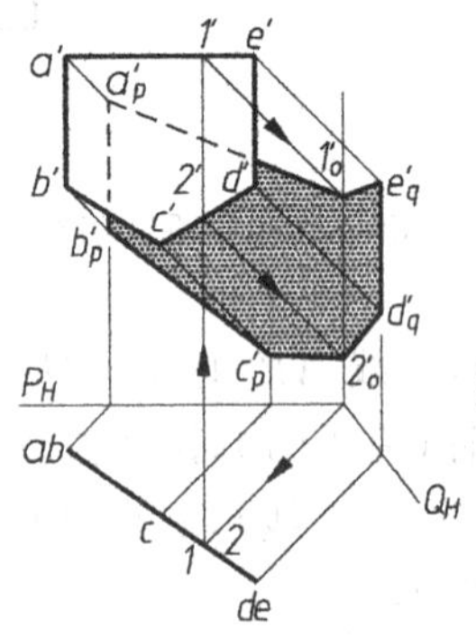 当平面多边形落影于两相交平面时，利用反回光线求折影点	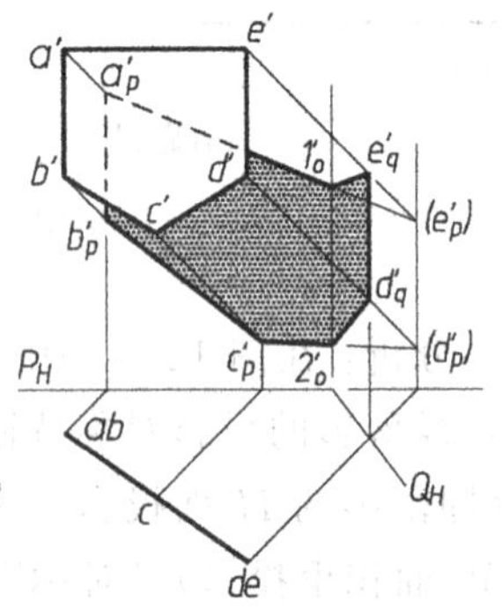 当平面多边形落影于两相交平面时，利用虚影求折影点

例 12-6　已知如图 12-10(a)所示，求作三角形 ABC 在 V、H 投影面上的落影。

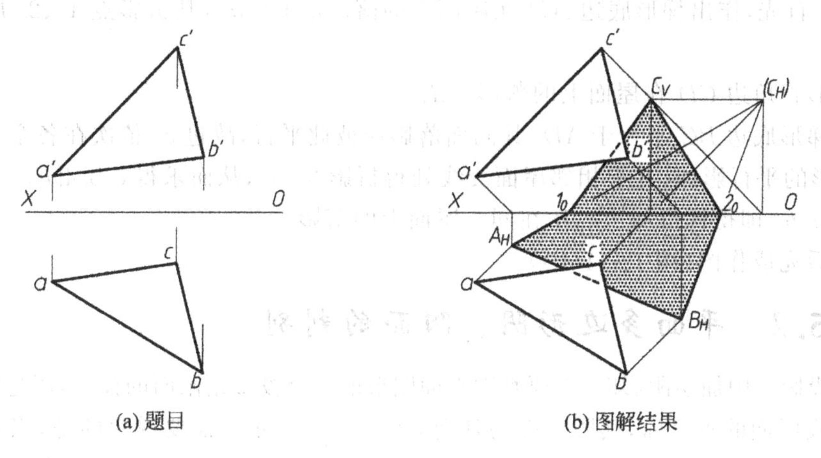

图 12-10　三角形 ABC 在 V、H 投影面上的落影

解　分析：平面多边形的轮廓边均为阴线，宜逐条依次顺序地作图。当同一条阴线的两个端点均落于同一个承影面时可直接连线，否则应利用虚影点找出折影点来完成作图。

作图：阴线 AB 全部落影于 H 面，直接连线，A_HB_H 即为对应影线；顶点 C 落影于 V 面，其实影为 C_V，虚影为 C_H；遵循"同一条线段的两个端点只有落在同一个承影面上方可连线"的作图原则，分别连线 A_HC_H、B_HC_H，得折影点 1_0、2_0，再连线 1_0C_V、2_0C_V，得折线 $A_H1_0C_V$、$B_H2_0C_V$，即为阴线 AC、BC 的 H、V 面落影；最后，将影线 $A_HB_H2_0C_V1_0A_H$ 适当描深，填充细密网点，突出影区，完成作图(图 12-10(b))。

例 12-7　已知如图 12-11(a)所示，求作梯形正垂面在 W 形屋面上的落影。

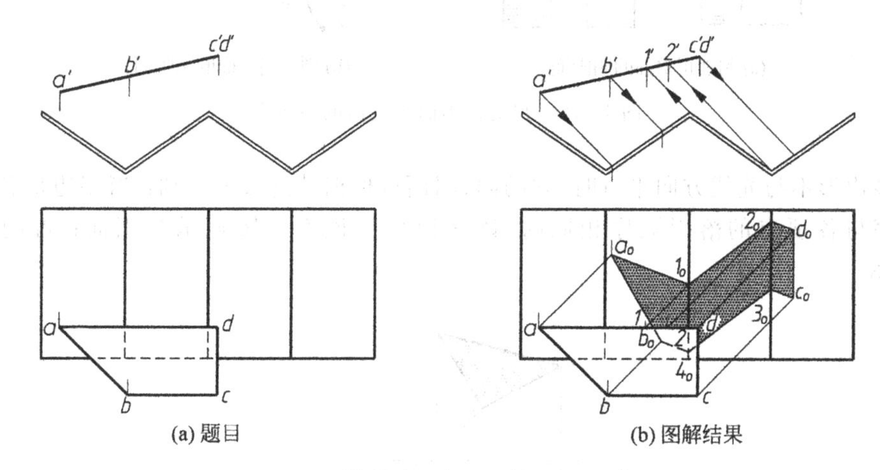

图 12-11　梯形平面在 W 形屋面上的落影

解　分析：图 12-11(a)所示 W 形屋面由 4 个正垂面组合而成。由于梯形平面落影于多个屋面上，故有折影产生，且折影点应位于相邻屋面的交线上，宜采用反回光线直接求出折影点。

又梯形平面的上、下底边彼此平行，由平行两直线的落影特性可知，它们在同一个承影面上的落影也应彼此平行。巧妙地利用这一平行特性，可实现快速准确地作图。

作图：首先，作出梯形底边 AD 在屋面上的落影 $a_0 1_0 2_0 d_0$，其折影点 1_0、2_0 用反回光线法求出。

作梯形直角边 CD 在屋面上的落影 $c_0 d_0$。

由于梯形底边 BC 平行于 AD，其同面落影应彼此平行，故过 c_0 依次在各个承影面作出 AD 边落影的平行影线，并于相邻屋面交线处得折影 3_0、4_0，从而求得 $c_0 3_0 4_0 b_0$。

连线 $a_0 b_0$ 即得梯形斜边 AB 在同一屋面上的落影。

整理后完成作图(图 12-11(b))。

12.5.2 平面多边形阴、阳面的判别

在正投影图中加绘阴影时，需要判别平面图形的各个投影是阳面的投影，还是阴面投影。

对于投影面的垂直面，其阴阳面的判别如图 12-12 所示。需要说明的是，当正垂面的积聚投影正好与光线的正面投影方向一致时，其水平投影视为阴面，且 H 面落影积聚为一条竖直线；同理，当铅垂面的积聚投影正好与光线的水平投影方向一致时，其正面投影视为阴面，且 V 面落影积聚为一条竖直线。

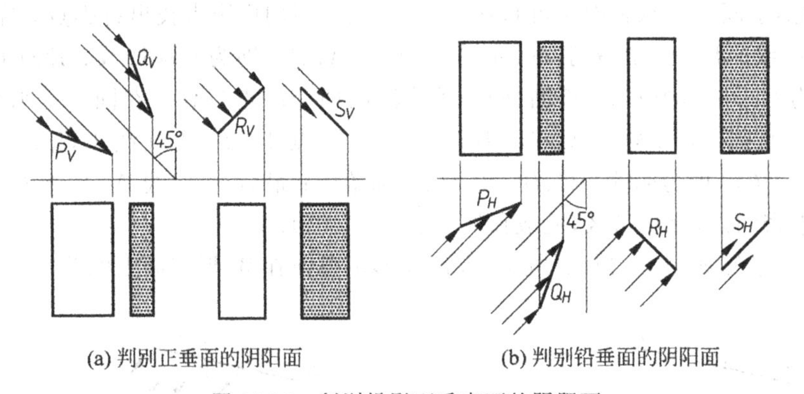

(a) 判别正垂面的阴阳面　　(b) 判别铅垂面的阴阳面

图 12-12　判别投影面垂直面的阴阳面

当多边形不与光线方向平行时，它的阴、阳面可根据其落影来判别：当多边形各顶点的投影顺序与各顶点的落影顺序相同时，该多边形的该面投影显示为阳面；否则为阴面(图 12-13)。

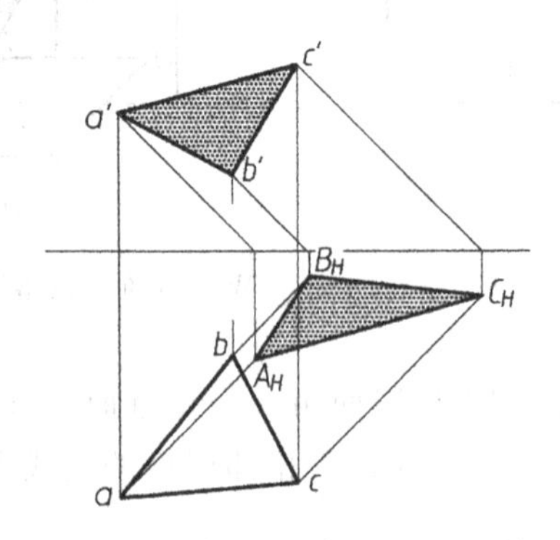

图 12-13　根据落影判别平面图形的阴阳面

12.5.3　圆的落影

非圆平面曲线的落影一般仍为曲线。作图时通常只需作出该曲线上一系列具有特征的点的落影，并以光滑曲线顺次连接即得所求。

当圆平面平行于某投影面时，其在该投影面上的落影是全等的圆(表 12-9)。

一般情况下，圆在单个承影面上的落影会是一个椭圆。圆心的落影是落影椭圆的中心；圆的任何一对互相垂直的直径，其落影成为椭圆的一对共轭直径。为求作落影椭圆，可利用圆的外切正方形作辅助图形，从而借助圆周上的 8 个特殊点来解决，这种作图方法称为八点法，具体作图如表 12-9 中对应图形所示。

表 12-9　投影面平行圆的落影

投影面平行圆的落影	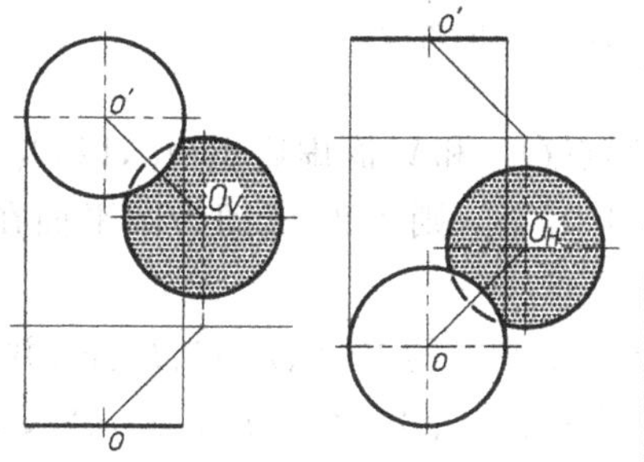	投影面平行半圆的落影	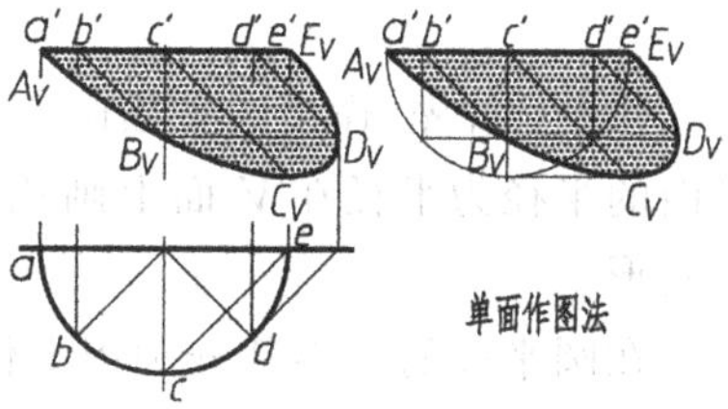 单面作图法
水平圆在正面上的落影			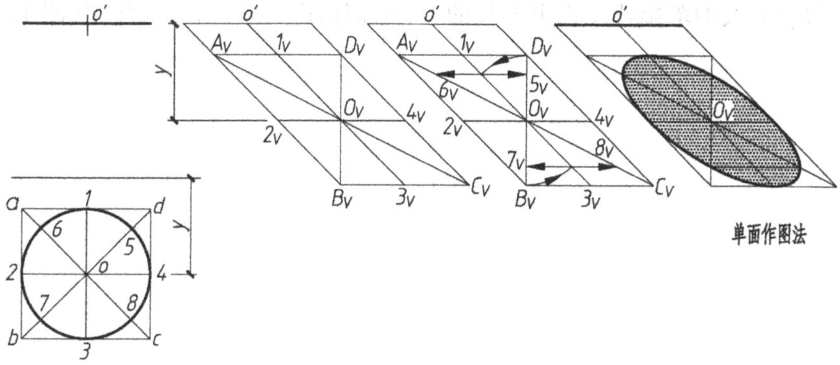 单面作图法

yyb12-9 右上

yyb12-9 下

对于紧贴墙面的水平半圆在墙面(V 面)的落影，如表 12-9 所示，只要解决半圆周上的 5 个特殊点的落影，连线作图即可。

例 12-8　已知如图 12-14(a)所示，求作开孔圆平面的落影。

解　分析：图 12-14(a)所示圆平面平行于 V 面，其正面落影部分应反映实形，水平落影部分为不完全椭圆。由于该平面图形到 V 面的距离为 d，所以圆周和方孔轮廓上到 H 面距离为 d 的点 $1'$、$2'$、$3'$、$4'$的落影点 1_0、2_0、3_0、4_0 为折影点，亦即 $1'$、$2'$、$3'$、$4'$之上的圆平面部分(含方孔)落影于 V 面，反映这部分的实形；$1'$、$2'$、$3'$、$4'$之下的圆平面部分(含方孔)落影于 H 面，这部分的轮廓落影为不完全椭圆，方孔部分亦产生相应的形变。

为了作出圆平面 V 面落影的实形部分，必须以圆心的 V 面落影为圆心、以圆平面的半径为半径在 V 面上画弧，该弧交 OX 轴即得折影点 1_0、2_0。

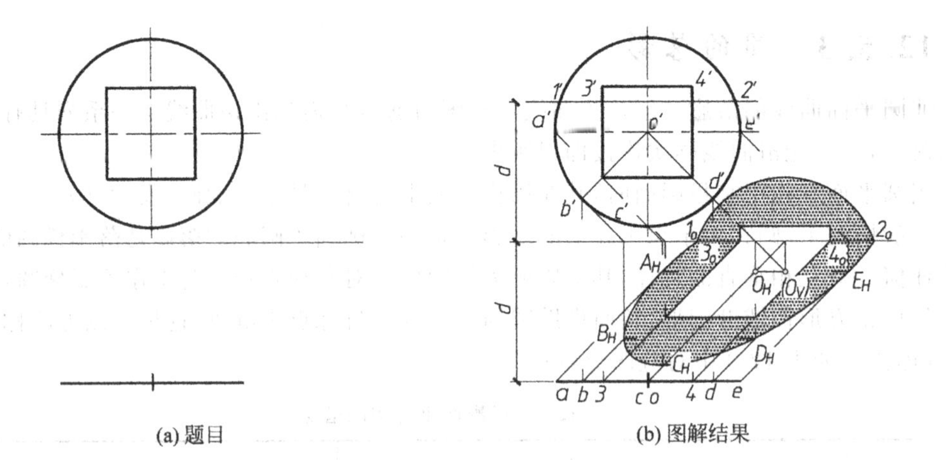

(a) 题目　　(b) 图解结果

图 12-14　开孔正平圆的落影

yy12-14

作图：首先，作出圆平面圆心的 H 面实影点 O_H 和 V 面虚影点 O_V，以 O_V 为圆心、以圆平面的半径为半径在 V 面上画弧，交 OX 轴于 1_0、2_0，则 $1_0 2_0$ 弧即为圆平面在 V 面上的落影实形。

在圆平面的下半部分圆周上依次取 5 个特殊位置的点 A、B、C、D、E，并作出其 H 面落影点 A_H、B_H、C_H、D_H、E_H，然后光滑地连线 1_0、A_H、B_H、C_H、D_H、E_H、2_0，即得圆周下半部分的落影。

根据直线的落影特性作出方孔的 V、H 面落影，整理后完成作图(图 12-14(b))。

第13章

平面建筑形体的阴影

建筑形体一般由平面形体和曲面形体组合而成。最基本的平面形体为棱柱、棱锥。求作由平面形体组成的房屋及其细部(窗洞、门廊、烟囱、天窗、房屋出檐、台阶、阳台等)的阴影,是点、线、面落影作图法的继续深入和补充。本章基于棱柱、棱锥的阴影作图,分类介绍求作建筑细部阴影的基本方法,为以后在建筑图样中加绘阴影打下必要的基础。

13.1 棱柱的阴影

平面形体受光的棱面是形体的阳面,背光的棱面是形体的阴面。阴面和阳面的交线是阴线。通过形体阴线上的所有光线,构成一个个光线柱面,这些柱面与承影面交线的集合即为形体的影线。阴线的落影是影线,影线围合的封闭区域即是形体的落影。

因此,根据常用光线在投影图上绘制平面形体阴影的一般步骤如下。

(1) 区分形体的阴、阳面,确定阴线;

(2) 作出阴线的落影——影线,得到影区;

(3) 填充可见阴面和影区,获得阴影。

常规的建筑形体轮廓和建筑细部(如雨篷、阳台、窗台、台阶、出檐等)都可以抽象地视为四棱柱,因此熟练地掌握四棱柱的阴影作图是至关重要的一步。

求作形体的落影时,应根据形体的特征和安放位置分别判断阴、阳面,以确定其阴线。在图13-1中,位于三投影面体系的四棱柱的各棱面均为投影面的平行面,因此可根据棱面的积聚性投影直接判断各棱面的受光情况,其左、前、上面受光,为阳面;右、后、下面背光,为阴面。显然,对于四棱柱而言,空间封闭的折线 $ABCDEFA$ 为阴线。表现在投影图中,阴线应位于光线的各面投影与四棱柱同面投影的最外角点相切处,即切点为阴线的积聚投影位置(图13-1(b))。

求作四棱柱阴影的关键作图是求出阴线的落影,一般的步骤是先逐条求出阴线端点和折影点(必要时)的落影,再依次用直线连接各影点。如果能利用直线的落影特性作图,则过程可以简化,效率也得以提高。

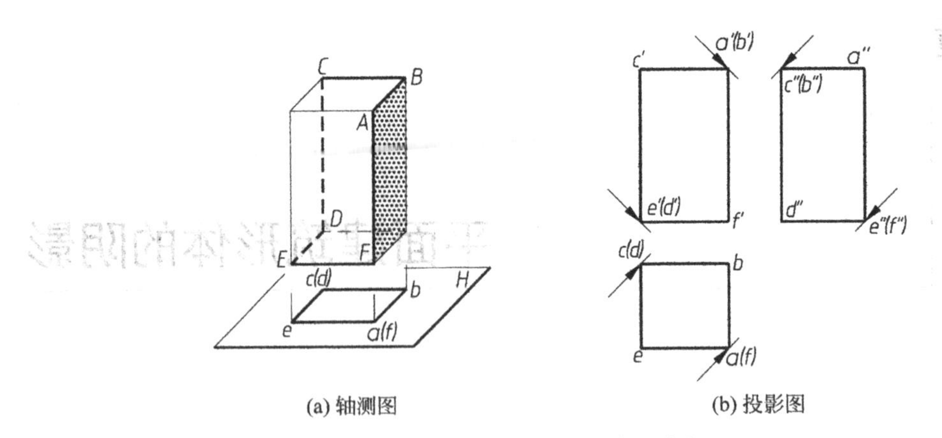

(a) 轴测图　　(b) 投影图

图 13-1　四棱柱阴线的确定

例 13-1　已知如图 13-2(a)所示，求作空间四棱柱的阴影。

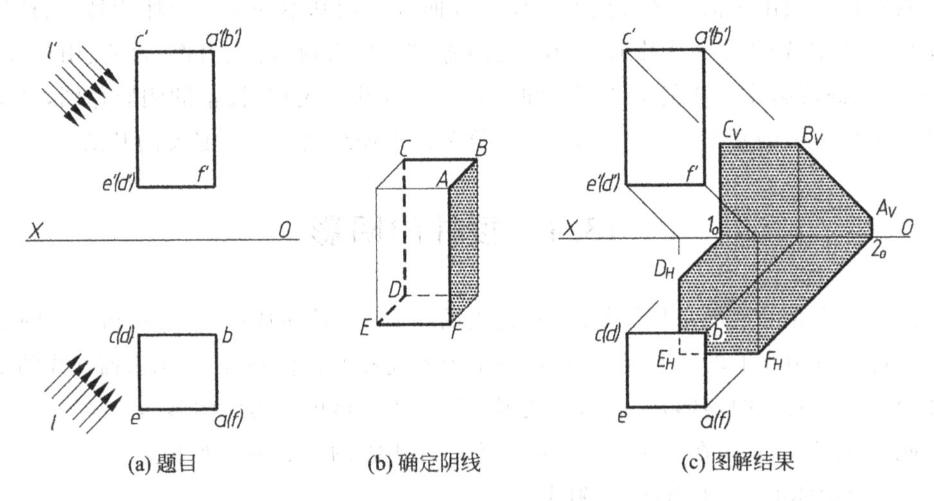

(a) 题目　　(b) 确定阴线　　(c) 图解结果

图 13-2　空间四棱柱的阴影

解　分析与作图：在常用光线的作用下，空间形体的受光面总是位于其左前上方。由此可确定该四棱柱的阴线为闭合的空间折线 $ABCDEFA$(图 13-2(b))，且其组成线段均为特殊位置的直线。

根据特殊位置线段的落影特性(表 12-2、表 12-3)，正垂阴线 AB 全部落影于 V 面，其影线为 45°线段 A_VB_V；侧垂阴线 BC 落影于 V 面，其影线为自身的平行等长线段 B_VC_V；铅垂阴线 CD 落影于 V、H 面，由于其 V 面影线必平行于 $c'd'$，H 面影线为 45°线段，由此得折影点 1_0，连线 $C_V1_0D_H$ 即为阴线 CD 的影线；组合阴线 DEF 均平行于 H 面，故其 H 面落影 $D_HE_HF_H$ 为自身全等的图形；最后一条铅垂阴线 FA 落影于 H、V 面，由于其 H 面影线必为 45°线段，V 面影线平行于 $f'a'$，由此可得折影点 2_0，连线 $F_H2_0A_V$ 即为阴线 FA 的影线；最后，描深全部影线得闭合的影区，用细密网点填充可见影区，完成作图(图 13-2(c))。

同一个四棱柱相对于承影面处于不同位置(或仅尺寸变化)时，其落影的形状也有可能发生变化。表 13-1 为四棱柱的常见落影，其实际变化还远不止这些。

表 13-1 常见四棱柱的落影

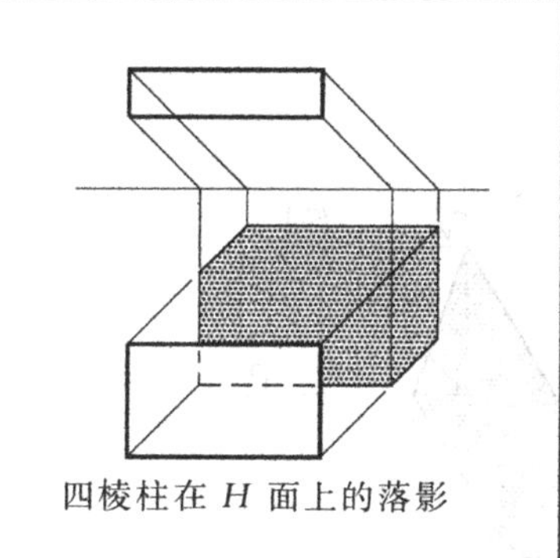 四棱柱在 H 面上的落影	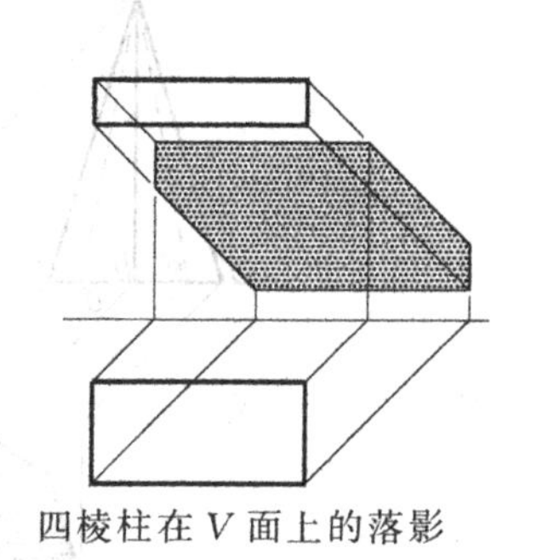 四棱柱在 V 面上的落影	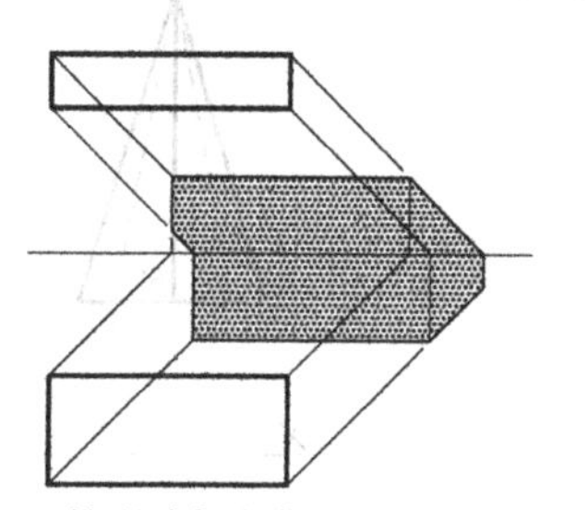 四棱柱同时在 V、H 面上的落影
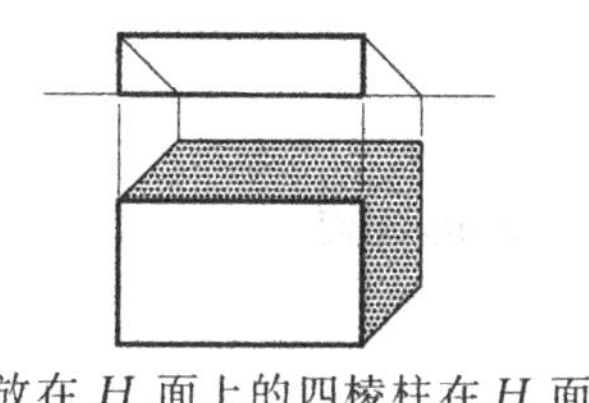 放在 H 面上的四棱柱在 H 面上的落影	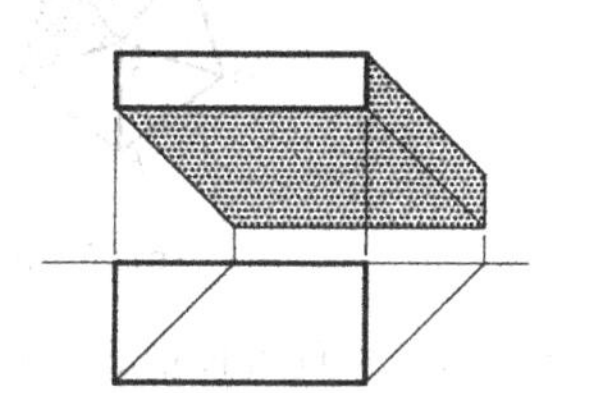 紧贴 V 面的四棱柱(如雨篷、窗台等)在 V 面上的落影	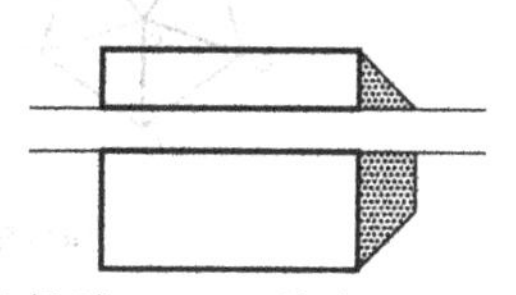 既紧贴 V 面又放在 H 面上的四棱柱(如台阶)在 V、H 面上的落影

yyb13-1

13.2 棱锥的阴影

棱锥的棱面一般没有积聚性的投影,其阴阳面通常不能直接判断出来,因此无法确定棱锥的阴线。为此,应先作出形体上各棱线的落影,再根据影线来确定阴线,从而分清其阴阳面。

例 13-2 已知如图 13-3(a)所示,求作空间五棱锥的阴影。

解 分析与作图:由于棱锥的棱面没有积聚的投影,故其阴阳面不便直接判断出来,因此,应先作出形体上各棱线的落影,再根据影线来判断阴线,从而确定其阴阳面。

五棱锥的底面 $ABCDE$ 为水平面,其 H 面落影 $A_HB_HC_HD_HE_H$ 为自身全等的图形,应予优先直接作出;五棱锥的顶点 S 落影于 V 面,其实影点为 S_V,虚影点为 S_H;遵循"同一条阴线只有当两个端点都落在同一个承影面上方可连线"的作图原则,依次连线 A_HS_H、B_HS_H、C_HS_H、D_HS_H、E_HS_H;由于 E_HS_H、C_HS_H 位于上述这 5 条指向 S_H 线段的最外侧,故其对应的棱线 ES、CS 为锥面阴线;由此可知,完整的锥面阴线为闭合的空间折线 $ABCSEA$;影线 E_HS_H、C_HS_H 与 OX 轴的交点 1_0、2_0 为折影点,折线 $E_H1_0S_V$、$C_H2_0S_V$ 即为锥面阴线 ES、CS 的 H、V 面落影;连线并适当加粗折线 $S_V1_0E_HA_HB_HC_H2_0S_V$ 为闭合的影区;用细密网点填充可见阴面 $scdes$ 和上述影区完成作图(图 13-3(b))。

表 13-2 列出了正五棱锥和倒五棱锥阴影的求解作图。显然在正投影图中难以直接判别它的阴、阳面和确定阴线。于是,通过先作出棱锥各条棱线的落影,再取其最外轮廓线的封闭折线以确定棱锥的影线,影线对应的棱线是阴线,从而判明了该棱锥的阴面。显然,表

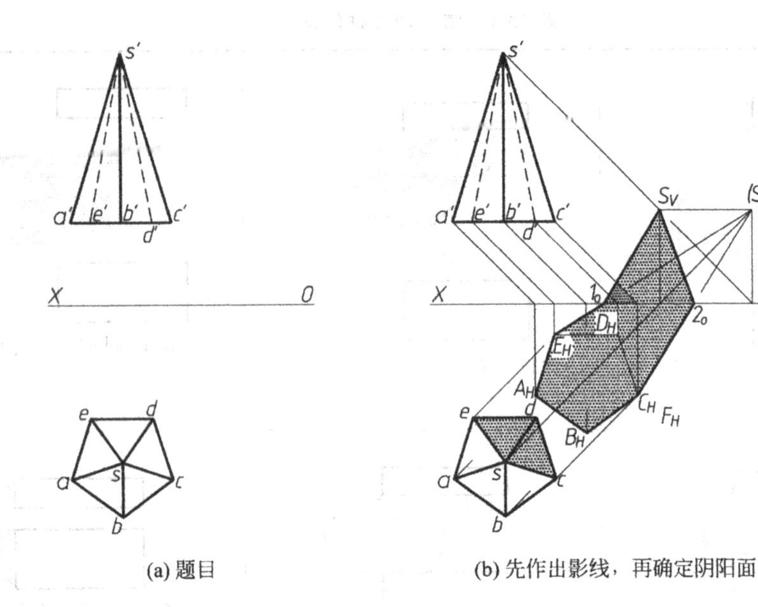

(a) 题目　　(b) 先作出影线，再确定阴阳面

图 13-3　空间五棱锥的阴影

中正锥的底面为阴面，棱面△*SCD*、△*SDE* 为阴面，其余各棱面均为阳面。倒锥的顶面为阳面，棱面△*SBC*、△*SCD*、△*SDE* 为阴面，其余各棱面均为阳面。

表 13-2　棱锥的阴影

yyb13-2

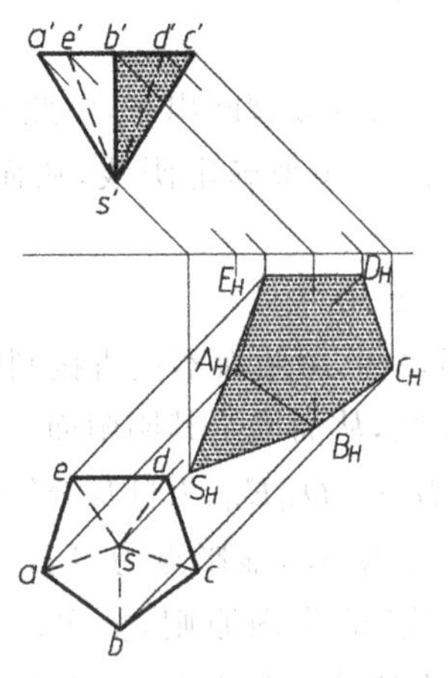	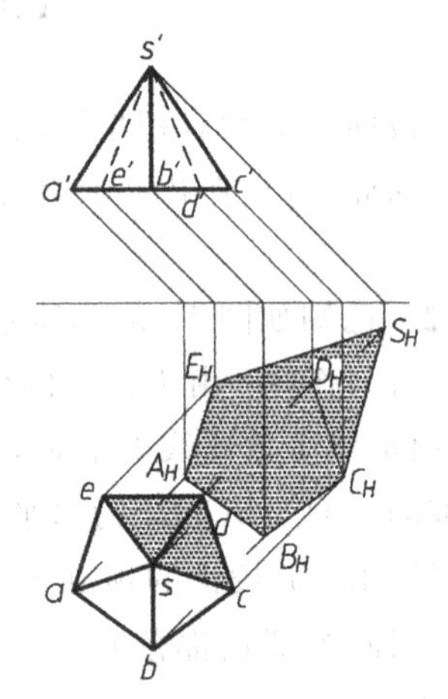
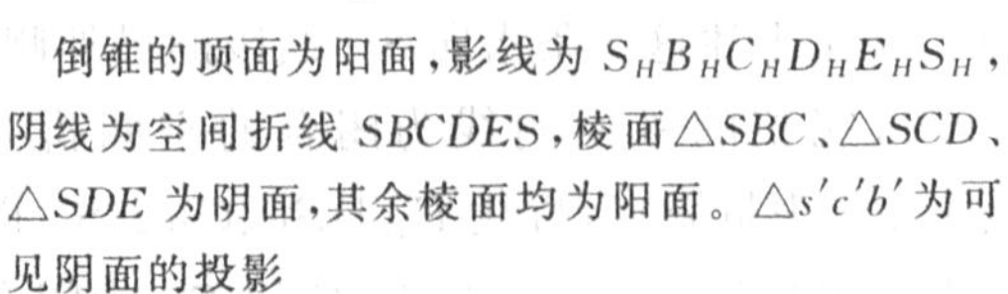 倒锥的顶面为阳面，影线为 $S_HB_HC_HD_HE_HS_H$，阴线为空间折线 *SBCDES*，棱面△*SBC*、△*SCD*、△*SDE* 为阴面，其余棱面均为阳面。△$s'c'b'$ 为可见阴面的投影	正锥的底面为阴面，影线为 $A_HB_HC_HS_HE_HA_H$，阴线为空间折线 *ABCSEA*，棱面△*SCD*、△*SDE* 和底面为阴面，其余棱面均为阳面。△*scd*、△*sde* 为可见阴面的投影

例 13-3　已知如图 13-4(a)所示，求作紧贴于墙面的凸五角星的阴影。

解　分析与作图：图 13-4(a)所示为一中心凸起、轮廓边线均贴于墙面的凸五角星，它的所有棱面均为一般位置平面，没有积聚性的投影，故无法先确定其阴线。此时可先作出凸

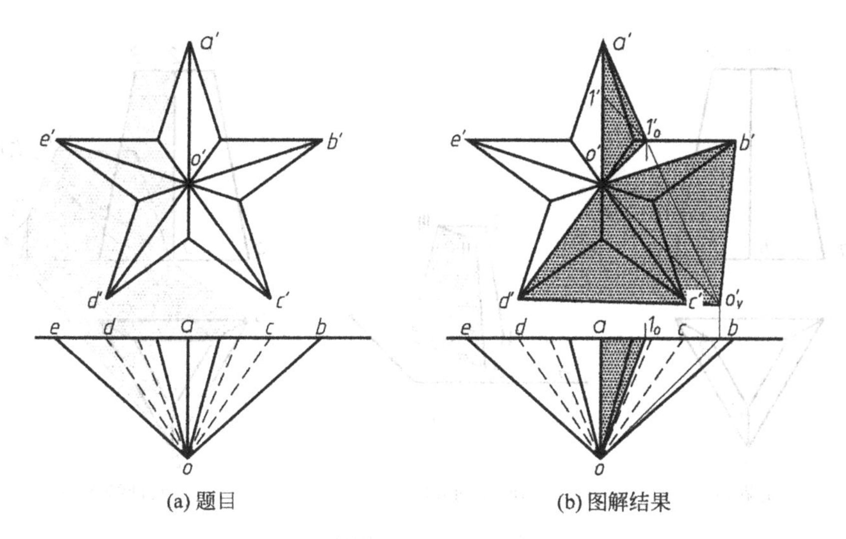

(a) 题目 (b) 图解结果

图 13-4 凸五角星的阴影

五角星中所有凸角的棱线 OA、OB、OC、OD、OE 在墙面上的落影(图 13-4(b))。由于点 A、B、C、D、E 属于外墙墙面,其落影就是它本身,故只需作出中心凸起的点 O 的落影 o_v',依次连接 $a'o_v'$、$b'o_v'$、$c'o_v'$、$d'o_v'$、$e'o_v'$可知,OC、OE 棱线的落影被其他棱线的落影所包含,不是影区的轮廓,即不是影线,其余 3 条凸棱 OA、OB、OD 均为阴线。

由于在阴线和影线所形成的闭合范围内,形体上的阴面和承影面上的影区必然连通,故可确定 A、B、C、D 凸角中与影线相邻的棱面必是阴面。

由连线 $o_v'a'$可知,OA 棱在凸角 B 的阳面轮廓线上产生折影点 $\mathrm{I}_0(1_0', 1_0)$,即 OA 棱被中间点Ⅰ分割落影成折线段,其中 AⅠ段(对应的正面投影为 $a'1'$)落影于墙面,其落影为 $a'1_0'$;ⅠO 段(对应的正面投影为 $1'o'$)落影于凸角 B 的阳面上,其落影的正面投影为 $1_0'o'$,水平投影为 1_0o;也可理解为 OA 棱在外墙面上的实影段为 $a'1_0'$,虚影段为 $1_0'o_v'$。

综上所述,点 O 作为 OB、OD 两阴线的交点,其落影于外墙面上(为实影点 o_v');但作为 OA 棱线上的点,则是与邻角 B 阳面的交点(其外墙面上的落影点 o_v'为虚影点,只可利用其求出折影点 $1_0'$),故 OA 在 B 角阳面上的落影必通过点 O。

正面投影图中,凸角 C 和凸角 A、D 的右侧棱、凸角 B 的下方侧棱均为可见阴面,其余细密点填充区域为落影的投影;水平投影图中,凸角 A 的右侧棱为可见阴面,其余可见棱面均为阳面,影线 1_0o 为阴线 OA 上的ⅠO 区段在凸角 B 阳面上的落影的水平投影。

用细密点填充可见阴面和影区完成作图(从本例起,空间点的落影标注或改用其投影的标注形式,如 A_V 用 a_V'表示,二者等效)。

例 13-4 已知如图 13-5(a)所示,求作三棱台的阴影。

解 分析:在图 13-5(a)中,落地三棱台的顶面和左侧棱面为阳面,右棱面和后棱面为阴面,因此阴线为空间折线 BⅡⅢⅠA(图 13-5(b))。

该棱台距 V 面较近,其顶部将落影于 V 面,即阴点Ⅰ、Ⅱ、Ⅲ将落影于 V 面;底部位于

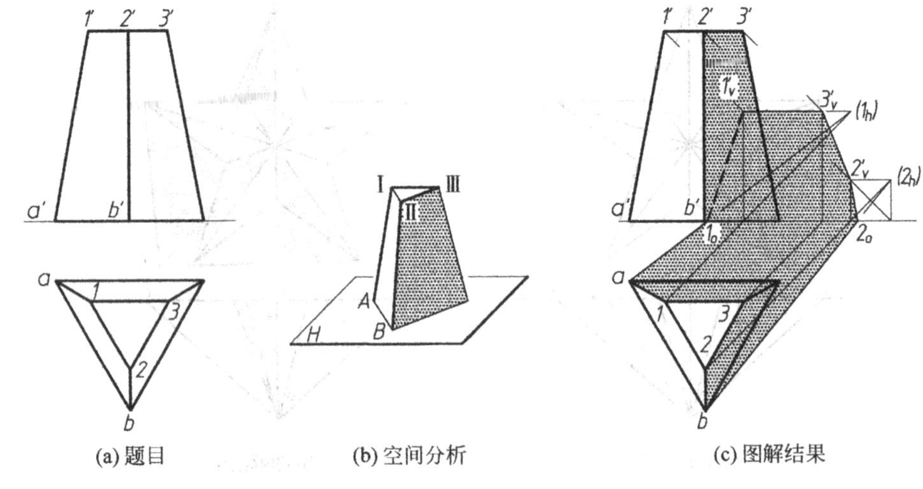

(a) 题目 (b) 空间分析 (c) 图解结果

yy13-5

图 13-5 三棱台的阴影

H 面，即阴点 A、B 在 H 面上的落影应是其本身。由于阴线 AⅠ、BⅡ的两个端点均落在不同的承影面上，故需利用虚影的概念求出同一条阴线落影于 V、H 面的折影点 1_0、2_0，方可连线作答。

作图：阴线 AⅠ、BⅡ的 A、B 端点属于 H 面，其落影点就是它本身。

求出阴线端点Ⅰ、Ⅱ、Ⅲ的实影点 $1'_v$、$2'_v$、$3'_v$ 和虚影点 1_h、2_h。

分别连线 $b2_h$、$a1_h$ 得折影点 2_0、1_0，依次连线 $b2_0$、$2_02'_v$、$2'_v3'_v$、$3'_v1'_v$、$1'_v1_0$、1_0a 即为所求影线，其中被自身挡住的部分影线不可见，画成虚线或细实线。

正面投影中三棱台的右前棱面为可见阴面，水平投影中三棱台的右前棱面和背面为可见阴面。用细密点填充可见阴面和影区，完成作图(图 13-5(c))。

13.3 组合体的阴影

求作组合体的阴影时，要特别注意，形体的阴线可能有一部分会落影于自身的阳面上，即相互落影的问题。

一般说来，上下组合的两物体，且上大下小、上前下后时，上方物体的落影会部分地落在下方物体的左前侧面上(表 13-3)。

当左右组合的两形体左高右低、左前右后时，则左前方高的物体在右后方低的物体的顶面和左前面会有落影(表 13-3)。

对于由基本形体切割形成的组合体，则应参照该基本形体(棱柱或棱锥)的阴线和阴阳面的判别方法作图，也可先作出基本形体的落影，然后再排除切割部分形成的影线，增加形体因凹陷产生的阴线，考虑其有无落影于自身阳面的可能，综合整理后完成作图(表 13-3)。

表 13-3 组合体的阴影示例

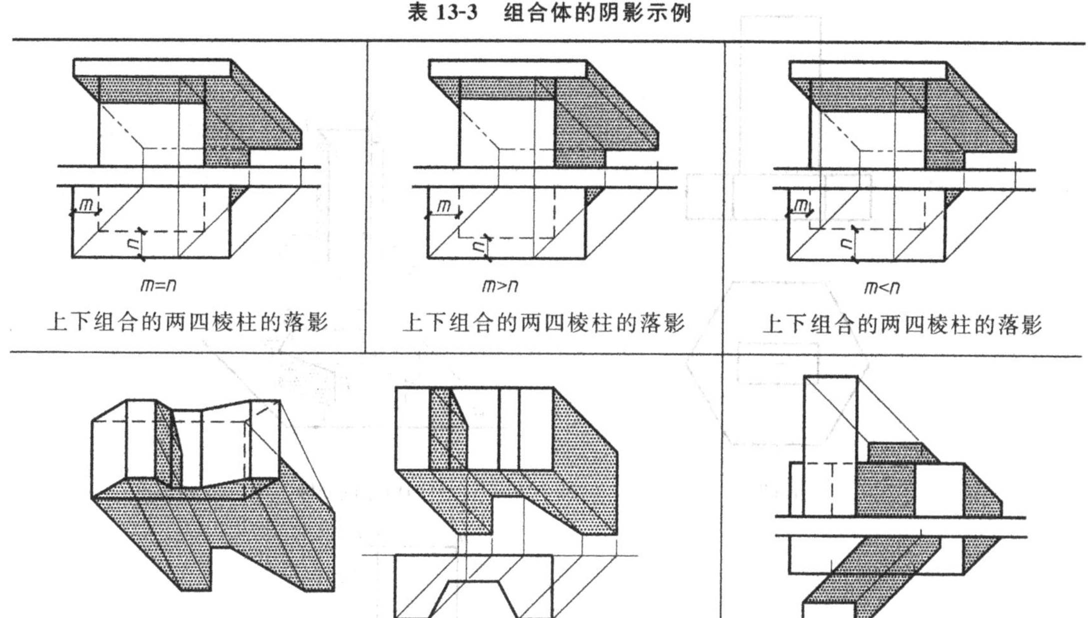

被截割的四棱柱的阴影

左右组合的两四棱柱的阴影

yyb13-3
左下

例 13-5 已知如图 13-6(a)所示,求作该台座的阴影。

解 分析:图 13-6(a)所示的台座由下方落地的正六棱柱台基和上方叠加的四棱柱台身组合形成。它们的后方和右方棱面为阴面,台座将落影于地面 H,台身由下向上将依次落影于台基的顶面、地面 H 和墙面 V。

作图:根据"物体的左前上方受光、右后下方背光"的基本原则,正六棱柱台基的阴线应位于光线的各面投影与六棱柱同面投影的最外角点相切处,即切点为阴线的积聚投影位置。因此,台基的阴线为折线 $ABCDEF$,其中 $BCDE$ 段阴线平行于地面,其地面落影为全等的图形,故过 c' 作 45°线与 OX 轴相交,过交点向下作竖直线,与过 c 作的 45°线相交得点 C 在地面上的落影 c_h;过 c_h 依次作 cb、cd、de 的平行等长直线得影点 b_h、d_h、e_h;由于阴点 A、F 属于地面,其地面落影就是它本身,故连线 ab_h、fe_h,整理后即得正六棱柱台基在地面的落影(图 13-6(b)、(c))。

四棱柱台身的阴线为折线 $GIJMN$,其落影于台基顶面、地面和墙面。

由投影面垂直线的落影特性可知,铅垂阴线 GI、MN 落影的水平投影不论承影面复杂与否均是一条与光线投影方向一致的 45°线,其正面投影则与阴线自身的同面投影平行。由于铅垂阴线 GI、MN 的 G、N 点在台基顶面,它的落影的水平投影就是本身 g、n,故分别过 g、n 作 45°线与投影轴相交得折影点 1_0、2_0,过 1_0、2_0 作 $g'i'$、$m'n'$的平行线,与过 i'、m' 的 45°线相交得 i'_v、m'_v,折线段 $g1_0i'_v$、$n2_0m'_v$ 即为铅垂阴线 GI、MN 的 H、V 面落影。

由于侧垂阴线 MJ 的正面落影应与其同面投影平行等长,故过 m'_v 作 $m'j'$ 的平行等长线 $m'_vj'_v$,即得侧垂阴线 MJ 的正面落影。

连线 $j'_vi'_v$ 即得正垂阴线 IJ 的正面落影,它是一条与光线投影方向一致的 45°线(图 13-6(d))。

台基的右前棱面在正面投影中为可见阴面。

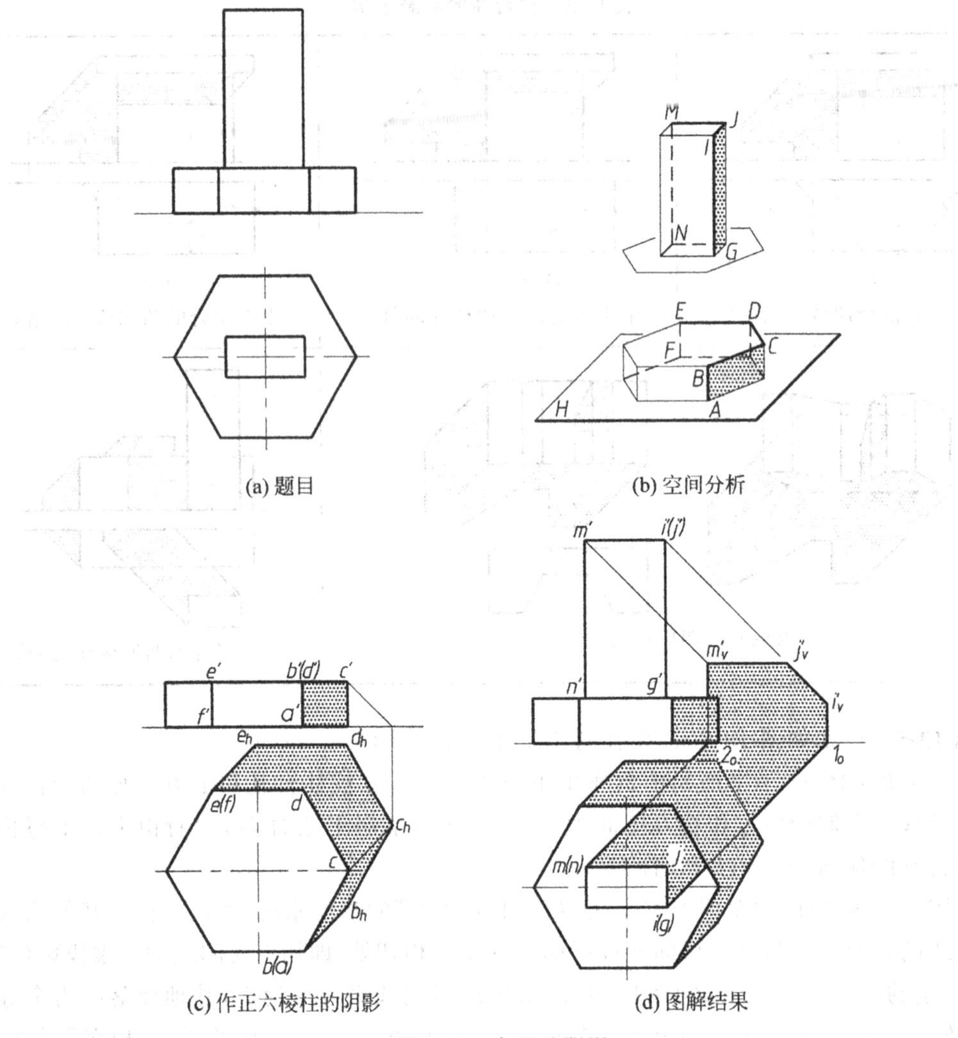

(a) 题目　(b) 空间分析

(c) 作正六棱柱的阴影　(d) 图解结果

图 13-6　台座的阴影

用细密点填充可见阴面和影区，完成作图(图 13-6(d))。

例 13-6　已知如图 13-7(a)所示，求作该组合体的阴影。

解　分析：图 13-7(a)中的组合体由左右对称的两横向贴墙四棱柱与纵向的悬空贴墙三棱柱组合形成。

三棱柱的底面和右前棱面为阴面，其阴线为空间折线 *ABCD*(其中 *AB*、*CD* 为水平线，*BC* 为铅垂线)；左侧四棱柱的阴面为底面，其阴线是平面折线 *EFG*(其中 *EF* 为正垂线，*FG* 为侧垂线)；右侧四棱柱的阴面为底面和右端面，其阴线为空间折线 *MNST*(*MN* 为侧垂线，*SN* 为铅垂线，*ST* 为正垂线)(图 13-7(b))。

左侧四棱柱将落影于外墙面和三棱柱的左前棱面，右侧四棱柱将落影于外墙面，三棱柱将落影于外墙面和右侧四棱柱的顶面和前表面(图 13-7(b))。

作图：由于横向四棱柱会部分地落影于三棱柱的棱面上，故宜先作三棱柱的落影，如图 13-7(c)所示。

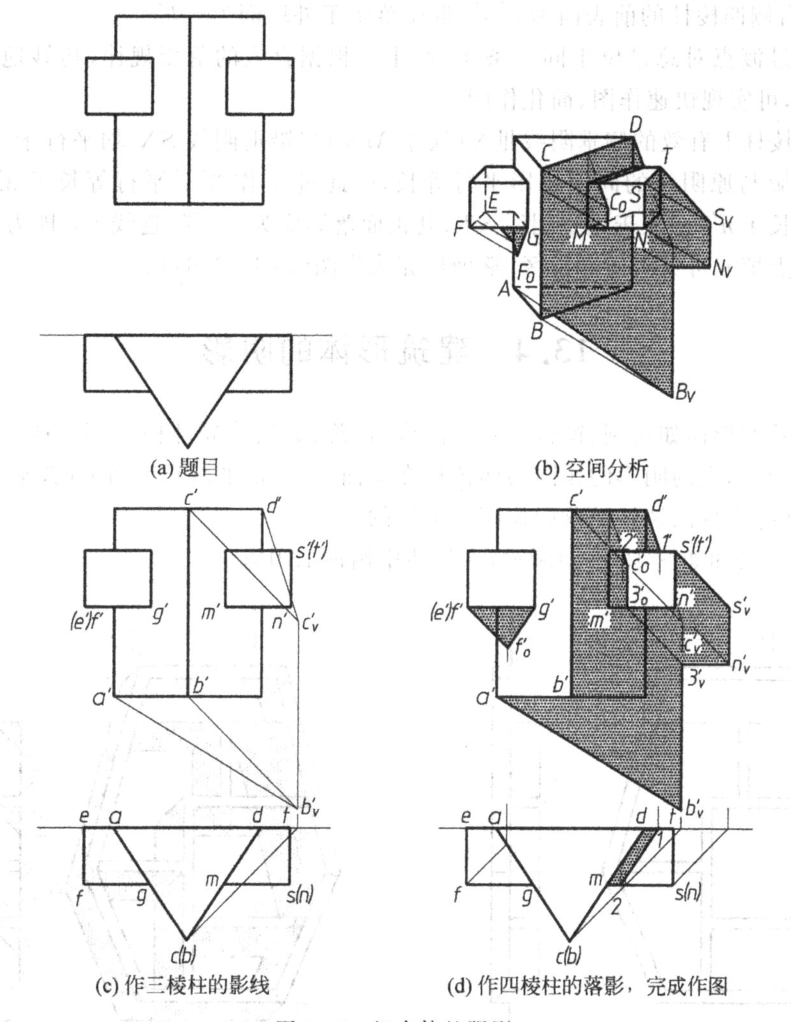

(a) 题目　　(b) 空间分析

(c) 作三棱柱的影线　　(d) 作四棱柱的落影，完成作图

图 13-7　组合体的阴影

作左侧四棱柱的落影(图 13-7(d))：该四棱柱落影于外墙面和三棱柱的左前棱面，根据投影面垂直线的落影特性，正垂阴线 EF 的正面落影不论承影面的多少和复杂与否均是一条与光线投影方向一致的 45°线；F 点落影于三棱柱的右前棱面得 f'_0，连线 f'_0g'，即得侧垂线 FG 在该棱面上的落影。

作右侧四棱柱的落影(图 13-7(d))：该部分形成的落影是本例的关键所在。三棱柱上的水平阴线 CD 的端点 C 的实影点为 c'_0，原 c'_v 为虚影点，由此可知阴线 CD 落影于外墙面、右侧四棱柱的水平顶面和前表面。由于阴线 CD 平行于四棱柱的顶面，故其在该面上的落影与自身保持平行。过 CD 在墙面与四棱柱顶面的折影点Ⅰ(1′,1)，作 CD 的平行线得折影点Ⅱ(2′,2)，即 $c'd'/\!/1'2'$、$cd/\!/12$，连线 $2'c'_0$，则 DⅠ($d'1'$,$d1$)、ⅠⅡ($1'2'$,12)、ⅡC_0($2'c'_0$,$2c_0$)为阴线 CD 的 3 段落影。

过 c'_0 在右侧四棱柱的前表面上作 $c'b'$ 的平行线与 $m'n'$ 相交于 $3'_0$，过 $3'_0$ 作 45°线与 CB 的影线 $c'_vb'_v$ 相交得 $3'_v$。则 $3'_0$、$3'_v$ 为过渡点对，它表明铅垂阴线 CB 被中间点Ⅲ(图中未作出)分为两段，中间点Ⅲ的实影既落影于右侧四棱柱的前下棱线 MN 上，又落影于外墙面，即

CⅢ落影于右侧四棱柱的前表面为 $c_0'3_0'$，ⅢB 落影于外墙面为 $3_v'b_v'$。

阴影中过渡点对总是位于同一条 45°线上。根据直线的落影规律，巧妙地利用过渡点对间的联系，可实现快速作图、简化作图。

由于四棱柱上有效的侧垂阴线ⅢN（属于 MN）与铅垂阴线 SN 均平行于墙面，故其在墙面上的落影与原阴线的同面投影平行等长，因此过 $3_v'$ 作 $3_v'n_v'$ 平行等长于 $3_0'n'$，过 n_v' 作 $n_v's_v'$ 平行等长于 $n's'$；至于正垂阴线 ST，其正面落影应为 45°线，连线 $t's_v'$ 即为所求。

用细密点填充可见阴面和影区，整理后完成作图（图 13-7(d)）。

13.4 建筑形体的阴影

常见的建筑形体如窗洞、窗台、雨篷、阳台、台阶、烟囱等局部构件都可视为由四棱柱组合形成的组合体，它的阴影的作图与四棱柱在墙面上（含正平面）、地面上（含水平面）的落影相似，因此熟练掌握四棱柱的落影作图是关键的一步。

例 13-7 已知如图 13-8(a)所示，求作墙中橱窗的阴影。

yy13-8

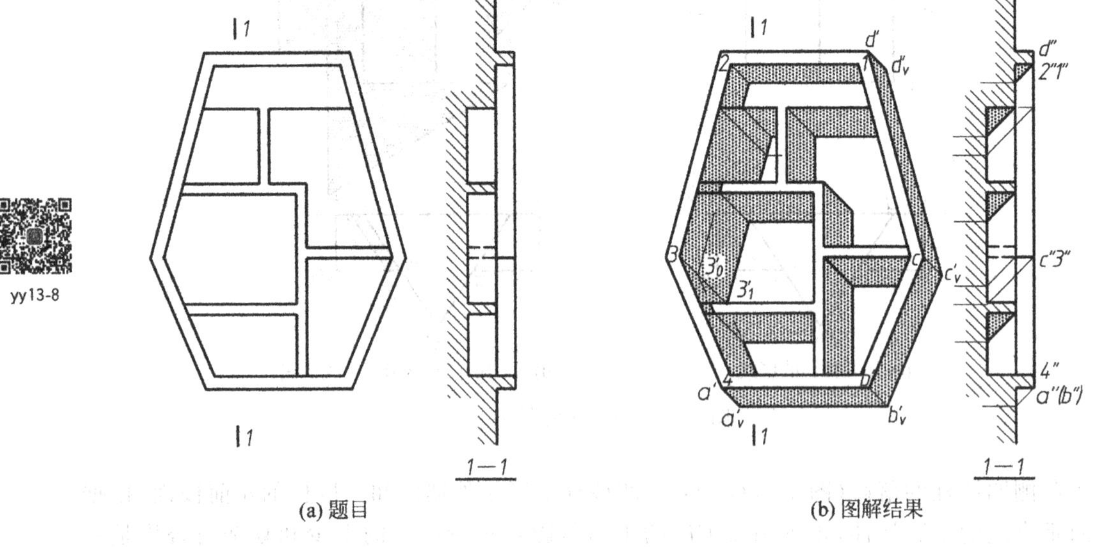

(a) 题目　　(b) 图解结果

图 13-8 墙中橱窗的阴影

解 分析：图 13-8(a)所示的橱窗由窗套、格板和内外墙面组成，其正面投影中的可见承影面主要有 3 个：外墙面、内墙面、格板的前表面。橱窗的窗套为凸出外墙面的异型六棱柱，其外缘阴线为 $ABCD$ 和过 A、D 的两条正垂棱线（阴线），它们均落影于外墙面；内缘阴线ⅠⅡⅢⅣ落影于中间格板的前表面、窗洞内墙面以及窗套和格板的内表面（在 1-1 剖面图中部分可见）；格板的阴线也将部分地落影于窗套内壁和竖向隔板的左侧面上。

作图：位于窗套外缘前端面的阴线 $ABCD$ 均平行于外墙面，根据投影面平行线的落影特性，只要作出点 A 在外墙面上的落影 a_v'，再过 a_v' 依次作对应阴线的平行等长线，最后连线 $a'a_v'$、$d'd_v'$，即得窗套外缘阴线在外墙面的落影。

同理，窗套内缘前端面的阴线ⅠⅡⅢⅣ也平行于格板的前表面和窗洞内墙，作出点Ⅲ在

格板前表面的落影点 $3_0'$（虚影）和在窗洞内墙的落影点 $3_1'$，再过 $3_0'$ 和 $3_1'$ 分别作对应内缘阴线的平行等长线，并取其有效部分，即求得窗套内缘阴线在格板前表面和内墙面的落影。

同理，作格板在内墙面上的落影。

本例中有较多的过渡点对，它们位于同一条 45°线上，根据直线的落影规律，巧妙地利用过渡点对间的联系，可实现快速作图、简化作图。

用细密点填充影区，整理后完成作图（图 13-8(b)）。

例 13-8 已知如图 13-9(a)所示，求作房屋（局部）的阴影。

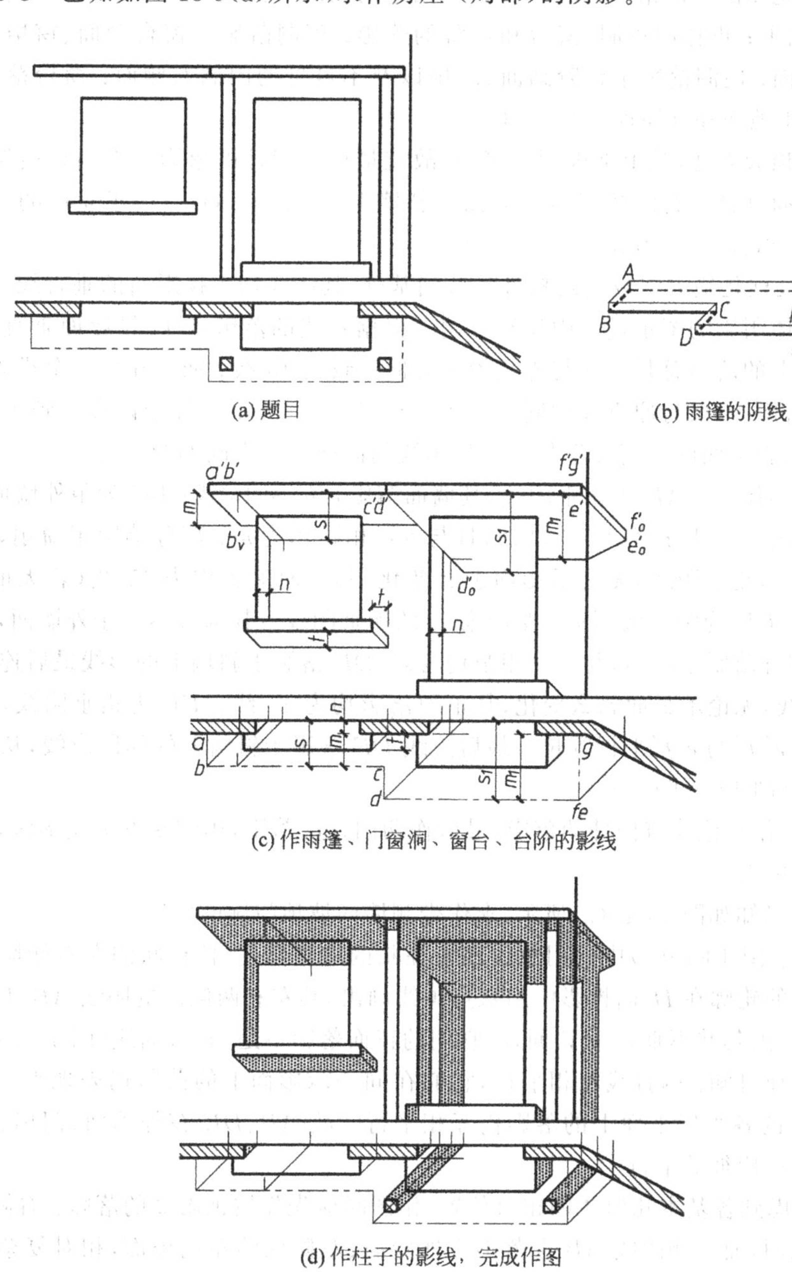

(a) 题目 (b) 雨篷的阴线

(c) 作雨篷、门窗洞、窗台、台阶的影线

(d) 作柱子的影线，完成作图

图 13-9 房屋（局部）的阴影

解 分析：建筑形体一般较复杂，作图前应采用形体分析法化整为零，即将其分解为基本的几何体，然后根据常用光线的投射方向，从位于左前上方迎着光照方向的大形体开始着手作图，最后作相对右后下方的小形体。

在图13-9(a)中，门窗洞为虚体四棱柱，台阶、窗台与门柱为实体四棱柱，雨篷由两四棱柱组合形成，它们在墙面和地面上的落影与四棱柱的落影相似。由于窗扇和门扇可理解为关闭，故窗扇和门扇上均可承影。

作图时宜先作雨篷的落影(图13-9(b))，雨篷的阴线为折线 $ABCDEFG$，其落影于外墙面和窗扇、门扇上；再作门窗洞、窗台和台阶的落影；窗洞落影于窗台台面、窗扇以及不可见的洞口右侧面；门洞落影于台阶踏面、门扇以及不可见的门洞右侧面；窗台落影于外墙面；台阶落影于地面和外墙面(图13-9(c))。

由于门柱顶天立地，其上部被雨篷遮挡，故宜最后作门柱的落影。左门柱落影于地面、台阶踢面和踏面、门扇，右门柱落影于地面和斜墙上(图13-9(d))。由于立柱的存在，雨篷会部分地落影于立柱的左前表面，应予考虑。

作图：四棱柱是绝大多数建筑构件的共同基础，其阴线均为投影面的垂直线，它的落影作图在建筑形体阴影的图示过程中反复运用。根据直线的落影规律，投影面垂直线在它所垂直的投影面上的落影总是一条与光线投影方向一致的45°线；而它在另一个投影面(或其平行面)上的落影，不仅与原直线的同面投影平行等长，且其距离等于该直线到承影面的距离(即阴线到承影平面的距离等于其影线与阴线的同面投影之间的距离)。

雨篷的落影作图。AB 为正垂阴线，其墙面落影 $a'b'_v$ 为45°线；BC 为距外墙面 m、距窗扇 s 的侧垂阴线。其部分落影于外墙面，且与 $b'c'$ 相距仍为 m；部分落影于窗扇，与 $b'c'$ 相距仍为 s。CD 为正垂阴线，无论承影面怎么变化，其正面落影均为45°线(若无前立柱，则 d'_0 为实影点)。DE 为距外墙面 m_1、距门扇 s_1 的侧垂阴线。其部分落影于外墙面，与 $d'e'$ 相距仍为 m_1；部分落影于门扇，与 $d'e'$ 相距仍为 s_1(DE 落影于斜墙上的影线最后连线作图)。FG 为正垂阴线，无论承影面怎么变化，其正面落影均为45°线。EF 为铅垂阴线，其在铅垂斜墙上的落影 $e'_0f'_0$ 与 $e'f'$ 平行等长。最后连线 DE 落影于斜墙上的那段影线，从而完成雨篷的影线作图(图13-9(b)、(c))。

同理，依次作其他建筑构件的落影，最后作两门柱的落影，用细密点填充影区，整理后完成作图(图13-9(d))。

例13-9 已知如图13-10(a)所示，求作带侧墙的坡顶门廊的阴影。

解 分析：图13-10(a)中的门廊由四棱柱状的坡顶雨篷、棱柱状的左右侧墙、外墙、门扇构成。雨篷的轮廓在 H 面投影中用双点画线画出，其左右两侧面的阴线 AB、DE 是互相平行的侧平线，因其并不垂直于 V 面，故它们的正面落影不是45°方向线(图13-10(b))。由直线的落影规律可知：两直线互相平行，它们在同一承影面上的落影仍表现平行；同一直线在互相平行的各承影平面上的落影仍互相平行。故 AB、DE 在外墙面、门扇、左侧柱的前表面上的落影应彼此平行。

作图：考虑到各基本几何体的相对位置，作图时应先作坡顶雨篷的落影：右侧阴线 DE 仅落影于外墙面，而左侧阴线 AB 会落影于外墙面、左侧柱的左前棱面，相对复杂。因此宜先作阴线 DE 的落影 d'_0e'，再向左推进作图，并过 A、B 的落影点 a'、b'_0 直接作 d'_0e' 的平行线即可(图13-10(d))。

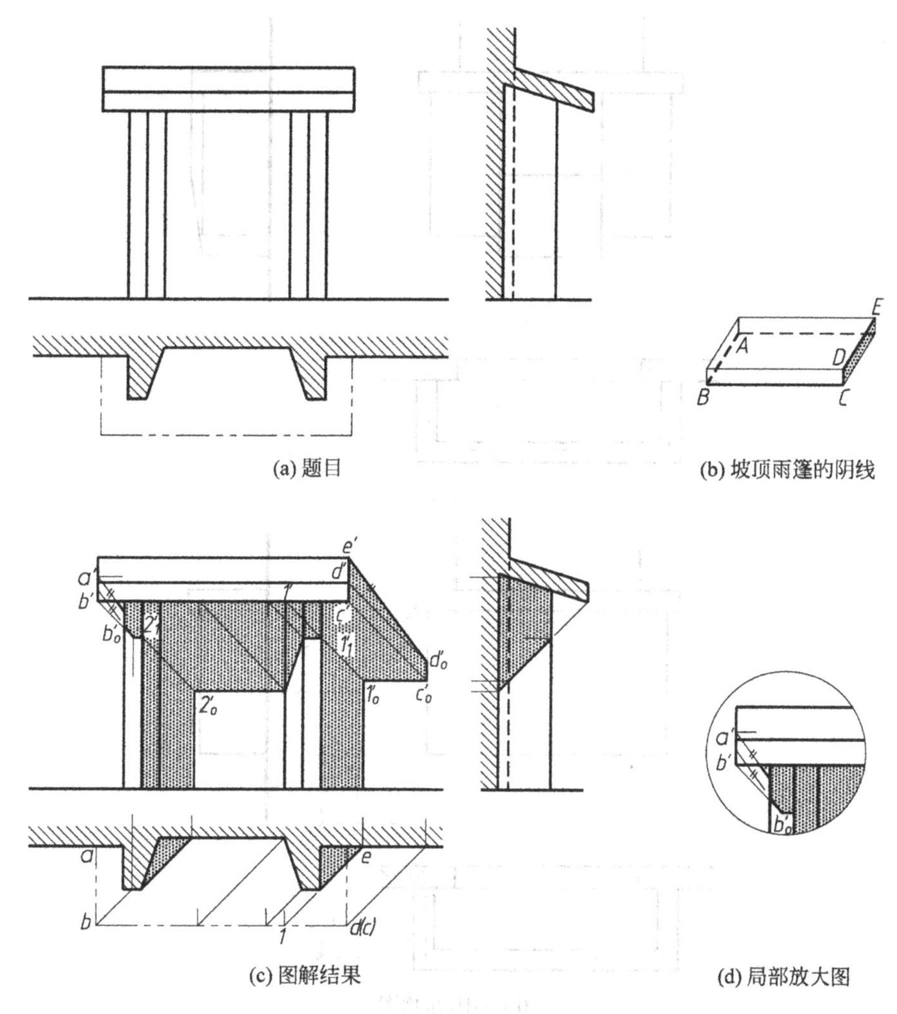

(a) 题目　　(b) 坡顶雨篷的阴线

(c) 图解结果　　(d) 局部放大图

图 13-10　门廊的阴影

雨篷的侧垂阴线落影于外墙面、门扇、左侧墙的前棱面和右侧墙的左前棱面。作图时应特别注意，侧垂阴线 BC 到外墙面、门扇、侧墙的前向棱面的 3 个距离均对应其 3 段影线与阴线的同面投影 $b'c'$ 之间的距离。图 13-10(c)中，$1'_1$、$1'_0$ 为影的过渡点对，它们位于同一条 45°线上，意指侧垂阴线 BC 上的中间点Ⅰ的实影既落影于右侧柱的右前棱线上，又落影于外墙面，即阴线 BC 上的点Ⅰ之左将落影于右侧柱的前表面，点Ⅰ之右将落影于外墙面。同理，理解过渡点对 $2'_1$、$2'_0$。

根据直线的落影规律，巧妙地利用过渡点对之间的联系，可实现快速作图、简化作图。

最后，作两侧墙的落影，它们的右前棱线均为阴线，其落影于 H 面上的影是与光线投影方向一致的 45°线，落在门扇和外墙面上的影均为竖直线。

在正面投影图中左侧墙的右棱面为可见阴面。

用细密点填充可见阴面和影区，图解结果如图 13-10(c)所示。

例 13-10　已知如图 13-11(a)所示，求作该阳台的立面阴影。

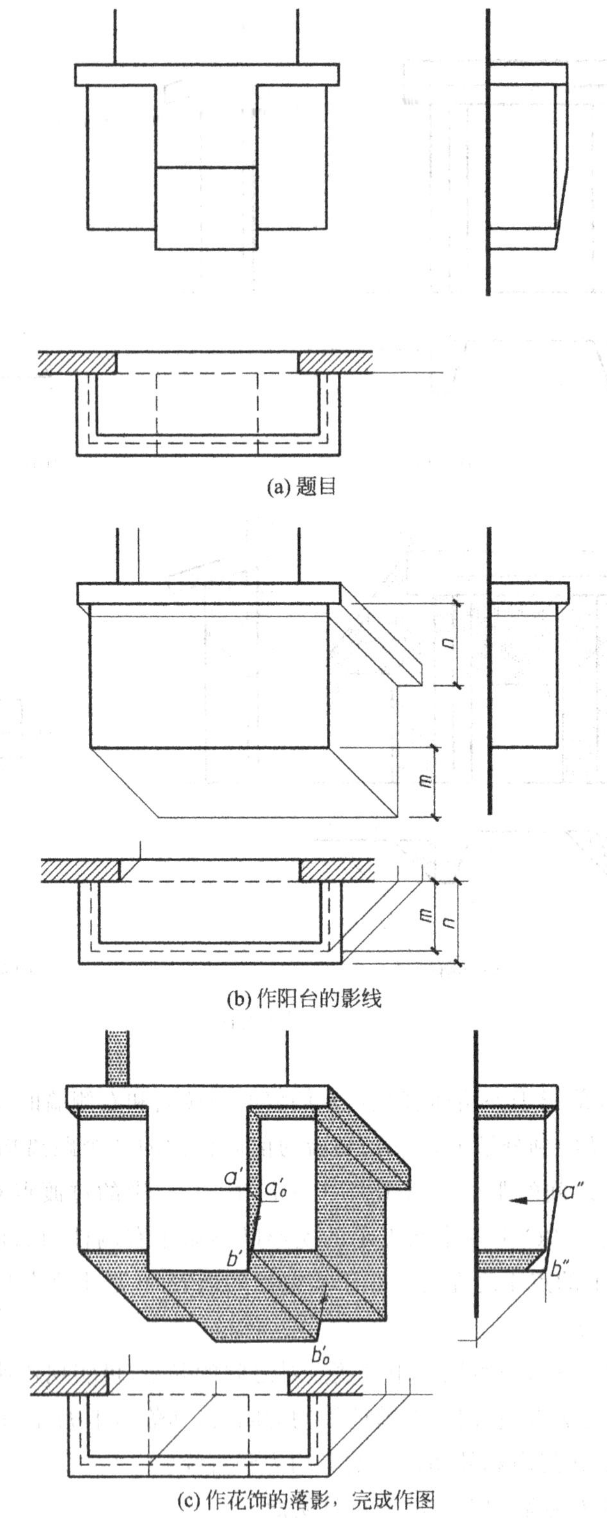

(a) 题目

(b) 作阳台的影线

(c) 作花饰的落影，完成作图

图 13-11　阳台的立面阴影

解 分析：图 13-11(a)所示阳台的外轮廓由实体四棱柱台身、四棱柱挑檐和虚体四棱柱门洞以及花饰组合而成。除花饰外，各基本体的阴线均是投影面的垂直线。由直线的落影规律和阳台突出外墙面的尺寸 m、n，即可直接在图上作出阳台的立面阴影(图 13-11(b))。

花饰的作图宜放到最后。作图时除投影面的垂直阴线之外，要特别注意侧平阴线的落影，根据直线的落影规律，同一条阴线落影于多个平行的承影面时，其落影亦彼此平行。故其在台身前表面和外墙面上的落影应彼此平行。

作图：除去花饰的阳台立面影线作图见图 13-11(b)。

花饰的阴影作图见图 13-11(c)。其关键作图是侧平阴线 AB 在台身前表面的落影，作图过程为：扩大台身前表面与阴线 AB 相交于 B，则 b' 即为端点 B 在台身前表面的落影点(虚影)的正面投影；作端点 A 在台身前表面上的落影点 a_0'，连线 $a_0'b'$，并取其有效部分，即得侧平阴线 AB 在台身前表面的落影。

至于该直线在外墙面上的另一段落影，则过侧平阴线的端点 B 在外墙面上的实影点 b_0' 作 $a_0'b'$ 的平行线，并取其有效区段即为所求。

用细密点填充影区完成作图(图 13-11(c))。

例 13-11 已知如图 13-12(a)所示，求作台阶的阴影。

解 分析：图 13-12(a)所示台阶由四级四棱柱台阶、左右两堵四棱柱挡墙以及外侧的斜坡面组成。两端挡墙的右侧面均是阴面，其阴线由直角状的两条投影面垂直线组成。左侧挡墙落影于地面、台阶面和外墙面；右侧挡墙落影于地面和斜坡面。最下一级台阶也将落影于地面和右挡墙的前表面。两侧挡墙的落影相对独立，可分开作图。

作图：首先，作右侧挡墙的落影(图 13-12(c))。右侧挡墙阴线的共有点 A 落影于斜面上，其落影点 $A_0(a_0, a_0', a_0'')$ 可通过侧面投影 a_0'' 直接获得(若无侧面投影可以利用，则应采用一般位置直线(这里特指常用光线)与一般位置平面相交求交点的方法作图)。根据投影面垂直线的落影规律，正垂阴线的正面落影是与光线投影方向一致的 45°线；铅垂阴线的水平落影也是一条与光线投影方向一致的 45°线，从而可得到铅垂阴线落影于地面和斜面的折影点 Ⅰ(1′,1)。

作左侧挡墙的落影，如图 13-12(c)所示。根据直线的落影规律，投影面垂直线在它所垂直的承影面上的落影是与光线的投影方向一致的 45°线；而在另外投影面(或其平行面)上的落影与原直线的同面投影保持平行；且同一条直线在多个彼此平行的承影面(如全部踏面或全面踢面)上的落影应彼此平行。

作最下一级台阶的右侧面在地面与右挡墙前表面的落影。

用细密点填充影区，整理后完成作图(图 13-12(c))。

例 13-12 已知如图 13-13(a)所示，求作烟囱在坡屋面上的落影。

解 分析：图 13-13(a)中的烟囱为四棱柱，其承影面为同一个坡屋面。

烟囱的阴线为空间折线 $ABCDE$(图 13-13(b))。根据铅垂线的落影特性，不论承影面的多少与形态如何，其 H 面落影总是一条与光线的投影方向一致的 45°线，而落影的其余两投影呈对称图形。因此，铅垂阴线 AB 和 DE 的落影，在 H 面投影中都是 45°线，在 V 面投影中则反映坡屋顶的坡度 α。

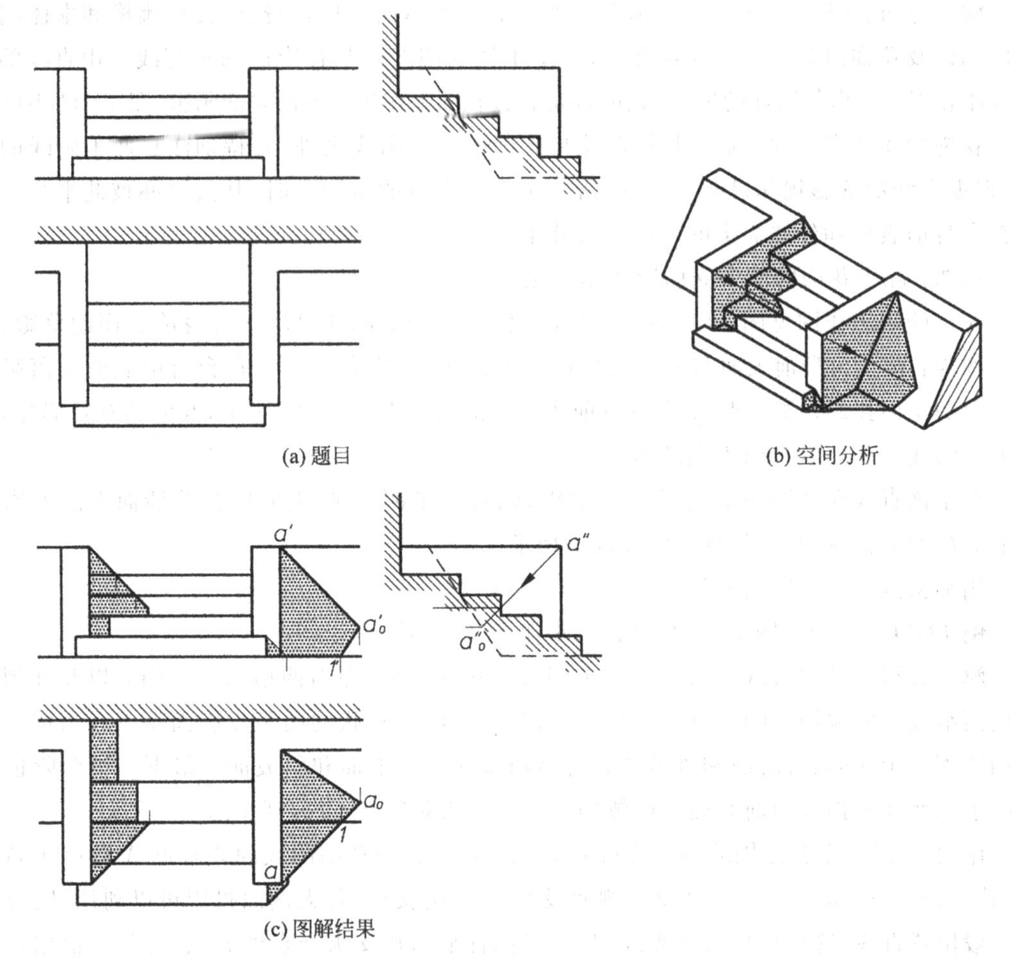

(a) 题目

(b) 空间分析

(c) 图解结果

图 13-12　台阶的阴影

作图：铅垂阴影 AB、DE 在坡屋面上的落影可根据上述投影面垂直线的落影特性作图；也可借助侧面投影直接作图。还可理解为过铅垂阴线的光线平面与屋面相交得交线 $A\,\mathrm{I}_0$（$a'1'_0$，$a1_0$）（以包含 AB 的光线平面为例），从而求得其落影的各面投影。

同理，正垂阴线 BC 在屋面上的 V 面落影为 45°线，其 H、W 面落影也呈对称图形，即 c_0b_0 反映 α 倾角的实形。至于侧垂阴线 CD，由于其平行于侧垂的屋面，故其在屋面上的落影 C_0D_0（$c'_0d'_0$，c_0d_0）平行等长于同面投影 $c'd'$ 和 cd。

用细密点填充影区，整理后完成作图（图 13-13(b)）。

例 13-13　已知如图 13-14(a)所示，求作单坡顶天窗的阴影。

解　分析：图 13-14(a)所示建筑形体由窗体、单坡窗盖和坡屋面组成。单坡窗盖形似四棱柱，其底面为阴面，阴线由上倾的侧平线 AB、侧垂线 BC、铅垂线 CD 和侧平线 DE 组成（图 13-14(b)）。窗盖会落影于前屋面和窗体的左、前表面，窗体的阴线只有右前的铅垂棱线一条。根据投影面垂直线的落影规律，铅垂线落影的 V、W 面投影必呈对称图形，即铅垂线落影的 V 面投影与侧垂屋面的 W 面积聚投影成对称图形（亦即铅垂线的 V 面落影反映承影屋面的倾角 α）。

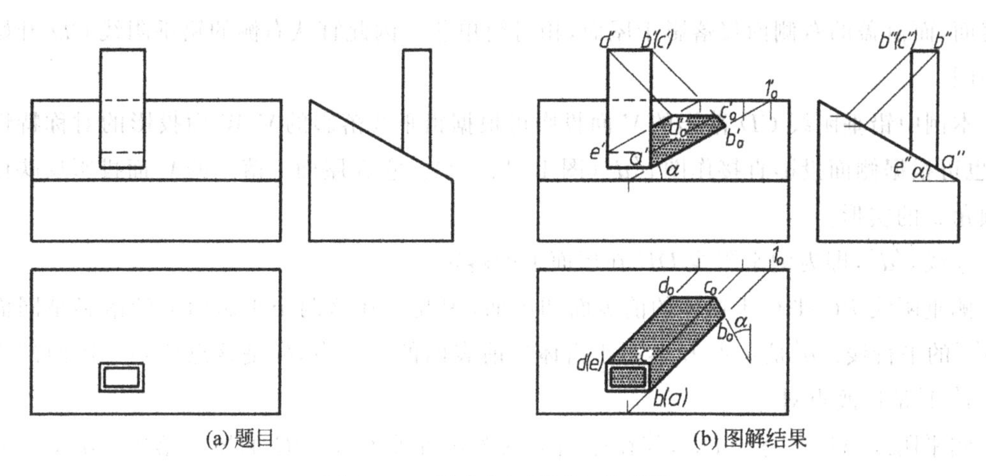

(a) 题目　　(b) 图解结果

图 13-13　烟囱在坡屋面上的落影

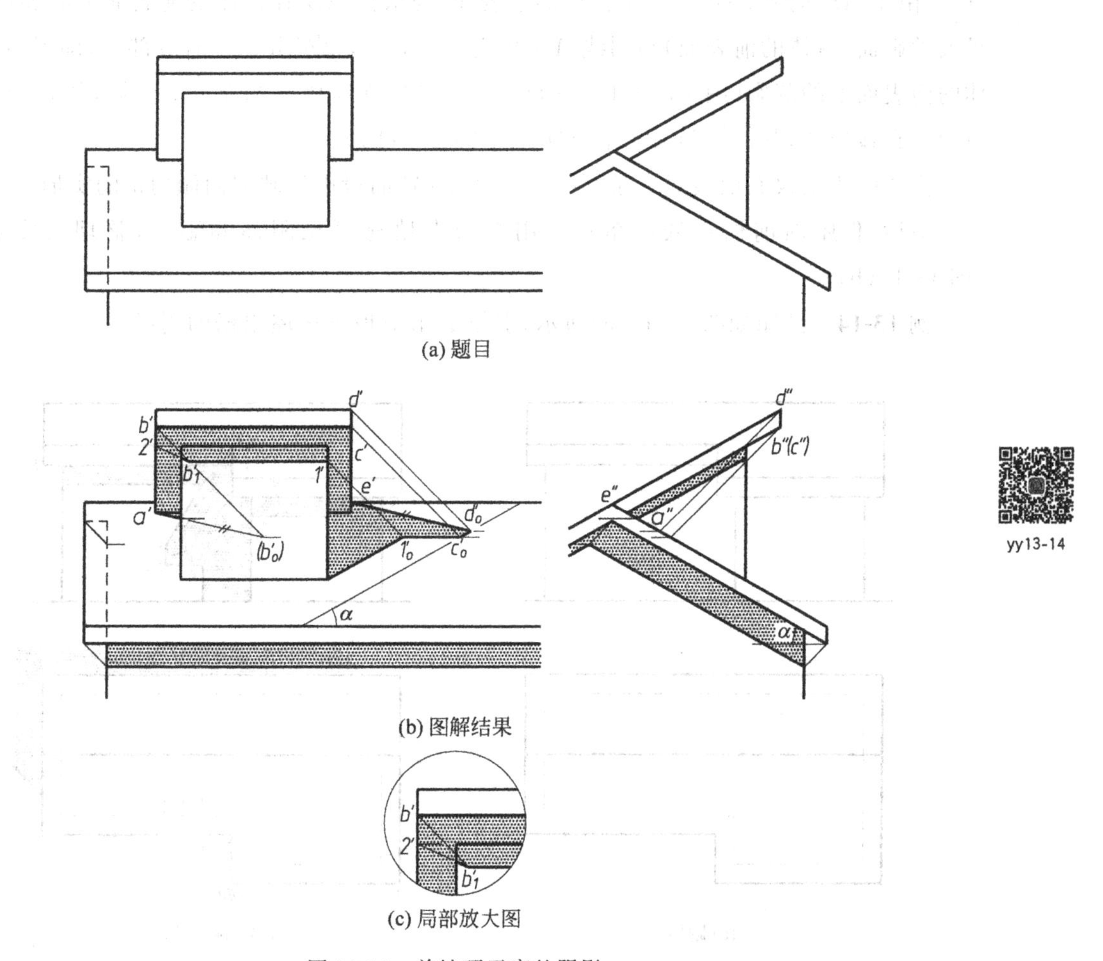

(a) 题目

(b) 图解结果

(c) 局部放大图

图 13-14　单坡顶天窗的阴影

作图：先作窗盖的落影(图 13-14(b))。由于窗盖的左侧面将落影于屋面和窗体的左、前表面，而窗盖的右侧面仅落影于屋面，相对简单些。因此宜从右侧的铅垂阴线 CD 开始着手作图。

本例中铅垂阴线 CD 落影的 V 面投影可根据铅垂线落影的 V、W 面投影的对称特性作图；也可根据侧面投影直接作图 $c_0'd_0'$(图 13-14(b))。它在屋面上落影的 V 面投影反映该屋面倾角 α 的实形。

连线 $e'd_0'$，即为侧平阴线 DE 在屋面上的落影。

侧垂阴线 BC 平行于窗体的前表面和屋面，因此它在这两个承影面上的落影是同面投影 $b'c'$ 的平行线。b_1' 是端点 B 落影于窗体的前表面的实影点，b_0' 是该点落影于屋面的虚影点。$1'$、$1_0'$ 是过渡点对。

侧平阴线 AB 平行于 DE，其在屋面上的落影亦平行于 DE 的屋面落影 $e'd_0'$，过 a' 作 $e'd_0'$ 的平行线并取其有效部分，即得 AB 在屋面上的落影(或连线 $a'b_0'$，并取其有效部分即可)。由于 AB 的 B 端点落影于窗体的前表面，为求作 AB 在窗体的前表面上的那段落影，扩大承影面(窗体的前表面)与阴线 AB 相交于 $2'$，连线 $2'b_1'$ 并取其有效部分，即得 AB 在窗体的前表面上的落影(图 13-14(b)、(c))。至于 AB 在窗体左侧面上的落影，按投影关系过折影点直接作图，并保持与 $a''b''$ 平行即可(图 13-14(b))。

窗体的阴线仅右前棱线一条，其屋面落影的 V 面投影反映屋面倾角 α 的实形。

最后，作屋面前檐口线的落影。用细密点填充可见阴面和影区，整理后完成作图(图 13-14(b))。

例 13-14 已知如图 13-15(a)所示，求作 L 形双坡顶房屋出檐的阴影。

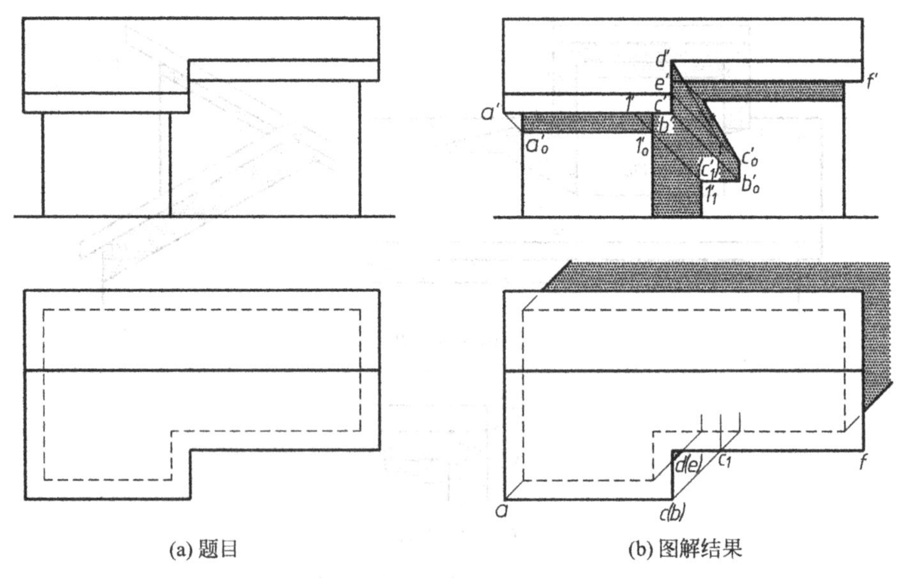

(a) 题目　　(b) 图解结果

图 13-15 L 形双坡顶房屋出檐的阴影

解 分析：依题意，本例无需 W 面投影求解，故图 13-15(a)中屋顶的有效阴线由侧垂线 AB、铅垂线 BC、侧平线 CD 和侧垂线 EF 组成(图 13-15(b))。

侧垂线 AB 将落影于两前向的房屋立面，铅垂线 BC 落影于房屋的右前立面，侧平线 CD 落影于右侧的封檐板和房屋的右前立面，侧垂线 EF 落影于房屋的右前立面。

作图：檐口线 AB 的落影分为两段，A Ⅰ段落影于左边房屋的正面墙上，为 $a'_0 1'_0$，ⅠB 段落影于右边房屋的正面墙上，为 $1'_1 b'_0$。$1'_0$和 $1'_1$为过渡点对；铅垂阴线 BC 落影于与之平行的右边房屋的正面墙上，其落影 $b'_0 c'_0$与 $b'c'$平行等长。

侧平阴线 CD 的落影也分为两段，首先应作出其在封檐板上的落影，为此在水平投影中过 c 作 45°线与檐口线交于 c_1，从而求得 c'_1，c'_1即为阴点 C 在封檐板上的虚影；连线 $d'c'_1$，并取其有效区段，即得阴线 CD 在封檐板上的落影(点 D 属于封檐板，其落影就是它本身)。由于阴线 CD 落影于两个彼此平行的承影面上，其两段落影应彼此平行，故过点 C 的实影点 c'_0作 $d'c'_1$的平行线，并取其有效区段，即完成 CD 的两段落影。

最后，作侧垂阴线 EF 在房屋右立面的落影。用细密点填充影区，整理后完成作图(图 13-15(b))。

图 13-16 所示是房屋立面(局部)的阴影示例。图 13-17 所示是某别墅的阴影综合示例。请读者结合所学的知识要点自行阅读，理解提高。

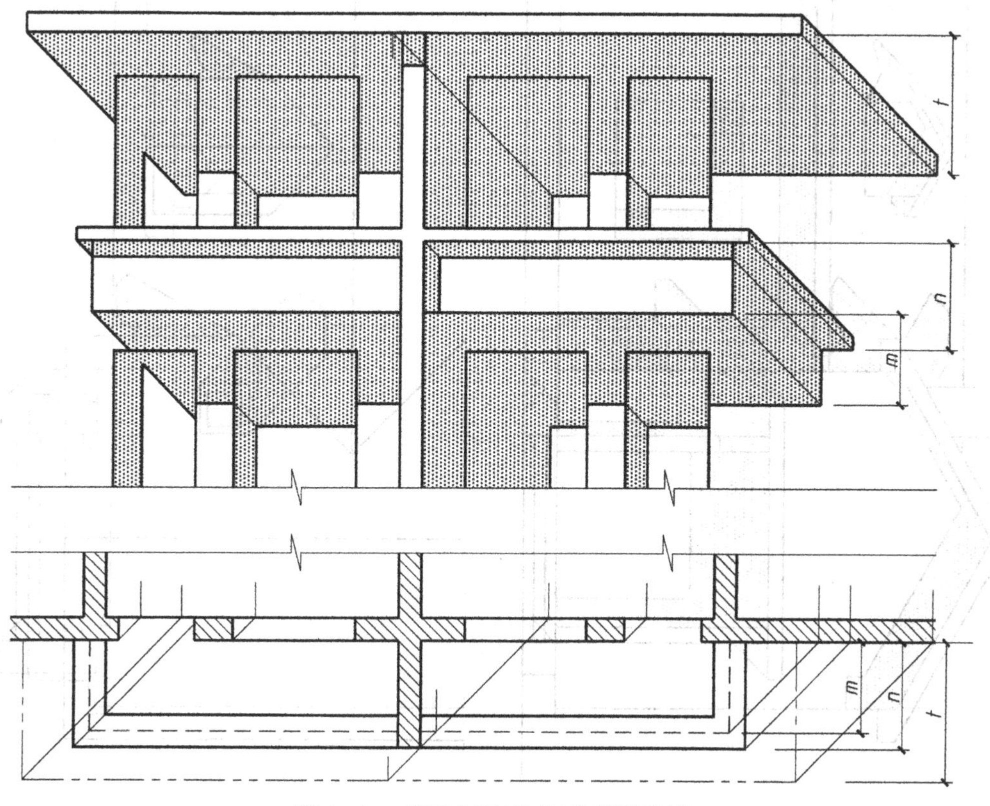

图 13-16 房屋立面(局部)的阴影示例

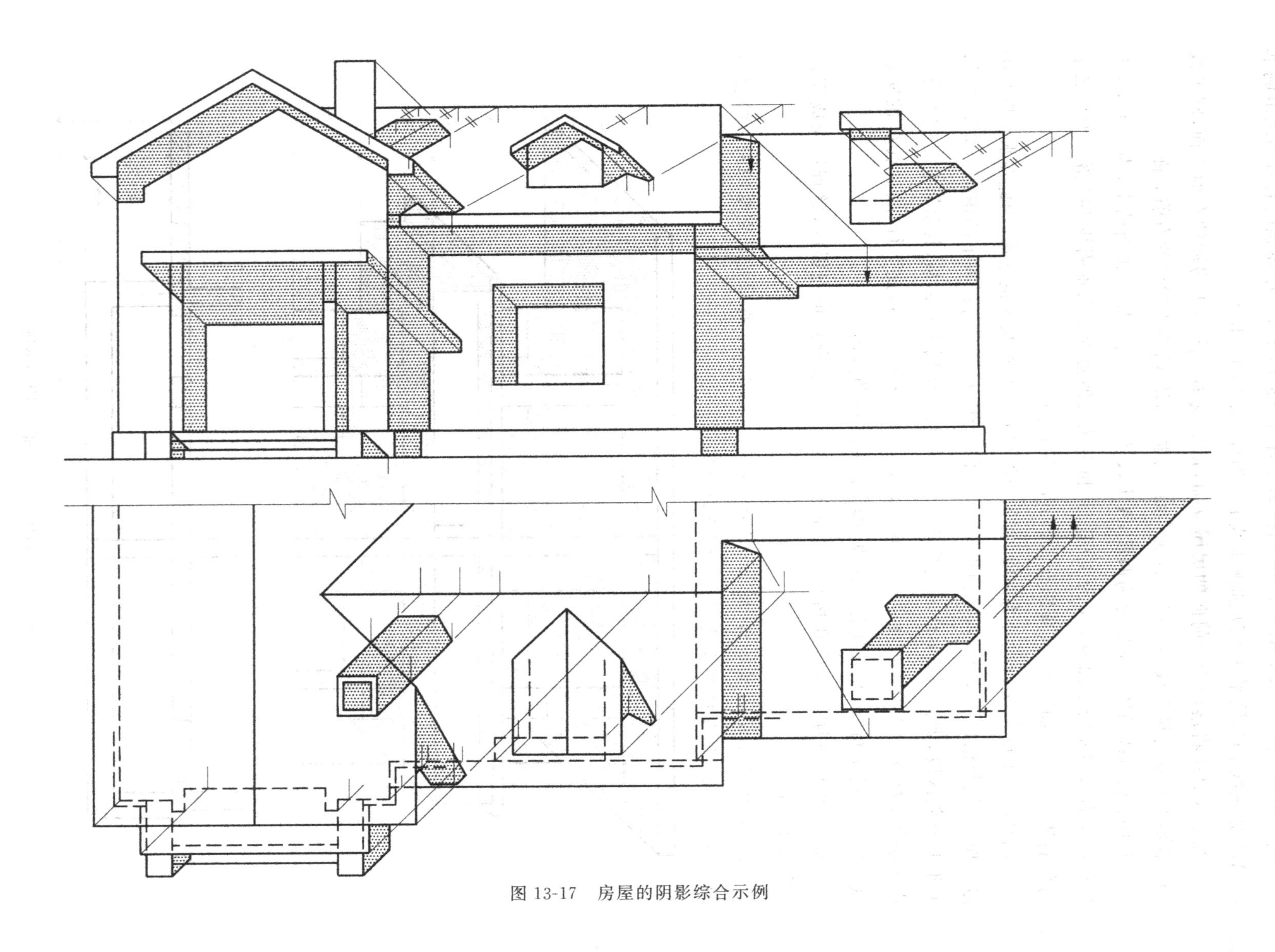

图 13-17　房屋的阴影综合示例

第14章

曲面形体的阴影

建筑形体中常涉及的曲面形体元素多为圆柱、圆锥、圆球。这类曲面形体的阴阳面，或阴线不像平面形体那样显而易见，为便于确定，须借助几何作图的方法来解决。本章分类介绍圆柱、圆锥、圆球的阴线确定、落影作图的方法，为以后在复杂的建筑图样中加绘阴影奠定基础。

14.1 圆柱的阴影

建筑形体中常见的曲面形体构件为圆柱、圆锥、圆球。

圆柱面的阴线是光平面与圆柱面相切的两条直素线。对于轴线铅垂的圆柱体而言，因其顶面受光，为阳面，阴线还包括顶面右后方的 180°水平圆弧和底面左前方的 180°水平圆弧(表 14-1)。

表 14-1 圆柱、圆锥的阴影作图

阴影的形成、阴线的构成	投 影 作 图	阴线的单面作图法
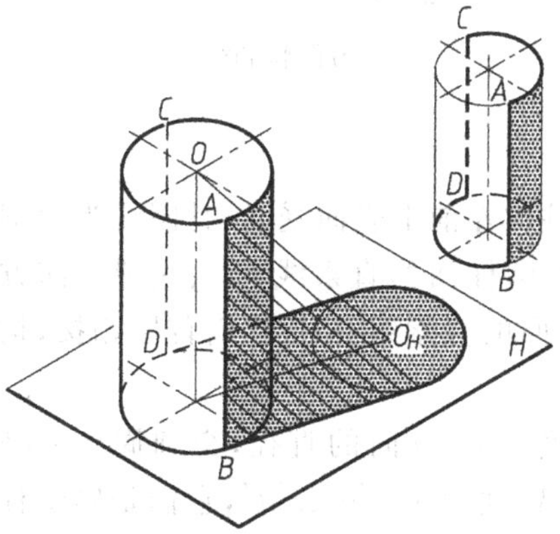 C O A D B H C A D B O_H	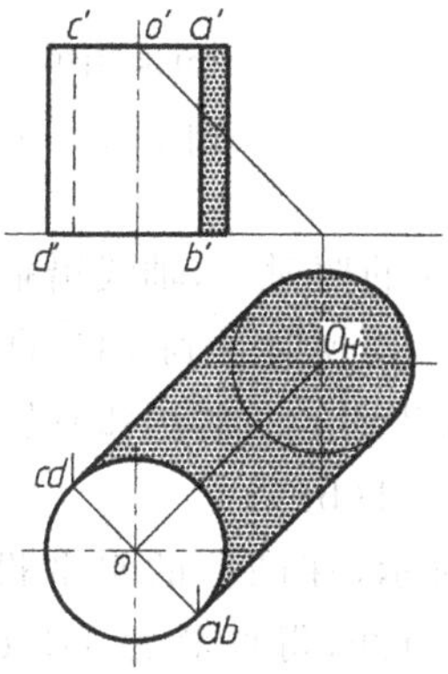 c′ o′ a′ d′ b′ O_H cd o ab	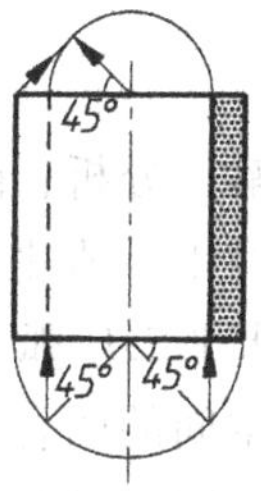 45° 45° 45°

yyb14-1 左

yyb14-1& b14-1 上

续表

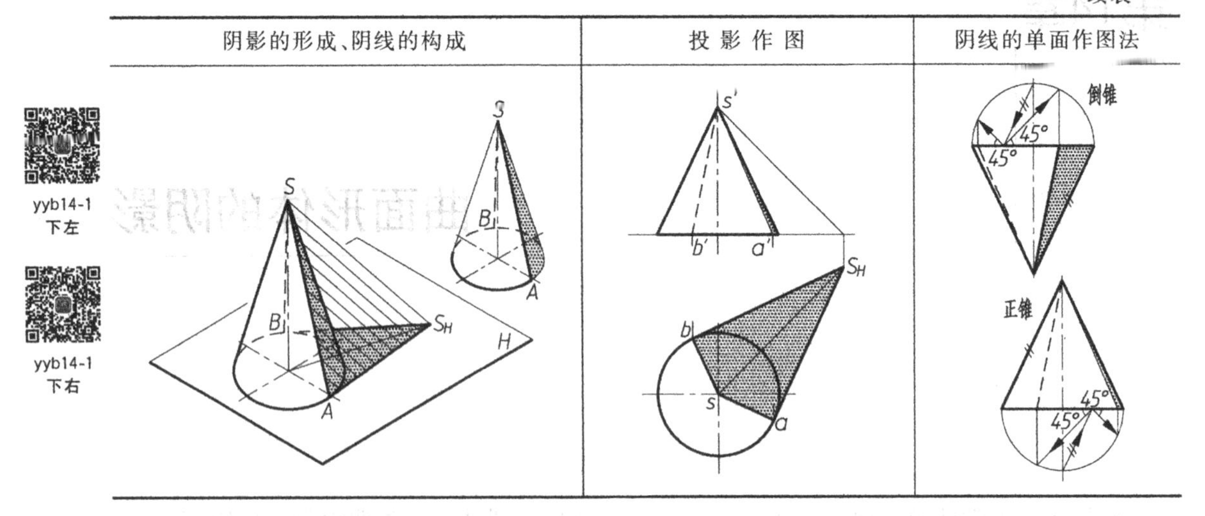

例 14-1 已知如图 14-1(a)所示，求作空间圆柱的阴影。

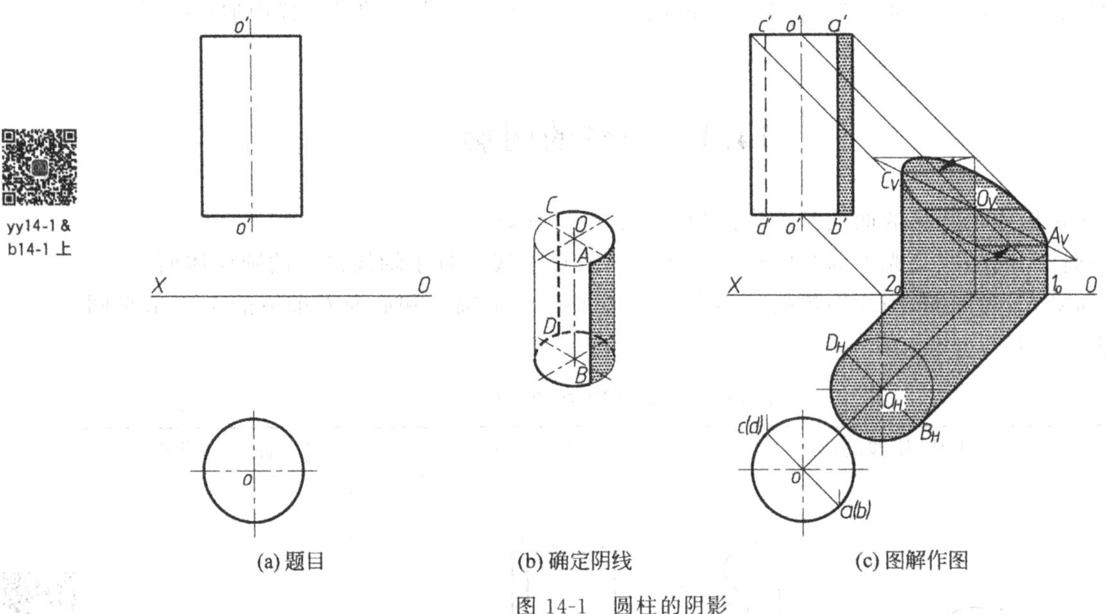

(a) 题目　(b) 确定阴线　(c) 图解作图

图 14-1 圆柱的阴影

解 分析：在常用光线的照射下，轴线铅垂的圆柱体左前上表面受光，其阴线为顶圆右后方的 180°水平 AC 弧（−45°逆时针到 135°的圆弧）、圆柱面的直素线 CD、底圆左前方的 180°水平 DB 弧（135°逆时针到 315°的圆弧）以及圆柱面的直素线 AB，它们首尾相接，构成一个空间的闭合图形（图 14-1(b)）。

作图：如图 14-1(c)所示，在圆柱的水平投影中作 135°方向的直径，交圆周于 $a(b)$、$c(d)$点；过 a、c 向上作竖直线，得直素线 AB、CD 的 V 面投影 $a'b'$、$c'd'$，它们是属于柱面的两条铅垂阴线，$a'b'$属于前半个柱面，可见，画成实线。$c'd'$属于后半个柱面，不可见，画成虚线（亦可不画出）。

本例中底圆全部落影于 H 面，作图时，应先求出底圆圆心的实影点 O_H，再以该点为圆心、底圆半径为半径，自 135°处逆时针画圆弧到 315°(也可画出全等的整圆)，即得底圆 180°阴线圆弧 DB 的全等落影 D_HB_H。

该圆柱的顶圆全部落影于 V 面，其圆心实影点为 O_V，根据表 12-9 所示八点作图法，可作出该圆的 V 面落影——椭圆，从而得到顶圆 180°阴线圆弧 AC 的落影 A_VC_V(半个椭圆弧)。

至于两条铅垂的阴线 AB、CD，根据特殊位置直线的落影规律，其 V 面落影分别为起始于 A_V、C_V 的竖直线(平行于自身)，它们依次交 OX 轴于折影点 1_0、2_0，连线 1_0B_H、2_0D_H，即得铅垂阴线 AB、CD 落影于 H 面的影线段，它们均为 45°线，且切底圆 H 面的落影于 B_H、D_H 处。

适当加深可见阴线 $a'b'$，影线 D_HB_H 圆弧、A_VC_V 椭圆弧以及折线 $B_H1_0A_V$、$D_H2_0C_V$，用细密网点填充可见阴面和影区，整理后完成作图(图 14-1(c))。

例 14-2 已知如图 14-2(a)所示，求作贴墙组合体的阴影。

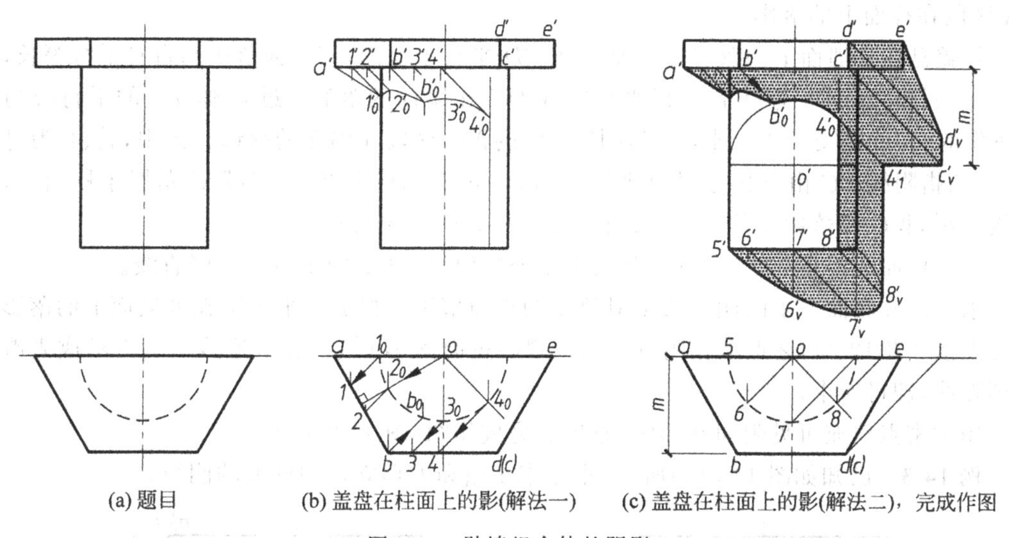

(a) 题目 (b) 盖盘在柱面上的影(解法一) (c) 盖盘在柱面上的影(解法二)，完成作图

图 14-2 贴墙组合体的阴影

解 分析：图 14-2(a)所示的组合体由贴墙高悬的半圆柱和正上方的前半个正六棱柱盖盘叠加形成。盖盘阴线为空间折线 $ABCDE$，其中 AB、DE 为水平线，BC 为侧垂线，CD 为铅垂线(图 14-2(b))。盖盘将落影于外墙面和柱面，且 AB、BC 落影于柱面的那部分影线应为曲影线；半圆柱的阴线为底面的一段水平圆弧和柱面右前方的一条直素线，其落影均在外墙面。半圆柱阴线的右侧区域为可见阴面。

作图：首先，如上分析确定圆柱的阴线和棱柱的阴线及可见阴面。根据上下叠加、上大下小的组合体宜先作上方形体的落影的作图原则。先求作多边形盖盘在柱面上的落影，方法有两种。

其一(图 14-2(b))，利用柱面的积聚投影，逐点求作阴点Ⅰ、Ⅱ、B、Ⅲ、Ⅳ在柱面上的落影。为此，过圆柱面的水平投影最左点 1_0 作 45°反回光线交 ab 于 1，从而求得 $1'$，再过 $1'$ 作 45°线交圆柱面的最左素线于 $1_0'$，该点即为 AB 阴线落影于外墙面和圆柱面的折影点；连线 $a'1_0'$ 即得 AB 在外墙面上的落影。为了求出阴影 AB 落影于柱面上的曲影线的最高点，过圆心 O 的水平投影 o 作 ab 的垂线，该线交柱面积聚投影于 2_0，过 2_0 作 45°反回光线交 ab 于

2，从而求得 $2'$，再过 $2'$ 作 45°线与过 2_0 向上作的竖直线交于 $2'_0$，该点即为阴线 AB 落影于圆柱面上的曲影线的最高点。依投影关系，求作点 B 在柱面上的落影 b'_0，连线 $1'_02'_0b'_0$ 成光滑的曲线，即得阴线 AB 的 ⅠB 区段在柱面上的落影。同理，用反回光线法求作阴线 BC 在圆柱面最前素线上的影点 $3'_0$，在柱面铅垂阴线上的影点 $4'_0$（$4'_0$ 为侧垂阴线 BC 上的 BⅣ区段在圆柱面上的落影的最低点，$3'_0$ 为落影的最高点），连线 $b'_03'_04'_0$ 成光滑的圆弧，即得阴线 BC 的 BⅣ区段在柱面上的落影，从而完成整个盖盘在柱面上的落影。

其二（图 14-2(c)），AB 的落影曲线 $1'_02'_0b'_0$ 作法不变；BC 为侧垂阴线，其落影于铅垂的柱面上，根据投影面垂直线的落影特性，侧垂阴线在铅垂承影面上的 V、H 面落影应是对称的图形。现柱面的 H 面投影积聚为圆周，阴线 BC（到 V 面的距离为 m）在柱面上的 H 面落影也重影在该圆周上。为此，在轴线的正面投影上确定距 $b'c'$ 为 m 的下方点 o'，以 o' 为圆心、以圆柱的半径为半径画柱面水平投影的对称弧，并取其有效部分，即得阴线 BC 的 BⅣ区段在柱面上的落影。

作盖盘在外墙面上的落影。铅垂阴线 CD 平行于墙面，其墙面落影与自身平行等长，作 $c'_vd'_v // c'd'$ 即为所求；连线 $e'd'_v$ 得水平阴线 DE 在墙面的落影；过 c'_v 作 $b'c'$ 的平行线与过 $4'_0$ 所作的 45°线相交于 $4'_1$，则 $4'_1c'_v$ 为阴线 BC 的ⅣC 区段在墙面的落影。图中，$4'_0$、$4'_1$ 为过渡点对，意指阴线 BC 由点Ⅳ分割为两段（图 14-2(c)中未标出点Ⅳ），BⅣ段落影于柱面，为曲影线 $4'_0b'_0$，ⅣC 段落影于外墙面，为自身的平行等长影线 $4'_1c'_v$。

作圆柱面上铅垂阴线的落影，其落影于外墙面，为过 $4'_1$ 的平行等长竖直线。

求作圆柱底面水平的阴线弧Ⅴ Ⅵ Ⅶ Ⅷ的正面落影。根据水平半圆在外墙面上的落影作图五点法（表 12-9），逐点求作阴点Ⅵ、Ⅶ、Ⅷ的正面落影 $6'_v$、$7'_v$、$8'_v$，连线 $5'6'_v7'_v8'_v$ 成光滑的椭圆弧线，即得所求。

用细密点填充可见阴面和影区，整理后完成作图（图 14-2(c)）。

例 14-3 已知如图 14-3(a)所示，求作带小檐和方形立柱的壁龛的阴影。

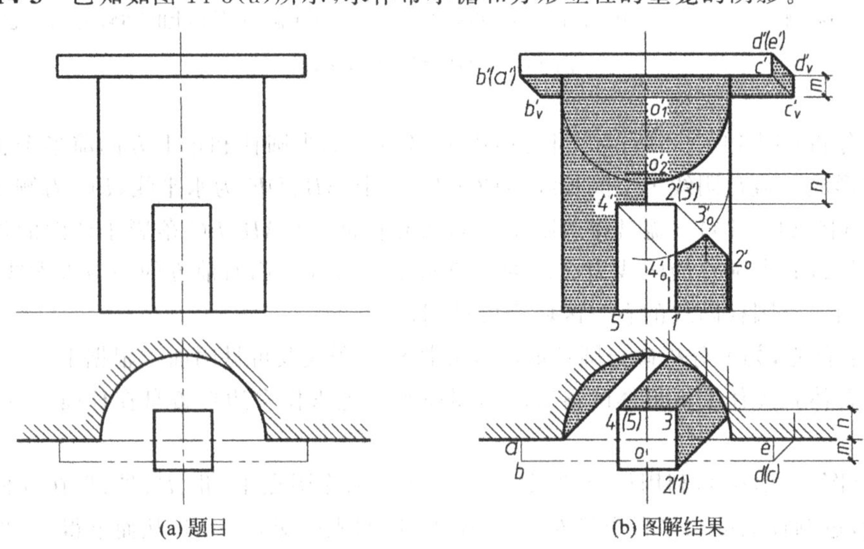

(a) 题目　　(b) 图解结果

图 14-3　带小檐和立柱的壁龛的阴影

解 分析：图 14-3(a)所示的壁龛由凹入墙内的半圆柱面、上方冠以四棱柱状的小檐、下方落地的方形立柱组合形成。小檐的阴线由空间折线 $ABCDE$ 组成，其中 AB、DE 为正垂线，BC 为侧垂线，CD 为铅垂线。小檐将落影于外墙面和内凹的半圆柱面。根据投影面垂直线的落影规律，小檐上侧垂的阴线 BC 的 V 面落影应与承影柱面的 H 面积聚投影成对称图形。

方形立柱将落影于地面和内凹的半圆柱面，其阴线由空间折线Ⅰ Ⅱ Ⅲ Ⅳ Ⅴ组成，其中Ⅰ Ⅱ、Ⅳ Ⅴ为铅垂线，Ⅱ Ⅲ为正垂线，Ⅲ Ⅳ为侧垂线。同上所述，侧垂阴线Ⅲ Ⅳ在内凹圆柱面上的落影的 V、H 面投影成对称图形。

内凹半圆柱面的阴线只有最左的铅垂轮廓线一条，其水平落影应为45°线，正面落影与自身平行。

作图：先作小檐在外墙面和内凹半圆柱面上的阴影。在此特别强调，侧垂阴线 BC 在内凹圆柱面上的落影，其 V、H 面投影成对称图形，即落影的正面投影应为圆弧，圆弧的半径与圆柱的半径相等，落影圆弧的中心 o_1' 与 $b'c'$ 间的距离等于侧垂阴线 BC 到圆柱轴线间的距离，即 H 面投影中圆柱的轴线 o 到 bc 的距离 m。为此，在 V 面投影中，自 $b'c'$ 向下，在中心线上量取距离为 m 的点 o_1'。以 o_1' 为圆心、以圆柱半径为半径画圆弧，取与柱面的水平积聚投影对称的一段圆弧，即为 BC 在柱面上的落影。其余部分的作图参见图14-3(b)，此处不再赘述。

作内凹半圆柱的阴影。内凹半圆柱的阴线只有最左的铅垂素线一条，其水平落影为45°线，正面落影与其同面投影平行，即重影在中心轴线上。

作方形立柱的阴影。方形立柱的阴线为空间折线Ⅰ Ⅱ Ⅲ Ⅳ Ⅴ，其中铅垂阴线Ⅰ Ⅱ的水平落影为45°线，正面落影于内凹圆柱面上为 $1'2'$ 的平行影线；正垂阴线Ⅱ Ⅲ全部落影于圆柱面上，其正面落影 $2_0'3_0'$ 是一条45°线；与侧垂阴线 BC 在内凹圆柱面上的落影一样，侧垂阴线Ⅲ Ⅳ的 V、H 面落影成对称图形，即正面落影为 $3_0'4_0'$ 弧，其半径等于圆柱半径，弧心 o_2' 到阴线Ⅲ Ⅳ的同面投影 $3'4'$ 的距离等于水平投影中的34到圆柱轴线 o 的距离 n。为此，在 V 面投影中，自 $3'4'$ 向上，在轴线上量取距离为 n 的点 o_2'。以 o_2' 为圆心、以圆柱半径为半径画圆弧，取与柱面的水平积聚投影对称的一段圆弧 $3_0'4_0'$，即为阴线Ⅲ Ⅳ在柱面上的落影。其余部分的作图参见图14-3(b)，此处不再赘述。

用细密点填充可见阴面和影区，整理后完成作图(图14-3(b))。

例 14-4 已知如图14-4(a)所示，求作建筑立面(局部)的阴影。

解 分析：图14-4(a)所示的建筑局部由凸出墙面的半圆柱面、凹入墙内的半圆柱面、上方冠以的小檐、右方的折叠墙组合形成。

凸出外墙的半圆柱面阴线只有一条，是位于柱面右前方的一条直素线，其落影于地面和外墙面。

凹入墙内的半圆柱面阴线也只有一条，是该柱面的最左素线，其落影于地面和内凹圆柱面。

小檐的阴线为呈直角状的折线 ABC(图14-4(b))。其中，AB 为正垂阴线，其落影于外墙面和外凸的圆柱面；BC 为侧垂线，其落影于墙面、凹与凸的半圆柱面和右方折叠墙的左、前表面(左表面的落影不可见)。

折叠墙的各面受光，无阴面出现。

作图：本例建筑形体上下叠加、上大下小，故宜先作上方小檐的落影。正垂阴线 AB 落影于外墙面和凸圆柱面，根据投影面垂直线的落影特性，其正面落影 $a'b_0'$ 是一条45°线；b_1' 是端点 B 在外墙面上的虚影点，侧垂阴线 BC 在外墙面上的落影必过该点，且应为 $b'c'$ 的平行线。

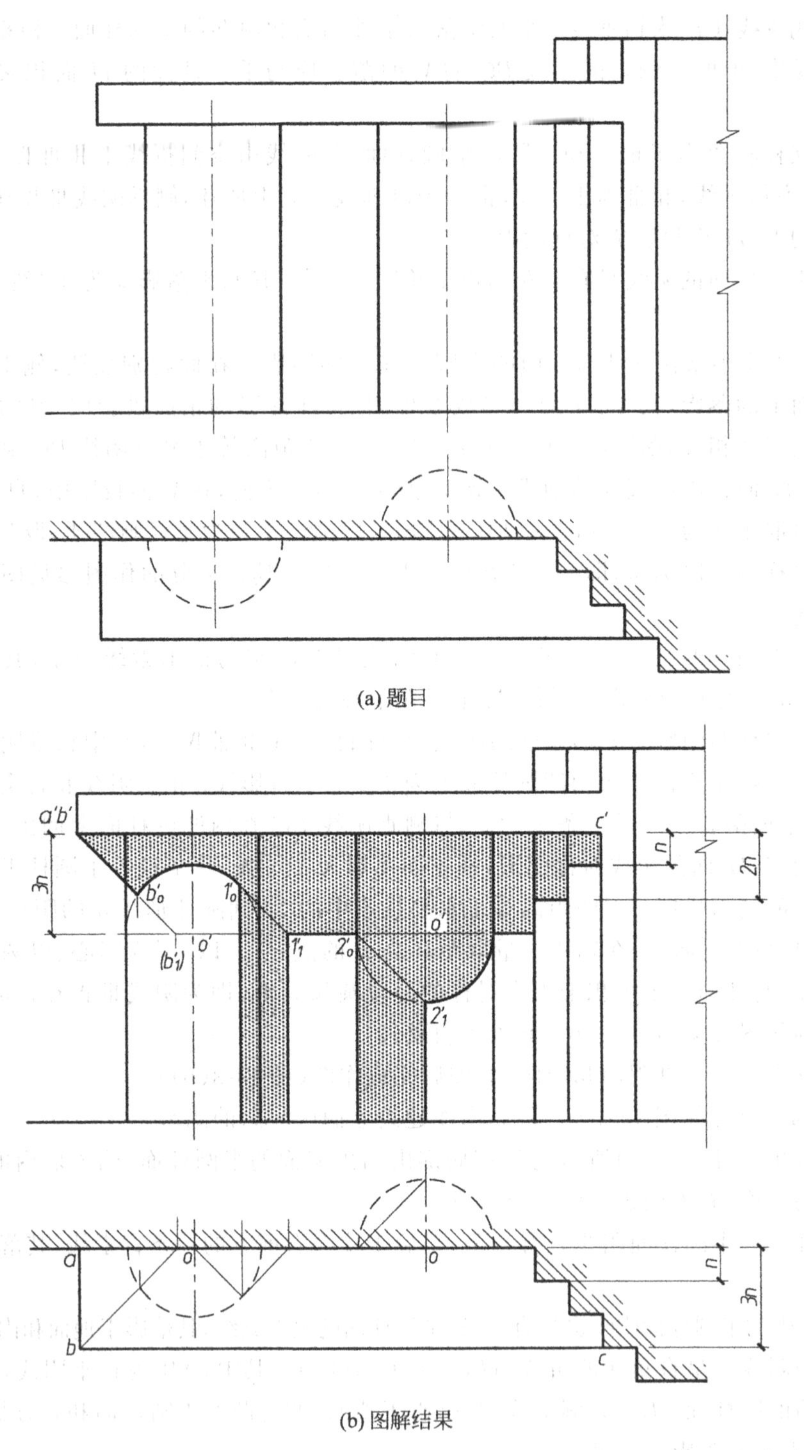

(a) 题目

(b) 图解结果

图 14-4　建筑立面(局部)的阴影

根据投影面垂直线的落影特性，侧垂线 BC 在凸、凹的铅垂圆柱面上的 V、H 面落影应成对称图形，即 BC 在柱面上的落影应为圆弧，其半径与圆柱的半径相等，影线圆弧的中心 o' 与 $b'c'$ 间的距离，应等于该阴线 BC 到圆柱轴线间的距离，即 H 面投影中柱轴 o 与 bc 的

距离 $3n$。为此，在正面投影中，自 $b'c'$ 向下，在轴线上量取距离为 $3n$ 的点 o'，再以 o' 为圆心、以圆柱的半径为半径画水平投影的两对称圆弧，即得阴线 BC 在柱面上的落影。图中 b'_0 为阴点 B 在凸圆柱面上的实影点。

如图 14-4(b)所示，作侧垂线 BC 在折叠墙面上的落影，其 V、H 落影亦成对称图形。

作凸圆柱面在外墙面上的落影，作凹圆柱面在自身上的落影。图中 $1'_0$、$1'_1$ 和 $2'_0$、$2'_1$ 均为过渡点对。它们位于各自的 45°线上。

用细密点填充可见阴面和影区，整理后完成作图(图 14-4(b))。

14.2 圆锥的阴影

圆锥面的阴线是切于锥面的光线平面与锥面相切的两条直素线。由于锥面的素线通过锥顶，故与锥面相切的光平面也必然包含过锥顶的光线(表 14-1)。由此可见，光平面与锥底所在平面的交线必通过锥顶 S 在锥底平面上的落影 S_H，并与底圆相切。将此切点与锥顶相连所得的素线就是锥面的阴线。对于轴线铅垂的正圆锥体而言，其底面背光，为阴面，故阴线还有底面左前方的一段圆弧(表 14-1)。

由于常用光线与各投影面的倾角实形约为 35°，其各面投影均为 45°线，因此底角为 35°、45°的圆锥面以及圆柱面(可视作底角为 90°的圆锥)，其阴线都处于特殊位置。表 14-2 列出了这几种特殊位置锥面的阴影作图。显然，正确理解圆锥底角的变化对求作锥面的阴影有很大的帮助。

表 14-2 几种特殊锥面的阴线位置

<table>
<tr>
<td>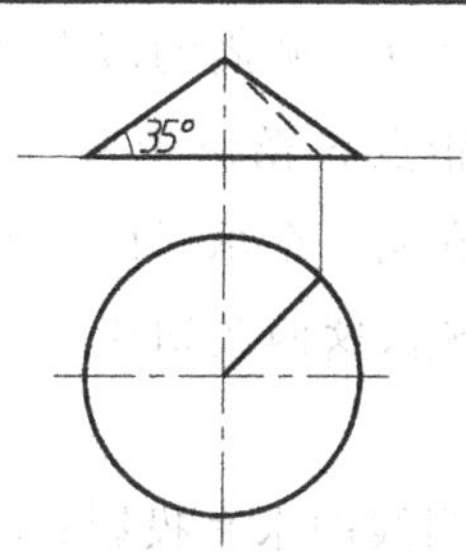

锥面上仅一条素线背光，该素线位于锥面的右后方</td>
<td>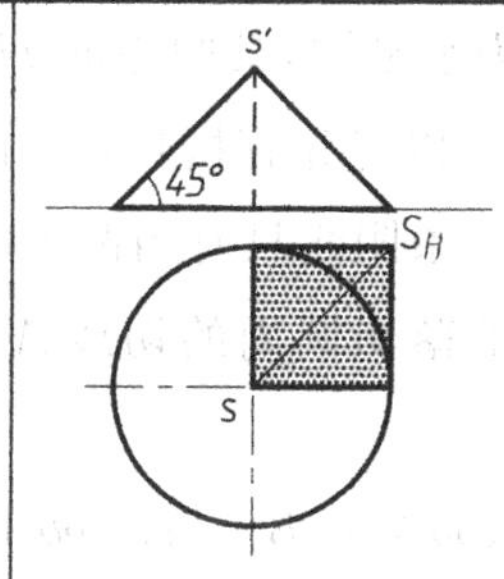

锥面阴面为 1/4 锥面，阴线为锥面上最右和最后的两条直素线</td>
<td rowspan="2">锥顶距底面无限远时的阴影
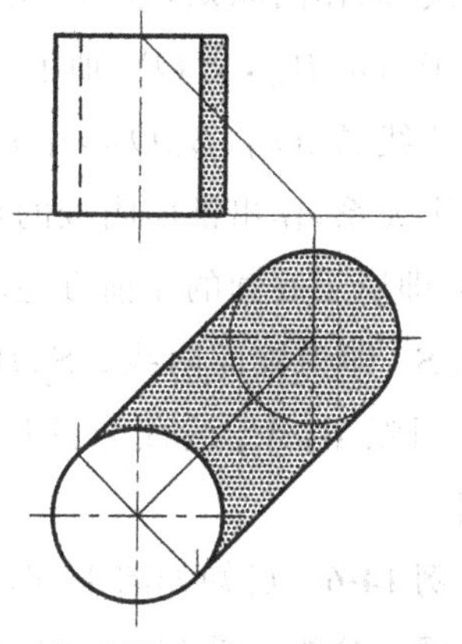
柱面阴面为 1/2 柱面，柱面阴线为左后、右前的两条直素线</td>
</tr>
<tr>
<td>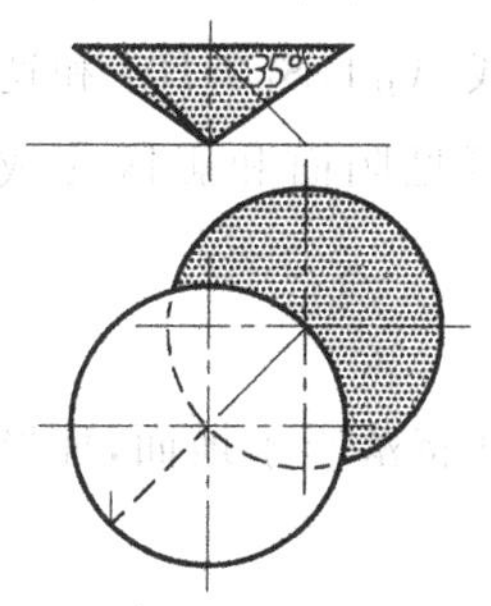

锥面上仅一条素线受光，该素线位于锥面的左前方；另一条阴线为顶圆圆周</td>
<td>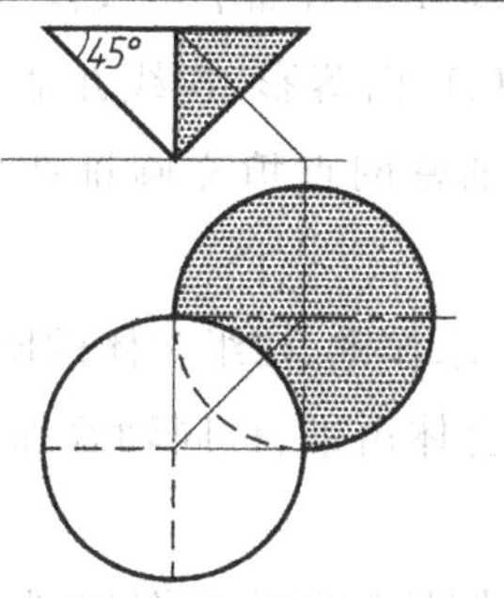

阴面为 3/4 锥面，阴线为最左、最前的两条直素线和除去左前 90°角的 3/4 顶圆圆周</td>
</tr>
</table>

例 14-5 已知如图 14-5(a)所示,求作空间圆锥的阴影。

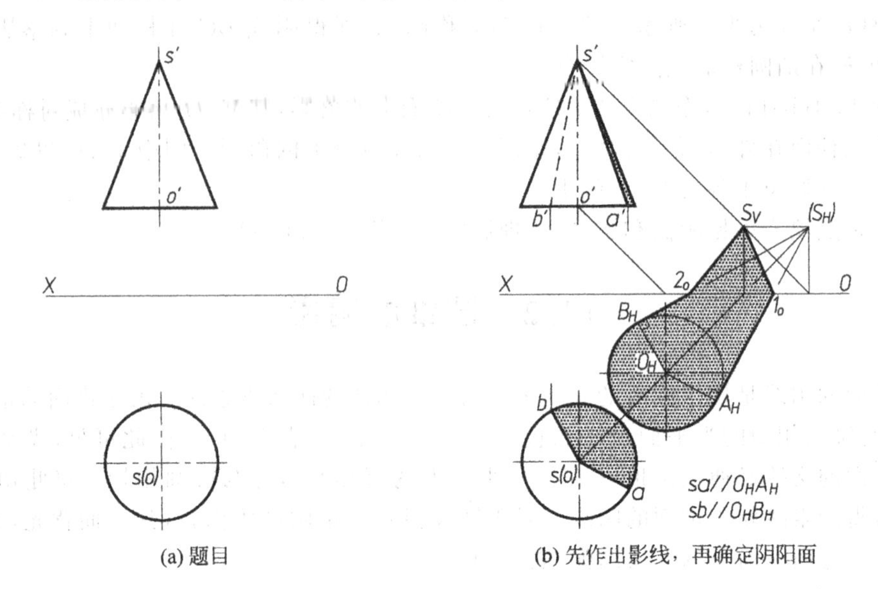

(a) 题目　　(b) 先作出影线,再确定阴阳面

图 14-5　空间圆锥的阴影

解　分析:由于圆锥面无积聚的投影,故通常情况下其阴阳面不能直接判断出来(可利用表 14-1 所示的单面作图法求出其阴线,本例从略),因此,应先作出整个圆锥的落影,再根据影线来判断阴线,从而确定其阴阳面。

作图:图 14-5(b)中圆锥的底圆 O 为水平圆,其圆心的 H 面落影为 O_H,圆周的落影是以 O_H 为圆心,且与自身全等的圆形,应予以优先直接作出;该圆锥的锥点 S 落影于 V 面,其实影点为 S_V,虚影点为 S_H;遵循"同一条阴线只有当两个端点都落在同一个承影面上方可连线"的作图原则,过 S_H 分别作底圆的落影圆周的切线 A_HS_H、B_HS_H,这两条切线切影线圆于 A_H、B_H,交 OX 轴于折影点 1_0、2_0。

连线 A_HO_H、B_HO_H,作 $oa//O_HA_H$、$ob//O_HB_H$,oa、ob 即为锥面阴线的水平投影;根据投影关系,作出锥面阴线的正面投影 $s'a'$、$s'b'$。至此可知,完整的锥面阴线为闭合的空间图形,即属于底圆的左前方逆时针圆弧 BA,再加上折线段 ASB,该折线段的落影 $A_H1_0S_V$、$B_H2_0S_V$ 即为锥面阴线 AS、BS 的 H、V 面落影,连线并适当加粗影线 $A_H1_0S_V2_0B_H$ 和逆时针圆弧 B_HA_H 为闭合的影区,用细密网点填充圆锥两面投影的可见阴面和影区完成作图。

例 14-6 已知如图 14-6(a)所示,求作锥、柱组合体的阴影。

解　分析:图 14-6(a)所示的组合体由锥、柱同轴叠加形成。圆柱将落影于地面,而圆锥将落影于圆柱的顶面、地面和墙面。

作图:首先,确定锥、柱的阴线。圆柱的阴线作图如图 14-6(b)所示。为了确定锥的阴线,考虑到圆锥并非落地,本着有利于解题的出发点,应扩大锥面与地面相交然后作图。为此,在 V 面投影中延长圆锥的最左、最右素线与 OX 轴相交,并按投影关系画出锥面扩大后

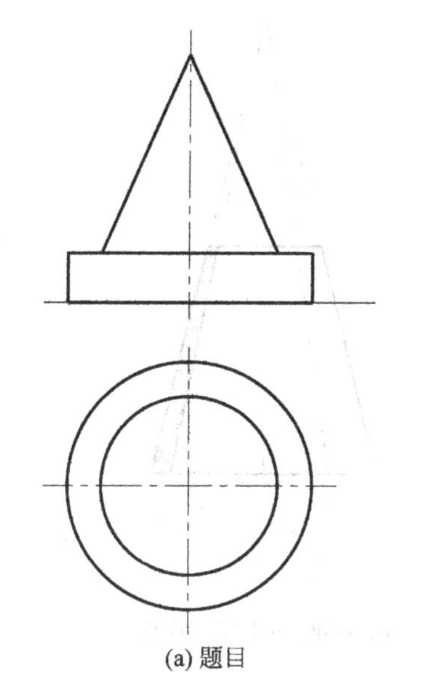

(a) 题目

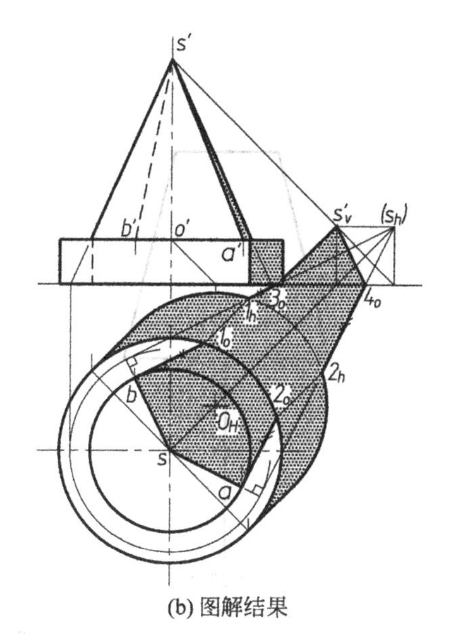

(b) 图解结果

图 14-6　锥、柱组合体的阴影

新底圆的 H 面投影(图 14-6(b))。作出锥顶 S 在墙面上的实影 s'_v、在地面上的虚影 s_h；过 s_h 作锥面新底圆的切线,这两条切线即为锥面阴线在 H 面上的影线；过两切点分别向锥顶的水平投影 s 引直线即得锥面阴线的 H 面投影；对应作出这两条阴线的正面投影,并取其属于原锥面的有效部分 $SA(s'a',sa)$、$SB(s'b',sb)$,得锥面阴线的投影。

作圆柱的阴影。圆柱落影于地面,其作图过程见图 14-6(b)。

继续作圆锥的阴影。根据直线的落影规律,同一条阴线落影于多个彼此平行的承影面时,其落影应彼此平行。于是,同一条锥面阴线落影于地面与圆柱顶面的影应彼此平行。圆锥落影于地面的影线先前已求出。这两条影线均与 OX 轴相交得折影点 3_0、4_0(折线 $3_0s'_v4_0$ 即为锥顶在 V 面上的落影),又与圆柱的 H 面影线相交得 1_h、2_h,过 a、b 分别作 2_h4_0、1_h3_0 的平行线,交圆柱水平轮廓于 2_0、1_0,则 $a2_0$、$b1_0$ 为锥面阴线落影于圆柱顶面的影线的水平投影,2_h4_0、1_h3_0 是其落影于地面的影线的水平投影。图 14-6(b)中,落影点 1_0、1_h 和 2_0、2_h 均为过渡点对,它们位于各自所在的 45°线上,且 $a2_0/\!/2_h4_0$、$b1_0/\!/1_h3_0$。

用细密点填充可见阴面和影区,整理后完成作图(图 14-6(b))。

例 14-7　已知如图 14-7(a)所示,设带圆锥形灯罩的落地灯的轴线与墙面相距 450mm,求作该落地灯在墙面上的阴影(作图时,距离线按 1∶10 的比例量取)。

解　分析：这是一个锥面阴影的单面作图问题。

图 14-7(a)所示的锥面灯罩的阴线由锥底的一段水平圆弧、锥顶的一段水平圆弧与锥面的两条直素线组成。由于锥面的顶圆和底圆同为水平圆,其 V 面落影均为椭圆,这两个落影椭圆根据表 12-9 的单面作图法易于作出,其两条外公切线则为对应阴线的影线。

作图：首先,根据表 14-1 所示正锥阴线的单面作图法作出锥形灯罩的阴线(图 14-7(b))。

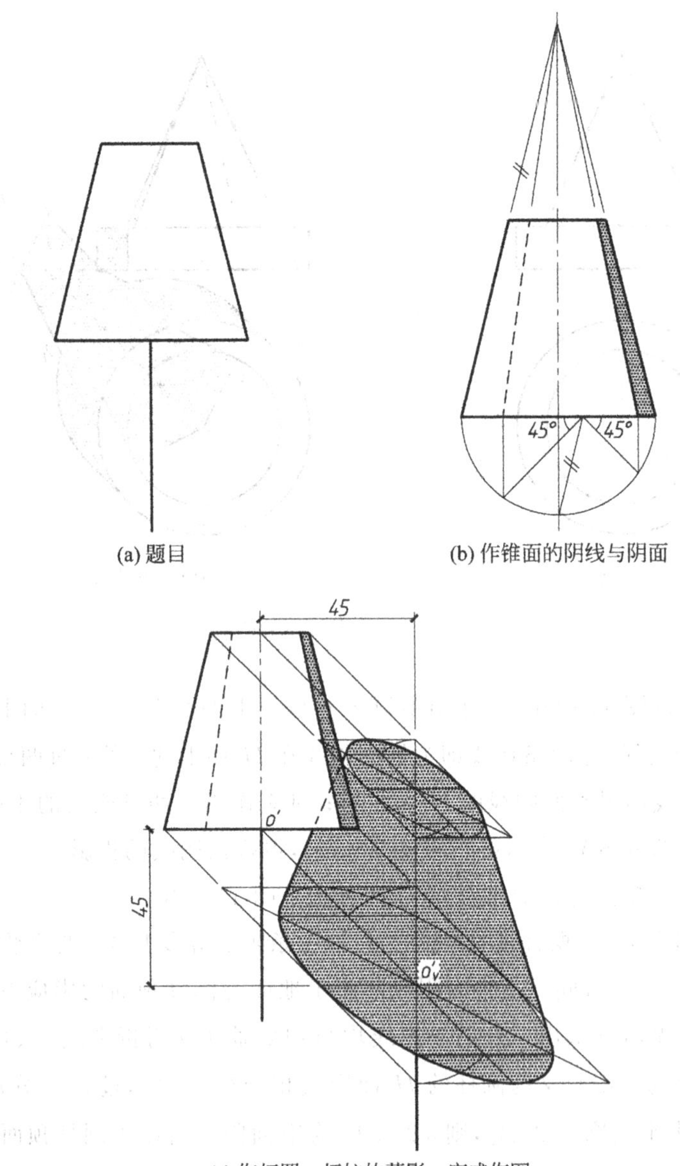

(a) 题目　　(b) 作锥面的阴线与阴面

(c) 作灯罩、灯柱的落影，完成作图

图 14-7　锥形落地灯具的阴影

根据表 12-9 所示水平圆的 V 面落影椭圆的单面作图法作锥形灯罩底圆的 V 面落影椭圆。该椭圆的中心 o_v' 为水平底圆圆心 o' 的 V 面落影，两者的纵向和横向距离均为 45mm，即保证用 1∶10 的比例作图时，灯罩轴线距 V 面的实际距离为 450mm。

同理，作灯罩顶圆的 V 面落影椭圆，其中心应位于过 o_v' 的竖直线上(图 14-7(c))。

作两落影椭圆的外公切线，即为锥形灯罩阴线的落影。理论上，这两条影线对应于锥面的阴线，但由于椭圆采用八点法近似作图，故实际上并无严格意义上的对应关系。

最后，过 o_v' 作向下的竖直粗线，即为灯杆的 V 面落影。

用细密点填充可见阴面和影区，整理后完成作图(图 14-7(c))。

14.3 圆球的阴影

球面阴线是与球面相切的光线圆柱与球面的切线，在空间是球面上的一个大圆。该阴线大圆所在的平面垂直于空间光线。由于常用光线对各投影面的倾角都相等，故与之垂直的阴线大圆所在平面对各投影面的倾角也相等。因此，球面阴线圆的各面投影都是大小相等的椭圆（表 14-3)，椭圆的中心是球心 O 的投影；其长轴垂直于光线的同面投影，长度等于球的直径 D；短轴平行于光线的同面投影，作图时，过长轴的两端作与长轴成 30°夹角的直线，使其与过球心的光线投影相交，从而求得阴线椭圆的短轴长度。

球面阴线圆的落影也是椭圆。表 14-3 中，落影椭圆的中心 o'_v 是球心 O 的落影；其短轴 $a'_vb'_v$ 垂直于光线的同面投影，长度等于球的直径 D；长轴 $c'_vd'_v$ 平行于光线的同面投影，作图时，过短轴的两端点 a'_v、b'_v 作与短轴 $a'_vb'_v$ 成 60°夹角的直线，使其与过椭圆中心 o'_v 的光线的正面投影相交得 c'_v、d'_v，连线 $c'_vd'_v$ 即得落影椭圆的长轴。

表 14-3 圆球阴影的作图

<table>
<tr>
<td>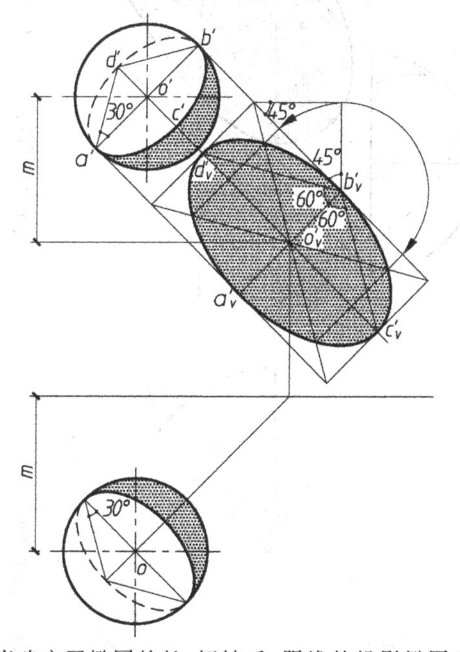

当确定了椭圆的长、短轴后，阴线的投影椭圆和落影椭圆都可用八点法作出（图中落影椭圆的作法即是）</td>
<td>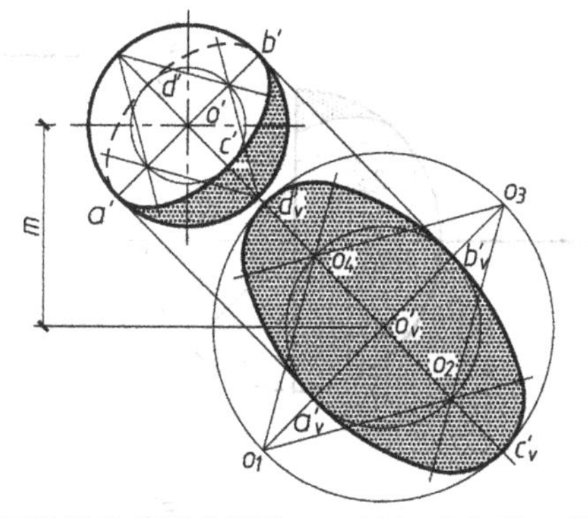

球面阴影的单面作图法——已知球心到 V 面的距离为 m
圆球的阴影椭圆的四圆弧作图法——已知椭圆的长短轴</td>
</tr>
</table>

yyb14-3
左

球面的阴线圆的投影椭圆和落影椭圆的作图方法有多种，表 14-3 中列出了常用的八点法、四圆弧作图法以及球面阴影的单面作图法。

例 14-8 已知如图 14-8(a)所示，设半球形灯罩距墙面 500mm，求作该灯具在墙面上的阴影（作图时，距离线按 1∶10 比例量取）。

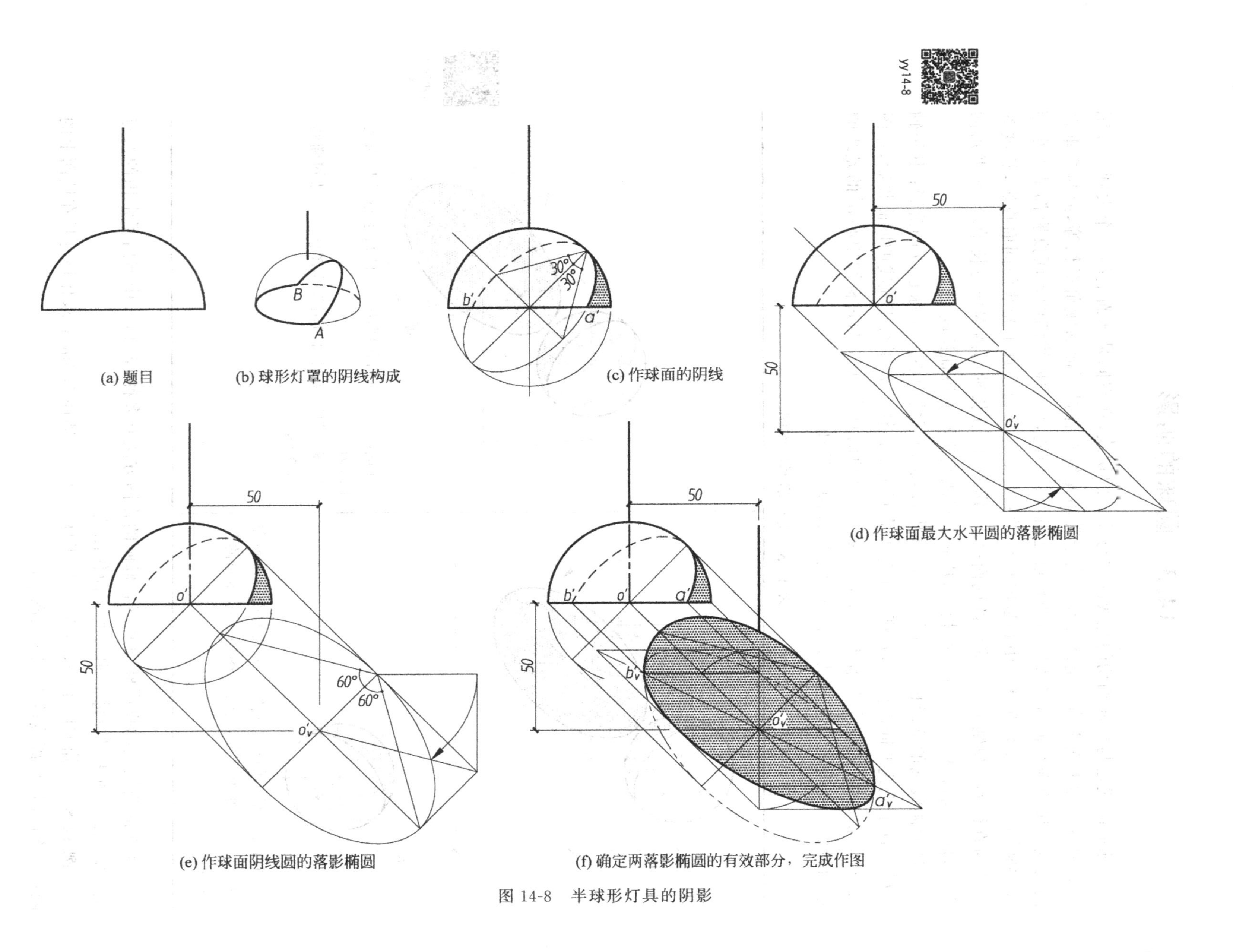

(a) 题目

(b) 球形灯罩的阴线构成

(c) 作球面的阴线

(d) 作球面最大水平圆的落影椭圆

(e) 作球面阴线圆的落影椭圆

(f) 确定两落影椭圆的有效部分，完成作图

图 14-8 半球形灯具的阴影

解　分析：这是一个球面阴影的单面作图问题。

图 14-8(a)所示的半球形灯罩的阴线由半个底圆（位于球面的最大水平圆）和位于球面的空间阴线半圆构成（图 14-8(b)、(c)）。

水平圆在外墙面上的落影椭圆依据表 12-9 所示的单面作图法或八点法作图较易，球面的空间阴线圆在外墙面上的落影椭圆依据表 14-3 所示的八点法或四圆弧法作图较易。

两椭圆影线的交点应是球形灯具表面两半圆阴线交点的落影。依投影对应关系取两影线椭圆的有效区段，即得半球形灯具的落影。

作图：根据图 14-8(b)所示球形灯具的阴线构成，采用表 14-3 所示的作图法首先作球面的阴线（图 14-8(c)）。

根据表 12-9 所示的单面作图法作球面水平底圆在墙面上的落影椭圆。该椭圆的中心 o_v' 为水平阴线圆圆心 o' 的 V 面落影，两者的纵向和横向距离均为 50mm，即保证用 1∶10 的比例作图时，球形灯罩中心到墙面的实际距离为 500mm（图 14-8(d)）。

根据表 14-3 所示的作图法作整个球面阴线圆在墙面上的落影椭圆，该椭圆的中心仍是 o_v'（图 14-8(e)）。

两落影椭圆相交于 a_v'、b_v'，它对应于球面灯罩上的两阴线半圆的交点 a'、b'，即说明两阴线圆弧的交点的落影即为两影线椭圆弧的交点（图 14-8(f)）。

起止于 a_v'、b_v'，并根据投影对应关系，取两落影椭圆的有效部分，即得球形灯具在外墙面上的落影。

最后，过 o_v' 向上作竖直线表示灯线的墙面落影。

用细密点填充可见阴面和影区，整理后完成作图（图 14-8(f)）。

第四部分　透视图中的阴影

第15章

建筑透视阴影

设计界称没有阴影的透视图为阴天的作品，这类图缺乏表现力，给人带来压抑感。在房屋建筑的透视图中加绘阴影，可以使建筑透视图更具真实感，并且使建筑物的三维形象更加丰满，艺术表现力更加深厚，从而烘托出令观者身临其境的艺术效果，达到充分表达设计意图的目的。

所谓求作透视的阴影，就是根据光线的照射方向，在先期完成的建筑透视图上加绘出阴影。在透视图中加绘阴影与在投影图中加绘阴影的原理相同，具体作图时，前者要在透视图中画出落影的透视，后者则直接在投影图中画出落影的投影。

本章介绍透视阴影的光线及其分类，讲述画面平行光线、画面相交光线下建筑形体的透视阴影作图原理和规律。

15.1 透视阴影的光线及其分类

室外建筑透视图中的阴影通常由太阳光的照射而产生。因此，可视光线为平行光线，故光线的透视具有平行直线的一切透视特性。

光线的方向可根据画面表现的需要来选定。

按光线对画面的相对位置，平行光线可分为两大类：第一类是与画面平行的光线，这类光线没有灭点，故称为无灭光线；第二类是与画面相交的光线，这类光线因为有灭点而称为有灭光线。

15.2 光线与画面平行时的透视阴影

图15-1所示为与画面平行的光线L的透视作图示意。显然，平行于画面的光线L，因为没有灭点，故它的透视L_P与自身L平行，其基透视l_p平行于基线g-g，光线的透视L_P与基透视l_p的夹角α反映空间光线与基面的倾角实形（亦即空间光线L与其水平投影l的夹角实形）。

在透视阴影的实际应用中，为作图的便捷和阴影效果的逼真，常取$\alpha=45°$。

yy15-1

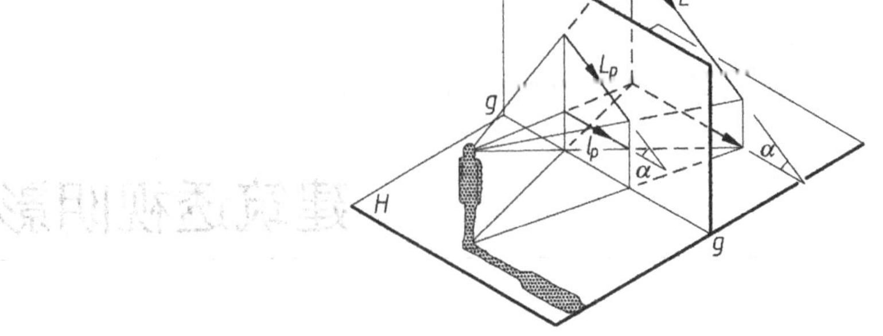

图 15-1 画面平行光线的透视

表 15-1 为画面平行光线下，点和直线的落影作图。显然，空间一点 A 在指定承影面上的落影仍为一点，该落影实际上就是通过该点的光线与承影面的交点 A_0；直线的落影实际上是通过该直线的光线平面与承影面的交线(该交线必与画面平行)。

表 15-1 画面平行光线下，点和直线的落影作图

在水平面(包括地面)上的落影	在铅垂面上的落影	在一般位置的斜面上的落影
空间点 A 在地面上的落影为 A_0	注：图中平面的透视阴影未作出。 A_X 是点 A 在铅垂面上的虚影点，B_X 是点 B 在地面上的虚影点	注：图中立体的透视阴影未作出。
落地铅垂线 AB 在地面上的落影为 A_0B_0	注：图中平面的透视阴影未作出。 用反回光线法求作直线 AB 上的折影点 C	注：图中立体的透视阴影未作出。 用反回光线法求作直线 AB 上的折影点 C

yyb15-1 左上　yyb15-1 右上　yyb15-1 左下　yyb15-1 右下

需要特别强调的是，画面平行光线(包括铅垂线和斜线)不论是在水平面、铅垂面还是任何斜面上的落影，也仍然是一条画面平行线，因此，其落影与承影面的灭线一定平行。

此外，前面所学正投影图中求作阴影的基本方法，如光线迹点法、反回光线法、延长直线扩大承影面作图法等，在透视阴影的作图过程中完全适用；正投影图中直线落影的基本特性，如平行规律和相交规律，在透视阴影中也同样保持，即直线与承影面平行，其落影与直线本身仍然平行；直线与承影面相交，其落影必通过两者的交点；一直线在多个平面上的落影，必反映出承影平面的平行或相交；多条直线在同一个承影面上的落影，必反映出直线间的平行或相交；铅垂线在水平面上的落影，必与光线的水平投影相重合等。所不同的是透视阴影须按中心投影的法则作图，即遵循透视投影作图的消失规律。

图 15-2 所示为坡顶小屋与晾物架的透视阴影作图。图中小屋前坡面的灭线是 F_XF_1、包含画面垂直线 BC 的光平面灭线为过主点 s' 的 45°线；着地铅垂线 AB 全部落影于地面，为 AB_0。画面垂直线 BC 在地面上的一段落影为 B_01，B_01 与 BC 消失于共同的灭点 s'，自点 1 起 BC 的落影即转折到小屋的前立面上，为此，扩大该墙面与晾物架所在平面使之相交于 23，连线 13 与小屋的前檐口线相交于 4，则 14 即为 BC 落影于小屋前立面的一段实影线；连线 $4F_3$ 与过阴线端点 C 的 45°线相交得 C_0，则 $4C_0$ 即为 BC 在前屋面上的又一段落影（这是因为 BC 在前屋面上的落影是过 BC 的光平面与前屋面的交线，该交线既属于前屋面，又属于包含 BC 的光线平面，因为必指向前屋面的灭线 F_XF_1 和包含画面垂直线 BC 的光平面灭线 F_2s' 的交点 F_3）。

至于铅垂线 DC 在地面上的落影是水平横线 $D5$，在铅垂墙面上的影 56 与自身平行，在前坡屋面上的落影为 $6C_0$。根据铅垂线在坡面上的透视阴影规律，$6C_0$ 必平行于该坡面的灭线 F_XF_1。

小屋的右端面与背面为阴面，其落影如图 15-2 所示，请读者自行分析，此处不再赘述。

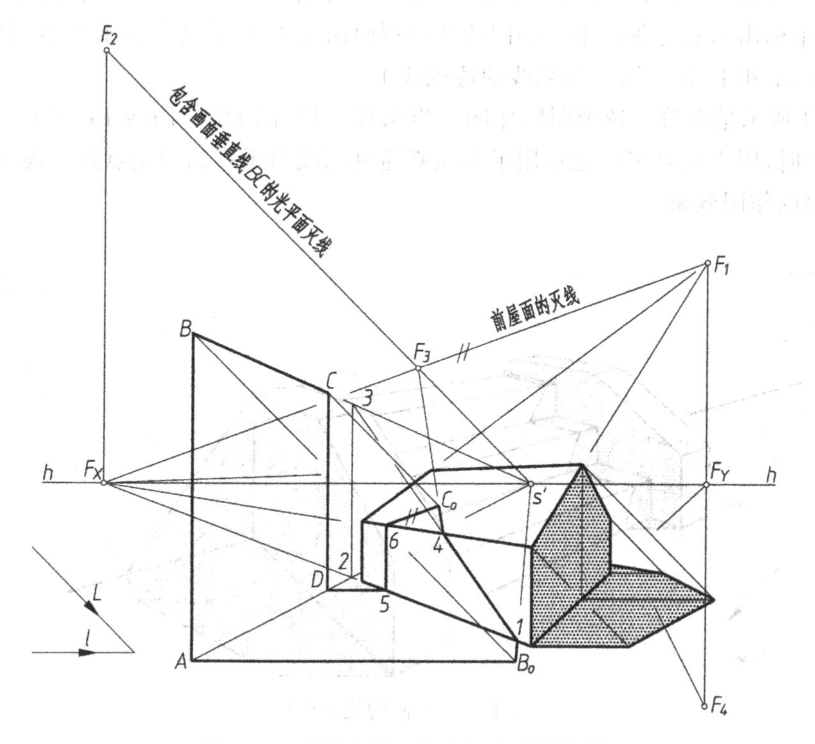

图 15-2 坡顶小屋与晾物架的透视阴影

图 15-3 所示是上下叠加两四棱柱的透视阴影作图。底部四棱柱的透视阴影作图容易理解。顶部四棱柱的阴影作图方法有两种。方法一，过顶部四棱柱的基透视的 b、c、d 点向右作水平横线（即光线的基透视），过 B、C、D 作同向 45°线（即光线的透视）与上述水平线对应相交，连线 $B_0C_0D_0$，并过 A 向右作水平线，过 B_0、D_0 向左作水平线，整理即得顶部四棱柱的透视阴影轮廓。方法二，如图 15-3 所示，过 A 作水平线 $A1$，过 1 向右下作 45°线交底部四棱柱的影线于 1_0。过 1_0 向右作水平横线，与过 B 所作的 45°线相交于 B_0，则 $A1$、1_0B_0 即为铅垂阴线 AB 的两段落影；连线 B_0F_Y 与过 C 的右向 45°线相交于 C_0，连线 C_0F_X 与过 D 的右向 45°线交于 D_0；过 D_0 向左作水平横线，整理即得顶部四棱柱的透视轮廓。

yy15-3

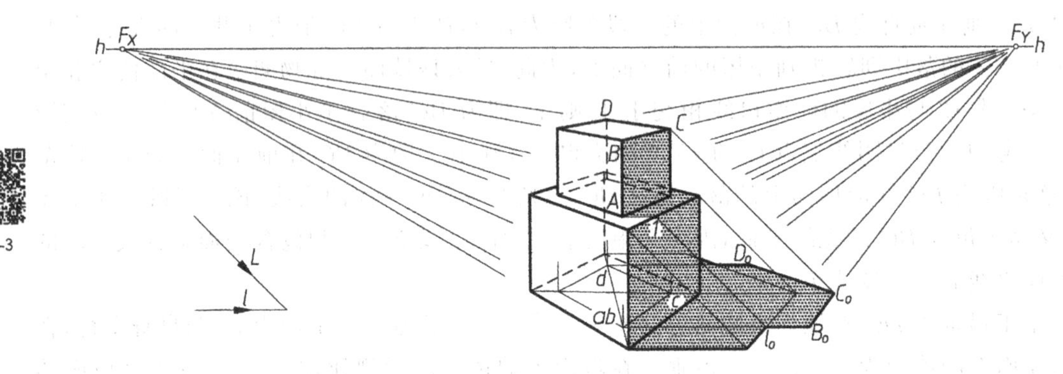

图 15-3　上下叠加两四棱柱的透视阴影

在此，特别强调，方法二中的点 1 和 1_0 是一对过渡点对。它表明属于阴线 AB 的中间点 Ⅰ（图中未标出），其先落影于底部四棱柱的顶面阴线为 1，后又落影于上述阴线对应的基面影线为 1_0，1 和 1_0 位于同一条光线的透视线上。

图 15-4 所示是台阶的透视阴影作图。当求作台阶左挡墙的阴线 BC、CD 在各级台阶面上的落影时，图中反复多次地运用了影线必通过阴线与承影面的交点这一规律，从而获得了方便快捷的作图效果。

yy15-4

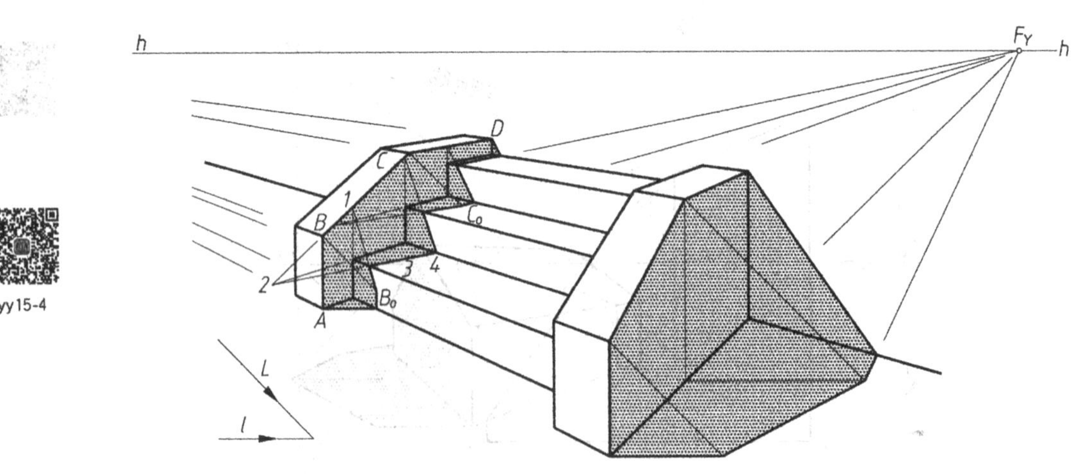

图 15-4　台阶的透视阴影

作图时，先求作铅垂线 AB 的透视阴影。为求阴线 BC 在最下一级台阶踢面上的落影，可设想扩大该踢面与阴线 BC 相交于 1（交线为过点 1 的铅垂线），根据影线必通过阴线与承影面的交点这一规律，连线 $1B_0$，则 B_03 即为阴线 BC 在最下一级台阶踢面上的一段落影；再扩大最下一级台阶踏面，使之与阴线 BC 的延长线相交于 2（交线为 $2F_Y$），连线 23 并延长之，在该踏面上得影线 34，即为阴线 BC 在最下一级踏面上的一段落影。

同理，依上述方法即可完成 BC、CD 在其他各级台阶面及墙面上的落影。

至于台阶右挡墙的透视阴影作图如图 15-4 所示，容易理解。

通过图 15-2～图 15-4 等作图实例，可以看出，灵活地运用平面灭线、建筑形体的基透视、过渡点对、扩大承影面与阴线相交等方法，可有效地解决建筑形体的透视阴影作图，提高作图效率。

例 15-1 已知建筑细部的透视如图 15-5 所示，又知光线的透视与基透视方向，求作其透视阴影。

解 分析：图 15-5 所示建筑细部又称为牛腿。由于只有该建筑细部的透视没有其基透视，所以无法利用光线在地面上的透视作图。但可以作出画面平行光线在盖板底面上的透视（仍然是一条水平线，可理解为升高基面作图）。据此，也能作出落影。

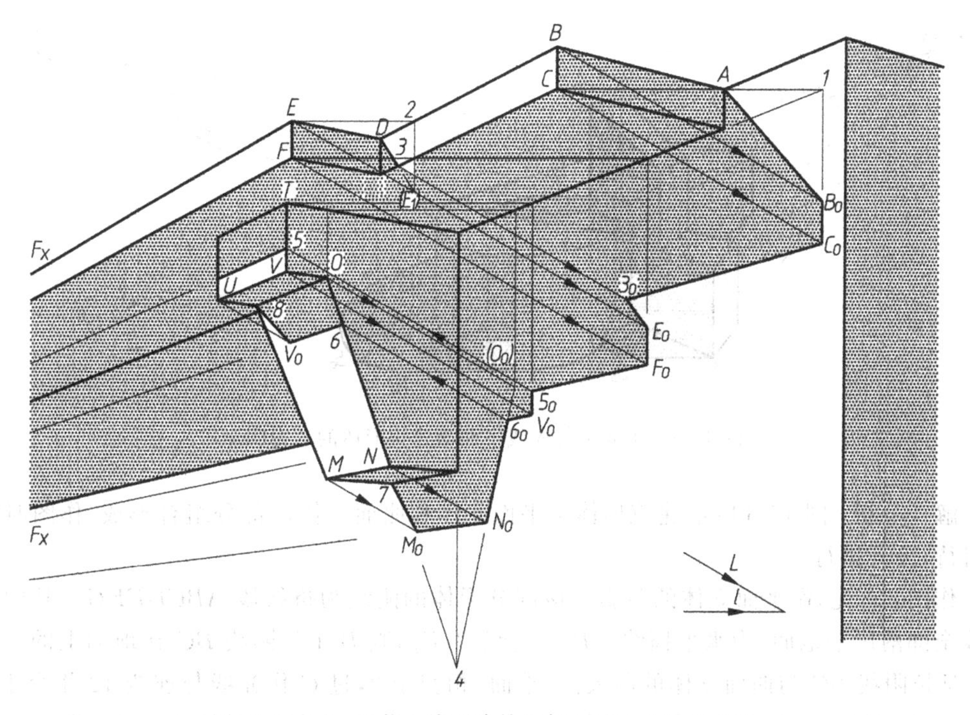

图 15-5 画面平行光线下建筑细部（牛腿）的透视阴影

作图：首先，作盖板在墙面上的落影。为此，扩大盖板的底面与外墙面相交，过顶点 C 作光线在盖板底面的基透视，即水平线 $C1$，交墙面与盖板底面的交线于点 1；过 1 作竖直线，与过 B、C 的光线相交，得交点 B_0、C_0；连线 AB_0、B_0C_0 即为阴线 AB、BC 在外墙面上的落影；由于属于盖板底面的前边缘阴线在外墙面的落影应指向灭点 F_X，故过 C_0 作指向 F_X 的影线即为所求。同法求影线 E_0F_0，并过 F_0 作指向 F_X 的影线。

作盖板在自身上的落影。先求作阴点 E 在 DBC 阳面上的虚影 E_1，连线 DE_1，并取属于 DBC 面的有效区段 $D3$，即为所求的落影。过 3 作光线的透视线，交 C_0F_X 于 3_0；连线 3_0E_0 即为阴线 DE 在墙面上的又一段落影。

作牛腿在墙面上的落影。首先，延长阴线 ON 交外墙面于点 4；求出 O 在外墙面上的虚影点 O_0，连线 $4O_0$ 即为阴线 ON 的落影所在；作阴线 TV 的外墙落影，得过 V_0 且与自身平行的一条竖直线；连线 V_0F_X 与 $4O_0$ 相交于 6_0，则 6_0V_0 即为阴线 UV 在外墙面上的一段落影。过 N 作光线的透视线与 $4O_0$ 相交于 N_0，连线 N_0F_X 与过 M 的光线相交于 M_0，连线 $7M_0$、M_0N_0，即为阴线 $7M$、MN 在外墙面上的落影。

最后，作盖板及牛腿在牛腿上的落影。运用返回光线法，过外墙上的影点 5_0、6_0 作反方向光线，交对应的阴线于 5、6 点，连线 $5F_X$ 即为盖板的前边缘底线在牛腿上的落影。连线 $6F_X$，与过 U 的光线相交于 U_0，连线并加粗 $8U_0$、U_06 即为牛腿阴线 $8UV$ 在自身斜面上的透视阴影。

整理后，用细密点填充可见阴面和影区，完成作图(图 15-5)。

例 15-2 已知曲面建筑形体的透视如图 15-6 所示，又知光线的透视与基透视方向，求作其透视阴影。

yy15-6

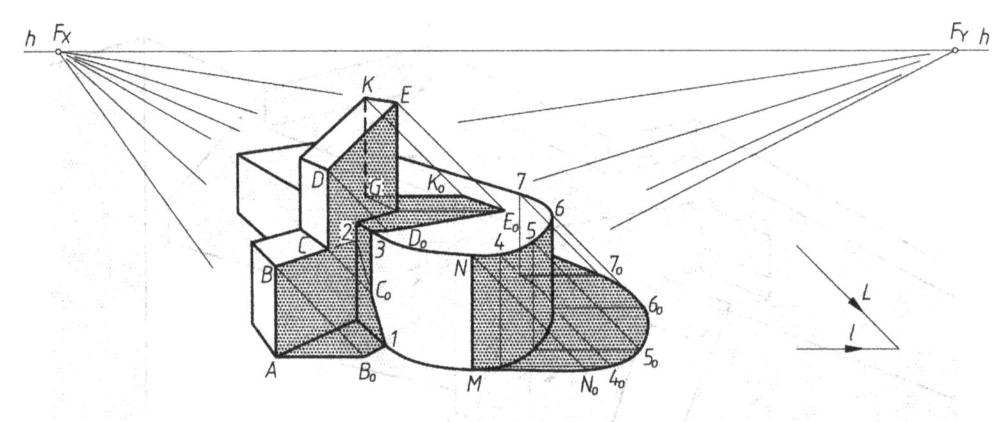

图 15-6 画面平行光线下曲面建筑形体的透视阴影

解 分析：图 15-6 所示建筑形体由平面立体和曲面立体两部分组合形成，作图时应区别对待，分开进行。

作图：首先，作平面立体的落影。该部分形体的阴线为折线段 $ABCDEKG$。其中，AB 阴线全部落影于地面，为水平横线 AB_0；连线 B_0F_Y，则 B_01 为阴线 BC 在地面上的一段落影；延长阴线 BC 与曲面立体的前表面(平面)相交于 2，过 C 作光线与连线 12 相交于 C_0，则 $1C_0$ 为阴线 BC 在曲面立体的前表面上的又一段落影(这是因为影线必通过阴线与承影面的交点的缘故)；过 C_0 作 CD 的平行线 C_03，即为铅垂阴线 CD 在与之平行的铅垂面上的一段落影；过 3 作水平横线，与过 D 的光线相交于 D_0，则 $3D_0$ 即为铅垂阴线 CD 在曲面立体的水平顶面上的又一段落影；求作 E 在曲面立体水平顶面上的落影 E_0，连线 D_0E_0，即为倾斜阴线 DE 在水平顶面上的落影；连线 E_0F_X，与过 K 的光线相交于 K_0，则 E_0K_0 即为水平阴线 EK 在水平面上的落影；过 K_0 作水平横线，即为铅垂阴线 GK 在水平面上的落影。

作曲面立体的落影。图 15-6 所示曲面立体的右边为半圆柱(直径等于该部分形体的 Y 向尺寸),其透视表现为半椭圆柱。作图时,与光线平面相切的柱面素线 MN 为阴线(即过 M 所作光线的基透视应与底面椭圆弧相切);顶面的逆时针轮廓曲线 $N7$ 为阴线弧(点 7 是顶面椭圆弧的端点)。由于在空间 $N7$ 弧平行于承影面(地面),故其地面的落影在画面平行光线下仍是全等的圆弧,其透视表现则为一椭圆弧。分别作阴线圆弧的起止点 N、7 和中间点 4、5、6 的落影 N_0、7_0、4_0、5_0、6_0,并将 M、N_0 用直线连接起来,将 N_0、4_0、5_0、6_0、7_0 依次连成光滑的椭圆弧线,即为阴线圆弧 $N7$ 的基面落影。连线 7_0F_X,整理后,用细密点填充可见阴面和影区,即得所求。

例 15-3 已知坡顶小屋的透视如图 15-7 所示,又知光线的透视与基透视方向,求作其透视阴影。

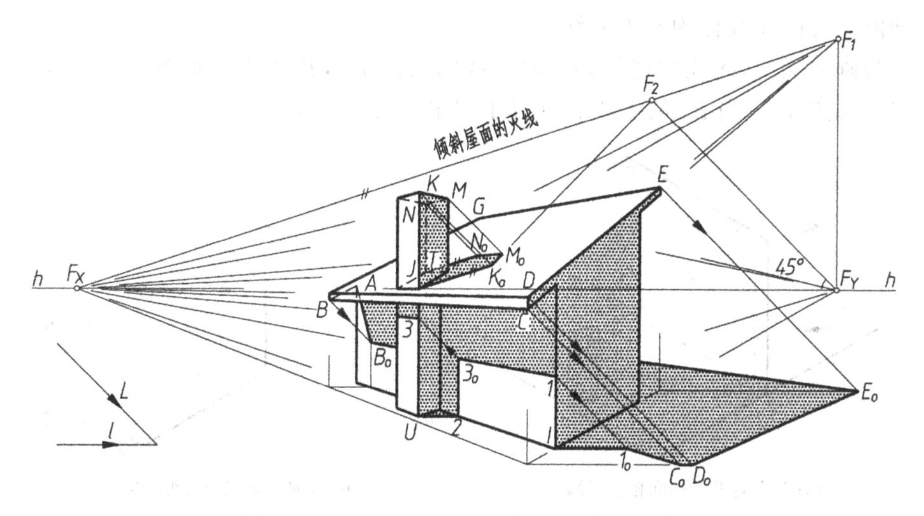

图 15-7 画面平行光线下坡顶小屋的透视阴影

解 分析:图 15-7 所示单坡顶小屋由房屋主体、屋顶烟囱和屋面下烟囱三部分构成。在既定的画面平行光线照射下,其有效的作图阴线对应为:坡屋顶的阴线 $ABCDEG$,房屋的右前铅垂墙角线、屋顶烟囱的阴线 $JKMNT$,屋面下烟囱的右前铅垂棱线。

作图:作主体小屋在自身及地面上的落影。首先,如图 15-7 所示求作阴点 B 在小屋前立面的落影 B_0。连线 AB_0 即为阴线 AB 在小屋前立面的落影;连线 F_XB_0 并延长之,得檐口阴线 BC 在小屋前立面的一段落影 B_01;求作 1 的地面落影 1_0;铅垂阴线 DC 的地面落影 C_0D_0(C_0D_0 为水平线),连线 11_0,即为过点 I 的铅垂墙角阴线在地面的落影;连线 1_0C_0 即为檐口线 BC 在地面上的又一段落影;作阴点 E 的地面落影 E_0。连线 D_0E_0,即为坡屋面倾斜阴线的地面落影;连线 E_0F_X,并取其有效区段,即为屋脊阴线 EG 的地面落影。

作烟囱在屋面上的落影。根据铅垂阴线在斜面上的落影特性,烟囱上的铅垂阴线 KJ、NT 在斜面上的落影 K_0J、N_0T 均应与屋面的灭线 F_1F_X 平行;连线 N_0F_X 并延长之,与过 M 的光线相交于 M_0;连线 N_0M_0、M_0K_0,整理后即得烟囱在屋面上的透视阴影。事实上,包含水平阴线 KM 的光平面灭线是通过灭点 F_Y 并与视平线成 45°角的一条直线,此光平面的灭线与屋面的灭线相交于 F_2,点 F_2 就是阴线 KM 在屋面上落影的灭点,故连线 K_0F_2,与过 M 的光线相交于 M_0,则 K_0M_0 即为所求落影。

作檐口线在下部烟囱面上的落影和下部烟囱在地面和小屋立面上的落影。屋面下的烟囱阴线为过点 U 的铅垂线，其地面落影是水平线 $U2$，其小屋前立面上的落影为自身的平行线，即过 2 的竖直线 23_0，该线与影线 B_01 相交于 3_0，则 23_0 即为过 U 的铅垂阴线在小屋立面上的一段落影，过 3_0 作反回光线到对应的铅垂阴线上得点 3，连线 $3F_X$，并取得其有效区段，整理后，用细密点填充可见阴面和影区，即得所求。

在此需要强调的是，图 15-7 中的过渡点对 1、1_0 和 3、3_0，它们成对地处在属于各点对的两条光线透视线上。

*15.3 光线与画面相交时的透视阴影

与画面相交的光线称为有灭光线。

光线与画面相交，光线的透视必指向光线的灭点 F_L，其基透视则指向视平线 h-h 上的基灭点 F_l。显然，F_L 与 F_l 的连线必垂直于视平线(图 15-8、图 15-9)。

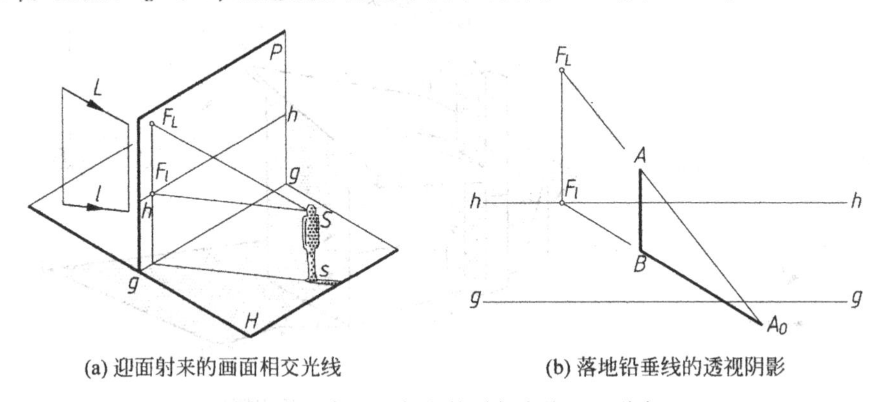

(a) 迎面射来的画面相交光线　　(b) 落地铅垂线的透视阴影

图 15-8　与画面相交的平行光线——逆光

yy15-8 & 15-9

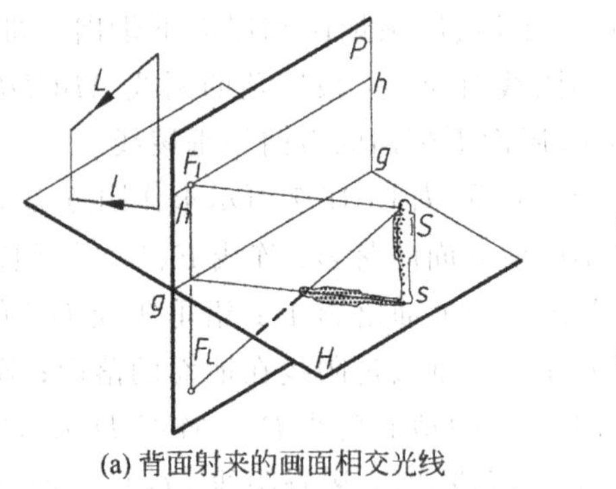

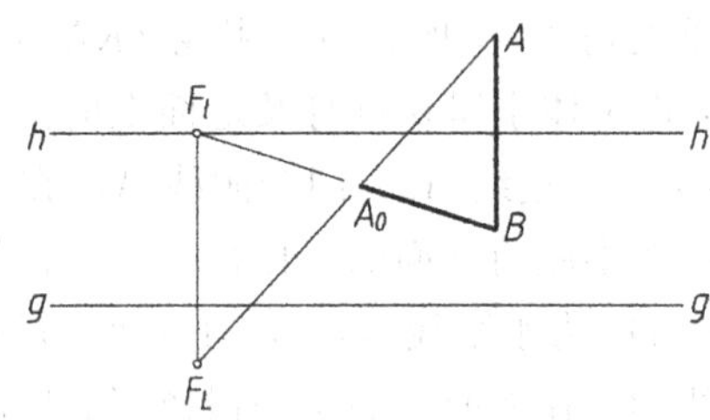

(a) 背面射来的画面相交光线　　(b) 落地铅垂线的透视阴影

图 15-9　与画面相交的平行光线——顺光

画面相交光线的投射方向，有顺光和逆光之分。

(1) 当光线自画面后向观察者射来时，如图 15-8(a)所示，为逆光。此时，光线的灭点 F_L 在视平线的上方。图 15-8(b)为逆光下落地铅垂线的透视阴影作图。

(2) 当光线自观察者身后射向画面时，如图 15-9(a)所示，为顺光。此时，光线的灭点

F_L 在视平线的下方。图 15-9(b)为顺光下落地铅垂线的透视阴影作图。

在上述两种不同方向的与画面相交的平行光线的照射下，立体表面的阴面和阳面还会产生相应的变化(表 15-2)，其规律为：当光线的灭点(F_L、F_l)在立体两主向灭点 F_X、F_Y 的外侧时，透视图中可见的两个主向立面，一个为阳面，一个为阴面；当光线的灭点(F_L、F_l)位于两主向灭点 F_X、F_Y 之间时，透视图中两个可见的主向立面，要么均为阳面，要么均为阴面。

表 15-2　不同方向的画面相交光线下，立体阴阳面的变化

背面射来的画面相交光线——顺光	迎面射来的画面相交光线——逆光
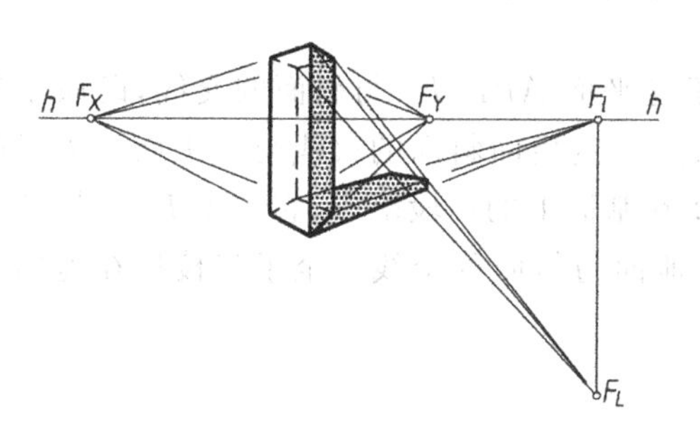 光线灭点在两主向灭点 F_X、F_Y 的外侧，则两个可见的主向立面，一个为阳面，一个为阴面	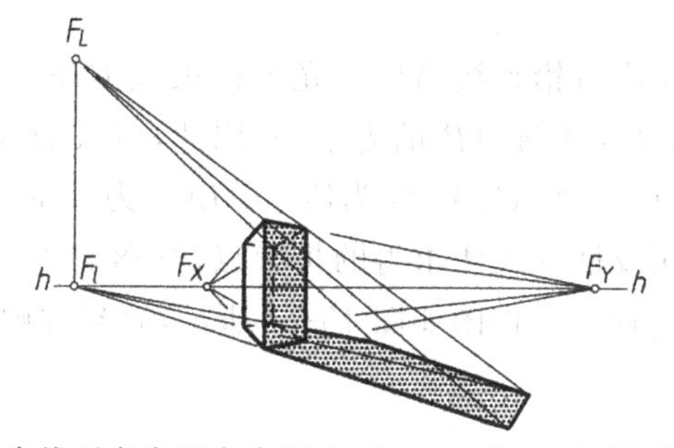 光线灭点在两主向灭点 F_X、F_Y 的外侧，则两个可见的主向立面，一个为阳面，一个为阴面
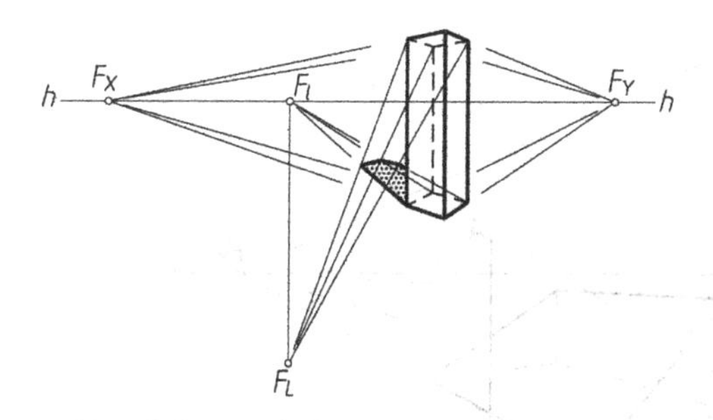 光线灭点位于两主向灭点 F_X、F_Y 之间，则两个可见的主向立面均为阳面	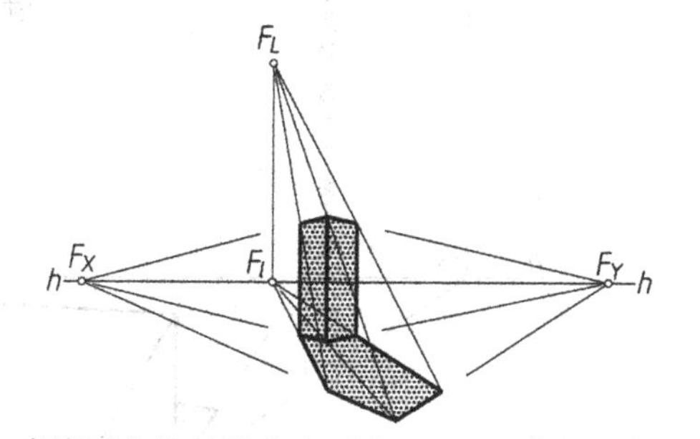 光线灭点位于两主向灭点 F_X、F_Y 之间，则两个可见的主向立面均为阴面

在透视阴影的作图中，人们为追求透视画面的美感，通常取顺光光线的灭点在立体两主向灭点的外侧，以获得一阴一阳的可见立面和向后拓展的落影。

图 15-10 所示为铅垂线 AB 在铅垂墙面上的透视阴影作图，其落影是过 AB 的光平面与墙面、地面的交线，故连线 AF_L、BF_l，即得光平面 ABF_LF_l。光线的基透视 BF_l 与墙面的最下轮廓线相交于 C_0，过 C_0 向上作竖直线，即为光平面与墙面的交线。显然，BC_0 是铅垂线 AB 落在地面的一段实影(A_XC_0 是 AB 落在地面上的一段虚影)；A_0C_0 是 AB 落在墙面的又一段实影；C 是折影点，其落影 C_0 是光平面、墙面和地面的三面共有点。

图 15-11 所示为铅垂线 AB 在倾斜面上的透视阴影作图，其作法是：过 AB 作光平面(即连线 AF_L、BF_l)。求光平面 ABF_LF_l 与斜面的交线。为此，先作出斜面的灭线 F_lF_Y，

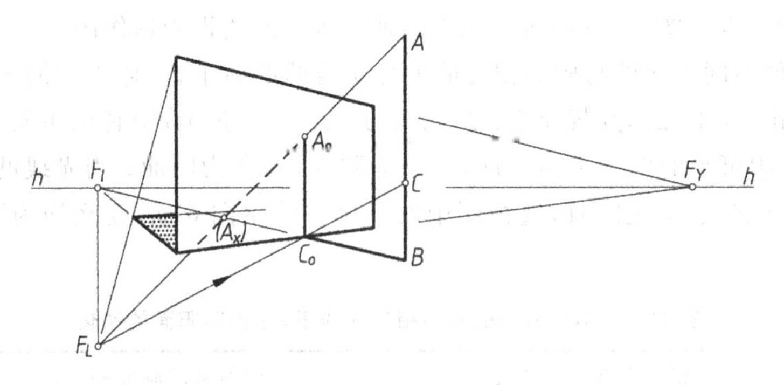

yy15-10

图 15-10　铅垂线落在铅垂墙面上的透视阴影

再作出过铅垂线 AB 的光平面灭线 F_2F_l。由于光平面 ABF_LF_l 与斜面的交线，既属于斜面，又属于过 AB 的光平面，因此，所求交线的灭点一定指向斜面的灭线与光平面的灭线的交点 F_2，故 C_0A_0 即为所求；BC_0 为铅垂线 AB 在基面上的一段落影，它灭于 F_l。点 C 是运用反回光线法求得的折影点，其落影 C_0 位于地面与斜面的交线。至于三棱柱在地面上的透视阴影作图如图 15-11 所示，容易理解。

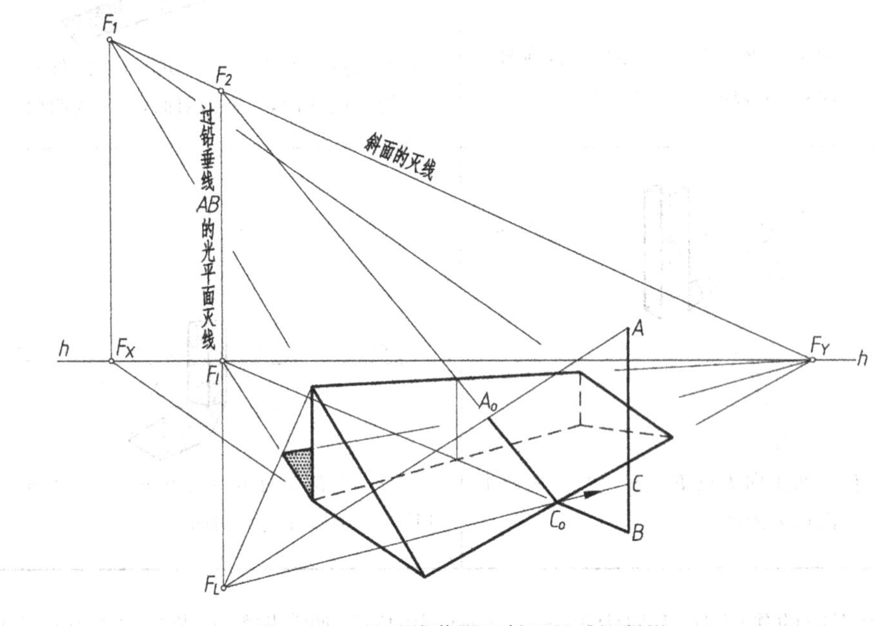

yy15-11

图 15-11　铅垂线落影于斜面的透视阴影

图 15-12 为建筑形体的透视阴影作图。在如图所示的画面相交光线照射下，阴线为 $ABCD$ 和 $EKMNT$。作图时，先求作铅垂阴线 AB 在地面上的落影 AB_0，它指向 F_l；水平阴线 BC 的地面落影 B_0C_0，它指向 F_Y；再求作铅垂阴线 NT 的地面落影 N_0T，它指向 F_l；水平阴线 NM 的地面落影 N_0M_0，它指向 F_X；铅垂阴线 EK 的地面落影 $E1_0$，它指向 F_l；EK 在右后下方形体的前立面上的落影 1_02_0，它与 EK 平行；EK 在右后下方形体的顶面的落影 2_03_0，它指向 F_l；最后作水平阴线 KM 的地面落影，为 M_0F_Y 的延长线。作水平线 CD 的地面落影，为 C_0F_X 连线。M_0F_Y 的延长线与 C_0F_X 连线相交得 3_1，整理即得有效落

影 3_1M_0、3_1C_0。

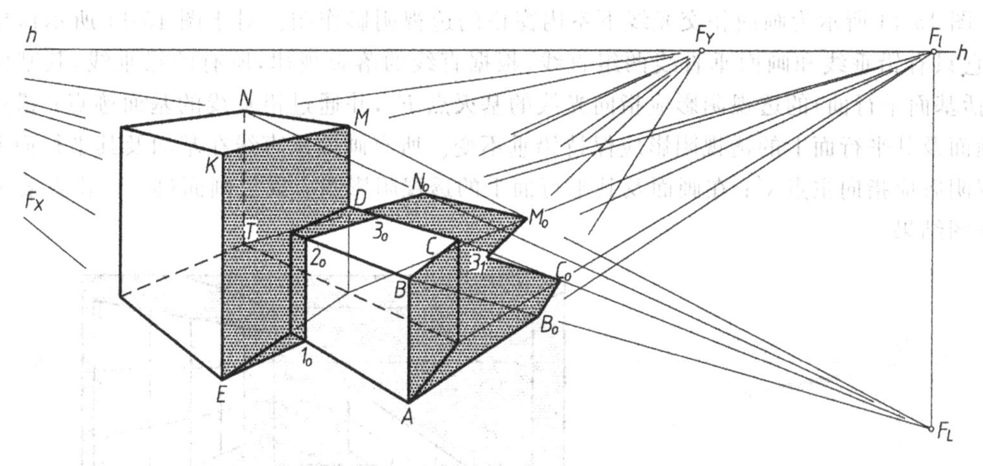

yy15-12

图 15-12 光线与画面相交时建筑形体的透视阴影

需要特别强调的是，点 K 的落影在图 15-12 中并未求出；3_0、3_1 是一对过渡点对，它们位于同一条光线的透视线上，作图时可理解为阴线 EK 上有一点Ⅲ（图 15-12 中未画出），其落影为过渡点对 3_0、3_1。

图 15-13 所示为一带有雨篷的门洞的透视阴影作图。图中没有画出雨篷的基透视，故无法直接利用光线在基面上的基透视作图。但可以作出光线在雨篷的水平底面上的基透视（可理解为升高基线作图），此基透视同样指向光线的基灭点 F_l，从而作出落影。

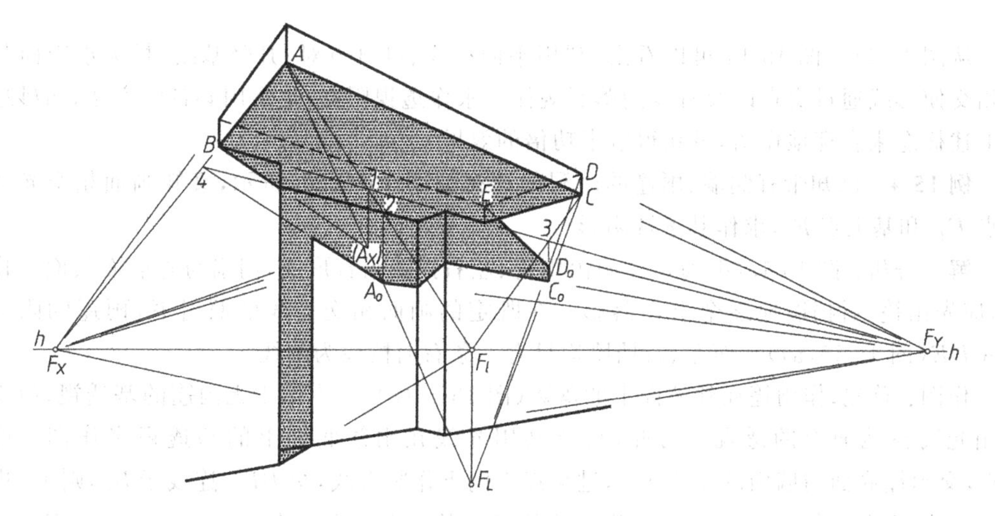

yy15-13

图 15-13 光线与画面相交时门洞的透视阴影

作图时，先自点 A 向 F_l 引光线的基透视，相交扩大后的外墙面与雨篷底面的交线于点 1，过 1 向下作竖直线，与过点 A 所作的光线 AF_L 相交于点 A_X，A_X 即为点 A 在外墙面上的虚影点；同理，作点 A 在门扇上的实影点 A_0；连线 BA_X，取属于外墙面的有效区段即为 AB 在该墙面上的一段落影。为求作雨篷在门扇上的落影，扩大门扇所在表面与雨篷的底面相交，交线为 24 所在直线，则连线 $4A_0$，即为 AB 阴线在门扇上的落影。其余部分作图已表明在图中，请读者自行理解，此处不再赘述。

图 15-14 所示为画面相交光线下室内窗格的透视阴影作图。对于图 15-14 所示窗格而言，它只有铅垂线和画面垂直线两组直线，根据直线的落影规律，所有的铅垂线，其基面上(包括基面平行面)的透视阴影应指向光线的基灭点 F_l，并通过铅垂线的基面迹点；铅垂线在画面及其平行面上的透视阴影应保持铅垂不变。所有画面垂直线在基面及其平行面上的透视阴影应指向主点 s'；在画面及其平行面上的透视阴影则应通过画面迹点。由此容易获得作图结果。

yy15-14

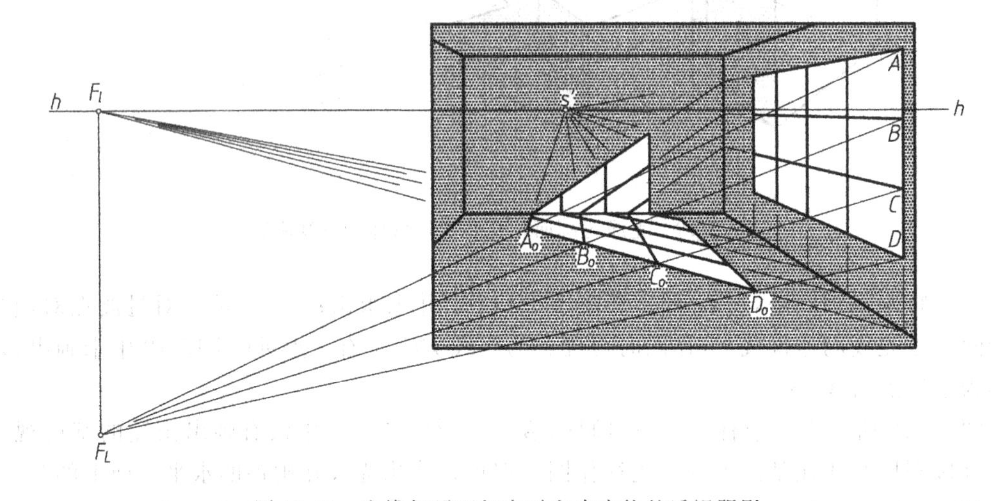

图 15-14 光线与画面相交时室内窗格的透视阴影

从图 15-11～图 15-14 可以看出，利用平面灭线、过渡点对、升降基线、扩大承影面与阴线相交使影线通过交点以及直线的落影规律等求作透视阴影，是常用必备的方法，巧妙地运用上述概念来合理地作图，可获得事半功倍的效果。

例 15-4 已知带有侧墙、雨篷的门洞的透视如图 15-15(d)所示，又知画面相交光线的灭点 F_L 和基灭点 F_l，求作其透视阴影。

解 分析：图 15-15(d)所示门洞由雨篷、左右挡墙组合形成，门扇与外墙面共面。作图时，应先雨篷、后挡墙地逐个求作落影。在既定的画面相交光线的照射下，雨篷的阴线为 $ABCDE$(图 15-15(a))。而左、右挡墙均只有一条右前棱线为阴线。

作图：首先，作雨篷在外墙面上的落影(图 15-15(a))。本例中无雨篷的基透视，故无法利用光线在地面上的透视。为此，只能利用光线在雨篷底面上的基透视来作图。连线 BF_l，交雨篷底面与墙面的交线于 1，过交点 1 向下作竖直线，交 BF_L 连线于 B_0，则 B_0 即为点 B 在墙面上的落影。连线 AB_0 即得阴线 AB 的墙面落影。连线 B_0F_Y 与连线 CF_L 相交于 C_0；过 C_0 向上作竖直线，与 DF_L 连线相交于 D_0；连线 AB_0、B_0C_0、C_0D_0、D_0E 并加粗，即为雨篷在外墙面上的落影。

作雨篷在挡墙左侧面上的落影、左挡墙的落影(图 15-15(b))。当雨篷下面建有左挡墙时，图 15-15(a)中阴点 B 的落影 B_0 成为虚影点，其实影落在左挡墙上为 B_1(图 15-15(b))。其作图过程为：连线 BF_l，交雨篷底面与挡墙左侧面的交线于 2，过交点 2 向下作竖直线，交连线 BF_L 于 B_1，则 B_1 即为点 B 在挡墙左侧面的落影。

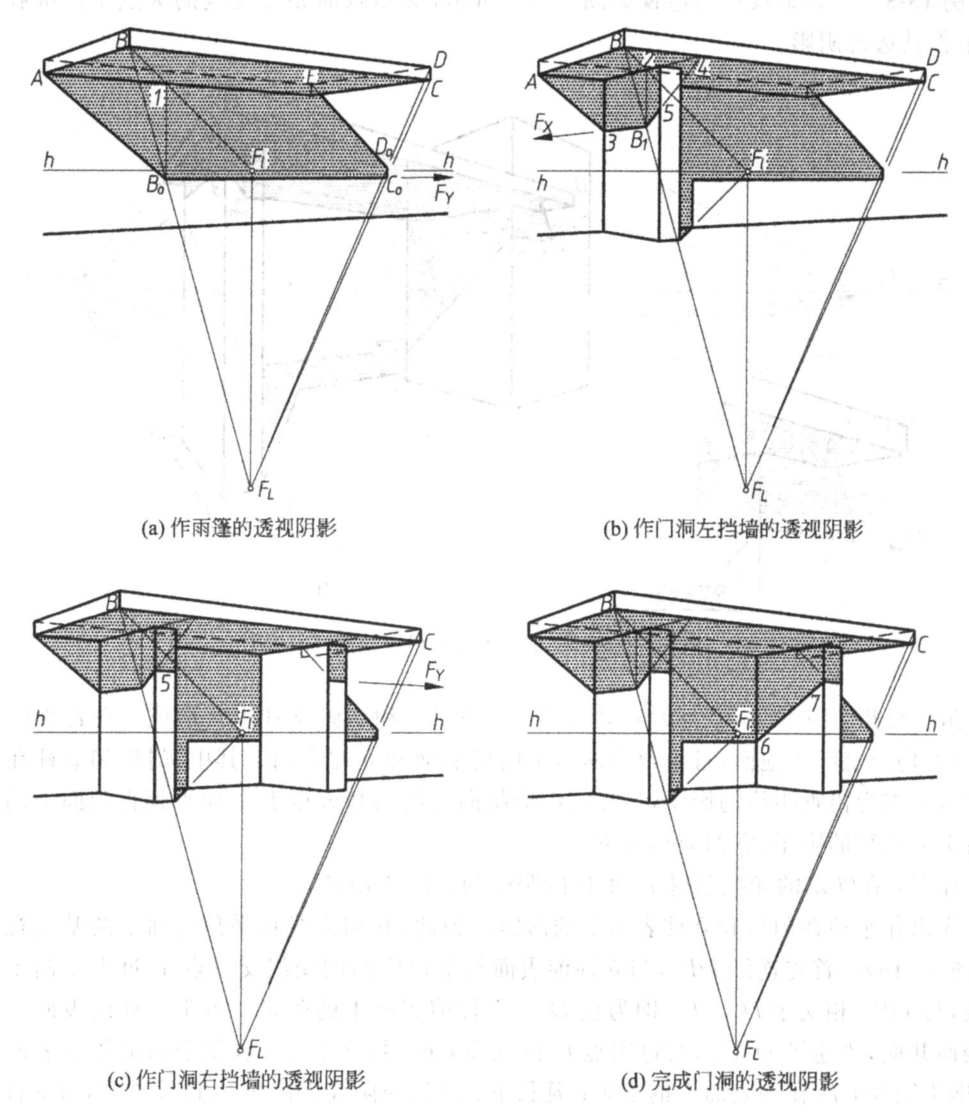

(a) 作雨篷的透视阴影

(b) 作门洞左挡墙的透视阴影

(c) 作门洞右挡墙的透视阴影

(d) 完成门洞的透视阴影

图 15-15 画面相交光线下门洞的透视阴影

yy15-15

连线 F_XB_1，与挡墙的最左轮廓线相交于 3，则 $A3$、$3B_1$ 即为阴线 AB 在外墙面、左挡墙上的两段落影。为求阴线 BC 在挡墙左侧面上的落影，扩大该承影面与阴线 BC 相交于 4（即延长 $2F_X$ 交阴线 BC 于点 4，则 24 所在直线即为挡墙左侧面与雨篷底面的交线），连线 $4B_1$，并加粗属于挡墙左侧面的区段 B_15，即得所求。至于挡墙唯一的一条阴线——右前铅垂的棱线，其水平落影指向 F_l，墙面落影为铅垂线（图 15-15(b)）。

作雨篷在右挡墙上的落影（图 15-15(c)）。当雨篷下面又建有右挡墙时，图 15-15(a)中的阴线 BC 会部分地落影到右挡墙的左侧面和前面。为此，在图 15-15(c)中连线 $5F_Y$，并加粗属于左、右挡墙前表面的区段，即为 BC 阴线在两堵挡墙的前表面上的落影。在图 15-16(d)中，连线 67，即为雨篷底面的阴线 BC 在右挡墙左侧面上的一段落影。

整理后，用细密点填充可见阴面和影区，即完成如图 15-15(d)所示门洞的透视阴影。

例 15-5 已知某校门的透视如图 15-16 所示，又知画面相交光线的灭点 F_L 和基灭点 F_l，求作其透视阴影。

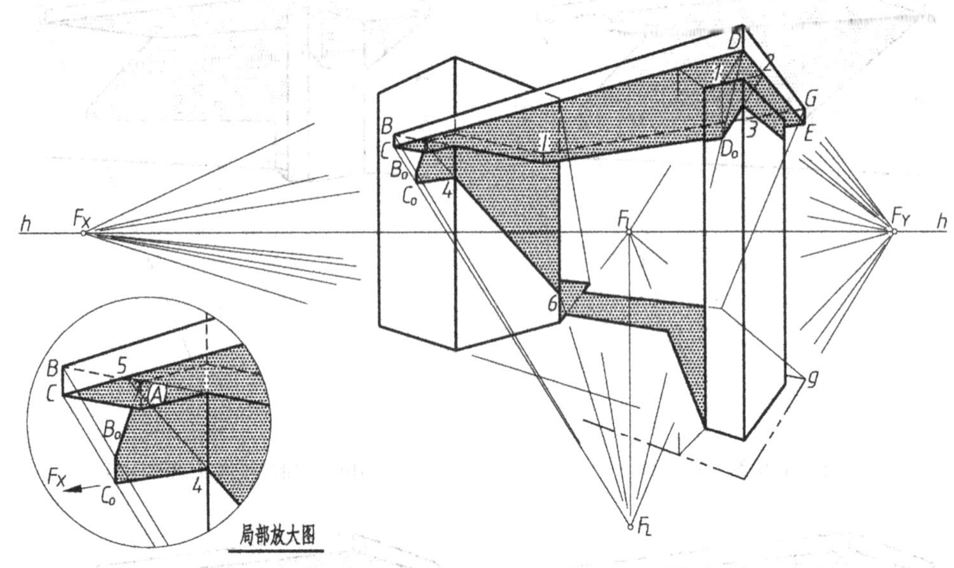

图 15-16 画面相交光线下校门的透视阴影

解 分析：图 15-16 所示校门由平顶、左侧门房和右侧立柱组合形成。在背光的照射下，三者均会落影于地面，且平顶会落影于门房墙面和立柱表面。其中，门房和立柱在地面上的落影多为铅垂阴线的影子，显然它们应指向光线的基灭点 F_l；而平顶在地面上的落影均为水平阴线的影子，它们应指向 F_X。

作图：在既定的光线照射下，平顶的阴线为 $ABCDEGI$。

先求作平顶在门房和立柱表面上的落影。为此，利用光线在平顶底面上的基透视来作图(图 15-16)。首先连线 DF_l，与立柱前表面与平顶底面的交线交于点 1，过点 1 向下作竖直线，与 DF_L 相交于 D_0。D_0 即为点 D 在立柱前表面上的落影。由于立柱前表面与门房前表面共面，故连线 D_0F_X，与过阴点 C 的光线 CF_L 相交于 C_0，取属于两形体前表面的影线，即为阴线 CD 在两表面上的落影；延长 F_X1 线，交阴线 DE 于 2，连线 D_02，与立柱前表面的右棱线相交于 3，D_03 即为阴线 DE 在立柱前表面上的落影；连线 $3F_Y$，并取属于立柱右侧面的图线，即为阴线 DE 在立柱右侧面上的又一段落影；为求作阴线 CD 在门房右侧面上的落影，扩大门房右侧面与平顶底面交于点 5，连线 45 并在门房右侧面上延伸作图，得图线 46，即为阴线 CD 在该承影面上的又一段落影。

求作门房和立柱在地面上的落影。如图 15-16 所示，门房和立柱在地面上的落影多为铅垂阴线的影子，显然它们应指向光线的基灭点 F_l；至于门房顶部水平阴线的地面落影则应指向 F_X，不难理解。

求作平顶阴线 CD、GI 在地面上的落影。连线 $6F_L$，与门房右后方铅垂墙角线的地面落影交于一点，过该点向 F_X 引直线并延长之，即得阴线 CD 在地面上的一段落影。为使后续作图清晰，如图 15-16 所示作出平顶的基透视，连线 gF_l、GF_L，两线相交于一点，过交点向 F_X 作直线并取有效区段，即得校门顶部水平阴线 GI 的地面落影。

整理后，用细密点填充可见阴面和影区，完成作图(图 15-16)。

例 15-6 已知平顶小屋的透视如图 15-17 所示，又知屋顶挑檐顶点 C 在墙面上的落影 C_0，试确定画面相交光线的灭点 F_L 和基灭点 F_l，求作小屋的透视阴线。

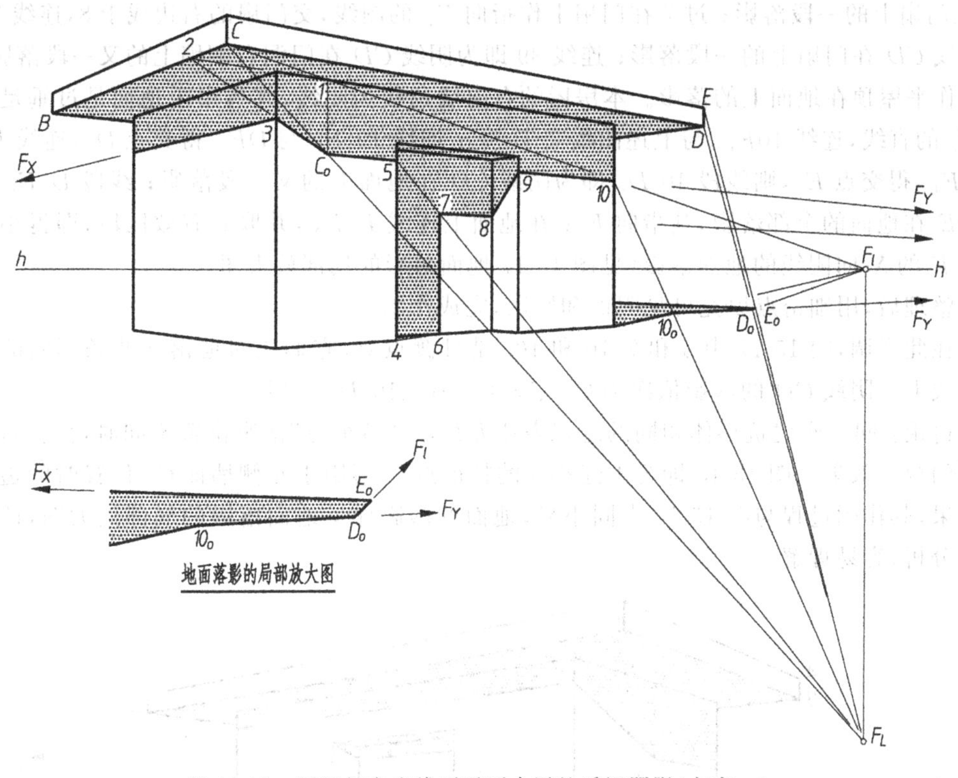

图 15-17 画面相交光线下平顶小屋的透视阴影(方案一)

解 分析：从已知挑檐角点 C 在墙面的落影 C_0 可知，光线从左后上方射向画面，小屋可见的两面墙均受光。

本章前述各例透视阴影的光线都是事先确定的。但在工程应用中，却并非如此，它要求作画者根据画面构图和形体的特点选定某一"特征点"的透视落影位置，并以此来控制落影的形态和大小，获得较为"理想"的阴影图像；再根据上述特征点的透视落影，反求光线的方向(对于无灭光线，表现为确定光线透视的水平倾角；对于有灭光线，则表现为确定光线的灭点 F_L 和基灭点 F_l)；最后在确定的光线条件下，完成建筑形体的透视阴影。本例就是这样的应用。

作图：本例主要应用扩大承影面法，作挑檐在墙面上的透视阴影。

首先，根据既定的落影点 C_0 求作画面相交光线的灭点 F_L 和基灭点 F_l。过 C_0 作竖直线交该墙面的最上边缘线(亦即平屋顶底面与该墙面的交线)于点 1，连线 $C1$ 并延长之，交视平线于 F_l，F_l 即为光线的基灭点；过 F_l 向下作竖直线，交 CC_0 的延长线于 F_L，F_L 即为光线的灭点。

作平屋顶在墙面上的落影。过影点 C_0 作指向 F_Y 的图线，并取属于前立面的有效区段，即得阴线 CD 在该墙面上的一段落影；延伸 $1F_Y$ 图线与阴线 BC 相交于 2，连线 $2C_0$ 交最前墙角线于 3，过 3 作指向 F_X 的图线，并取属于左侧立面的有效区段，即得阴线 BC 在该墙面上的一段落影；连线 $3C_0$，即为阴线 BC 在房屋前立面上的又一段落影。

作门扇上的落影。凹入墙内的门洞只有左侧的铅垂阴线 45 这一条，其地面落影过垂足 4，并指向基灭点 F_l，该线交门扇底线于 6，过 6 作铅垂线与连线 $5F_L$ 相交于 7，67 即为阴线 45 在门扇上的一段落影；过 7 在门扇上作指向 F_Y 的图线，交门扇的右边线于 8，连线 78 即为阴线 CD 在门扇上的一段落影；连线 89 即为阴线 CD 在门洞右侧墙上的又一段落影。

作平屋顶在地面上的落影。本房屋的右前墙角线为阴线，其落影于地面是过垂足并指向 F_l 的直线，连线 $10F_L$，与上述图线交于 10_0；连线 10_0F_Y 与 DF_L 得交点 D_0，连线 D_0F_l 与 EF_L，得交点 E_0，则线段 10_0D_0 即为阴线 CD 在地面上的又一段落影；线段 D_0E_0 为阴线 DE 在地面的全部落影，其指向 F_l；在地面上连线 E_0F_X，并取其有效区段，即得小屋顶面过 E 的 X 向阴线的地面落影(见图 15-17 地面落影的局部放大图)。

整理后，用细密点填充可见阴面和影区，完成作图。

在此强调，图 15-17 中 5 和 7、10 和 10_0 是过渡点对，它们成对地落在两条不同的光线透视线上。阴线 CD 的落影依次为 C_05、78、89、910、10_0D_0 五段。

讨论：同一座建筑形体相同的透视表达方案，当“特征点”落影位置不同时，会获得完全不同的视觉效果。图 15-18 即为上述小屋的特征点 C 落影于左侧墙面 C_0 位置时的透视阴影效果，其作图过程与图 15-17 大同小异，地面的落影详见地面落影的局部放大图，请读者自行分析，容易理解。

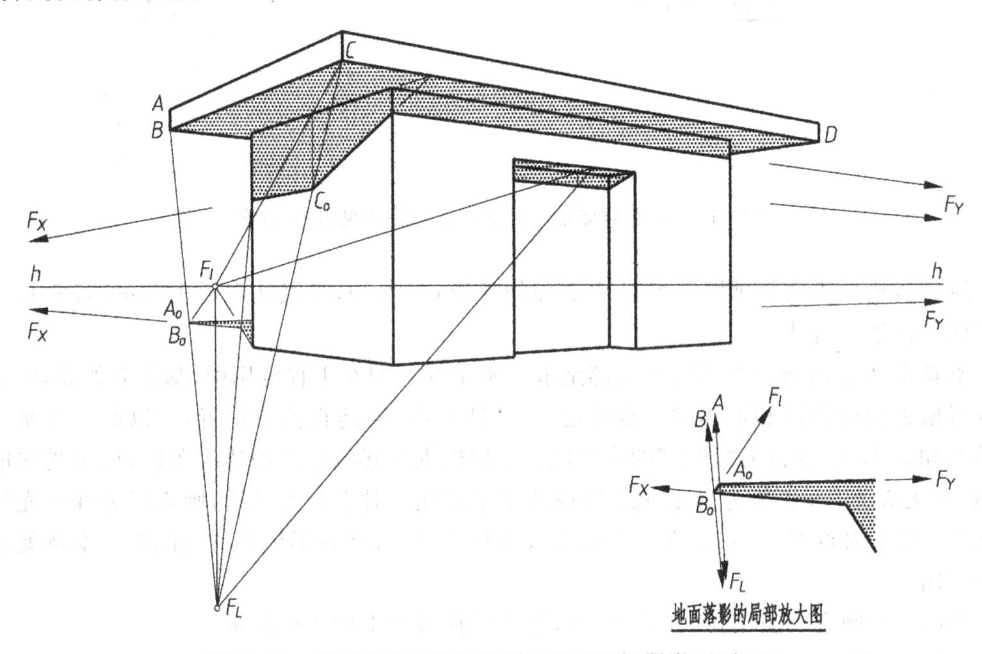

图 15-18 画面相交光线下平顶小屋的透视阴影(方案二)

参考文献

[1] 黄水生，黄莉，谢坚. 建筑透视与阴影教程[M]. 北京：清华大学出版社，2014.

[2] 黄水生，张小华，黄青蓝. 建筑透视与阴影[CD]. 北京：清华大学出版社，2014.

[3] 黄水生. 画法几何与阴影透视的基本概念与解题指导[M]. 2版. 北京：中国建筑工业出版社，2015.

[4] 黄水生，李国生. 画法几何及土建工程制图[M]. 2版. 广州：华南理工大学出版社，2016.

[5] 丁宇明，黄水生，张竞. 土建工程制图[M]. 3版. 北京：高等教育出版社，2012.

[6] 陆载涵，丁宇明，张竞. 土建工程制图多媒体辅助教学系统[CD]. 3版. 北京：高等教育电子音像出版社，2012.

[7] 许松照. 画法几何及阴影透视(下册)[M]. 4版. 北京：中国建筑工业出版社，2014.

[8] 乐荷卿，陈美华. 建筑透视阴影[M]. 4版. 长沙：湖南大学出版社，2008.

[9] 谢培青. 建筑阴影与透视[M]. 哈尔滨：黑龙江科技出版社，1985.

[10] 朱育万，肖燕玉，汪碧华. 建筑阴影与透视[M]. 成都：西南交通大学出版社，2003.

[11] 同济大学工程画教研室. 阴影与透视[M]. 北京：中国工业出版社，1961.

[12] 耿庆雷. 建筑钢笔速写技法[M]. 上海：东华大学出版社，2011.

[13] 齐康. 线韵[M]. 南京：东南大学出版社，1999.